"十三五"国家重点出版物出版规划项目

卓越工程能力培养与工程教育专业认证系列规划教材
(电气工程及其自动化、自动化专业)

信号分析与处理

齐冬莲　张建良　吴越　编著

机械工业出版社

本书从电气信息类专业对信号分析与处理基础知识的应用需求出发，以连续、离散信号分析为主线，从时域、频域和复频域三个分析域介绍信号分析与处理的基本概念、原理、技术、方法及其应用，重点强调基础知识与工程应用的结合。

本书内容包括：信号的基本概念、连续信号的分析、信号的抽样与恢复、离散信号的分析、连续信号的离散化方法、信号处理基础、滤波器设计，以及信号分析与处理的典型工程应用案例。本书以信号分析为基础，以系统分析为桥梁，以典型案例为手段，强调傅里叶变换、拉普拉斯变换和Z变换的数学概念、物理概念和工程概念，淡化其数学技巧和运算，以具体的工程案例为依托，以提出问题—分析问题—解决问题为主线，实现原理、方法、应用相结合，以适应新时期工业化、信息化深度融合的发展趋势。

本书主要适用于普通高校电气工程及其自动化、自动化与电子信息工程等专业的本科生，也适用于机械、仪器、能源等专业的学生，还可以作为相关领域科技工作者的参考书。

本书配有电子课件，选用本书作教材的教师，可登录www.cmpedu.com注册后下载。

图书在版编目（CIP）数据

信号分析与处理/齐冬莲，张建良，吴越编著. —北京：机械工业出版社，2021.4（2024.8重印）

"十三五"国家重点出版物出版规划项目 卓越工程能力培养与工程教育专业认证系列规划教材. 电气工程及其自动化、自动化专业

ISBN 978-7-111-67799-4

Ⅰ.①信… Ⅱ.①齐…②张…③吴… Ⅲ.①信号分析-高等学校-教材 ②信号处理-高等学校-教材 Ⅳ.①TN911

中国版本图书馆 CIP 数据核字（2021）第 050800 号

机械工业出版社（北京市百万庄大街22号 邮政编码100037）
策划编辑：吉 玲 责任编辑：吉 玲 杨晓花
责任校对：樊钟英 责任印制：李 昂
北京捷迅佳彩印刷有限公司印刷
2024年8月第1版第5次印刷
184mm×260mm・21印张・519千字
标准书号：ISBN 978-7-111-67799-4
定价：59.80元

电话服务　　　　　　　　　　网络服务
客服电话：010-88361066　　　机 工 官 网：www.cmpbook.com
　　　　　010-88379833　　　机 工 官 博：weibo.com/cmp1952
　　　　　010-68326294　　　金 书 网：www.golden-book.com
封底无防伪标均为盗版　　　　机工教育服务网：www.cmpedu.com

前　言

本书是卓越工程能力培养与工程教育专业认证系列规划教材，为电气工程及其自动化、自动化等本科专业的"信号分析与处理"课程所编写。

"信号分析与处理"课程是我国普通高校电气信息类专业重要的专业基础课，涉及的知识领域宽，应用面广，是新兴的信息科学向传统电气学科渗透的核心课程。通过课程学习，要求学生掌握信号分析与处理的基本概念、信号在各变换域的分析方法及特性、信号与线性系统的关系，精通模拟、数字滤波器的设计，实现典型应用实例和工程案例的设计与综合，与后续"自动控制"等系统类课程结合，共同构成关于信号与系统分析、综合设计的完备知识结构，以适应工业化、信息化深度融合的学科发展需求。

本书面向"信号分析与处理"本科课程，以工程应用需求为导向，从时域、频域和复频域的角度，介绍信号分析与处理的基本概念、原理、方法及其应用。本书的主要内容包括信号的基本概念、连续信号的分析、信号的抽样与恢复、离散信号的分析、连续信号的离散化、信号处理基础、滤波器设计以及典型工程应用案例。

本书将基础理论、关键技术和工程实践巧妙融合，多方位培养和提高学生的综合能力。具体来说：

1）以信号分析为基础，系统分析为桥梁，处理技术为手段，强调傅里叶变换、拉普拉斯变换和 Z 变换的物理概念，淡化其数学推导和数学运算，实现原理、方法、应用相结合，以适应卓越工程能力培养与工程教育专业认证的新要求。

2）将工程实例以例题的形式穿插于基础知识介绍中，按照"知识点—知识面—知识体系"不同层面循序渐进，加强基础知识和工程应用的有机融合与衔接，有利于提高学生对基础知识的理解以及与工程实践的结合。

3）增加光伏发电、车牌识别以及声音信号处理等典型工程案例，按照"提出工程问题—分析问题—找到解决问题的方法"组织内容编写，便于教师开展启发式教学，突出对学生工程理念、工程思维和工程能力的培养。

本书支撑的"信号分析与处理"课程，先后被评选为"国家精品课程""国家精品资源共享课程""国家一流课程"，配套的慕课（MOOC）教学资源已于 2021 年 3 月上线，网上教学资源提供了课程教学大纲、课程视频、课件 PPT、习题答案、典型案例、模拟试卷、虚拟仿真实验、参考资料和历年学生优秀作品等丰富的学习资料，可供参考。

在本书编写过程中，浙江大学赵光宙教授参与了方案讨论，提出了许多宝贵的意见；张建良完成了典型工程案例的编写工作，吴越参与编写了各章有关 MATLAB 的内容。

由于编者学识有限，书中难免存在欠妥甚至错误之处，恳请读者批评指正。

编　者

目 录

前言

绪论 ·· 1
    第一节 信号分类与典型信号 ··· 1
        一、信号分类 ··· 1
        二、典型信号 ··· 4
    第二节 信号处理与典型系统 ··· 7
        一、信号分析与处理概述 ··· 7
        二、典型系统 ··· 8
    第三节 MATLAB 信号分析与处理工具箱 ··· 11
        一、MATLAB 的菜单/工具栏 ·· 11
        二、命令行窗口 ·· 12
        三、工作区 ·· 12
        四、图形窗口 ··· 13
        五、M 文件编程 ··· 14
        六、信号分析与处理中的常用函数 ··· 19
        七、Simulink 简介 ·· 23
    习题 ·· 25
    上机练习题 ··· 26

第一章 连续信号的分析 ··· 27
    第一节 时域描述和分析 ·· 27
        一、时域描述 ··· 27
        二、时域运算 ··· 34
    第二节 频域分析 ·· 39
        一、周期信号的频谱分析 ··· 39
        二、非周期信号的频谱分析 ··· 49
        三、傅里叶变换的性质 ·· 59
    第三节 拉普拉斯变换与复频域分析 ·· 72
        一、拉普拉斯变换 ·· 73
        二、复频域分析 ·· 80
    第四节 应用 MATLAB 的连续信号分析 ·· 82
        一、连续时间信号描述 ·· 82

二、卷积运算 ·· 86
　　三、傅里叶变换 ·· 87
　　四、拉普拉斯变换 ··· 92
习题 ··· 94
上机练习题 ··· 100

第二章　信号的抽样与恢复 ·· **101**
第一节　抽样过程 ·· 101
第二节　抽样定理 ·· 104
　　一、时域抽样定理 ·· 104
　　二、频域抽样定理 ·· 107
第三节　模拟频率和数字频率 ·· 109
第四节　基于 MATLAB 的信号抽样与恢复 ··· 115
习题 ··· 121
上机练习题 ··· 121

第三章　离散信号的分析 ·· **123**
第一节　时域描述和分析 ·· 123
　　一、时域描述 ·· 123
　　二、时域运算 ·· 127
第二节　频域分析 ·· 132
　　一、周期信号的频域分析 ·· 132
　　二、非周期信号的频域分析 ··· 140
　　三、四种傅里叶变换分析 ·· 146
第三节　离散傅里叶变换和快速傅里叶变换 ··· 147
　　一、离散傅里叶变换 ··· 148
　　二、快速傅里叶变换 ··· 152
第四节　Z 域分析 ··· 160
　　一、离散信号的 Z 变换 ·· 160
　　二、Z 变换与其他变换的关系 ·· 172
第五节　应用 MATLAB 的离散信号分析 ·· 174
　　一、离散信号描述 ·· 174
　　二、离散卷积的计算 ··· 178
　　三、离散信号的频域分析 ·· 178
　　四、快速傅里叶变换 ··· 179
　　五、离散信号 Z 变换 ··· 181
习题 ··· 182
上机练习题 ··· 184

第四章　信号处理基础 ·· **185**
第一节　系统及其性质 ··· 185
　　一、系统的描述 ··· 185

二、系统的性质 ··· 186
第二节　信号的线性系统处理 ·· 189
　　一、时域法 ··· 190
　　二、频域法 ··· 195
　　三、复频域法 ··· 198
　　四、典型应用 ··· 204
第三节　应用 MATLAB 的信号处理 ··· 209
　　一、时域分析 ··· 209
　　二、频域分析 ··· 214
　　三、复频域分析 ··· 216
　　四、信号处理的工程应用 ··· 222
习题 ··· 231
上机练习题 ·· 234

第五章　滤波器 ··· **235**

第一节　滤波器概述 ··· 235
　　一、滤波原理 ··· 235
　　二、滤波器分类 ··· 236
　　三、滤波器技术要求 ··· 237
第二节　理想低通滤波器 ·· 238
　　一、无失真传输 ··· 238
　　二、理想低通滤波器的频率特性 ·· 240
第三节　模拟滤波器 ··· 242
　　一、模拟滤波器概述 ··· 242
　　二、巴特沃思(Butterwoth)低通滤波器 ··· 243
　　三、切比雪夫(Chebyshev)低通滤波器 ·· 247
　　四、模拟滤波器的频率变换 ·· 252
　　五、模拟滤波器的应用 ·· 255
第四节　数字滤波器 ··· 258
　　一、数字滤波器概述 ··· 258
　　二、无限冲激响应(IIR)数字滤波器 ··· 259
　　三、有限冲激响应(FIR)数字滤波器 ··· 267
　　四、数字滤波器的应用 ·· 273
第五节　应用 MATLAB 的滤波器设计 ·· 274
　　一、模拟滤波器设计 ··· 274
　　二、数字滤波器设计 ··· 281
习题 ··· 291
上机练习题 ·· 293

第六章　信号分析与处理的典型应用 ·· **294**

第一节　光伏发电系统 ··· 294

一、系统简介 …………………………………………………………………… 294
　　二、信号采样 …………………………………………………………………… 296
　　三、滤波 ………………………………………………………………………… 300
　　四、基于 MATLAB 的光伏发电系统分析 …………………………………… 300
　第二节　车牌识别系统 …………………………………………………………… 307
　　一、设计过程 …………………………………………………………………… 307
　　二、车牌图像预处理 …………………………………………………………… 308
　　三、车牌定位 …………………………………………………………………… 309
　　四、字符分割和匹配识别 ……………………………………………………… 310
　　五、基于 MATLAB 的车牌识别 ……………………………………………… 311
　第三节　声音信号的分析与处理 ………………………………………………… 317
　　一、声音信号的基本特点 ……………………………………………………… 317
　　二、声音信号的处理方法 ……………………………………………………… 317
　　三、基于 MATLAB 的声音信号分析与处理 ………………………………… 321
　习题 …………………………………………………………………………………… 327
　上机练习题 …………………………………………………………………………… 327
参考文献 ……………………………………………………………………………… **328**

绪　论

信号在日常生活和社会活动中扮演了重要的角色。常见的信号有手机铃声、视频图像、交通信号灯、照明灯光等。信号几乎无处不在、无时不有。什么是信号？信号和信息、消息之间的联系密切。例如，甲和乙通电话，甲通过电话告诉乙一个新消息。在这一过程中，通话语言是甲传递给乙的消息，乙通过该消息获得了一定量的信息，而电话传输线上变化的电物理量就是运载消息、传送信息的信号。可见，信息是指人类社会和自然界中需要传送、交换、存储和提取的内容，它具有抽象性，只有通过一定的形式才能把它表现出来。消息是能够表示信息的语言、文字、图像、数据等，是信息所包含的内容。便于传送和交换的声、光、电等运载消息的物理量称为信号。大多数信号都是自然产生的。但是，信号也可以通过人工合成或计算机仿真生成。信号通常是时间、空间或变量的函数，以其不同的变化方式来传递信息。

下面介绍信号的特征与分类、信号与系统的关系等基本概念，通过典型的信号和系统分析，给出信号分析与处理的几个具体应用。

第一节　信号分类与典型信号

一、信号分类

信号可以用数学解析式表示，也可以用图形表示。一般观测到的信号是一个或一个以上独立变量的实值函数，具体地说，信号是时间或空间坐标的纯量函数。例如，信号发生器产生的正弦波、方波等信号都是时间 t 的函数 $x(t)$；一幅静止的黑白平面图像，由位于平面上不同位置的灰度像点组成，它是两个独立变量的函数 $I(x,y)$；黑白电视图像，像点的灰度还随时间 t 变化，它是三个独立变量的函数 $I(x,y,t)$；……。具有一个独立变量的信号函数称为一维信号，同样，有二维、三维等多维信号。本书主要介绍一维信号 $x(t)$，其中独立变量 t 可以是时间，也可以是其他物理量。

根据信号所具有的不同特性，通常可以将信号分为以下四类：

1. 确定信号与随机信号

按确定性规律变化的信号称为确定信号。确定信号可以用数学解析式或确定性曲线准确地描述，在相同的条件下能够重现，因此，只要掌握了变化规律，就能准确地预测它的未来。

相反，不遵循确定性规律变化的信号称为随机信号。随机信号的未来值不能用精确的时间函数描述，无法准确地预测，在相同条件下，也不能准确地重现。对于随机信号，只可能知道它的统计特性，如在某时刻取某一数值的概率。马路上的噪声、电网电压的波动量、生物电信号、地震波等都是随机信号。

2. 连续信号与离散信号

按自变量 t 的取值特点，信号可以分为连续信号和离散信号。连续信号的定义域是连续的，即对于任意时间值其描述函数都有定义，所以也称为连续时间信号，用 $x(t)$ 表示。

离散信号的定义域是某些离散点的集合，也即其描述函数仅在规定的离散时刻才有定义，所以也称为离散时间信号，用 $x(t_n)$ 表示，其中 t_n 为特定时刻。离散点在时间轴上均匀分布的离散信号可以表示为 $x(nT_s)$ 或 $x(n)$，称为时间序列。其中 T_s 为采样时间。

通常，用恒定速率对一个连续时间信号进行采样就可以得到一个离散时间信号。也就是说，离散信号可以是连续信号的抽样信号，但不一定都是从连续信号采样得到的，有些信号确实只是在特定的离散时刻才有意义，如人口的年平均出生率、纽约股票市场每天的道琼斯指数等。图 0-1 给出了连续时间信号 $x(t)$ 及其抽样后得到的离散时间信号 $x(n)$。

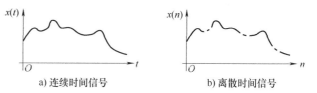

图 0-1　连续时间信号与离散时间信号

顺便指出，连续信号只强调时间坐标上的连续，并不强调函数幅度取值的连续，因此，一个时间坐标连续、幅度经过量化（幅度经过近似处理只取有限个离散值）的信号仍然是连续信号，对应地，把那些时间和幅度均为连续取值的信号称为模拟信号。显然，模拟信号是连续信号，而连续信号不一定是模拟信号。同理，时间和幅度均为离散取值的信号称为数字信号，数字信号是离散信号，而离散信号不一定是数字信号。

3. 周期信号与非周期信号

周期信号是依时间周而复始变化的信号，知道了周期信号一个周期内的变化过程，就可以确定整个定义域的信号取值。

对于连续信号，若存在 $T_0 > 0$，使

$$x(t) = x(t + nT_0) \tag{0-1}$$

则称 $x(t)$ 为周期信号。其中，n 为整数；T_0 为一个正常数。如正弦信号 $x(t) = \sin(t)$ 就是周期信号。

满足式(0-1)的最小 T_0 值称为 $x(t)$ 的基本周期。因此，基本周期 T_0 是 $x(t)$ 完成一个完整循环所需的时间。基本周期 T_0 的倒数称为周期信号 $x(t)$ 的基本频率，用于描述周期信号 $x(t)$ 重复的快慢，记为

$$f = \frac{1}{T_0} \tag{0-2}$$

频率 f 的量纲是赫兹(Hz)。由于一个完整循环对应于 2π 弧度(rad)，角频率可定义为

$$\omega = 2\pi f = \frac{2\pi}{T_0} \tag{0-3}$$

角频率 ω 的量纲是弧度/秒(rad/s)。

对于任意信号 $x(t)$，如果不能找到满足式(0-1)的 T_0 值，则称 $x(t)$ 为非周期信号。非周期信号也可以看作为周期是无穷大的周期信号，即在有限时间范围内其波形不重复出现。

对于离散信号，若存在大于零的整数 N，使

$$x(n)=x(n+kN) \tag{0-4}$$

则称 $x(n)$ 为周期信号。其中，k 为整数；N 为 $x(n)$ 的周期。

满足式(0-4)的最小 N 值称为离散信号 $x(n)$ 的基本周期。同样可以定义离散信号 $x(n)$ 的基本角频率为

$$\Omega=\frac{2\pi}{N} \tag{0-5}$$

基本角频率 Ω 的量纲为 rad。基本角频率的概念将在后续章节中进行详细分析。

必须注意定义式(0-1)和式(0-4)的不同，式(0-1)适用于周期 T 可取任意正值的连续时间信号，而式(0-4)适用于周期 N 只可取正整数的离散时间信号。

同样，不具有周期性质的信号 $x(n)$ 就是非周期信号，它们一定不满足式(0-4)。

两个离散时间信号的例子如图 0-2、图 0-3 所示。图 0-2 是周期 $N=6$ 的离散方波信号，其基本角频率为 $\Omega=\frac{\pi}{3}$；图 0-3 为非周期离散时间信号。

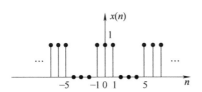
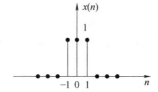

图 0-2　周期 $N=6$ 的离散方波信号　　　　图 0-3　非周期离散时间信号

4. 能量信号与功率信号

如果从能量的观点来研究信号，可以把信号 $x(t)$ 看作是加在单位电阻上的电流，则在时间 $-T<t<T$ 内单位电阻所消耗的信号能量为 $\int_{-T}^{T}|x(t)|^2\mathrm{d}t$，其平均功率为 $\frac{1}{2T}\int_{-T}^{T}|x(t)|^2\mathrm{d}t$。

信号的能量定义为在时间区间 $(-\infty,\infty)$ 内单位电阻所消耗的信号能量，即

$$E=\lim_{T\to\infty}\int_{-T}^{T}|x(t)|^2\mathrm{d}t \tag{0-6}$$

信号的功率定义为在时间区间 $(-\infty,\infty)$ 内信号 $x(t)$ 的平均功率，即

$$P=\lim_{T\to\infty}\frac{1}{2T}\int_{-T}^{T}|x(t)|^2\mathrm{d}t \tag{0-7}$$

由式(0-7)可见，基本周期为 T 的周期信号 $x(t)$ 的平均功率为

$$P=\frac{1}{2T}\int_{-T}^{T}|x(t)|^2\mathrm{d}t \tag{0-8}$$

对于离散时间信号 $x(n)$，用求和的形式代替式(0-6)和式(0-7)中的积分，因此，$x(n)$ 的总能量定义为

$$E = \sum_{n=-\infty}^{\infty} x^2(n) \qquad (0\text{-}9)$$

$x(n)$ 的平均功率定义为

$$P = \lim_{N \to \infty} \frac{1}{2N+1} \sum_{n=-N}^{N} x^2(n) \qquad (0\text{-}10)$$

类似地，基本周期为 N 的周期信号 $x(n)$ 的平均功率为

$$P = \frac{1}{N} \sum_{n=0}^{N-1} x^2(n) \qquad (0\text{-}11)$$

若一个信号的能量 E 有界，即满足 $0<E<\infty$，则称其为能量有限信号，简称能量信号。根据式(0-7)和式(0-10)，能量信号的平均功率为零。仅在有限时间区间内幅度不为零的信号是能量信号，如单个矩形脉冲信号等。客观存在的信号大多是持续时间有限的能量信号。

另一种情况，若一个信号的能量 E 无限，而平均功率 P 为不等于零的有限值，则称其为功率有限信号，简称功率信号。幅度有限的周期信号、随机信号等属于功率信号。

能量信号和功率信号是互不相容的，能量信号的平均功率为零，而功率信号的总能量则无穷大。一个信号可以既不是能量信号，也不是功率信号，但不可能既是能量信号又是功率信号。

例 0-1 判断下列信号哪些属于能量信号，哪些属于功率信号。

$$x_1(t) = \begin{cases} A & 0<t<1 \\ 0 & \text{其他} \end{cases}$$

$$x_2(t) = A\cos(\omega_0 t + \theta) \quad -\infty < t < \infty$$

$$x_3(t) = \begin{cases} t^{-\frac{1}{4}} & t \geq 1 \\ 0 & \text{其他} \end{cases}$$

$$x_4(n) = \begin{cases} \cos n\pi & -4 \leq n \leq 4 \\ 0 & \text{其他} \end{cases}$$

解：根据能量信号和功率信号的定义，上述信号的 E、P 可分别计算为

$$E_1 = \lim_{T \to \infty} \int_0^1 A^2 \mathrm{d}t = A^2 \qquad P_1 = 0$$

$$E_2 = \lim_{T \to \infty} \int_{-T}^{T} A^2 \cos^2(\omega_0 t + \theta) \mathrm{d}t = \infty \qquad P_2 = \lim_{T \to \infty} \frac{A^2}{2T} \int_{-T}^{T} \cos^2(\omega_0 t + \theta) \mathrm{d}t = \frac{A^2}{2}$$

$$E_3 = \lim_{T \to \infty} \int_1^T t^{-\frac{1}{2}} \mathrm{d}t = \infty \qquad P_3 = \lim_{T \to \infty} \frac{1}{2T} \int_1^T t^{-\frac{1}{2}} \mathrm{d}t = 0$$

$$E_4 = \sum_{n=-4}^{4} \cos^2 n\pi = 9 \qquad P_4 = 0$$

因此，$x_1(t)$ 和 $x_4(n)$ 为能量信号；$x_2(t)$ 为功率信号；$x_3(t)$ 既非能量信号又非功率信号。

二、典型信号

如前所述，在现实世界中，信号存在于社会、生活等各个环节。下面以电力谐波、声音信号和图像信号为例，介绍几种典型的信号。

1. 电力谐波

电能质量不仅关系到电网企业的安全经济运行，也影响到用户的安全运行和产品质量。评价电能质量的指标主要有电压偏差、频率偏差、三相电压不平衡度、谐波含量及电压波动与闪变。谐波含量是其中较为重要的一个指标。

什么是电力谐波？在电力系统中，电压和电流波形在理论上是工频下的正弦波，但实际波形总有不同程度的非正弦畸变。国际上公认的谐波定义为："谐波是一个周期电气量的正弦波分量，其频率为基波的整数倍"。因此，电力系统中通常所说的谐波主要是指频率是基波频率整数倍的正弦波，也常称为高次谐波，谐波次数必须是正整数。例如，我国电力系统的额定频率是 50Hz，则 n 次谐波的频率为 $n×50$Hz；有些国家电力系统的额定频率为 60Hz，则其基波频率为 60Hz，n 次谐波的频率为 $n×60$Hz。

随着电力电子技术的发展，电网中整流器、变频调速装置及各种电力电子装置不断增加，这些非线性、冲击性和不平衡的用电设备或负荷，在传递（如变压器）、变换（如交直流换流器）、吸收（如电弧炉）电网所供给的基波能量的同时，又把部分基波能量转换为谐波能量向电网倒送，使电力系统正弦波形畸变，从而产生谐波。公用电网中的谐波主要来源于三方面：电源本身质量不高产生的谐波、输配电系统产生的谐波和用电设备产生的谐波。

谐波的危害是多样的，一方面，谐波的存在会使继电保护装置受到影响，产生误动或拒动；另一方面，谐波会使电网的电压波形和电流波形发生畸变，影响电能的质量。此外，谐波对电力设备和用电设备也会造成危害，如导致电动机速度不平稳、轴间磨损加大；线路和配电变压器过热；引起电网 LC 谐振，使发电、配电及变电设备效率降低、损耗加大等。

对电力谐波的研究主要包括谐波分析和谐波抑制。谐波分析的主要目的是测量电力系统中高次谐波的含量，包括各次谐波频率、幅值和相位，谐波相对基波的幅值比例（常称为总谐波畸变率 THD）、基波信号相对噪声（或谐波信号）的均方值比例等。谐波抑制是改善电能质量的一个重要方面。谐波抑制的方法主要有两种：一种是从改进电力电子装置入手，使注入电网的谐波电流减少，也就是在谐波源上采取措施，最大限度地避免谐波的产生；另一种是在电力电子装置的交流侧，利用 LC 无源滤波器和有源滤波器对谐波电流提供谐波补偿，对已产生的谐波进行有效抑制。一种电力谐波及其滤波后的波形如图 0-4 所示。

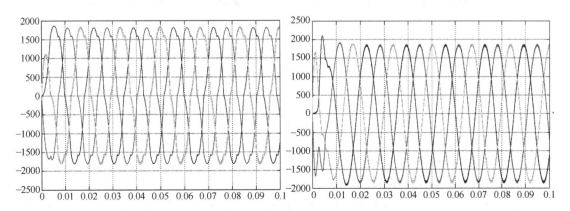

图 0-4 电力谐波及其滤波后的波形

2. 声音信号

声音是由物体振动产生，以声波的形式在固体、液体以及气体等介质中传播。声波振动内耳的听小骨，这些振动被转化为微小的电子脑波，这就是人们觉察到的声音。自然界中有各种各样的声音，如汽车鸣笛、雷声、树叶被风吹时发出的"飒飒"声、大海波涛汹涌的翻滚声、机械振动声等。能被人耳听到的声音的振动频率在20~20kHz之间。语音也是声音的一种，它是由人的发声器官发出的。

声音用频率、波长等特征进行描述。不同声音信号中含有不同的频率成分，其强度也不同，所以每个声音都有自己的频谱，称为声谱。

语音处理是数字信号处理的一个重要应用领域，包括语音分析、语音合成等。语音分析用于自动语音识别、说话者检测和说话者识别。语音合成主要用于将文本自动转换成语音的阅读机、通过终端或电话远程计入的计算机语音数据恢复。语音分析与合成的应用较多，包括便于安全传输的声音扰乱，便于有效传输的语音压缩等。

图0-5为一段男生、女生的声音波形图。一般情况下，男声的平均基频为216Hz，女声的平均基频为320Hz。男生声带宽而厚，振动频率较低；女生声带窄而薄，振动频率高。因此，男生说话一般比较低沉厚重，女生说话一般比较尖细，这是由于发声时男女声带的振动频率的不同而引起的。

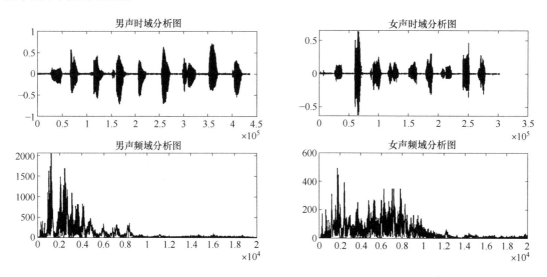

图0-5 一段男生、女生的声音波形

3. 图像信号

人类在日常生活中，主要通过视觉、听觉、触觉、味觉等方式接收外界信息，其中视觉给人的冲击最大。有研究表明，人类所知晓的所有信息，有75%以上是通过视觉获取的，而图像便是人类视觉体系中的一种信息。什么是图像？图像是对一个真实场景的表示。这种表示可能是黑白的也可能是彩色的，还有可能是打印出来的或者是数字格式的。

如前所述，一幅图像可定义为一个二维函数$f(x,y)$，其中x和y是空间（平面）坐标，而在任何一对空间坐标(x,y)处的幅值f称为图像在该点处的强度或灰度。当x、y和灰度值f是有限的离散数值时，称该图像为数字图像。数字图像由有限数量的元素组成，每个元素都有一个特定的位置和幅值，这些元素称为像素。对一幅特定的图像，其每个像素代表一定的物理量，该元素的一个描述称为图像表示。

一幅图像如果在每一个像素点上有不同的灰度等级，称为灰度图像。彩色图像是通过把三幅色调分别是红、绿、蓝的图像组合起来获得的。这三幅图像有着不同的发光强度，但都和灰度图像等价（只不过是以彩色的形式表现出来）。二值图像是指每一个像素不是全亮就是全黑，即0或者1。为了获得一幅二值图像，在多数情况下，先确定一个阈值，然后利用灰度图像的直方图，将超过阈值的灰度值置为1，其余置为0。直方图决定了图像灰度等级的分配。二值图像对存储器的要求远低于灰度图像或彩色图像，处理速度远快于后者。

图像分析是对图形信号进行表示和建模。图像处理主要包含三个层次：低级、中级和高级处理。低级处理涉及图像的初级操作，以输入、输出都是图像为特征，如降低噪声的图像预处理、对比度增强和锐化等。中级处理涉及诸多任务，如图像分割，就是把一幅图像分为不同区域或目标，以使其更适合计算机处理及对不同目标的分类或识别。中级图像处理的输入是图像，但输出是从这些图像中提取的边缘、轮廓及各物体的标识等特征信息。高级处理则是"理解"已识别目标的总体，如抽取与视觉相关的认知功能等。

图0-6为某一输电线路图像。其中，图0-6a为噪声污染后的输电线路图像，图0-6b为滤波处理后的输电线路图像。这里的滤波，就是图像低级处理中的一种基本形式。

a) 噪声污染后的输电线路图像　　　　　　　b) 滤波处理后的输电线路图像

图 0-6　某一输电线路图像

第二节　信号处理与典型系统

一、信号分析与处理概述

信号是信息的载体，为了有效地获取信息以及利用信息，必须对信号进行分析与处理。可以说，信号中信息的利用程度在一定意义上取决于信号的分析与处理技术。

信号分析最直接的意义在于通过解析法或测试法找出不同信号的特征，从而了解其特性，掌握它的变化规律。简言之，就是从客观上认识信号。通常，通过信号分析将一个复杂信号分解成若干简单信号分量之和，或者用有限的一组参量去表示一个复杂波形的信号，从这些分量的组成情况或这组有限的参量去考察信号的特性；另一方面，信号分析是获取信号源特征信息的重要手段，通过对信号特征的详细了解，得到信号源特性、运行状况等信息，这正是故障诊断的基础。

信号处理是指通过对信号的加工和变换，把一个信号变换成另一个信号的过程。例如，为了有效地利用信号中所包含的有用信息,采用一定的手段剔除原始信号中混杂的噪声,削弱多余的内容,这个过程就是最基本的信号处理过程。因此,也可以把信号处理理解为为了特定的目的,通过一定的手段去改造信号。

信号的分析和处理是互相关联的两个方面,前者主要指认识信号,后者主要指改造信号。它们的偏重面不同,采取的手段也不同。但是,它们又是密不可分的,只有通过信号分析,充分了解信号的特性,才能更有效地对信号进行处理和加工,可见信号分析是信号处理的基础。另一方面,通过对信号进行一定的加工和变换,可以突出信号的特征,便于更有效地认识信号的特性。从这一意义上说,信号处理又可认为是信号分析的手段。认识信号也好,改造信号也好,共同目的都是为了充分地从信号中获取有用信息并实现对这些信息的有效利用。

信息时代的到来使信息科学渗透到社会活动、生产活动甚至日常生活的各个方面。作为信息科学的基础,信号分析与处理已广泛应用于通信、自动化、航空航天、生物医学、遥感遥测、故障诊断、振动学、地震学、气象学等科学技术领域,成为各学科发展的有力工具。

二、典型系统

下面分别以通信系统、分布式热电联供系统、寻迹智能车系统为例,介绍信号分析与处理的典型应用。

1. 通信系统

通信系统一般包含发射机、信道和接收机等基本单元,如图 0-7 所示。发射机在一个地方,接收机在位于离发射机一定距离的另一个地方,而信道是将两者联系在一起的物理媒介。这三个单元中的任何一个单元都可以看成一个与它们各自的信号相联系的子系统。

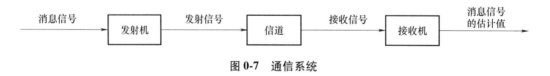

图 0-7 通信系统

发射机的作用是将信息源产生的消息信号转换成适合于在信道中传输的发射信号。消息信号可以是语音信号、电视信号或计算机数据。信道可以是一段光纤、一条同轴电缆、一个卫星或一个移动电话,每一种信道都有它特定的应用范围。

信号在信道中传输时会产生失真。另外,信道中的噪声和干扰信号(来自其他信号源)也会叠加到正在传输的信号上,使接收信号与发射信号相比出现了畸变。接收机的作用是对接收信号进行处理,得到原始信号的可识别形式(即估计值)并将它传送到目的地。因此,接收机对信号的处理过程与发射机正好相反,而且接收机对信道的影响也和发射机相反。

发射机和接收机的工作原理取决于具体类型的通信系统。通信系统可分为模拟通信系统和数字通信系统。从信号处理的角度来看,模拟通信系统相对比较简单。通常,发射机包括一个调制器而接收机包括一个解调器,将消息信号转换成适合于在信道中传输的发射信号的过程称为调制,从已调制的接收信号中还原出消息信号的过程称为解调。一般来说,经调制后的发射信号是一个幅度、相位或频率随时间变化的正弦载波,相应的调制方法分别称为幅度调制、相位调制或频率调制。对应地，接收机通过幅度解调、相位解调或频率解调，从已调制正弦载波中解调出原消息信号。

与模拟通信系统相比，数字通信系统较为复杂。如果消息信号是模拟信号，如语音信号或图像信号，发射机将通过以下步骤将其转变成数字信号：

1）抽样：将消息信号转变成一个数值序列，序列的每个数值（抽样值）对应于消息信号在某个特定瞬间的幅度。

2）量化：将每个抽样值量化为有限个离散幅度电平中距离其最近的某个电平。例如，如果用 16 位来表示一个抽样值，则有 2^{16} 个离散幅度电平。经过抽样和量化后，消息信号在时间和幅度上都离散化了。

3）编码：将每个量化后的抽样值用一串由有限个码元组成的码字来表示。例如，在二进制编码中，码元就是 1 和 0。

如果信息源本来就是离散的，如计算机的信号，则不需要进行抽样、量化和编码。

数字通信系统的发射机一般还包含数据压缩和信道编码部分。数据压缩的目的是从消息信号中剔除冗余的信息，减少每个抽样值需传送的比特数，以便提高信道的使用效率。信道编码则是将额外的码元人为地插入到码字中，用于消除信号在信道中传输时所受噪声和干扰的影响。最后，已编码信号被调制到一个载波（通常是正弦波）上并通过信道传输出去。

接收机对接收信号按编码和抽样的相反顺序进行处理，解调出原消息信号并将其送到目的地。由于量化是不可逆过程，接收机中没有与其对应的部分。

由以上讨论可以看出，数字通信系统需要相当多的电子电路，超大规模集成电路的应用大大降低了电子电路的成本。事实上，随着硅半导体工业的持续发展，数字通信系统的性价比已经可以优于模拟通信系统。

2. 分布式热电联供系统

分布式热电联供（Combined Heat and Power，CHP）系统是一种建立在能量梯级利用概念基础上，以天然气为一次能源，产生热、电、冷的联产联供系统。该系统通过余热利用装置生产热水、气或冷水，在进行电力供应的同时，向用户提供热/冷供应，其总的能量利用效率可以达到 80% 以上。

图 0-8 为一种典型的分布式热电联供系统，包括燃料电池、散热、供热和制冷等子系统。该系统的基本工作原理为：燃料电池燃烧氢气生成直流电，该直流电经过转换，为家用电器提供电能；与此同时，散热系统向燃料电池供水从而吸收燃料电池发电过程中产生的反应热，吸收了反应热的水流至供热系统；供热系统中换热后的水流回散热系统被进一步冷却，散热后的水循环供应给燃料电池。

分布式热电联供系统通过电、热、冷等信号将各子系统连接起来，共同实现各种能量的联产联供。随着信息、传感、计算机等技术的快速发展，越来越多的分布式热电联供系统得到了推广和应用。

3. 寻迹智能车系统

寻迹智能车为随动系统，具有时变性、非线性等特征。典型的寻迹智能车系统由信号调理单元、决策单元、执行机构、反馈单元及人机交互单元组成，如图 0-9 所示。该系统的设计目标是通过路径识别、控制和优化策略以及人机交互等，实现智能小车在规定的路径上以高速、最佳路径行驶。其基本工作原理如下：

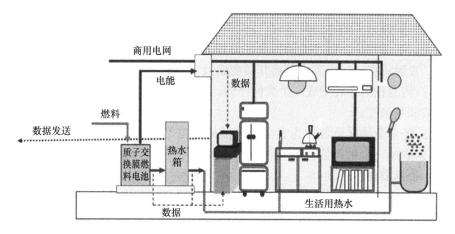

图 0-8 一种典型的分布式热电联供系统

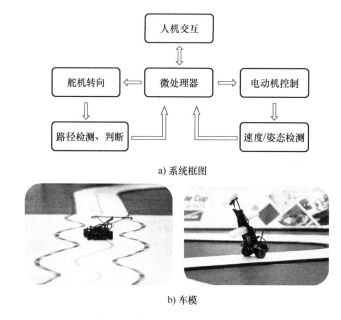

a) 系统框图

b) 车模

图 0-9 典型的寻迹智能车系统

1）赛道信息获取：根据路径信息获取方式的不同，可分为图像类和感应类两种赛道信息获取系统。图像类寻迹智能车系统利用摄像头获取赛道信息，而感应类寻迹智能车系统则利用电感组成的 LC 检波电路识别赛道中的 100mA、20kHz 的交变磁场，从而获取赛道信息。

2）控制策略：决策单元对获取的赛道信息利用相关性、连续性等提取有效数据，并将有效数据与设定的数值进行运算得出偏差及变化率，从而估计出赛道类型。针对不同的赛道类型，结合编码器得到的速度信息，可制定不同的控制策略。

3）优化决策及执行：根据决策单元的输出结果，执行机构通过舵机完成转向控制，通过电动机完成加减速控制。人机交互单元利用无线通信将车体内部信息（如姿态、速度）及外部信息（如赛道、障碍物）等传输到计算机端，优化在不同类型赛道上的速度控制与转向控制策略,在最稳定的情况下,最短时间内完成竞速任务。

寻迹智能车系统是一种复杂的非线性系统,涉及系统分析、控制和优化等技术,在紧急救援、自动驾驶等领域具有广阔的应用前景。

第三节　MATLAB 信号分析与处理工具箱

MATLAB 是 Math Works 公司于 20 世纪推出的高性能数值计算软件。经过不断开发和扩充,MATLAB 已由最初的主要用于求解线性方程和特征值问题,发展到包含有几十个工具箱、功能非常强大的实时工程计算软件,广泛应用于各个领域。

MATLAB 的主要工具箱包括 MATLAB 主工具箱,以及信号处理、控制系统、通信、财政金融、系统辨识、模糊逻辑、高阶谱分析、图像处理、计算机视觉、线性矩阵不等式、模型预测控制、μ 分析、神经网络、优化、偏微分方程、鲁棒控制、样条、统计工具箱,符号数学、动态仿真、小波、DSP 处理工具箱等。

信号处理工具箱(Signal Processing Toolbox)是 MATLAB 的重要组成部分,是 MATLAB 诸多工具箱中最早开发的工具箱之一,它提供了一套进行模拟信号和数字信号分析、处理的工业标准算法和应用程序。读者可以使用该工具箱将信号进行可视化分析、FFT 分析、设计 FIR 和 IIR 滤波器,实现卷积、调制、重采样和其他信号处理等功能,也可以基于该工具箱中的算法开发用于音频和语音处理、仪器仪表和基带无线通信的自定义算法。

一、MATLAB 的菜单/工具栏

MATLAB R2019b 的主界面如图 0-10 所示。菜单/工具栏中包含三个标签,分别是主页、绘图和应用程序(APP)。绘图标签提供了数据的绘图功能,应用程序标签包含了各种应用程序的入口,主页标签提供了下述功能:

图 0-10　MATLAB R2019b 的主界面

1) 新建脚本(New Script):用于建立新的 .m 脚本文件。
2) 新建(New):主要用于建立新的 .m 文件、图形、模型和图形用户界面。
3) 打开(Open):用于打开 MATLAB 的 .m 文件、.fig 文件、.mat 文件、.mdl 文件、.cdr 文件等。
4) 导入数据(Import Data):实现从其他文件导入数据进入 MATLAB 工作区。
5) 保存工作区(Save Workspace):将工作区的数据存放到相应的路径文件中。

6）布局（Layout）：提供工作界面上各个组件的显示选项，并提供预设的布局。

7）帮助（Help）：打开帮助文件或其他帮助方式。

8）设置（Preferences）：用来设置 MATLAB 程序的相关运行参数。

二、命令行窗口

命令行窗口是 MATLAB 的重要窗口。用户可以在命令行窗口内输入各种指令、函数、表达式来进行计算。

"≫"是 MATLAB 的运算提示符，表示 MATLAB 处于准备状态，等待用户输入新的命令进行计算。用户可以在提示符后面输入命令，按 Enter 键确认后，MATLAB 会给出计算结果，并再次进入准备状态，如图 0-11 所示。

图 0-11　命令行窗口

三、工作区

工作区用来显示当前计算机内存中的 MATLAB 变量的变量名、数据结构、字节数和数据类型等信息。不同的变量分别对应不同的变量名图标，如图 0-12 所示。使用者可以选中工作区窗口中的变量，单击鼠标右键来进行各种操作。

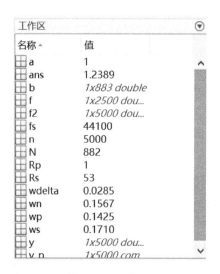

图 0-12　工作区

四、图形窗口

在 MATLAB 下建立一个图形窗口由命令 figure 完成(或命令窗口 File→New→Figure 选项),每执行一次 figure 命令产生一个图形窗口,可以同时产生若干个图形窗口,MATLAB 自动把这些窗口的名字添加序号(No.1, No.2,…)作为区别。同时,这些窗口都被自动分配一个句柄,窗口上有菜单和工具条,其中包括通用的文件操作命令、编辑命令等,可对图形的坐标轴、线型等特性进行设置,还可以为图形添加标注,如图 0-13 所示。

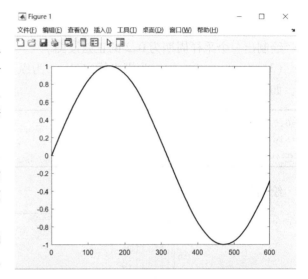

关闭图形窗口由 close 命令来完成,每执行一次 close 命令关闭一个当前的图形窗口,要同时关闭所有窗口,用 close all 命令来完成。

绘制二维图形可以使用不同的函数,最常用的是 plot 函数、stem 函数、semilog 函数等,对于不同的输入参数,具有不同的输出形式。

图 0-13 MATLAB 图形窗口

(1) plot(y)。plot 以参数 y 的值为纵坐标,横坐标从 1 开始自动赋值为向量[1 2 3…]或其转置向量,向量的方向和长度与参数 y 相同。如命令

```
y=[0 1 2 1 0]
plot(y)
```

绘制的曲线如图 0-14 所示,其横坐标为向量[1 2 3 4 5]。

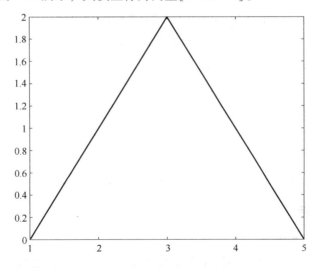

图 0-14 plot(y)函数绘制的曲线

(2) plot(x, y)。以 x 为横坐标向量、y 为纵坐标向量画出图形，是最常用的绘图函数。如命令

```
t=1:0.2:10;
y=sin(t);
plot(t,y)
```

绘制出一个采样周期为 0.2 的正弦波图。

(3) stem(x, y)。以 x 为横坐标向量、y 为纵坐标向量画出火柴梗图，用来表示离散信号。如命令

```
t=0:0.2:10;
y=sin(t);
stem(t,y)
```

绘制的火柴梗图如图 0-15 所示。

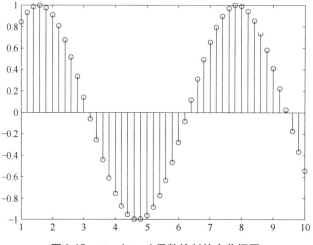

图 0-15　stem(t, y) 函数绘制的火柴梗图

(4) 对数坐标曲线。函数 semilog、semilogx、loglog 可以绘制二维对数坐标曲线，这三个函数的用法和 plot 函数相同。如命令

```
t=0:0.1:2*pi;
y=sin(t);
semilogx(t,y);
grid on;
```

绘制的正弦横坐标为对数坐标，并用"grid on"命令为图形窗口添加网格。

五、M 文件编程

1. MATLAB 中的矩阵

在 MATLAB 中，一个矩阵既可以是普通数学意义上的矩阵，也可以是标量或向量。使用 MATLAB，不仅能够进行实数矩阵的运算，而且能够进行复数矩阵的运算。

在 MATLAB 中输入矩阵需遵循以下基本要求：
1）把矩阵元素列入方括号中。
2）每行内的元素间用逗号或空格分开。
3）行与行之间用分号隔开。

在 MATLAB 中，输入矩阵可以有多种方式，最好通过显式元素列表输入。如对一个简单矩阵

```
x=[1 2 3;4 5 6;7 8 9]
```

或

```
x=[1,2,3;4,5,6;7,8,9]
```

会得到同样的输出结果：

```
X =
    1    2    3
    4    5    6
    7    8    9
```

对于较为复杂的矩阵，为了使其输入方式更符合用户习惯，可用回车键代替分号。

2. 变量及运算符

（1）变量。MATLAB 不要求用户在输入变量时进行声明，也不需要指定其阶数。当用户在 MATLAB 工作空间内输入一个新的变量时，MATLAB 会自动给该变量分配适当的内存，若用户输入的变量已经存在，则 MATLAB 将使用新输入的变量替换原有的变量。

MATLAB 的变量命名规则如下：
1）变量名应以字母开头。
2）变量名可以由字母、数字和下画线混合组成。
3）组成变量名的字符长度应不大于 31 个。
4）MATLAB 区分大小写。

（2）运算符。表 0-1 列出了 MATLAB 的运算符。

表 0-1 MATLAB 的运算符

算术运算符		关系运算符		逻辑运算符		操作符	
操作符	解释	操作符	解释	运算符	解释	符号	解释
+	加	==	等于	&	逻辑和	:	冒号，很重要
—	减	~=	不等于	|	逻辑或	;	分隔行
*	矩阵乘	>	大于	~	逻辑非	,	分隔列
.*	数组乘	<	小于			()	用于运算次序
^	矩阵乘方	>=	大于等于			[]	构成向量和矩阵
.^	数组乘方	<=	小于等于			{}	构成单元数组

(续)

算术运算符		关系运算符		逻辑运算符		操作符	
操作符	解释	操作符	解释	运算符	解释	符号	解释
\	矩阵左除					.	小数点
.\	数组左除					..	父目录
/	矩阵右除					…	表示该项未完
./	数组右除					%	用于注释
						!	调用操作系统命令
						=	赋值

3. M 文件

M 文件是 MATLAB 所特有的使用该语言编写的磁盘文件。所有的 M 文件都是以".m"作为文件的扩展名。建立一个新的 M 文件的方法是在工具栏"File"下选择"New"→"Script"或者"Function",然后会出现 MATLAB 提供的 M 文件编辑器(Editor/Debuger),如图 0-16 所示。

图 0-16　M 文件编辑器

(1) 脚本。在 MATLAB 中,既不接收输入参数也不返回输出参数的 M 文件称为脚本。这种 M 文件是在 MATLAB 的工作空间内对资料进行操作的。

当用户在 MATLAB 中调用一个脚本文件时,MATLAB 将执行在该脚本文件中所有可识别的命令。脚本文件不仅能够对工作空间内已经存在的变量进行操作,还能够使用这些变量创建新的数据。

尽管脚本文件不能返回输出参数,但其建立的新变量却能够保存在 MATLAB 的工作空间中,并且能够在之后的计算中被使用。除此之外,脚本文件还能够使用 MATLAB 的绘图函数来产生图形输出结果。

(2) 函数。MATLAB 中的函数是指那些能够接收并输出参数的 M 文件。在 MATLAB 中,函数名和 M 文件名可以相同,但函数对变量的操作是在其函数体内,这种操作与 MATLAB 在工作空间内对变量的操作性质是不同的。下面用一个例子来帮助读者更好地理解这一点。

例如,函数 rank 用来求矩阵的秩,查看该函数的代码,可在 MATLAB 的命令窗口中输入

```
type rank
```

将显示函数 rank 的代码如下:

```
function r=rank(A,tol)
%RANK    Matrix rank.
```

```
%   RANK(A) provides an estimate of the number of linearly
%   independent rows or columns of a matrix A.
%
%   RANK(A,TOL) is the number of singular values of A
%   that are larger than TOL. By default,TOL=max(size(A)) * eps(norm(A)).
%
%   Class support for input A:
%      float: double,single

%   Copyright 1984-2015 The MathWorks,Inc.

s=svd(A);
if nargin==1
    tol=max(size(A)) * eps(max(s));
end
r=sum(s>tol); r=sam(s>tol);
```

在 MATLAB 中，函数代码的第一行总是以关键词"function"开始，同时，该行也给出了函数名和参数的状态。在本例中，函数代码的第一行给出了函数名"rank"，并显示该函数有两个输入参数及一个输出参数。以"%"号开头的语句在 MATLAB 中被用来表示该行是对该函数的注释。

函数代码的最后一部分是 MATLAB 中实现该函数功能的执行语句，是函数代码的主体。函数主体中的所有参数，如 A、tol、r，都是函数内部变量，与 MATLAB 工作空间内的变量是分离的。MATLAB 为用户提供了功能各异的函数，有基本数学函数、专用数学函数、矩阵函数、绘图函数、多项式函数、数据分析函数和工具箱函数，见表 0-2~表 0-6。

表 0-2 矩阵生成函数

函 数 名	功 能
zeros(m, n)	产生 m×n 的全 0 矩阵
ones(m, n)	产生 m×n 的全 1 矩阵
rand(m, n)	产生均匀分布的随机矩阵，元素取值范围 0.0~1.0
randn(m, n)	产生正态分布的随机矩阵
magic(N)	产生 N 阶魔方矩阵（矩阵的行、列和对角线上元素的和相等）
eye(m, n)	产生 m×n 的单位矩阵

注：zeros、ones、rand、randn 和 eye 函数当只有一个参数 n 时，则为 n×n 的方阵。
当 eye(m, n) 函数的 m 和 n 参数不相等时，单位矩阵会出现全 0 行或列。

表 0-3 常用矩阵翻转函数

函 数 名	功 能
triu(X)	产生 X 矩阵的上三角矩阵，其余元素补 0
tril(X)	产生 X 矩阵的下三角矩阵，其余元素补 0
flipud(X)	使矩阵 X 沿水平轴上下翻转

(续)

函 数 名	功 能
fliplr(X)	使矩阵 X 沿垂直轴左右翻转
flipdim(X, dim)	使矩阵 X 沿特定轴翻转。dim=1,按行维翻转；dim=2,按列维翻转
rot90(X)	使矩阵 X 逆时针旋转 900°

表 0-4 常用矩阵运算函数

函 数 名	功 能
det(X)	计算方阵行列式
rank(X)	求矩阵的秩，得出的行列式不为零的最大方阵边长
inv(X)	求矩阵的逆阵，当方阵 X 的 det(X)不等于零，逆阵 X-1 才存在。X 与 X-1 相乘为单位矩阵
[v, d]=eig(X)	计算矩阵特征值和特征向量。如果方程 Xv=vd 存在非零解，则 v 为特征向量，d 为特征值
diag(X)	产生 X 矩阵的对角阵
[l, u]=lu(X)	方阵分解为一个准下三角方阵和一个上三角方阵的乘积。l 为准下三角方阵，必须交换两行才能成为真的下三角方阵
[q, r]=qr(X)	m×n 阶矩阵 X 分解为一个正交方阵 q 和一个与 X 同阶的上三角矩阵 r 的乘积。方阵 q 的边长为矩阵 X 的 n 和 m 中较小者，且其行列式的值为 1
[u, s, v]=svd(X)	m×n 阶矩阵 X 分解为三个矩阵的乘积，其中 u,v 为 n×n 阶和 m×m 阶正交方阵，s 为 m×n 阶的对角阵，对角线上的元素就是矩阵 X 的奇异值，其长度为 n 和 m 中的较小者

表 0-5 基本函数

函数名	含 义	函数名	含 义	函数名	含 义
abs	绝对值或者复数模	atan	反正切	ceil	向最接近+∞取整
sqrt	二次方根	atan2	第四象限反正切	sign	符号函数
real	实部	sinh	双曲正弦	rem	求余数留数
imag	虚部	cosh	双曲余弦	pow2	2 的幂
conj	复数共轭	tanh	双曲正切	exp	自然指数
sin	正弦	rat	有理数近似	log	自然对数
cos	余弦	mod	模除求余	log10	以 10 为底的对数
tan	正切	round	四舍五入到整数	gamma	伽玛函数
asin	反正弦	fix	向最接近 0 取整	besselj	贝塞尔函数
acos	反余弦	floor	向最接近-∞取整		

表 0-6 矩阵和数组运算对比表

数 组 运 算		矩 阵 运 算	
命令	含 义	命令	含 义
A+B	数组对应元素相加	A+B	与数组运算相同
A-B	数组对应元素相减	A-B	与数组运算相同
S.*B	标量 S 分别与数组 B 元素的积	S*B	与数组运算相同
A.*B	数组对应元素相乘	A*B	内维相同矩阵的乘积
S./B	S 分别被数组 B 元素左除	S\B	B 矩阵分别左除 S
A./B	矩阵 A 的元素被 B 的对应元素除	A/B	矩阵 A 右除 B，即 A 的逆阵与 B 相乘
B.\A	结果一定与上行相同	B\A	A 左除 B（一般与上行不同）
A.^S	A 的每个元素自乘 S 次	A^S	A 矩阵为方阵时，自乘 S 次
A.^S	S 为小数时，对 A 各元素分别求非整数幂，得出矩阵	A^S	S 为小数时，方阵 A 的非整数乘方
S.^B	分别以 B 的元素为指数求幂值	S^B	B 为方阵时，标量 S 的矩阵乘方
A.'	非共轭转置，相当于 conj(A')	A'	共轭转置
exp(A)	以自然数 e 为底，分别以 A 的元素为指数求幂	expm(A)	A 的矩阵指数函数
log(A)	对 A 的各元素求对数	logm(A)	A 的矩阵对数函数
sqrt(A)	对 A 的各元素求二次方根	sqrtm(A)	A 的矩阵二次方根函数
f(A)	求 A 各个元素的函数值	funm(A,'FUN')	矩阵的函数运算

六、信号分析与处理中的常用函数

1. 多项式运算

（1）多项式求值。函数 polyval 按数组运算规则进行计算，可用来计算多项式在给定变量时的值。

语法：polyval(p,s)

说明：p 为多项式；s 为给定矩阵。

（2）多项式求根。

1）函数 roots 用来计算多项式的根。

语法：r=roots(p)

说明：p 为多项式；r 为计算的多项式的根，以列向量的形式保存。

2）与函数 roots 相反，根据多项式的根来计算多项式的系数可以用 poly 函数来实现。

语法：p=poly(r)

（3）特征多项式。对于一个方阵 s，可以用函数 poly 来计算方阵的特征多项式的系数。

特征多项式的根即为特征值，用 roots 函数来计算。

语法：p=poly(s)

说明：s 必须为方阵；p 为特征多项式。

（4）部分分式展开。用 residue 函数可实现将分式表达式部分分式展开。如

$$\frac{B(s)}{A(s)} = \frac{r_1}{s-p_1} + \frac{r_2}{s-p_2} + \cdots + \frac{r_n}{s-p_n} + k(s)$$

语法：[r,p,k]=residue(b,a)

说明：b 和 a 分别为分子和分母多项式系数行向量；r 为 [r_1 r_2 $\cdots$ r_n] 留数行向量；p 为 [p_1 p_2 $\cdots$ p_n] 极点行向量；k 为直项行向量。

（5）多项式的乘法和除法

语法：p=conv(p1,p2)

说明：p 为多项式 p1 和 p2 的乘积多项式。

语法：[q,r]=deconv(p1,p2)

说明：多项式 p1 被 p2 除的商为多项式 q，而余子式为 r。

（6）卷积。卷积和解卷积是信号与系统常用的数学工具。conv 和 deconv 分别为卷积和解卷积函数，同时也是多项式乘法和除法函数。

1）函数 conv 用来计算向量的卷积。

语法：conv(x,y)

说明：如果 x 为输入信号，y 为线性系统的脉冲响应函数，则 x 和 y 的卷积为系统的输出信号。

2）函数 conv2 用来计算二维卷积。

3）函数 deconv 用来解卷积运算。

语法：[q,r]=deconv(x,y)

说明：解卷积和卷积的关系是：x=conv(y, q)+r。

2. 符号变量常用函数

（1）符号常量。符号常量是不含变量的符号表达式，用 sym 命令来创建符号常量。

语法：sym('常量')

说明：创建符号常量。

（2）使用 sym 命令创建符号变量和表达式。

语法：sym('变量',参数)

说明：把变量定义为符号对象，参数用来限定符号变量的数学特性，可以选择为'positive'、'real'和'unreal'，'positive'为正、实符号变量，'real'为实符号变量，'unreal'为非实符号变量。如果不限定则参数可省略。

语法：sym('表达式')

说明：创建符号表达式。

（3）使用 syms 命令创建符号变量和符号表达式。

语法：syms('arg1','arg2',…,参数)
　　　syms arg1 arg2 …,参数

说明：syms 用来创建多个符号变量，语法中前者把字符变量定义为符号变量，后者是前者的简洁形式。这两种方式创建的符号对象是相同的。参数设置和前面的 sym 命令相同，省略时符号表达式直接由各符号变量组成。

（4）符号函数的绘图命令。

1）ezplot 命令用来绘制符号表达式的自变量和对应各函数值的二维曲线。

2）ezplot3 命令用于绘制三维曲线。

语法：ezplot(F,[xmin,xmax],fig)

说明：F 为将要绘制的符号函数；[xmin，xmax]为绘图的自变量范围，省略时默认值为[-2π，2π]；fig 为指定的图形窗口，省略时默认为当前图形窗口。

符号表达式和字符串的绘图命令见表 0-7。

表 0-7　符号表达式和字符串的绘图命令

命令名	含　义	举　例
ezmesh	绘制三维网线图	ezmesh('sin(x)*exp(-t)','cos(x)*exp(-t)','x',[0,2*pi])
ezmeshc	绘制带等高线的三维网线图	ezmeshc('sin(x)*t',[-pi,pi])
ezpolar	绘制极坐标图	ezpolar('sin(t)',[0,pi/2])
ezsurf	绘制三维曲面图	ezsurf('x*sin(t)','x*cos(t)','t',[0,10*pi])
ezsurfc	绘制带等高线的三维曲面图	ezsurfc('x*sin(t)','x*cos(t)','t',[0,pi,0,2*pi])

3. 信号分析与处理常用函数

（1）系统函数描述。MATLAB 中使用 tf 命令来建立系统函数。

语法：G=tf(num,den)

说明：num 为分子向量，num = [b_1，b_2，…，b_m，b_{m+1}]；den 为分母向量，den = [a_1，a_2，…，a_{n-1}，a_n]。

（2）零极点描述。MATLAB 中使用 zpk 命令来实现由零极点得到传递函数模型。

语法：G=zpk(z,p,k)

说明：z 为零点列向量；p 为极点列向量；k 为增益。

线性系统模型转换函数见表 0-8。

表 0-8　线性系统模型转换函数

函　　数	调　用　格　式	功　　能
tf2ss	[a, b, c, d] = tf2ss(num, den)	传递函数转换为状态空间
tf2zp	[z, p, k] = tf2zp(num, den)	传递函数转换为零极点描述
ss2tf	[num, den] = ss2tf(a, b, c, d, iu)	状态空间转换为传递函数
ss2zp	[z, p, k] = ss2zp(a, b, c, d, iu)	状态空间转换为零极点描述
zp2ss	[a, b, c, d] = zp2ss(z, p, k)	零极点描述转换为状态空间
zp2tf	[num, den] = zp2tf(z, p, k)	零极点描述转换为传递函数

(3) 系统响应分析。

1) 连续系统的零输入响应。MATLAB 中使用 initial 命令来计算和显示连续系统的零输入响应。

语法：
```
initial(G,x0,Ts)              %绘制系统的零输入响应曲线
initial(G1,G2,…,x0,Ts)        %绘制多个系统的零输入响应曲线
[y,t,x]=initial(G,x0,Ts)      %得出零输入响应、时间和状态变量响应
```

说明：G 为系统模型，必须是状态空间模型；x0 为初始条件；Ts 为时间，如果是标量则为终止时间，如果是数组，则为计算时刻，可省略；y 为输出响应；t 为时间向量，可省略；x 为状态变量响应，可省略。

2) 离散系统的零输入响应。离散系统的零输入响应使用 dinitial 命令实现。

语法：
```
dinitial(a,b,c,d,x0)            %绘制离散系统的零输入响应曲线
y= dinitial(a,b,c,d,x0)         %得出离散系统的零输入响应
[y,x,n]= dinitial(a,b,c,d,x0)   %得出离散系统 n 点的零输入响应
```

说明：a、b、c、d 为状态空间的系数矩阵；x0 为初始条件；y 为输出响应；x 为状态变量响应；n 为点数。

(4) 傅里叶 (Fourier) 变换及其逆变换。傅里叶变换和逆变换可以利用积分函数 int 来实现，也可以直接使用 fourier 或 ifourier 函数实现。

语法：F=fourier(f,t,w)   %求时域函数 f(t) 的 Fourier 变换 F

说明：返回结果 F 为符号变量 w 的函数，当参数 w 省略，默认返回结果 F 为 w 的函数；f 为 t 的函数，当参数 t 省略时，默认 f 的自变量为 x。

语法：
```
f=ifourier(F)                   %求频域函数 F 的 Fourier 逆变换 f(t)
f=ifourier(F,w,t)
```

说明：ifourier 函数的用法与 fourier 函数相同。

（5）快速傅里叶变换。

语法：X=fft(x,N)　　　　　　　　　%对离散序列进行离散傅里叶变换

说明：x 可以是向量、矩阵和多维数组；N 为输入变量 x 的序列长度，可省略，如果 X 的长度小于 N，则会自动补零；如果 X 的长度大于 N，则会自动截断；当 N 取 2 的整数幂时，傅里叶变换的计算速度最快。通常取大于又最靠近 x 长度的幂次。一般情况下，fft 求出的函数为复数，可用 abs 及 angle 分别求其幅值和相位。

语法：X=ifft(x,N)　　　　　　　　　%对离散序列进行离散傅里叶逆变换

说明：ifft 函数的用法同 fft 函数。

（6）拉普拉斯(Laplace)变换及其逆变换。

语法：F=laplace(f,t,s)　　　　　　　%求时域函数 f 的拉普拉斯变换 F

说明：返回结果 F 为 s 的函数，当参数 s 省略，默认返回结果 F 为's'的函数；f 为 t 的函数，当参数 t 省略时，默认 f 的自变量为 t。

语法：f=ilaplace(F,s,t)　　　　　　　%求 F 的拉普拉斯逆变换 f

说明：ilaplace 函数的用法与 laplace 函数相同。

（7）Z 变换及其逆变换。

语法：F=ztrans(f,n,z)　　　　　　　%求时域序列 f 的 Z 变换 F

说明：返回结果 F 以符号变量 z 为自变量；当参数 n 省略时，默认 f 的自变量为'n'；当参数 z 省略时，默认返回结果 F 为'z'的函数。

语法：f=iztrans(F,z,n)　　　　　　　%求 F 的 Z 逆变换 f

说明：iztrans 函数的用法与 ztrans 函数相同。

（8）频率特性、幅频、相频

语法：Gw=polyval(num,j*w)./polyval(den,j*w)
　　　mag=abs(Gw)　　　　　　　　%幅频特性
　　　pha=angle(Gw)　　　　　　　%相频特性

说明：j 为虚部变量。

七、Simulink 简介

Simulink 是 MATLAB 的重要组成部分，但它具有相对独立的功能和使用方法，它是对动态系统进行建模、仿真和分析的一个软件包，支持线性和非线性系统、连续时间系统、离散

时间系统、连续和离散混合系统等的仿真。

1. Simulink 的基本操作

运行 Simulink 的方式有三种：

1）在 MATLAB 的命令窗口直接键入"Simulink"。

2）单击 MATLAB 工具栏上的 Simulink 图标。

3）在 MATLAB 工具栏上选择"新建"→"Simulink Model"。

选择上述三种方式运行后会显示 Simulink 的起始界面，如图 0-17 所示。

图 0-17　Simulink 的起始界面

单击"Blank Model"，可创建空白 Simulink 模型，其初始界面如图 0-18 所示。

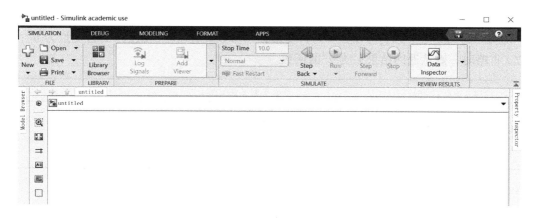

图 0-18　Simulink 模型初始界面

单击"Library Browser"，可打开 Simulink 模块库，其界面如图 0-19 所示，用户可根据需要安装模块库并使用。

Simulink 模块库主要包括输入源模块 Sources、接收模块 Sinks、连续系统模块 Continuous、离散系统模块 Discrete、信号与系统模块 Signals&Systems、数学运算模块 Math。

新建模型窗口是 Windows 的一个标准窗口，用户可用鼠标拖入 Simulink 模块库浏览器中

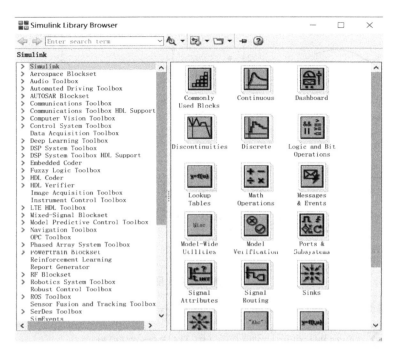

图 0-19 Simulink 模块库

的模块，并且可以用鼠标对模块进行修改或设置各模块的参数。该窗口常用的菜单如下：

1）Simulation：仿真菜单。

2）Debug：调试菜单。

3）Modeling：模型菜单。

4）Format：编辑菜单。

5）APPS：应用菜单。

2. 系统仿真步骤

1）根据系统框图，在窗口中绘制仿真框图。

2）根据实验要求设置各环节系数。将鼠标移至欲修改的单元上，双击鼠标左键，Windows 将弹出对话框供用户修改该环节的参数，不同环节的对话框略有不同，对话框由若干个编辑框和按钮组成，在编辑框内输入希望的参数，然后单击"OK"按钮确认修改的参数或"Cancel"按钮取消修改。

3. 启动系统仿真

通过菜单启动系统仿真或通过工具栏起动系统仿真，这时 Windows 将弹出一曲线窗口显示仿真曲线。

习 题

0.1 试判断图 0-20 所示各信号是连续时间信号还是离散时间信号。

0.2 判断下列各信号是否是周期信号，如果是周期信号，求出基波周期。

（1）$x(t) = 2\cos(3t + \pi/4)$ （2）$x(n) = \cos(8\pi n/7 + 2)$

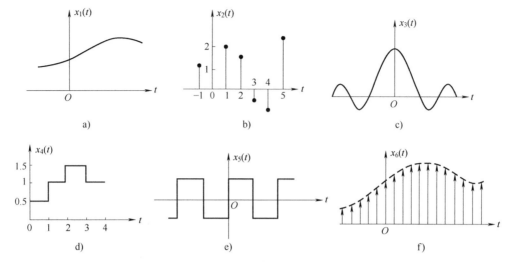

图 0-20 题 0.1 图

(3) $x(t) = e^{j(\pi t - 1)}$ (4) $x(n) = e^{j(n/8 - \pi)}$

(5) $x(n) = \sum_{m=0}^{\infty} [\delta(n-3m) - \delta(n-1-3m)]$ (6) $x(t) = \cos 2\pi t \times u(t)$

(7) $x(n) = \cos(n/4) \times \cos(n\pi/4)$

(8) $x(n) = 2\cos(n\pi/4) + \sin(n\pi/8) - 2\sin(n\pi/2 + \pi/6)$

0.3 试判断下列信号是能量信号还是功率信号。

(1) $x_1(t) = Ae^{-t}$ $t \geq 0$ (2) $x_2(t) = A\cos(\omega_0 t + \theta)$

(3) $x_3(t) = \sin 2t + \sin 2\pi t$ (4) $x_4(t) = e^{-t}\sin 2t$

0.4 对下列每一个信号求能量 E 和功率 P。

(1) $x_1(t) = e^{-2t}u(t)$ (2) $x_2(t) = e^{j(2t+\pi/4)}$ (3) $x_3(t) = \cos t$

(4) $x_4(n) = (1/2)^n u(n)$ (5) $x_5(n) = e^{j(\pi/2 n + \pi/8)}$ (6) $x_6(t) = \cos \pi n$

0.5 信号 $x(t)$ 定义如下：

$$x(t) = \begin{cases} \dfrac{1}{2}(\cos\omega t + 1) & -\pi/\omega \leq t \leq \pi/\omega \\ 0 & \text{其他} \end{cases}$$

求该信号的总能量。

0.6 列举一个典型工程应用实例，说明信号与系统的关系。

上机练习题

0.7 用 MATLAB 求解习题 0.3。

0.8 用 MATLAB 求解习题 0.4。

0.9 用 MATLAB 求解习题 0.5。

第一章

连续信号的分析

连续确定性信号(简称连续信号)是可用时域上连续的确定性函数描述的信号,也是一类在描述、分析上最简单的信号,是其他信号分析的基础。本章着重讨论连续信号的分析方法,包括时域分析、频域分析及复频域分析。

第一节 时域描述和分析

通常一个信号是时间的函数,在时域内对其进行定量和定性分析是一种最基本的方法。时域分析方法比较直观、简便,物理概念强,易于理解。

一、时域描述

用一个时间函数或一条曲线来表示信号随时间变化的特性称为连续信号的时域描述。在多种多样的连续确定性信号中,有一些信号可以用常见的基本函数表示,如正弦函数、指数函数、阶跃函数等,把这类信号称为基本信号。通过它们可以组成许多更复杂的信号,所以讨论基本信号的时域描述有着重要意义。

基本信号通常可分为普通信号和奇异信号。

(一)普通信号

1. 正弦信号

连续时间正弦信号可表示为

$$x(t) = A\sin(\omega_0 t + \varphi_0) = A\cos\left(\omega_0 t + \varphi_0 - \frac{\pi}{2}\right) \qquad -\infty < t < \infty \tag{1-1}$$

式中,A 为振幅;ω_0 为角频率(rad/s);φ_0 为初相角(rad)。如图 1-1 所示。

正弦信号是周期信号,其周期为

$$T_0 = \frac{2\pi}{\omega_0} = \frac{1}{f_0} \tag{1-2}$$

余弦信号与正弦信号只在相位上相差 $\frac{\pi}{2}$,所以通常也把它归属为正弦信号。

LC 电路响应、机械系统简谐振动等均可用正弦信号进行描述。例如，考虑由一个电感 L 和一个电容 C 并联而成的电路，如图 1-2 所示。假设电路中两个元件是理想的电感和电容，设 $t=0$ 时刻电容两端的电压为 V_0，则当 $t\geq 0$ 时，描述该电路的方程为

$$LC\frac{\mathrm{d}^2}{\mathrm{d}t^2}v(t)+v(t)=0$$

式中，$v(t)$ 为 t 时刻电容两端的电压；C 为电容量；L 为电感量。由上式可知

$$v(t)=V_0\cos\omega_0 t \qquad t\geq 0$$

式中，$\omega_0=\dfrac{1}{\sqrt{LC}}$ 为电路的固有振荡角频率；$v(t)$ 为一个幅度为 V_0、角频率为 ω_0、初相角为 0 的正弦信号。

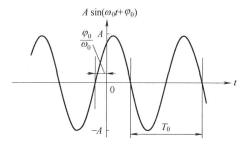
图 1-1 正弦信号

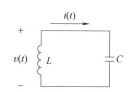
图 1-2 产生正弦电压信号的电路

2. 复指数信号

一个指数信号可以表示为

$$x(t)=A\mathrm{e}^{st} \qquad -\infty<t<\infty \tag{1-3}$$

式中，$s=\sigma+\mathrm{j}\omega_0$ 为复数。

1) 如果 $\sigma=0$，$\omega_0=0$，则 $x(t)=A$，为直流信号。

2) 如果 $\sigma\neq 0$，$\omega_0=0$，则 $x(t)=A\mathrm{e}^{\sigma t}$，为实指数信号。其中，$\sigma<0$ 表示 $x(t)$ 随时间按指数衰减，可用于描述放射性衰变、RC 电路或有阻尼的机械系统响应等；$\sigma>0$ 表示 $x(t)$ 随时间按指数增长，可用于描述原子弹爆炸或化学连锁反应等物理过程。信号的衰减或增长速度可以用实指数信号的时间常数 τ 表示，它是 $|\sigma|$ 的倒数，即 $\tau=\dfrac{1}{|\sigma|}$。图 1-3 分别表示不同 σ 值的指数信号。

指数信号的物理意义非常明确，在实际工程中也得到了广泛应用。考虑如图 1-4 所示损耗为 R 的电容器 C 电路。将电池接到电容 C 两端对其充电，然后在 $t=0$ 时刻移走电池，用 V_0 表示电容两端的初始电压，在 $t\geq 0$ 时电容两端电压的变化描述为

$$RC\frac{\mathrm{d}}{\mathrm{d}t}v(t)+v(t)=0$$

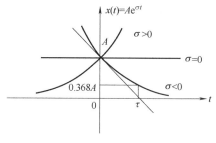
图 1-3 不同 σ 值的指数信号

式中，$v(t)$ 为 t 时刻电容器两端的电压。由上式可知
$$v(t) = V_0 e^{-t/(RC)}$$
式中，RC 为时间常数。

上式表明，电容器两端的电压随时间指数衰减，衰减速度取决于时间常数 RC。

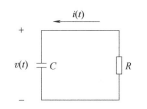

图 1-4 产生指数衰减电压信号的有损耗电容器电路

3）如果 $\sigma \neq 0$，$\omega_0 \neq 0$，则 $x(t) = A e^{\sigma t} e^{j\omega_0 t}$，为复指数信号。其中，$s = \sigma + j\omega_0$ 称为复指数信号的复频率。

根据欧拉(Euler)公式，复指数信号可以写成
$$x(t) = A e^{st} = A e^{\sigma t} e^{j\omega_0 t} = A e^{\sigma t} \cos\omega_0 t + jA e^{\sigma t} \sin\omega_0 t = \mathrm{Re}[x(t)] + j\mathrm{Im}[x(t)] \tag{1-4}$$
可见，$x(t)$ 可以分解为实部和虚部两个部分，即
$$\mathrm{Re}[x(t)] = A e^{\sigma t} \cos\omega_0 t \tag{1-5}$$
$$\mathrm{Im}[x(t)] = A e^{\sigma t} \sin\omega_0 t \tag{1-6}$$
分别为幅度变化的余弦和正弦信号，$A e^{\sigma t}$ 反映了它们振荡幅度的变化情况，即信号的包络线。图 1-5 所示为 $\sigma<0$ 时的 $\mathrm{Re}[x(t)]$ 和 $\mathrm{Im}[x(t)]$，其中虚线为包络线 $A e^{\sigma t}$。

图 1-5 复指数信号($\sigma<0$)

4）如果 $\sigma = 0$，$\omega_0 \neq 0$，则 $x(t) = A e^{j\omega_0 t}$，按欧拉公式，其实部和虚部分别为等幅的余弦和正弦信号。

实际的信号都是时间 t 的实函数，复指数信号为复函数，所以不可能实际产生。但是，复指数信号的实部和虚部表示了指数包络的正弦型振荡，具有一定的实际意义。其次，它把直流信号、指数信号、正弦信号以及具有包络线的正弦信号表示为统一的形式，并使信号的数学运算简练、方便，所以在信号分析理论中更具普遍意义。

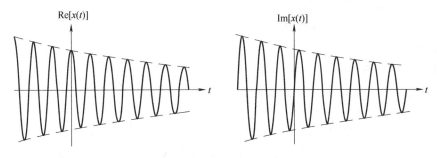

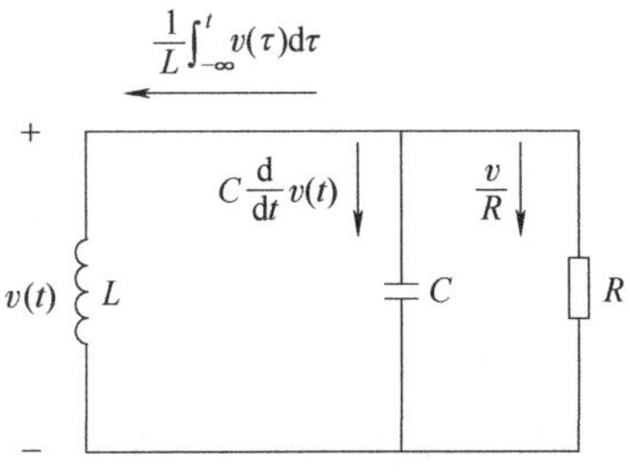

图 1-6 可产生指数衰减正弦信号的并联 RLC 电路

可产生指数衰减正弦信号的并联 RLC 电路如图 1-6 所示。该电路由电容 C、电感 L 和电阻 R 并联而成。设 $t=0$ 时刻电容两端电压为 V_0，则在 $t \geq 0$ 时，描述该电路的方程为

$$C\frac{d}{dt}v(t) + \frac{1}{R}v(t) + \frac{1}{L}\int_{-\infty}^{t} v(\tau)d\tau = 0 \quad t \geq 0$$

式中，$v(t)$ 为 $t \geq 0$ 时电容两端的电压。求解上式可知

$$v(t) = V_0 e^{-t/(2RC)} \cos\omega_0 t \quad t \geq 0$$

其中，$\omega_0 = \sqrt{\dfrac{1}{LC} - \dfrac{1}{4C^2R^2}}$。此处假定 $R > \sqrt{L/(4C)}$。

综上，图1-6电路的电压 $v(t)$ 为指数衰减的正弦信号。

例1-1 已知信号 $x_1(t) = 4\cos 100t - 6\sin 100t$ 和 $x_2(t) = 5\cos\left(100t + \dfrac{\pi}{4}\right)$，求 $x(t) = x_1(t) + x_2(t)$。

解： 由式(1-4)~式(1-6)，信号 $x_1(t)$ 可写为

$$x_1(t) = (2 + j3)e^{j100t} + (2 - j3)e^{-j100t}$$

同理 $x_2(t)$ 可写为

$$x_2(t) = 5\cos\left(100t + \dfrac{\pi}{4}\right) = \dfrac{5}{2}\left(e^{j100t}e^{j\frac{\pi}{4}} + e^{-j100t}e^{-j\frac{\pi}{4}}\right)$$

$$= (1.7678 + j1.7678)e^{j100t} + (1.7678 - j1.7678)e^{-j100t}$$

所以
$$x(t) = x_1(t) + x_2(t) = (3.7678 + j4.7678)e^{j100t} + (3.7678 - j4.7678)e^{-j100t}$$

$$= 6.08e^{j51.7°}e^{j100t} + 6.08e^{-j51.7°}e^{-j100t}$$

$$= 6.08 \times [e^{j51.7° + j100t} + e^{-(j51.7° + j100t)}]$$

$$= 12.15\cos(100t + 51.7°)$$

3. 取样信号

取样信号 $Sa(t)$ 的定义为

$$Sa(t) = \dfrac{\sin t}{t} \quad (1-7)$$

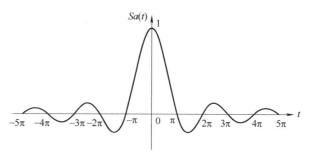

其波形如图1-7所示。取样信号 $Sa(t)$ 是偶函数，当 $t \to 0$ 时，$Sa(t) = 1$ 为最大值，随着 $|t|$ 的增大，振幅逐渐衰减，当 $t = \pm\pi, \pm 2\pi, \cdots, \pm n\pi$ 时，函数值等于零。

图1-7 取样信号 $Sa(t)$

$Sa(t)$ 信号还满足 $\displaystyle\int_0^\infty Sa(t)\,dt = \dfrac{\pi}{2}$，$\displaystyle\int_{-\infty}^\infty Sa(t)\,dt = \pi$。取样信号 $Sa(t)$ 在连续时间信号的离散化处理过程中，将起到非常重要的作用。

（二）奇异信号

奇异信号是用奇异函数表示的一类特殊的连续时间信号，其函数本身或者函数的导数（包括高阶导数）具有不连续点。奇异信号也是从实际信号中抽象出来的典型信号。

1. 单位斜坡信号

单位斜坡信号 $r(t)$ 的定义为

$$r(t) = \begin{cases} t & t \geq 0 \\ 0 & t < 0 \end{cases} \quad (1-8)$$

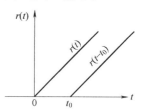

显然它的导数在 $t = 0$ 处不连续。图1-8为 $r(t)$ 和 $r(t - t_0)$ 的波形。

图1-8 单位斜坡信号

可产生斜坡信号的电路如图 1-9a 所示。该电路包含直流电流源 I_0 和电容 C，电容初始电压为 0。在 $t=0$ 时刻突然打开开关 S，流过电容的电流 $i(t)$ 从 0 跳变到 I_0，用单位阶跃信号表示这一过程为

$$i(t)=I_0 u(t)$$

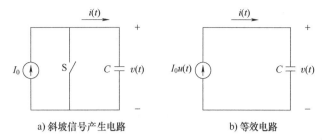

图 1-9　产生斜坡信号的电路及其等效电路

图 1-9b 为图 1-9a 电路的等效电路。电容两端的电压 $v(t)$ 与流过电容的电流 $i(t)$ 之间的关系为

$$v(t)=\frac{1}{C}\int_{-\infty}^{t}i(\tau)\mathrm{d}\tau$$

将 $i(t)=I_0 u(t)$ 代入上式，则

$$v(t)=\frac{1}{C}\int_{-\infty}^{t}I_0 u(\tau)\mathrm{d}\tau=\frac{I_0}{C}tu(t)=\frac{I_0}{C}r(t)=\begin{cases}0 & t<0\\ \dfrac{I_0}{C}t & t\geqslant 0\end{cases}$$

很明显，电容两端的电压就是一个斜率为 $\dfrac{I_0}{C}$ 的斜坡信号。

2. 单位阶跃信号

单位阶跃信号 $u(t)$ 的定义为

$$u(t)=\begin{cases}1 & t>0\\ 0 & t<0\end{cases} \tag{1-9}$$

因为在 $t=0$ 处单位阶跃函数出现了跳变，因此没有定义 $t=0$ 时的取值。如果必要，可以取 $u(t)|_{t=0}=\dfrac{1}{2}$，即取其左、右极限的平均值。单位阶跃信号的波形如图 1-10 所示。

单位阶跃信号可用于描述的物理过程是在 $t=0$ 时刻对某一电路接入单位电源（直流电压源或直流电流源），并且无限持续下去。单位阶跃信号可用于测试系统对突然变化的输入信号的快速响应能力。

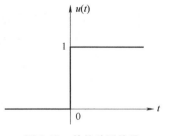

图 1-10　单位阶跃信号

阶跃信号具有单边特性，即信号在接入时刻 t_0 以前的值为 0，因此，它可以用来描述信号的接入特性。例如，$x(t)=(\sin\omega_0 t)u(t-t_0)$ 表示 t_0 以前的值为 0，t_0 以后的值为 $\sin\omega_0 t$。

通过阶跃函数可以表示图 1-11 所示的矩形脉冲信号为

$$x(t)=A\left[u\left(t+\frac{\tau}{2}\right)-u\left(t-\frac{\tau}{2}\right)\right]$$

由式(1-8)和式(1-9)，可得

$$\frac{\mathrm{d}r(t)}{\mathrm{d}t}=u(t) \tag{1-10}$$

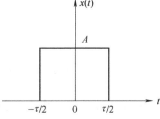

图 1-11　矩形脉冲信号

3. 单位冲激信号

狄拉克(Dirac)把单位冲激信号定义为

$$\begin{cases} \delta(t) = 0 & t \neq 0 \\ \int_{-\infty}^{\infty} \delta(t) \, dt = 1 \end{cases} \tag{1-11}$$

即非零时刻的函数值均为0，而它与时间轴覆盖的面积为1。为了便于理解，也可以把单位冲激信号视为幅度为 $\frac{1}{\tau}$、脉宽为 τ 的矩形脉冲当 $\tau \to 0$ 时的极限情况，即

$$\delta(t) = \lim_{\tau \to 0} \frac{1}{\tau} \left[u\left(t + \frac{\tau}{2}\right) - u\left(t - \frac{\tau}{2}\right) \right]$$

图1-12为 $\tau \to 0$ 时矩形脉冲向冲激信号的过渡过程。

由上可知，当 $t = 0$ 时，$\delta(t)$ 的幅值应为 ∞。由于 $\int_{-\infty}^{\infty} \delta(t) \, dt = \int_{t_0^-}^{t_0^+} \delta(t) \, dt = 1$，故称单位冲激信号 $\delta(t)$ 的强度

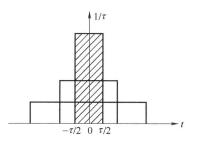

图1-12 矩形脉冲向冲激信号的过渡过程

为1，用带箭头的直线段表示，并在箭头旁边标以强度1，如图1-13所示。如果一个冲激信号与时间轴覆盖的面积为 A，表示其强度是单位冲激信号的 A 倍，用在带箭头的直线段旁边标 A 来表示。

实际中并不能产生一个在 $t = 0$ 时刻幅度无穷大，除 $t = 0$ 外处处为零的单位冲激信号。然而，单位冲激信号可以作为持续时间极短、幅度极大的实际信号的数学近似，如力学中瞬间作用的冲击力、电学中的雷击电闪、数字通信中的抽样脉冲等。

图1-13 单位冲激信号

冲激信号具有一系列重要性质：

1) 若 $x(t)$ 在 $t = 0$ 处连续，则有

$$\int_{-\infty}^{\infty} x(t) \delta(t) \, dt = x(0)$$

$$\int_{-\infty}^{\infty} x(t) \delta(t - t_0) \, dt = \int_{t_0^-}^{t_0^+} x(t) \delta(t - t_0) \, dt = x(t_0) \int_{t_0^-}^{t_0^+} \delta(t - t_0) \, dt = x(t_0) \tag{1-12}$$

式(1-12)表明冲激函数在任意时刻都具有取样特性。因此，可以根据需要设计冲激函数序列，来获得连续信号的一系列取样值。

2) 冲激信号具有偶函数特性，即

$$\delta(-t) = \delta(t) \tag{1-13}$$

3) 冲激信号与阶跃信号互为积分和微分关系，即

$$\int_{-\infty}^{t} \delta(\tau) \, d\tau = u(t), \quad \frac{du(t)}{dt} = \delta(t) \tag{1-14}$$

下面通过考察一个电路问题，从更深的角度理解冲激函数的物理意义，如图1-14所示。

电压源 $v_C(t)$ 连接电容元件 C，假定 $v_C(t)$ 是斜变信号

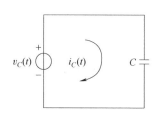

图1-14 电压源连接电容元件

$$v_C(t) = \begin{cases} 0 & t < -\dfrac{\tau}{2} \\ \dfrac{1}{\tau}\left(t+\dfrac{\tau}{2}\right) & -\dfrac{\tau}{2} < t < \dfrac{\tau}{2} \\ 1 & t > \dfrac{\tau}{2} \end{cases}$$

波形如图 1-15a 所示。电流 $i_C(t)$ 的表示式为

$$i_C(t) = C\frac{\mathrm{d}v_C(t)}{\mathrm{d}t} = \frac{C}{\tau}\left[u\left(t+\frac{\tau}{2}\right)-u\left(t-\frac{\tau}{2}\right)\right]$$

此电流为矩形脉冲，波形如图 1-15b 所示。

当逐渐减小 τ，则 $i_C(t)$ 的脉冲宽度也随之减小，而其高度 $\dfrac{C}{\tau}$ 则相应加大，电流脉冲的面积 $\tau\dfrac{C}{\tau}=C$ 应保持不变。如果取

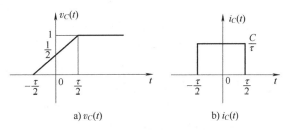

图 1-15　$v_C(t)$ 与 $i_C(t)$ 波形

$\tau \to 0$ 的极限情况，则 $v_C(t)$ 为阶跃信号，电流 $i_C(t)$ 则为冲激函数，其表示式为

$$\begin{aligned}i_C(t) &= \lim_{\tau\to 0}\left[C\frac{\mathrm{d}}{\mathrm{d}t}v_C(t)\right] \\ &= \lim_{\tau\to 0}\frac{C}{\tau}\left[u\left(t+\frac{\tau}{2}\right)-u\left(t-\frac{\tau}{2}\right)\right] \\ &= C\delta(t)\end{aligned}$$

此变化过程的波形如图 1-16、图 1-17 所示。

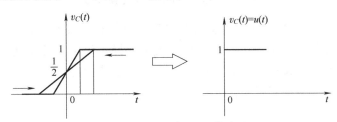

图 1-16　$\tau \to 0$ 时 $v_C(t)$ 的波形

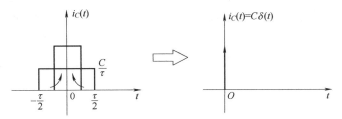

图 1-17　$\tau \to 0$ 时 $i_C(t)$ 的波形

这一过程表明，若要使电容两端在无限短时间内建立一定的电压，那么在此无限短时间内必须提供足够的电荷，这就需要一个冲激电流。或者说，由于冲激电流的出现，允许电容两端电压跳变。

二、时域运算

连续信号在时域的一些基本运算——尺度变换、平移、翻转、叠加、相乘、微分、积分等，不仅涉及信号的描述和分析，还对建立有关信号的基本概念和简化运算有一定的意义。

（一）基本运算

1. 尺度变换

尺度变换可分为幅度尺度变换和时间尺度变换。幅度尺度变换表现为对原信号幅度的放大或缩小，如 $x_1(t) = 2x(t)$ 表示信号 $x_1(t)$ 把原信号 $x(t)$ 的幅度放大了一倍，$x_2(t) = 1/2x(t)$ 则表示信号 $x_2(t)$ 把原信号 $x(t)$ 的幅度缩小为一半。一般来说，幅度尺度变换不改变信号的基本特性，如果 $x(t)$ 表示某一语音信号，则 $x_1(t)$ 和 $x_2(t)$ 仅仅使声音的大小发生变化。

时间尺度变换表现为信号横坐标尺度的展宽或压缩，通常可以用变量 at（a 为大于零的常数）替代 t 来实现，即将原信号 $x(t)$ 变换为 $x(at)$。$x(at)$ 将原信号 $x(t)$ 以原点（$t=0$）为基准沿横坐标轴展缩为原来的 $1/a$。图 1-18 所示为信号 $x(t)$ 在 $a=2$ 和 $a=1/2$ 情况下的时间尺度变换波形。可见，当 $0<a<1$ 时，原信号 $x(t)$ 沿横坐标轴展宽了；当 $a>1$ 时，原信号 $x(t)$ 沿横坐标轴压缩了，而信号的幅度都保持不变。一般来说，时间尺度变换会改变信号的基本特征，原因是信号的频谱发生了变化。

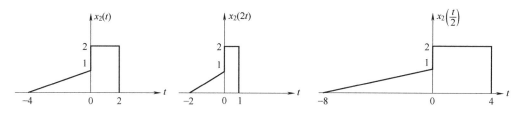

图 1-18 信号的时间尺度变换波形

实际上，若 $x(t)$ 表示录音带正常速度放音信号，则 $x(2t)$ 表示两倍于正常速度的放音信号，放出的声音比原信号尖锐刺耳，而 $x(t/2)$ 表示放慢一倍于正常速度的放音信号，放出的声音较为低沉。声音声调的变化正是由于信号的频率特性变化引起的。由此也可以认识到，信号的频率特性与幅度不同，它是信号的基本特征。

2. 翻转

将信号以纵坐标轴为中心进行对称映射，就实行了信号的翻转。信号的翻转也可以表示为用变量 $-t$ 替代 t 而得到信号 $x(-t)$，即 $x(at)$ 在 $a=-1$ 时的情况。图 1-19 所示为信号翻转的情况。当 $x(at)$ 的变量 a 取小于零的常数时，将使原信号既做时间尺度变换又进行翻转。当然，在运算时可以将原信号先进行时间尺度变换而后翻转，也可以先翻转而后进行时间尺度变换。

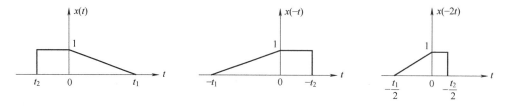

图 1-19 信号的翻转

3. 平移

平移也称时移。对于信号 $x(t)$，考虑大于零的常数 t_0，则得平移信号 $x(t-t_0)$ 或 $x(t+t_0)$，其中 $x(t-t_0)$ 表示 $t=t_0$ 时刻的值等于原信号 $t=0$ 时刻的值，即将原信号沿时间轴正方向平移（右移）了 t_0，是原信号的延时。同理，

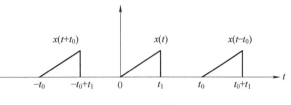

图 1-20　信号的平移

$x(t+t_0)$ 将原信号沿时间轴反方向平移（左移）了 t_0，是原信号的超前。图 1-20 所示为信号的平移。

在雷达、声呐以及地震信号检测等问题中经常有信号平移的实例。如在长距离传输电话信号时，可能听到回波，这就是幅度衰减的声音延时信号。

例 1-2 已知信号 $x(t)=\begin{cases}\dfrac{1}{4}(t+4) & -4<t<0 \\ 1 & 0<t<2 \\ 0 & 其他\end{cases}$，求 $x(-2t+4)$。

解：先画出 $x(t)$ 的波形如图 1-21 所示。

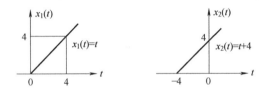 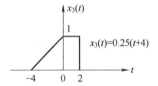

图 1-21　例 1-2 $x(t)$ 的波形

考虑 $x(-2t+4)$ 的波形由翻转、时间轴展缩和平移运算得到，可以有多种运算过程：

1）翻转+时间轴展缩+平移，运算过程如图 1-22 所示，即

$$x(t) \to x(-t) \to x(-2t) \to x[-2(t-2)]=x(-2t+4)$$

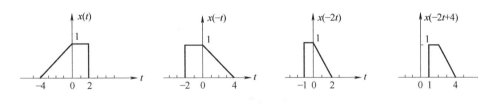

图 1-22　一种 $x(-2t+4)$ 的运算过程

2）时间轴展缩+平移+翻转，运算过程如图 1-23 所示，即

$$x(t) \to x(2t) \to x[2(t+2)]=x(2t+4) \to x(-2t+4)$$

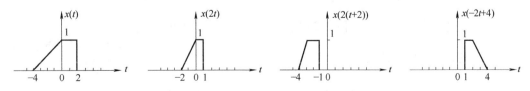

图 1-23　另一种 $x(-2t+4)$ 的运算过程

3）平移+翻转+时间轴展缩，运算过程如图 1-24 所示，即

$$x(t) \rightarrow x(t+4) \rightarrow x(-t+4) \rightarrow x(-2t+4)$$

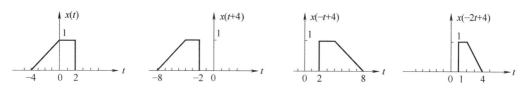

图 1-24　第三种 $x(-2t+4)$ 的运算过程

当然还可以有其他的运算过程，但运算结果都应该是一致的。

（二）叠加和相乘

两个信号 $x_1(t)$ 和 $x_2(t)$ 相叠加，其瞬时值为两个信号在该时刻值的代数和，即 $x(t)=x_1(t)+x_2(t)$。

两个信号 $x_1(t)$ 和 $x_2(t)$ 相乘，其瞬时值为两个信号在该时刻值的乘积，即 $x(t)=x_1(t)x_2(t)$。

图 1-25 分别表示两个信号的叠加和相乘的结果。同理，不难得到两个信号相减的差和相除的商。必须指出的是，在通信系统的调制、解调等过程中，经常遇到两个信号的相乘运算。

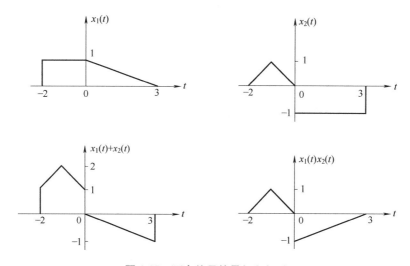

图 1-25　两个信号的叠加和相乘

（三）微分和积分

信号的微分是指取信号 $x(t)$ 对时间 t 的一阶导数，表示为 $y(t)=\dfrac{\mathrm{d}}{\mathrm{d}t}x(t)$。信号的微分表示信号的变化率，要求该信号满足可微条件。如通过电感能进行微分运算，如图 1-26 所示。设流过电感 L 的电流为 $i(t)$，则电感两端的电压为 $v(t)=L\dfrac{\mathrm{d}}{\mathrm{d}t}i(t)$。

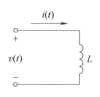

图 1-26　流过电感 L 的电流及其感应电压

信号的积分是指信号 $x(t)$ 在区间 $(-\infty, t)$ 内积分得到的信号，即 $y(t)=\displaystyle\int_{-\infty}^{t}x(\tau)\mathrm{d}\tau$。

如通过电容能进行积分运算，如图 1-27 所示。设流过电容 C 的电流为 $i(t)$，则电容两端的电压 $v(t) = 1/C \int_{-\infty}^{t} i(\tau) d\tau$。

如前所述，单位阶跃信号为单位斜坡信号的微分，单位冲激信号为单位阶跃信号的微分。由此可见，信号经微分运算后突出显示了它的变化部分。例如，对一幅灰度图像进行微分运算后将使其边缘轮廓更为突出。与此相反，信号经积分运算后其突变部分可变得平滑，利用该特性可削弱信号中混入噪声的影响。

图 1-27 流过电容 C 的电流及其两端电压

（四）卷积运算

对于两个连续时间信号 $x_1(t)$、$x_2(t)$，可以定义其卷积积分运算（简称卷积运算）为

$$x_1(t) * x_2(t) = \int_{-\infty}^{\infty} x_1(\tau) x_2(t-\tau) d\tau = \int_{-\infty}^{\infty} x_2(\tau) x_1(t-\tau) d\tau \tag{1-15}$$

卷积积分运算在信号处理及其他许多科学领域具有重要的意义，其图解方法能直观地说明其真实含义，有助于对卷积积分概念的理解。

例 1-3 求以下信号 $x_1(t)$ 和 $x_2(t)$ 的卷积。

$$x_1(t) = \begin{cases} 0 & t < -2 \\ 2 & -2 < t < 2 \\ 0 & t > 2 \end{cases}, \quad x_2(t) = \begin{cases} 0 & t < 0 \\ \dfrac{3}{4} & 0 < t < 2 \\ 0 & t > 2 \end{cases}$$

解：根据卷积定义式(1-15)，$x_1(t)$ 和 $x_2(t)$ 的卷积运算过程包含四个步骤：

1) 将 $x_1(t)$、$x_2(t)$ 进行变量替换，成为 $x_1(\tau)$、$x_2(\tau)$；并对 $x_2(\tau)$ 进行翻转运算，成为 $x_2(-\tau)$，如图 1-28 所示。

2) 将 $x_2(-\tau)$ 平移 t，得到 $x_2(t-\tau)$。

3) 将 $x_1(\tau)$ 和平移后的 $x_2(t-\tau)$ 相乘，得到被积函数 $x_1(\tau)x_2(t-\tau)$。

4) 将被积函数进行积分，即为所求的卷积积分，它是 t 的函数。

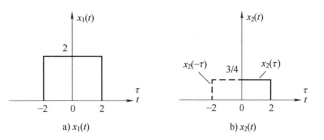

图 1-28 例 1-3 中进行卷积运算的信号 $x_1(t)$ 和 $x_2(t)$

在运算过程中必须注意的是，这里的 t 是参变量，它的取值不同，表示平移后 $x_2(t-\tau)$ 的位置不同，引起被积函数 $x_1(\tau)x_2(t-\tau)$ 的波形不同以及积分的上、下限不同。因此，在计算卷积积分过程中，正确地划分 t 的取值区间和确定积分的上、下限十分重要。本例中，为使 $x_2(t-\tau) \neq 0$，必须满足 $0<t-\tau<2$，即 τ 的取值为 $t-2<\tau<t$。

结合式(1-15)，参变量 t 的划分以及积分上、下限分别确定如下：

1) $t \leq -2$，如图 1-29a、b 所示，$x(t) = 0$。

2) $-2 < t \leq 0$，如图 1-29c、d 所示，则

$$x(t) = \int_{-2}^{t} x_1(\tau) x_2(t-\tau) d\tau = \int_{-2}^{t} 2 \times \frac{3}{4} d\tau = \frac{3}{2}(t+2)$$

3) $0 < t \leq 2$，如图 1-29e、f 所示，则

$$x(t) = \int_{t-2}^{t} x_1(\tau) x_2(t-\tau) d\tau = \int_{t-2}^{t} 2 \times \frac{3}{4} d\tau = 3$$

4) $2<t\leq 4$，如图 1-29g、h 所示，则

$$x(t) = \int_{t-2}^{2} x_1(\tau) x_2(t-\tau) d\tau = \int_{t-2}^{2} 2 \times \frac{3}{4} d\tau = \frac{3}{2}(4-t)$$

5) $t>4$，如图 1-29i 所示，$x(t)=0$。

将以上计算归纳到一起，如图 1-29j 所示，有

$$x(t) = x_1(t) * x_2(t) = \begin{cases} 0 & t \leq -2 \\ \frac{3}{2}(t+2) & -2 < t \leq 0 \\ 3 & 0 < t \leq 2 \\ \frac{3}{2}(4-t) & 2 < t \leq 4 \\ 0 & t > 4 \end{cases}$$

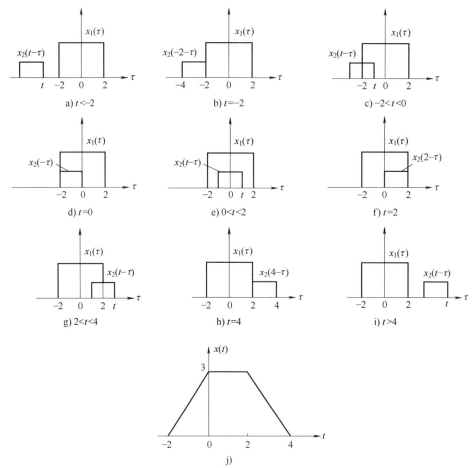

图 1-29 连续时间信号 $x_1(t)$、$x_2(t)$ 的卷积运算结果

卷积运算具有一系列性质，可以用于简化其运算过程，为信号分析带来方便。

1) 交换律：$x_1(t) * x_2(t) = x_2(t) * x_1(t)$
2) 分配律：$x(t) * [x_1(t) + x_2(t)] = x(t) * x_1(t) + x(t) * x_2(t)$
3) 结合律：$[x(t) * x_1(t)] * x_2(t) = x(t) * [x_1(t) * x_2(t)]$
4) 卷积的微分：$\dfrac{\mathrm{d}}{\mathrm{d}t}[x_1(t) * x_2(t)] = x_1(t) * \dfrac{\mathrm{d}}{\mathrm{d}t}x_2(t) = \dfrac{\mathrm{d}}{\mathrm{d}t}x_1(t) * x_2(t)$
5) 卷积的积分：$\int_{-\infty}^{t}[x_1(\lambda) * x_2(\lambda)]\mathrm{d}\lambda = x_1(t) * \left[\int_{-\infty}^{t}x_2(\lambda)\mathrm{d}\lambda\right] = \left[\int_{-\infty}^{t}x_1(\lambda)\mathrm{d}\lambda\right] * x_2(t)$
6) 与冲激信号的卷积：

$$x(t) * \delta(t) = \int_{-\infty}^{+\infty} x(\tau)\delta(t-\tau)\mathrm{d}\tau = \int_{-\infty}^{+\infty} x(\tau)\delta(\tau-t)\mathrm{d}\tau = x(t)$$

$$x(t-t_1) * \delta(t-t_2) = \int_{-\infty}^{+\infty} x(\tau-t_1)\delta(t-t_2-\tau)\mathrm{d}\tau = x(t-t_1-t_2)$$

$$x(t) * \delta'(t) = x'(t)$$

7) 与阶跃信号的卷积：$x(t) * u(t) = \int_{-\infty}^{t} x(\tau)\mathrm{d}\tau$

第二节　频域分析

任意信号都可视为一系列正弦信号的组合，而这些正弦信号的频率、相位等特性势必反映了原信号的性质，从而出现了用频率域特性来描述信号的方法，即信号的频域分析法。频率特性是信号的客观性质，也是信号的基本特性。实际上，信号的频率特性具有明显的物理意义，例如，电力谐波是由电信号的频率决定的，不同频率的光信号构成了不同颜色，人耳对声音音调变化的敏感程度远大于对强度变化的敏感程度等。

一、周期信号的频谱分析

周期信号是在$(-\infty, \infty)$区间，每隔一定时间T按相同规律重复变化的信号，可表示为

$$x(t) = x(t + mT_0) \qquad m = 0, \pm 1, \pm 2, \cdots$$

满足上式的最小T_0值称为该信号的基本周期，频率$f = \dfrac{1}{T_0}$，角频率$\omega = 2\pi f = \dfrac{2\pi}{T_0}$。

（一）周期信号的傅里叶级数展开式

1. 三角函数形式的傅里叶级数

由数学分析知识已知，三角函数形式的傅里叶级数可定义为：一个周期为$T_0 = \dfrac{2\pi}{\omega_0}$的周期信号，只要满足狄里赫利（Dirichlet）条件⊖，都可以分解成三角函数表达式，即

$$x(t) = \dfrac{a_0}{2} + \sum_{n=1}^{\infty}(a_n\cos n\omega_0 t + b_n\sin n\omega_0 t) \tag{1-16}$$

⊖ 狄里赫利（Dirichlet）条件：①函数$x(t)$在一个周期内绝对可积，即$\int_{-\frac{T_0}{2}}^{\frac{T_0}{2}}|x(t)|\mathrm{d}t < \infty$；②函数在一个周期内只有有限个不连续点，在这些点上函数取有限值；③函数在一个周期内只有有限个极大值和极小值。通常的周期信号都满足该条件。

式中，a_n、$b_n(n=0,1,2,\cdots)$ 为傅里叶系数，分别是 n 的偶函数和奇函数。可按下式求解

$$a_0 = \frac{2}{T_0}\int_{-\frac{T_0}{2}}^{\frac{T_0}{2}} x(t)\mathrm{d}t, a_n = \frac{2}{T_0}\int_{-\frac{T_0}{2}}^{\frac{T_0}{2}} x(t)\cos n\omega_0 t \mathrm{d}t \qquad n=1,2,\cdots$$

$$b_n = \frac{2}{T_0}\int_{-\frac{T_0}{2}}^{\frac{T_0}{2}} x(t)\sin n\omega_0 t \mathrm{d}t \qquad n=1,2,\cdots$$

将式(1-16)同频率项合并，得

$$x(t) = \frac{A_0}{2} + \sum_{n=1}^{\infty} A_n \cos(n\omega_0 t + \varphi_n) \tag{1-17}$$

其中

$$\begin{cases} A_0 = a_0 \\ A_n = \sqrt{a_n^2 + b_n^2} \\ \varphi_n = -\arctan\dfrac{b_n}{a_n} \end{cases} \quad n=1,2,\cdots \tag{1-18}$$

式(1-17)是三角傅里叶级数的另一种形式，它表明一个周期信号可以分解为直流分量和一系列余弦或正弦形式的交流分量。

2. 指数形式的傅里叶级数

指数形式的傅里叶级数可表示为

$$x(t) = \frac{1}{2}\sum_{n=-\infty}^{\infty} A_n \mathrm{e}^{\mathrm{j}\varphi_n}\mathrm{e}^{\mathrm{j}n\omega_0 t} = \sum_{n=-\infty}^{\infty} X(n\omega_0)\mathrm{e}^{\mathrm{j}n\omega_0 t} \tag{1-19}$$

其中，复数量 $X(n\omega_0) = \frac{1}{2}A_n\mathrm{e}^{\mathrm{j}\varphi_n}$ 称为复傅里叶系数，是 n（或 $n\omega_0$）的函数，表示为

$$X(n\omega_0) = \frac{1}{T_0}\int_{-\frac{T_0}{2}}^{\frac{T_0}{2}} x(t)\mathrm{e}^{-\mathrm{j}n\omega_0 t}\mathrm{d}t \qquad n=0,\pm 1,\pm 2,\cdots \tag{1-20}$$

可以说，$X(n\omega_0)$ 和 $x(t)$ 是一对傅里叶级数对，表示为

$$x(t) \xleftrightarrow{F} X(n\omega_0) \tag{1-21}$$

例 1-4 求图 1-30 所示的周期矩形脉冲信号的复指数形式傅里叶级数展开式。

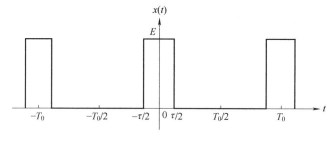

图 1-30 例 1-4 的周期矩形脉冲信号

解： 矩形脉冲信号在一个周期内可表示为

$$x(t) = \begin{cases} E & -\dfrac{\tau}{2} \leq t \leq \dfrac{\tau}{2} \\ 0 & \text{其他} \end{cases}$$

求得复傅里叶系数为

$$X(n\omega_0) = \frac{1}{T_0}\int_{-\frac{\tau}{2}}^{\frac{\tau}{2}} E \mathrm{e}^{-\mathrm{j}n\omega_0 t}\mathrm{d}t = \frac{E}{T_0}\frac{1}{-\mathrm{j}n\omega_0}\mathrm{e}^{-\mathrm{j}n\omega_0 t}\bigg|_{-\frac{\tau}{2}}^{\frac{\tau}{2}} = \frac{E\tau}{T_0}\frac{\sin\frac{1}{2}n\omega_0\tau}{\frac{1}{2}n\omega_0\tau}$$

可写成

$$X(n\omega_0) = \frac{E\tau}{T_0}Sa\left(\frac{n\omega_0\tau}{2}\right) \qquad n = 0, \pm 1, \pm 2, \cdots$$

可见，图 1-30 所示的周期矩形脉冲信号的复傅里叶系数是在 $Sa\left(\frac{\omega\tau}{2}\right)$ 包络函数上以 ω_0 等间隔取得的样本，其最大值($n=0$ 处)和过零点都由占空比 $\frac{\tau}{T_0}$ 决定。因此，可写出周期矩形脉冲信号复指数形式傅里叶级数展开式为

$$x(t) = \frac{E\tau}{T_0}\sum_{n=-\infty}^{\infty} Sa\left(\frac{n\omega_0\tau}{2}\right)\mathrm{e}^{\mathrm{j}n\omega_0 t}$$

（二）周期信号的频谱

如前所述，周期信号可以分解为一系列正弦信号之和，即

$$x(t) = \frac{A_0}{2} + \sum_{n=1}^{\infty} A_n\cos(n\omega_0 t + \varphi_n) \tag{1-22}$$

表明一个周期为 $T_0 = \frac{2\pi}{\omega_0}$ 的信号，由直流分量(信号在一个周期内的平均值)、频率为原信号频率以及原信号频率整数倍的一系列正弦型信号组成，分别称为基波分量($n=1$)，2 次谐波分量($n=2$)，3 次、4 次、…谐波分量，其振幅分别为对应的 A_n，相位为对应的 φ_n。可见周期信号的傅里叶级数展开式全面地描述了组成原信号的各谐波分量的特征：频率、幅度和相位。因此，对于一个周期信号，只要掌握了信号的基波频率 ω_0、各谐波的幅度 A_n 和相位 φ_n，就等于掌握了该信号的所有特征。

指数形式的傅里叶级数表达式中，复数量 $X(n\omega_0) = \frac{1}{2}A_n\mathrm{e}^{\mathrm{j}\varphi_n}$ 是离散频率 $n\omega_0$ 的复函数，其模 $|X(n\omega_0)| = \frac{1}{2}A_n$ 反映了各谐波分量的幅度，相角 φ_n 反映了各谐波分量的相位，因此，它能完全描述任意波形的周期信号。把复数量 $X(n\omega_0)$ 随频率 $n\omega_0$ 的分布称为信号的频谱，$X(n\omega_0)$ 也称为周期信号的频谱函数。利用频谱的概念，可以在频域分析信号，实现从时域到频域的转变。

通常把幅度 $|X(n\omega_0)|$ 随频率的分布称为幅度频谱，简称幅频；相位 φ_n 随频率的分布称为相位频谱，简称相频。为了直观起见，往往以频率为横坐标，各谐波分量的幅度或相位为纵坐标，画出幅频和相频的变化规律，称为信号的频谱图。当 $X(n\omega_0)$ 为实数时，可以用 $X(n\omega_0)$ 的正、负表示相位 φ_n 的 0、π，经常把幅度谱和相位谱合画在一张图上。

值得注意的是，在复数频谱中出现负频率是由于将 $\sin n\omega_0 t$ 和 $\cos n\omega_0 t$ 写成指数形式时，从数学的角度自然分解成了 $\mathrm{e}^{\mathrm{j}\omega_0 t}$ 和 $\mathrm{e}^{-\mathrm{j}\omega_0 t}$ 两项，因为引入了 $-\mathrm{j}n\omega_0 t$ 项。频率作为周期信号变化快慢的一个度量，它只能是正值，负频率的出现完全是数学运算的结果，并没有任何物理意

义，这种频谱相对于纵轴是左右对称的，只有把负频率项和相应的正频率项合并起来，才是实际的频谱函数。

例 1-5 画出例 1-4 的信号的频谱图，并进行频谱分析。

解： 例 1-4 已求出信号的频谱函数为

$$X(n\omega_0) = \frac{E\tau}{T_0} Sa\left(\frac{n\omega_0 \tau}{2}\right)$$

可见 $X(n\omega_0)$ 为实数，其相位只有 0 和 $\pm\pi$，故可以直接画出其频谱图，即把幅频和相频合成一个图。图 1-31 所示为 $E=1$、$T_0=4\tau$ 的频谱图。

由图 1-31 频谱图可以得出，周期矩形脉冲信号的频谱具有三个特性：

（1）离散性。频谱为非周期、离散的线状，称为谱线，连接各谱线顶点的曲线为频谱的包络线，反映了各频率分量的幅度随频率变化的情况。

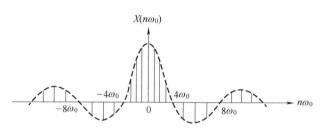

图 1-31 周期矩形脉冲信号的频谱（$E=1$，$T_0=4\tau$）

（2）谐波性。谱线以基波频率 ω_0 为间隔等距离分布，表明周期矩形脉冲信号只包含直流分量、基波分量和各次谐波分量。

进一步分析还可以看出，当 T_0 不变而改变 τ 时，由于 ω_0 不变，所以谱线之间的间隔不变，但随着 τ 的减小（脉冲宽度减小），第一个过零点的频率增大，谱线的幅度减小。图 1-32 所示为 T_0 不变，τ 取几个不同值时周期矩形脉冲信号的频谱。

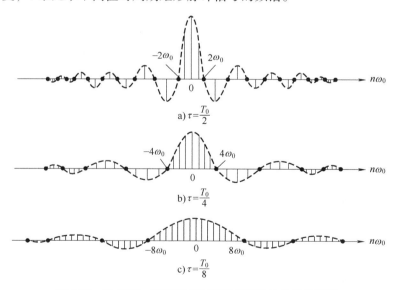

图 1-32 T_0 不变 τ 取不同值时周期矩形脉冲信号的频谱

将 τ 固定，通过改变 T_0 来改变信号时，随着 T_0 增大，基波频率 ω_0 减小，谱线将变得更密集，但第一个过零点的频率不变，谱线的幅度有所降低，如图 1-33 所示。如果周期 T_0 无限增长，周期信号变成非周期信号，这时相邻谱线的间隔将趋于零，成为连续频谱。

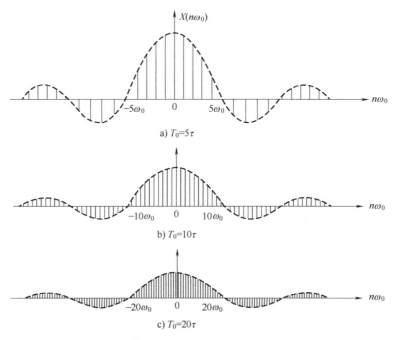

图 1-33 周期 T_0 增大对周期矩形脉冲信号频谱的影响

（3）收敛性。谱线幅度整体上具有减小的趋势，同时，由于各谱线的幅度按包络线 $Sa\left(\dfrac{1}{2}n\omega_0\tau\right)$ 的规律变化而等间隔地经过零点，幅度较高的谱线都集中在第一个过零点 $\left(\omega=\dfrac{2\pi}{\tau}\right)$ 范围内，表明信号的能量绝大部分由该频率范围的各谐波分量决定，通常把这个频率范围称为周期矩形脉冲信号的频带宽度或带宽，用符号 ω_b 或 f_b 表示。信号的带宽是信号频率特性的重要指标，它具有实际意义。首先，如上所述，信号在其带宽内集中了大部分的能量，因此，在允许一定失真的条件下，只需传送带宽内的各频率分量即可；其次，当信号通过某一系统时，要求系统的带宽与信号的带宽匹配，否则，若系统带宽小于信号的带宽，信号所包含的一部分谐波分量和能量就不能顺利地通过系统。由上可知，脉冲宽度 τ 越小，带宽 ω_b 越大，频带内所含谐波分量越多。

任何满足狄里赫利条件的周期信号的频谱均具有以上三个特性。

例 1-6 求出复指数信号 $e^{j\omega_0 t}$ 的频谱。

解：复指数信号 $e^{j\omega_0 t}$ 的复傅里叶系数为

$$\begin{aligned}
X(n\omega_0) &= \frac{1}{T_0}\int_{-\frac{T_0}{2}}^{\frac{T_0}{2}} e^{j\omega_0 t} e^{-jn\omega_0 t} dt = \frac{1}{T_0}\int_{-\frac{T_0}{2}}^{\frac{T_0}{2}} e^{j(1-n)\omega_0 t} dt \\
&= \frac{1}{T_0 j(1-n)\omega_0} e^{j(1-n)\omega_0 t} \bigg|_{-\frac{T_0}{2}}^{\frac{T_0}{2}} = \frac{1}{2j(1-n)\pi}\left[e^{j(1-n)\pi} - e^{-j(1-n)\pi}\right] \\
&= \frac{\sin(1-n)\pi}{(1-n)\pi} \\
&= \begin{cases} 1 & n=1 \\ 0 & n \neq 1 \end{cases}
\end{aligned}$$

其频谱图如图 1-34 所示，可见仅在 ω_0 处有幅度为 1 的分量，说明复指数信号是正弦信号的一种表现形式。

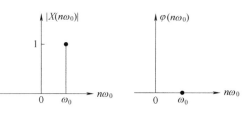

图 1-34　复指数信号 $e^{j\omega_0 t}$ 的频谱

例 1-7　分别求出 $\cos\omega_0 t$ 和 $\sin\omega_0 t$ 的频谱。

解：对于余弦信号 $\cos\omega_0 t$，有

$$X(n\omega_0) = \frac{1}{T_0}\int_{-\frac{T_0}{2}}^{\frac{T_0}{2}}\cos\omega_0 t \cdot e^{-jn\omega_0 t}dt = \frac{1}{2T_0}\int_{-\frac{T_0}{2}}^{\frac{T_0}{2}}(e^{j\omega_0 t}+e^{-j\omega_0 t})e^{-jn\omega_0 t}dt$$

$$= \frac{1}{2T_0}\int_{-\frac{T_0}{2}}^{\frac{T_0}{2}}[e^{j(1-n)\omega_0 t}+e^{-j(1+n)\omega_0 t}]dt$$

$$= \begin{cases} \dfrac{1}{2} & n=\pm 1 \\ 0 & n\neq \pm 1 \end{cases}$$

对于正弦信号 $\sin\omega_0 t$，有

$$X(n\omega_0) = \frac{1}{T_0}\int_{-\frac{T_0}{2}}^{\frac{T_0}{2}}\sin\omega_0 t \cdot e^{-jn\omega_0 t}dt = \frac{1}{2jT_0}\int_{-\frac{T_0}{2}}^{\frac{T_0}{2}}(e^{j\omega_0 t}-e^{-j\omega_0 t})e^{-jn\omega_0 t}dt$$

$$= \frac{1}{2jT_0}\int_{-\frac{T_0}{2}}^{\frac{T_0}{2}}[e^{j(1-n)\omega_0 t}-e^{-j(1+n)\omega_0 t}]dt$$

$$= \frac{1}{2jT_0}\left[\frac{1}{j(1-n)\omega_0}e^{j(1-n)\omega_0 t}\Big|_{-\frac{T_0}{2}}^{\frac{T_0}{2}}+\frac{1}{j(1+n)\omega_0}e^{-j(1+n)\omega_0 t}\Big|_{-\frac{T_0}{2}}^{\frac{T_0}{2}}\right]$$

$$= \frac{1}{2j}\left[\frac{\sin(1-n)\pi}{(1-n)\pi}-\frac{\sin(1+n)\pi}{(1+n)\pi}\right]$$

$$= \begin{cases} -\dfrac{j}{2} & n=1 \\ \dfrac{j}{2} & n=-1 \\ 0 & n\neq \pm 1 \end{cases}$$

图 1-35 所示为 $\cos\omega_0 t$ 和 $\sin\omega_0 t$ 的频谱，可见其幅频是相同的，在 $\pm\omega_0$ 处各为 $\dfrac{1}{2}$。因此，$\cos\omega_0 t$ 和 $\sin\omega_0 t$ 都是 ω_0 处幅度为 1 的物理信号。此外，$\sin\omega_0 t$ 相位滞后于 $\cos\omega_0 t$ 相位 $\dfrac{\pi}{2}$。

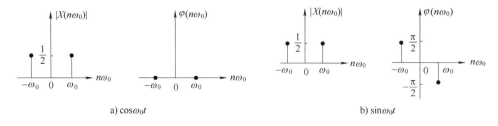

a) $\cos\omega_0 t$　　　　　b) $\sin\omega_0 t$

图 1-35　$\cos\omega_0 t$ 和 $\sin\omega_0 t$ 的频谱

(三)周期信号的功率分配

如绪论中所述,幅度有限的周期信号是功率信号,如果把信号 $x(t)$ 视为流过 1Ω 电阻两端的电流,那么电阻上消耗的平均功率为

$$p = \frac{1}{T_0} \int_{-\frac{T_0}{2}}^{\frac{T_0}{2}} x^2(t) \mathrm{d}t \qquad (1-23)$$

将 $x(t) = \frac{A_0}{2} + \sum_{n=1}^{\infty} A_n \cos(n\omega_0 t + \varphi_n)$ 代入式(1-23),并考虑余弦函数集的正交性,有

$$p = \frac{1}{T_0} \int_{-\frac{T_0}{2}}^{\frac{T_0}{2}} \left[\frac{A_0}{2} + \sum_{n=1}^{\infty} A_n \cos(n\omega_0 t + \varphi_n) \right]^2 \mathrm{d}t = \left(\frac{A_0}{2}\right)^2 + \sum_{n=1}^{\infty} \frac{1}{2} A_n^2 \qquad (1-24)$$

式(1-24)表明周期信号在时域的平均功率等于信号所包含的直流、基波及各次谐波的平均功率之和,它反映了周期信号的平均功率对离散频率的分配关系,称为功率信号的帕斯瓦尔公式。如果参照周期信号的幅度频谱,将各次谐波(包括直流)的平均功率分配关系表示成谱线形式,就得到周期信号的功率频谱。

例 1-8 在光伏发电系统中,需要将光伏面板产生的直流电转换为交流电,从而满足电网或负荷的需求,逆变器可实现该功能。逆变器的基本工作原理就是给直流电源加一个周期转换的开关(如逆变器中的功率器件),然后对输出电信号进行滤波,去除高次谐波成分。这种直流-交流转换功能可用如图 1-36 所示开关电路模拟,图中的开关位置每 1/100s 转换一次。考虑两种情况:

1)开关是断开或闭合的。
2)开关是极性反转的。

图 1-36 用于直流-交流转换的开关电路

这两种情况可用图 1-37 描述。将转换效率定义为:输出波形 $x(t)$ 在 50Hz 的基波频率分量的功率与有效输入直流功率的比值。分别求出上述两种情况下电路的转换效率。

解:图 1-37a 中方波的幅值 $E = A$,周期 $T_0 = 1/50\mathrm{s}$,脉冲宽度 $\tau = 1/100$,则其傅里叶级数为

$$\begin{cases} X(n\omega_0) = \dfrac{2A\sin(n\pi/2)}{n\pi} & n \neq 0 \\ X(0) = \dfrac{A}{2} & n = 0 \end{cases}$$

基波频率 $n = 1$ 的幅值和功率分别为 $X(\omega_0)$ 和 $X^2(\omega_0)/2$,直流输入功率为 A,因此,转换效率为

$$\eta_{\mathrm{eff}} = \frac{X^2(\omega_0)/2}{A^2} = \frac{2}{\pi^2} \approx 20\%$$

图 1-37b 所示信号为幅度为 $2A$ 但平均值为 0 的方波,因此,傅里叶系数的常数项为 0,其傅里叶级数系数为

$$\begin{cases} X(n\omega_0) = \dfrac{4A\sin(n\pi/2)}{n\pi} & n \neq 0 \\ X(0) = 0 & n = 0 \end{cases}$$

极性反转开关的转换效率为

$$\eta_{\text{eff}} = \frac{X^2(\omega_0)/2}{A^2} = \frac{8}{\pi^2} \approx 81\%$$

由此可见，极性反转开关在能量转换效率上比通断式开关提升了 4 倍。

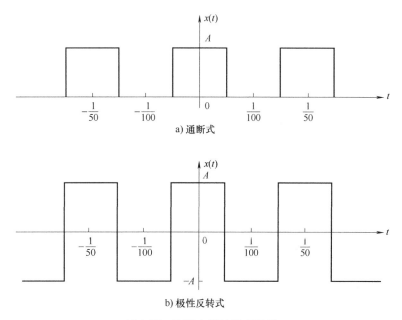

图 1-37 开关电源的输出波形

（四）周期信号的傅里叶级数近似

无论是三角傅里叶级数形式，还是指数傅里叶级数形式，都表明了在一般情况下一个周期信号是由无穷多项正弦型信号（直流、基波及各项谐波）组合而成。也就是说，一般情况下，无穷多项正弦型信号的和才能完全逼近一个周期信号。如果采用有限项级数表示周期信号，势必产生表示误差。下面通过例子说明有限项正弦信号（包括直流、基波及各次谐波）对周期信号的逼近，并分析所产生的误差。

例 1-9　求图 1-38a 所示周期方波信号的三角形傅里叶级数展开式，并分析 N 取不同值时对原信号的逼近情况。

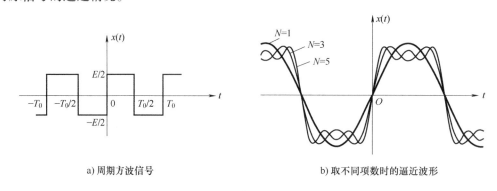

图 1-38 例 1-9 的周期方波信号及其逼近波形

解： 图 1-38a 所示周期方波信号在一个周期内的解析式可表示为

$$x(t) = \begin{cases} -\dfrac{E}{2} & -\dfrac{T_0}{2} \leq t < 0 \\ \dfrac{E}{2} & 0 \leq t < \dfrac{T_0}{2} \end{cases}$$

可求得傅里叶系数为

$$\begin{aligned} a_n &= \frac{2}{T_0}\int_{-\frac{T_0}{2}}^{\frac{T_0}{2}} x(t)\cos n\omega_0 t\, dt \\ &= \frac{2}{T_0}\int_{-\frac{T_0}{2}}^{0}\left(-\frac{E}{2}\right)\cos n\omega_0 t\, dt + \frac{2}{T_0}\int_{0}^{\frac{T_0}{2}}\left(\frac{E}{2}\right)\cos n\omega_0 t\, dt \\ &= \frac{2}{T_0}\left(-\frac{E}{2}\right)\frac{1}{n\omega_0}(\sin n\omega_0 t)\Big|_{-\frac{T_0}{2}}^{0} + \frac{2}{T_0}\frac{E}{2}\frac{1}{n\omega_0}(\sin n\omega_0 t)\Big|_{0}^{\frac{T_0}{2}} \end{aligned}$$

考虑到 $\omega_0 = \dfrac{2\pi}{T_0}$，可得

$$a_n = 0 \quad n = 0,1,2,\cdots$$

$$\begin{aligned} b_n &= \frac{2}{T_0}\int_{-\frac{T_0}{2}}^{\frac{T_0}{2}} x(t)\sin n\omega_0 t\, dt \\ &= \frac{2}{T_0}\int_{-\frac{T_0}{2}}^{0}\left(-\frac{E}{2}\right)\sin n\omega_0 t\, dt + \frac{2}{T_0}\int_{0}^{\frac{T_0}{2}}\left(\frac{E}{2}\right)\sin n\omega_0 t\, dt \\ &= \frac{2}{T_0}\left(-\frac{E}{2}\right)\frac{1}{n\omega_0}(-\cos n\omega_0 t)\Big|_{-\frac{T_0}{2}}^{0} + \frac{2}{T_0}\frac{E}{2}\frac{1}{n\omega_0}(-\cos n\omega_0 t)\Big|_{0}^{\frac{T_0}{2}} \\ &= \frac{E}{n\pi}(1 - \cos n\pi) \\ &= \begin{cases} \dfrac{2E}{n\pi} & n = 1,3,5,\cdots \\ 0 & n = 2,4,6,\cdots \end{cases} \end{aligned}$$

因此，$x(t)$ 的三角形傅里叶级数展开式为

$$x(t) = \frac{2E}{\pi}\left(\sin\omega_0 t + \frac{1}{3}\sin 3\omega_0 t + \frac{1}{5}\sin 5\omega_0 t + \cdots\right)$$

上式表明，图 1-38a 所示周期方波信号含有与原信号相同频率的正弦信号、频率为原信号频率 3 倍以及其他奇数倍的正弦信号，而各正弦波的幅值随频率的增大而成比例减小。

若取傅里叶级数的前 N（N 为奇数）项来逼近周期方波信号 $x(t)$，则 $x_N(t)$ 为

$$x_N(t) = \sum_{n=1}^{N} b_n \sin n\omega_0 t$$

图 1-38b 所示为傅里叶级数取不同项数时对原周期方波信号的逼近情况。从图中可以看出：①傅里叶级数所取项数越多，叠加后的波形越逼近原信号，两者之间的均方误差越小。显然，当 $N \to \infty$ 时，$x_N(t) \to x(t)$；②当信号 $x(t)$ 为方波等脉冲信号时，其高频分量主要影

响脉冲的跳变沿，低频分量主要影响脉冲的顶部。所以，$x(t)$波形变化越激烈，所包含的高频分量越丰富，$x(t)$波形变化越缓慢，所包含的低频分量越丰富；③组成原信号$x(t)$的任一频谱分量(包括幅度、相位)发生变化时，信号$x(t)$的波形也会发生变化。

例 1-10 为了给手机、笔记本式计算机等设备充电，需要将电网提供的交流电(正弦波信号)转换为直流电，即实现 AC-DC 转换。用二极管构成的简单电路就可以将正弦波信号转换为具有非零直流分量的信号，然后通过滤波器变成用于充电的直流电源。全波整流信号就存在于 AC-DC 转换过程中。设电网电流信号$x_1(t)=\sin 2\pi f_1 t$，$f_1=50\mathrm{Hz}$，求全波整流信号$x(t)=|\sin 2\pi f_1 t|$的频谱。

解： 电网电流信号$x_1(t)$的频率$f_1=50\mathrm{Hz}$，则其周期为$T_1=0.02\mathrm{s}$，全波整流信号相当于将正弦波的负波瓣翻转之后与正波瓣相同，因此，其周期减半为$T_0=0.01\mathrm{s}$，如图 1-39 所示。

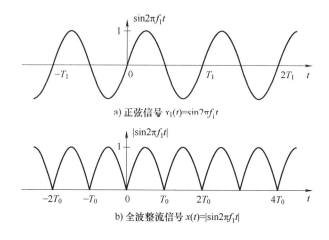

图 1-39 例 1-10 波形图

将全波整流信号$x(t)$代入傅里叶级数公式中，可以求得

$$X(n\omega_0)=\frac{1}{T_0}\int_{-\frac{T_0}{2}}^{\frac{T_0}{2}}|\sin 2\pi f_1 t|\,\mathrm{e}^{-jn\omega_0 t}\mathrm{d}t$$

求解上式，有

$$X(n\omega_0)=\frac{2}{\pi(1-4n^2)}$$

全波整流信号的傅里叶级数表示式为

$$x(t)=|\sin 2\pi f_1 t|=\frac{2}{\pi}+\sum_{n=1}^{\infty}\frac{4}{\pi(1-4n^2)}\cos 2\pi nt/T_0$$

直流分量为

$$X(0)=\frac{2}{\pi}\approx 0.6366$$

因此，全波整流正弦信号后，直流分量为整流前正弦信号最大值的 63.66%。也就是说，经过 AC-DC 转换的全波整流，原正弦信号产生了非零直流输出。当然，在整流后还需要应用滤波电路将谐波信号滤除，从而将直流信号完全提取出来。此外，随着n取值的增加，叠加后的波形也越来越逼近原全波整流正弦信号波形。图 1-40 为$n=4$和$n=16$时合成信号的波形。

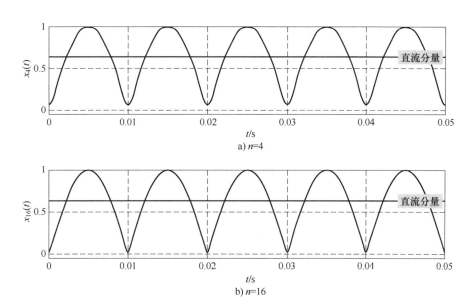

图 1-40 对全波整流信号的谐波分量求和

二、非周期信号的频谱分析

非周期信号可以看作周期是无穷大的周期信号，从这一思想出发，可以在周期信号频谱分析的基础上研究非周期信号的频谱。在讨论矩形脉冲信号的频谱时已经指出，当 τ 不变而增大周期 T_0 时，随着 T_0 增大，谱线将越来越密，同时谱线的幅度将越来越小。如果 T_0 趋于无穷大，则周期矩形脉冲信号将演变成非周期的矩形脉冲信号，可以预料，此时谱线会无限密集而演变成连续的频谱，但与此同时，谱线的幅度将变成无穷小量。为了避免在一系列无穷小量中讨论频谱关系，考虑 $T_0 X(n\omega_0)$ 这一物理量，由于 T_0 因子的存在，克服了 T_0 对 $X(n\omega_0)$ 幅度的影响，此时有 $T_0 X(n\omega_0) = \dfrac{2\pi X(n\omega_0)}{\omega_0}$，可理解为单位角频率所具有的复频谱，称为频谱密度函数，简称频谱。

（一）从傅里叶级数到傅里叶变换

考虑如图 1-41a 所示的一般非周期信号 $x(t)$ 具有有限持续期，即 $|t| > T_1$ 时，$x(t) = 0$。从该信号出发，构造一个周期信号 $\hat{x}(t)$，使 $\hat{x}(t)$ 为 $x(t)$ 进行周期为 T_0 的周期性延拓的结果，如图 1-41b 所示。

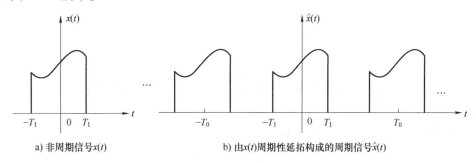

a) 非周期信号 $x(t)$ b) 由 $x(t)$ 周期性延拓构成的周期信号 $\hat{x}(t)$

图 1-41 非周期信号及其周期性延拓

对于周期信号 $\hat{x}(t)$，可展开成指数形式的傅里叶级数为

$$\hat{x}(t) = \sum_{n=-\infty}^{\infty} \hat{X}(n\omega_0) e^{jn\omega_0 t} \tag{1-25}$$

式中，$\hat{X}(n\omega_0) = \frac{1}{T_0} \int_{-\frac{T_0}{2}}^{\frac{T_0}{2}} \hat{x}(t) e^{-jn\omega_0 t} dt$。考虑 $T_0 \hat{X}(n\omega_0)$，并且在区间 $-\frac{T_0}{2} \leq t \leq \frac{T_0}{2}$ 内 $\hat{x}(t) = x(t)$，则

$$T_0 \hat{X}(n\omega_0) = \int_{-\frac{T_0}{2}}^{\frac{T_0}{2}} x(t) e^{-jn\omega_0 t} dt \tag{1-26}$$

当 $T_0 \to \infty$ 时，$\hat{x}(t) \to x(t)$，$\hat{X}(n\omega_0) \to X(n\omega_0)$，$\omega_0 \to d\omega$，$n\omega_0 \to \omega$（连续量），$T_0 X(n\omega_0)$ 成为连续的频谱密度函数，记为 $X(\omega)$，式(1-26)变为

$$X(\omega) = \int_{-\infty}^{\infty} x(t) e^{-j\omega t} dt \tag{1-27}$$

而式(1-25)变为

$$\begin{aligned} x(t) &= \lim_{T_0 \to \infty} \sum_{n=-\infty}^{\infty} \hat{X}(n\omega_0) e^{jn\omega_0 t} \\ &= \lim_{T_0 \to \infty} \sum_{n=-\infty}^{\infty} T_0 \hat{X}(n\omega_0) e^{jn\omega_0 t} \frac{1}{T_0} \\ &= \lim_{T_0 \to \infty} \sum_{n=-\infty}^{\infty} \frac{1}{2\pi} T_0 \hat{X}(n\omega_0) e^{jn\omega_0 t} \omega_0 \end{aligned}$$

显然有

$$x(t) = \frac{1}{2\pi} \int_{-\infty}^{\infty} X(\omega) e^{j\omega t} d\omega \tag{1-28}$$

式(1-27)和式(1-28)构成了傅里叶变换对，通常表示为

$$x(t) \xleftrightarrow{F} X(\omega)$$

式(1-27)为傅里叶变换式，它将连续时间函数 $x(t)$ 变换为频率的连续函数 $X(\omega)$，因此，$X(\omega)$ 称为 $x(t)$ 的傅里叶变换。如前所述，$X(\omega)$ 是频谱密度函数（或频谱），为一复函数，即 $X(\omega) = |X(\omega)| e^{j\varphi(\omega)}$，其模 $|X(\omega)|$ 称为幅度频谱，幅角 $\varphi(\omega)$ 称为相位频谱，它在频域描述了信号的基本特征，因而是非周期信号进行频域分析的理论依据和最基本的公式。

式(1-28)为傅里叶逆变换式，它将连续频率函数 $X(\omega)$ 变换为连续时间函数 $x(t)$，表明非周期信号是由无限多个频率连续变化、幅度 $X(\omega) \frac{d\omega}{2\pi}$ 为无限小的复指数信号 $e^{j\omega t}$ 线性组合而成。

上述傅里叶变换的推导由傅里叶级数演变而来，可以预料，一个函数 $x(t)$ 的傅里叶变换是否存在，应该看它是否满足狄里赫利条件。因此，任意非周期函数 $x(t)$ 存在傅里叶变换 $X(\omega)$ 的狄里赫利条件如下：

1) $x(t)$ 在无限区间内绝对可积，即

$$\int_{-\infty}^{\infty} |x(t)| dt < \infty$$

2）在任意有限区间内，$x(t)$ 只有有限个不连续点，在这些点上函数取有限值。
3）在任意有限区间内，$x(t)$ 只有有限个极大值和极小值。

值得注意的是，上述条件只是充分条件，后面将会看到，倘若在变换中可以引入冲激函数或极限处理，那么在一个无限区间内不绝对可积的信号也可以认为具有傅里叶变换。

（二）常见非奇异信号的频谱

1. 矩形脉冲信号

图 1-42a 矩形脉冲信号 $g(t)$ 可表示为

$$x(t)=g(t)=\begin{cases} E & |t|<\dfrac{\tau}{2} \\ 0 & |t|>\dfrac{\tau}{2} \end{cases} \quad (1-29)$$

式中，E 为脉冲幅度；τ 为脉冲宽度。由式（1-27）可求出其傅里叶变换为

$$X(\omega)=\int_{-\infty}^{\infty}g(t)\mathrm{e}^{-\mathrm{j}\omega t}\mathrm{d}t=\int_{-\frac{\tau}{2}}^{\frac{\tau}{2}}E\mathrm{e}^{-\mathrm{j}\omega t}\mathrm{d}t=\frac{2E}{\omega}\sin\frac{\omega\tau}{2}=E\tau Sa\left(\frac{\omega\tau}{2}\right) \quad (1-30)$$

因为 $X(\omega)$ 为一实函数，通常可用 $X(\omega)$ 曲线同时表示幅度频谱和相位频谱，如图 1-42b 所示。与周期矩形脉冲的频谱图（见图 1-31）相比，单矩形脉冲的频谱 $X(\omega)$ 与周期矩形脉冲频谱 $X(n\omega_0)$ 的包络线形状完全相同，这正是由于将非周期的单矩形脉冲看作周期为无穷大的周期矩形脉冲，从而其频谱由周期矩形脉冲的离散频谱演变为连续频谱的结果。另一方面，$X(\omega)$ 是 $X(n\omega_0)$ 乘上因子 T_0 的结果，这是由于两者的不同定义决定的。

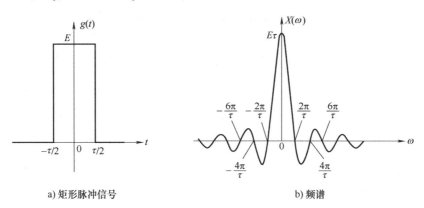

a) 矩形脉冲信号　　　　　b) 频谱

图 1-42 矩形脉冲信号及其频谱

由于单矩形脉冲信号与周期矩形脉冲信号的频谱存在上述联系，所以周期信号频谱的某些特点在单矩形脉冲信号中仍有保留。单矩形脉冲信号的频谱也具有收敛性，它的大部分能量集中在一个有限的频率范围内，常取从零频率到第一零值频率之间的频段为信号的频率宽度 ω_b，即 $\omega_b=\dfrac{2\pi}{\tau}$。显然，矩形脉冲越窄，它的频带宽度越宽。

例 1-11 求如图 1-43a 所示矩形频谱的傅里叶逆变换。

解：根据傅里叶逆变换式（1-28），有

$$x(t)=\frac{1}{2\pi}\int_{-\frac{\tau}{2}}^{\frac{\tau}{2}}1\times\mathrm{e}^{\mathrm{j}\omega t}\mathrm{d}\omega=\frac{1}{2\mathrm{j}\pi t}\mathrm{e}^{\mathrm{j}\omega t}\bigg|_{-\frac{\tau}{2}}^{\frac{\tau}{2}}=\frac{1}{\pi t}\sin\frac{\tau}{2}t \quad t\neq 0$$

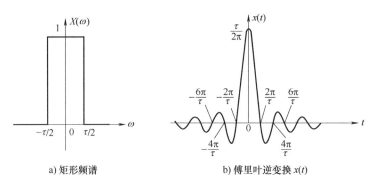

a) 矩形频谱　　　　　　　　b) 傅里叶逆变换 $x(t)$

图 1-43　例 1-11 图

当 $t=0$ 时，积分化简为 $\dfrac{\tau}{2\pi}$。$x(t)$ 如图 1-43b 所示。

通过例 1-11 可以看到一个有趣的现象，时域上的矩形脉冲在频域上变换为取样函数 $Sa(t)$，而时域中的取样函数 $Sa(t)$ 在频域中变换为矩形脉冲。

2. 单边指数信号

图 1-44a 单边指数信号 $x(t)$ 可表示为

$$x(t)=\begin{cases} \mathrm{e}^{-at} & t>0, \ a>0 \\ 0 & t<0 \end{cases} \quad (1\text{-}31)$$

可求得其傅里叶变换为

$$X(\omega)=\int_{-\infty}^{\infty} x(t)\mathrm{e}^{-\mathrm{j}\omega t}\mathrm{d}t=\int_{0}^{\infty}\mathrm{e}^{-at}\mathrm{e}^{-\mathrm{j}\omega t}\mathrm{d}t=\frac{1}{a+\mathrm{j}\omega} \quad (1\text{-}32)$$

其中，幅频为 $|X(\omega)|=\dfrac{1}{\sqrt{a^2+\omega^2}}$，相频为 $\varphi(\omega)=-\tan^{-1}\dfrac{\omega}{a}$，分别如图 1-44b、c 所示。

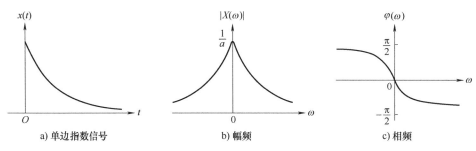

a) 单边指数信号　　　　　b) 幅频　　　　　　c) 相频

图 1-44　单边指数信号及其频谱

3. 双边指数信号

图 1-45a 双边指数信号 $x(t)$ 可表示为

$$x(t)=\mathrm{e}^{-a|t|} \qquad a>0 \quad (1\text{-}33)$$

可求得该信号的傅里叶变换为

$$X(\omega)=\int_{-\infty}^{\infty}\mathrm{e}^{-a|t|}\mathrm{e}^{-\mathrm{j}\omega t}\mathrm{d}t=\int_{-\infty}^{0}\mathrm{e}^{-at}\mathrm{e}^{-\mathrm{j}\omega t}\mathrm{d}t+\int_{0}^{\infty}\mathrm{e}^{at}\mathrm{e}^{-\mathrm{j}\omega t}\mathrm{d}t$$

$$=\frac{1}{a-\mathrm{j}\omega}+\frac{1}{a+\mathrm{j}\omega}=\frac{2a}{a^2+\omega^2} \quad (1\text{-}34)$$

其中，$X(\omega)$是实数，$\varphi(\omega)=0$，其幅频可直接表示为如图 1-45b 所示的曲线。

a) 双边指数信号　　b) 幅频

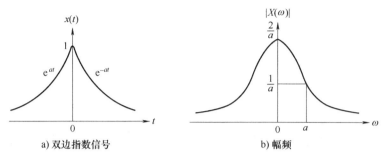

图 1-45　双边指数信号及其幅谱

4. 双边奇指数信号

图 1-46a 双边奇指数信号 $x(t)$可表示为

$$x(t)=\begin{cases}-e^{at} & t<0,\ a>0\\ e^{-at} & t>0,\ a>0\end{cases} \tag{1-35}$$

由傅里叶变换定义式(1-27)，有

$$\begin{aligned}X(\omega) &= \int_{-\infty}^{\infty} x(t)e^{-j\omega t}dt = \int_{-\infty}^{0}(-e^{at}e^{-j\omega t})dt + \int_{0}^{\infty}e^{-at}e^{-j\omega t}dt\\ &= -\frac{1}{a-j\omega}+\frac{1}{a+j\omega} = -j\frac{2\omega}{a^2+\omega^2}\end{aligned} \tag{1-36}$$

幅频为

$$|X(\omega)| = \frac{2|\omega|}{a^2+\omega^2}$$

相频为

$$\varphi(\omega)=\begin{cases}\dfrac{\pi}{2} & \omega<0\\ -\dfrac{\pi}{2} & \omega>0\end{cases}$$

图 1-46b、c 分别为双边奇指数信号的幅频和相频。

a) 双边奇指数信号　　b) 幅频　　c) 相频

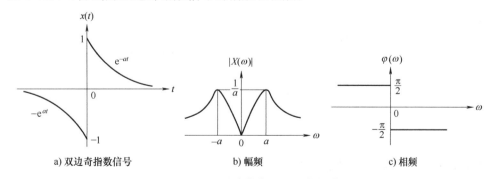

图 1-46　双边奇指数信号及其频谱

(三) 奇异信号的频谱

单位冲激信号、单位直流信号、符号函数以及单位阶跃信号等是常见的奇异信号。但是,它们往往不完全满足狄里赫利条件,通常用求极限的方法得到其频谱。

1. 单位冲激信号

由冲激函数的抽样特性,可得 $\int_{-\infty}^{\infty}\delta(t)\mathrm{e}^{-\mathrm{j}\omega t}\mathrm{d}t = \mathrm{e}^0 = 1$,所以单位冲激信号的频谱为常数1,即

$$\delta(t) \xleftrightarrow{F} 1 \tag{1-37}$$

在时域中,单位冲激信号在 $t=0$ 处幅度发生巨大的变化,而在频域中单位冲激信号表现为具有极其丰富的频率成分,以至频谱占据整个频率域,且呈均匀分布,常称为均匀频谱或白色频谱,如图1-47所示。

例1-12 求冲激谱 $X(\omega)=2\pi\delta(\omega)$ 的傅里叶逆变换。

解:由傅里叶逆变换式(1-28)及冲激信号的抽样特性可得

$$x(t) = \frac{1}{2\pi}\int_{-\infty}^{\infty}2\pi\delta(\omega)\mathrm{e}^{\mathrm{j}\omega t}\mathrm{d}\omega = 1$$

因此,有

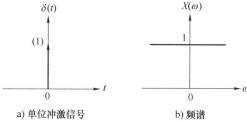

图1-47 单位冲激信号及其频谱

$$1 \xleftrightarrow{F} 2\pi\delta(\omega)$$

上式表明,冲激谱的傅里叶逆变换为直流信号,直流信号的频率成分完全集中在 $\omega=0$ 处,与直观理解完全一致。

2. 单位直流信号

幅度为1的直流信号可表示为

$$x(t)=1 \quad -\infty<t<\infty$$

显然该信号不满足绝对可积条件,可以把它看作双边指数信号 $\mathrm{e}^{-a|t|}(a>0)$ 当 $a\to 0$ 时的极限,如图1-48a所示,图中 $a_1>a_2>a_3>a_4=0$(单位直流信号)。因此,单位直流信号的傅里叶变换应该是 $\mathrm{e}^{-a|t|}(a>0)$ 的频谱当 $a\to 0$ 时的极限,如图1-48b所示。

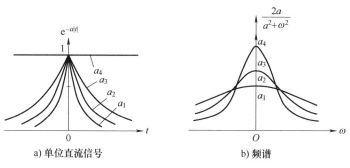

图1-48 单位直流信号及其频谱的极限过程

前面已求得 $F(\mathrm{e}^{-a|t|})=\dfrac{2a}{a^2+\omega^2}$,故有

$$X(\omega)=\lim_{a\to 0}\frac{2a}{a^2+\omega^2}=\begin{cases}0 & \omega\neq 0\\ \infty & \omega=0\end{cases} \tag{1-38}$$

表明 $X(\omega)$ 是 ω 的冲激函数,其强度为

$$\lim_{a\to 0}\int_{-\infty}^{\infty}\frac{2a}{a^2+\omega^2}\mathrm{d}\omega = \lim_{a\to 0}\int_{-\infty}^{\infty}\frac{2}{1+\left(\dfrac{\omega}{a}\right)^2}\mathrm{d}\left(\frac{\omega}{a}\right) = \lim_{a\to 0}2\tan^{-1}\left(\frac{\omega}{a}\right)\bigg|_{-\infty}^{\infty} = 2\pi$$

所以有 $X(\omega)=2\pi\delta(\omega)$，即
$$1 \xleftrightarrow{F} 2\pi\delta(\omega) \tag{1-39}$$

图 1-49 所示为单位直流信号及其频谱，与例 1-12 结论完全一致。

3. 符号函数信号

符号函数记作 $\mathrm{sgn}(t)$，定义为

$$\mathrm{sgn}(t)=\begin{cases}-1 & t<0\\ 0 & t=0\\ 1 & t>0\end{cases} \tag{1-40}$$

显然符号函数信号也不满足绝对可积条件，与单位直流信号类似，可以把符号函数信号作双边奇指数信号当 $a\to 0$

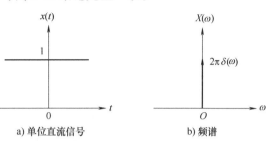

图 1-49 单位直流信号及其频谱

时的极限，如图 1-50a 所示，图中 $a_1>a_2>a_3>a_4=0$。因此，符号函数信号的傅里叶变换应该是双边奇指数信号的频谱当 $a\to 0$ 时的极限，如图 1-50b 所示。

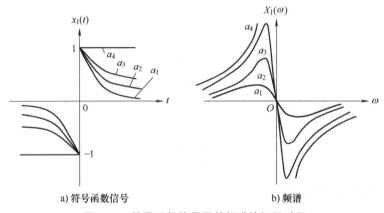

图 1-50 符号函数信号及其频谱的极限过程

由式（1-36）可知，双边奇指数信号的频谱为 $-\mathrm{j}\dfrac{2\omega}{a^2+\omega^2}$，故有

$$X(\omega)=\lim_{a\to 0}\left(-\mathrm{j}\frac{2\omega}{a^2+\omega^2}\right)=\begin{cases}\dfrac{2}{\mathrm{j}\omega} & \omega\ne 0\\ 0 & \omega=0\end{cases} \tag{1-41}$$

即
$$\mathrm{sgn}(t) \xleftrightarrow{F} \frac{2}{\mathrm{j}\omega}\,(\omega\ne 0) \tag{1-42}$$

图 1-51 所示为符号函数信号及其频谱。

4. 单位阶跃信号

单位阶跃信号也不满足绝对可积条件，可把它视为单边指数信号当 $a\to 0$ 时的极限。因此，其频谱应该是单边指数信号的频谱当 $a\to 0$ 时的极限。

已求得单边指数信号的频谱为 $\dfrac{1}{a+\mathrm{j}\omega}$，故有

$$X(\omega)=\lim_{a\to 0}\frac{1}{a+\mathrm{j}\omega}=\lim_{a\to 0}\left(\frac{a}{a^2+\omega^2}-\mathrm{j}\frac{\omega}{a^2+\omega^2}\right)=\lim_{a\to 0}\frac{a}{a^2+\omega^2}+\lim_{a\to 0}\frac{-\mathrm{j}\omega}{a^2+\omega^2}$$

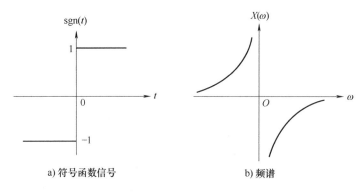

a) 符号函数信号　　　　　　b) 频谱

图 1-51　符号函数信号及其频谱

实部为

$$\lim_{a\to 0}\frac{a}{a^2+\omega^2}=\begin{cases}0 & \omega\neq 0\\ \infty & \omega=0\end{cases}$$

虚部为

$$\lim_{a\to 0}\frac{-\mathrm{j}\omega}{a^2+\omega^2}=\begin{cases}\dfrac{1}{\mathrm{j}\omega} & \omega\neq 0\\ 0 & \omega=0\end{cases}$$

可见 $X(\omega)$ 在 $\omega=0$ 处为实冲激函数，其强度为

$$\lim_{a\to 0}\int_{-\infty}^{\infty}\frac{a}{a^2+\omega^2}\mathrm{d}\omega=\lim_{a\to 0}\int_{-\infty}^{\infty}\frac{1}{1+\left(\dfrac{\omega}{a}\right)^2}\mathrm{d}\left(\dfrac{\omega}{a}\right)=\lim_{a\to 0}\tan^{-1}\left(\dfrac{\omega}{a}\right)\Bigg|_{-\infty}^{\infty}=\pi$$

在 $\omega\neq 0$ 处为虚函数 $\dfrac{1}{\mathrm{j}\omega}$，所以有 $X(\omega)=\pi\delta(\omega)+\dfrac{1}{\mathrm{j}\omega}$，即

$$u(t)\xleftrightarrow{F}\pi\delta(\omega)+\frac{1}{\mathrm{j}\omega} \tag{1-43}$$

图 1-52 所示为单位阶跃信号及其频谱。

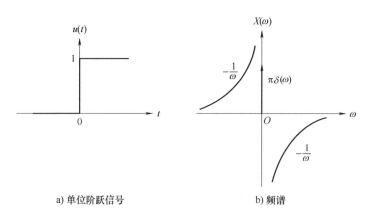

a) 单位阶跃信号　　　　　　b) 频谱

图 1-52　单位阶跃信号及其频谱

(四) 周期信号的傅里叶变换

前面已经讨论了在一个周期内绝对可积的周期信号可以用傅里叶级数表示，在无限区间内绝对可积的非周期信号也可以用傅里叶变换表示，分别解决了周期信号和非周期信号的频谱问题。实际上，通过在变换中引入冲激函数，可以得出周期信号的傅里叶变换，从而把周期信号与非周期信号的频域分析统一起来，给信号分析带来便利。

下面首先讨论复指数信号 $e^{j\omega_0 t}$、正弦信号 $\sin\omega_0 t$ 和余弦信号 $\cos\omega_0 t$ 的傅里叶变换，然后讨论一般周期信号的傅里叶变换。

1. 复指数信号 $e^{j\omega_0 t}$ 的傅里叶变换

考虑 $x(t)e^{j\omega_0 t}$ 的傅里叶变换为

$$\int_{-\infty}^{\infty} x(t)e^{j\omega_0 t}e^{-j\omega t}dt = \int_{-\infty}^{\infty} x(t)e^{-j(\omega-\omega_0)t}dt \tag{1-44}$$

设 $x(t)$ 的傅里叶变换为 $X(\omega)$，则上式为 $X(\omega-\omega_0)$。

令 $x(t)=1$，由式(1-44)，$X(\omega)=2\pi\delta(\omega)$，于是得 $e^{j\omega_0 t}$ 的傅里叶变换为 $X_e(\omega)=X(\omega-\omega_0)=2\pi\delta(\omega-\omega_0)$，即

$$e^{j\omega_0 t} \xleftrightarrow{F} 2\pi\delta(\omega-\omega_0) \tag{1-45}$$

2. 正弦信号 $\sin\omega_0 t$ 的傅里叶变换

由欧拉公式，有

$$\sin\omega_0 t = \frac{1}{2j}(e^{j\omega_0 t} - e^{-j\omega_0 t})$$

由复指数信号的傅里叶变换式(1-45)，有

$$X_s(\omega) = F(\sin\omega_0 t) = \frac{1}{2j}[2\pi\delta(\omega-\omega_0) - 2\pi\delta(\omega+\omega_0)] = -j\pi\delta(\omega-\omega_0) + j\pi\delta(\omega+\omega_0)$$

即

$$\sin\omega_0 t \xleftrightarrow{F} -j\pi\delta(\omega-\omega_0) + j\pi\delta(\omega+\omega_0) \tag{1-46}$$

3. 余弦信号 $\cos\omega_0 t$ 的傅里叶变换

同理，余弦信号 $\cos\omega_0 t = \frac{1}{2}(e^{j\omega_0 t} + e^{-j\omega_0 t})$ 的傅里叶变换为

$$X_c(\omega) = F(\cos\omega_0 t) = \frac{1}{2}[2\pi\delta(\omega-\omega_0) + 2\pi\delta(\omega+\omega_0)] = \pi\delta(\omega-\omega_0) + \pi\delta(\omega+\omega_0)$$

即

$$\cos\omega_0 t \xleftrightarrow{F} \pi\delta(\omega-\omega_0) + \pi\delta(\omega+\omega_0) \tag{1-47}$$

以上三种信号的频谱分别如图 1-53 所示，每种信号的幅频和相频分开表示，其中复指数信号和余弦信号的频谱是实函数，因此，它们的相频都是零，而正弦信号的频谱是虚函数，所以其相频有所体现。

4. 一般周期信号的傅里叶变换

一般周期信号 $x(t)$ 可以展开成指数形式的傅里叶级数，即

$$x(t) = \sum_{n=-\infty}^{\infty} X(n\omega_0)e^{jn\omega_0 t}$$

对上式取傅里叶变换，有

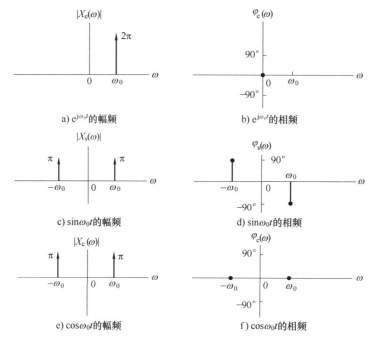

图 1-53 $e^{j\omega_0 t}$、$\sin\omega_0 t$ 和 $\cos\omega_0 t$ 的频谱

$$X(\omega) = F(x(t)) = F\left(\sum_{n=-\infty}^{\infty} X(n\omega_0) e^{jn\omega_0 t}\right) = \sum_{n=-\infty}^{\infty} X(n\omega_0) F(e^{jn\omega_0 t})$$

已知 $e^{jn\omega_0 t}$ 的傅里叶变换为 $2\pi\delta(\omega-n\omega_0)$，代入上式，得

$$X(\omega) = \sum_{n=-\infty}^{\infty} 2\pi X(n\omega_0)\delta(\omega - n\omega_0) \tag{1-48}$$

式(1-48)表明，一般周期信号的傅里叶变换(即频谱密度函数)由无穷多个冲激函数组成，这些冲激函数位于周期信号的各谐波频率 $n\omega_0(n=0,\pm1,\pm2,\cdots)$ 处，其强度为各相应幅度 $X(n\omega_0)$ 的 2π 倍。

例 1-13 求例 1-4 中周期矩形脉冲信号的傅里叶变换。

解： 例 1-4 已求出周期矩形脉冲信号的傅里叶级数展开式为

$$X(n\omega_0) = \frac{E\tau}{T_0} Sa\left(\frac{1}{2}n\omega_0\tau\right) \qquad n=0,\pm1,\pm2,\cdots$$

代入式(1-48)，即可得出周期矩形脉冲信号的傅里叶变换为

$$X(\omega) = \sum_{n=-\infty}^{\infty} 2\pi \frac{E\tau}{T_0} Sa\left(\frac{1}{2}n\omega_0\tau\right) \delta(\omega - n\omega_0) = \omega_0 E\tau \sum_{n=-\infty}^{\infty} Sa\left(\frac{1}{2}n\omega_0\tau\right) \delta(\omega - n\omega_0)$$

图 1-54a 所示为 $T_0=2\tau$ 时周期矩形脉冲信号的傅里叶变换 $X(\omega)$，该信号傅里叶级数的复系数 $X(n\omega_0)$ 如图 1-54b 所示。比较 $X(\omega)$ 和 $X(n\omega_0)$ 可以看出：首先，二者都是离散频率，且具有相同的包络线，但二者又有明显的区别，复傅里叶系数 $X(n\omega_0)$ 表示的是各谐波分量的幅度，是有限值；而傅里叶变换 $X(\omega)$ 表示频谱密度，含单位频率所具有的频谱的物理意义，因此，它们是位于各谐波频率 $n\omega_0$ 处的冲激函数，其强度为各相应度 $X(n\omega_0)$ 的 2π 倍。

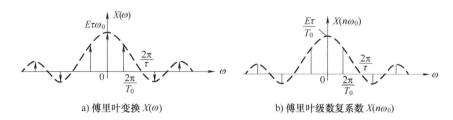

a) 傅里叶变换 $X(\omega)$　　　　b) 傅里叶级数复系数 $X(n\omega_0)$

图 1-54　周期矩形脉冲信号的傅里叶变换与傅里叶级数复系数

例 1-14　求如图 1-55a 所示周期为 T_0 的周期性冲激串 $\delta_T(t)$ 的傅里叶变换。

解：冲激串 $\delta_T(t)$ 可表示为

$$\delta_T(t) = \sum_{n=-\infty}^{\infty} \delta(t-nT_0)$$

由于 $\delta_T(t)$ 是周期函数，可展开成傅里叶级数为

$$\delta_T(t) = \sum_{n=-\infty}^{\infty} X(n\omega_0) e^{jn\omega_0 t}$$

式中，$\omega_0 = \dfrac{2\pi}{T_0}$，$X(n\omega_0) = \dfrac{1}{T_0} \displaystyle\int_{-\frac{T_0}{2}}^{\frac{T_0}{2}} \delta_T(t) e^{-jn\omega_0 t} dt$。

在 $\left(-\dfrac{T_0}{2}, \dfrac{T_0}{2}\right)$ 周期内，$\delta_T(t)$ 即单位冲激信号 $\delta(t)$，所以

$$X(n\omega_0) = \frac{1}{T_0} \int_{-\frac{T_0}{2}}^{\frac{T_0}{2}} \delta(t) e^{-jn\omega_0 t} dt = \frac{1}{T_0}$$

可得 $\delta_T(t)$ 的傅里叶变换为

$$X(\omega) = \sum_{n=-\infty}^{\infty} 2\pi \frac{1}{T_0} \delta(\omega - n\omega_0) = \omega_0 \sum_{n=-\infty}^{\infty} \delta(\omega - n\omega_0)$$

上式表明周期性冲激串 $\delta_T(t)$ 的频谱密度仍然是一个冲激串，其频谱间隔为 ω_0，冲激强度也为 ω_0，如图 1-55b 所示。

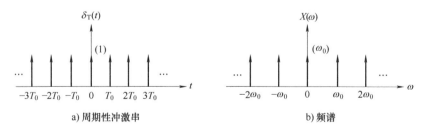

a) 周期性冲激串　　　　b) 频谱

图 1-55　周期性冲激串及其频谱

三、傅里叶变换的性质

傅里叶变换使任一信号可以有两种描述形式，即时域描述和频域描述。为了进一步了解这两种信号描述形式之间的关系，如信号的时域特性在频域中如何对应，频域中的一些运算在时域中会引起什么效应等，必须讨论傅里叶变换的一些重要性质，这些性质对简化傅里叶

变换或逆变换的运算也往往很有用。

1. 线性

若
$$x_1(t) \longleftrightarrow X_1(\omega)$$
$$x_2(t) \longleftrightarrow X_2(\omega)$$

则
$$a_1 x_1(t) + a_2 x_2(t) \longleftrightarrow a_1 X_1(\omega) + a_2 X_2(\omega) \tag{1-49}$$

式中，a_1、a_2 为任意常数。

2. 奇偶性

若 $x(t) \longleftrightarrow X(\omega)$，则
$$x^*(t) \longleftrightarrow X^*(-\omega) \tag{1-50}$$

证明：由傅里叶变换的定义，有
$$X(\omega) = \int_{-\infty}^{\infty} x(t) e^{-j\omega t} dt$$

取共轭得
$$X^*(\omega) = \left[\int_{-\infty}^{\infty} x(t) e^{-j\omega t} dt \right]^* = \int_{-\infty}^{\infty} x^*(t) e^{j\omega t} dt$$

以 $-\omega$ 代替 ω，得
$$X^*(-\omega) = \int_{-\infty}^{\infty} x^*(t) e^{-j\omega t} dt = F(x^*(t))$$

因此，式 (1-50) 得证。

3. 对偶性

若 $x(t) \longleftrightarrow X(\omega)$，则
$$X(t) \longleftrightarrow 2\pi x(-\omega) \tag{1-51}$$

证明：由傅里叶逆变换式为
$$x(t) = \frac{1}{2\pi} \int_{-\infty}^{\infty} X(\omega) e^{j\omega t} d\omega$$

将上式的自变量 t 换成 $-t$，有
$$x(-t) = \frac{1}{2\pi} \int_{-\infty}^{\infty} X(\omega) e^{-j\omega t} d\omega$$

再将 t 和 ω 互换，得
$$x(-\omega) = \frac{1}{2\pi} \int_{-\infty}^{\infty} X(t) e^{-j\omega t} dt$$

或
$$\int_{-\infty}^{\infty} X(t) e^{-j\omega t} dt = 2\pi x(-\omega)$$

上式左边即为 $X(t)$ 的傅里叶变换，式 (1-51) 得证。

对偶性表明了时域函数 $x(t)$ 和频域函数 $X(\omega)$ 之间的对偶关系。例如，单位冲激信号和单位直流信号满足对偶关系，矩形脉冲信号和取样信号同样满足对偶关系。

例 1-15 求取样函数 $Sa(t) = \dfrac{\sin t}{t}$ 的傅里叶变换。

解：宽度为 τ、幅度为 E 的矩形脉冲信号 $g(t)$ 的傅里叶变换为 $E\tau Sa\left(\dfrac{\omega \tau}{2}\right)$。若取 $E = \dfrac{1}{2}$，

$\tau=2$，则 $F(g(t))=Sa(\omega)$。由对偶性以及已知矩形脉冲信号 $g(t)$ 是偶函数，可得

$$F(Sa(t))=2\pi g(\omega)=\begin{cases}\pi & |\omega|<1\\ 0 & |\omega|>1\end{cases}$$

图 1-56a 为 $E=\dfrac{1}{2}$、$\tau=2$ 的矩形脉冲信号 $g(t)$ 及其频谱密度函数 $Sa(\omega)$，图 1-56b 为取样函数 $Sa(t)$ 及其频谱密度函数 $2\pi g(\omega)$。图 1-56 非常明显地表示了矩形脉冲信号和取样信号之间的对偶关系，为两信号的傅里叶变换的求取带来极大方便。

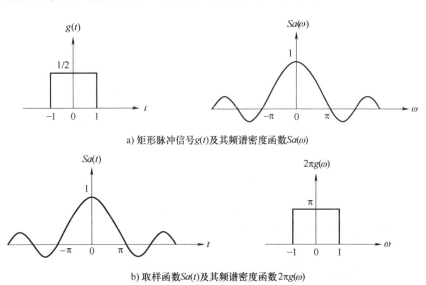

a) 矩形脉冲信号 $g(t)$ 及其频谱密度函数 $Sa(\omega)$

b) 取样函数 $Sa(t)$ 及其频谱密度函数 $2\pi g(\omega)$

图 1-56 矩形脉冲信号与取样函数 $Sa(t)$ 的对偶性

4. 尺度变换特性

若 $x(t)\longleftrightarrow X(\omega)$，则对于实常数 a 有

$$x(at)\longleftrightarrow \dfrac{1}{|a|}X\left(\dfrac{\omega}{a}\right) \tag{1-52}$$

这里不再给出该性质的证明过程。尺度变换特性表明，在时域将信号 $x(t)$ 压缩到 $\dfrac{1}{a}$ 倍，则在频域其频谱扩展 a 倍，同时幅度相应地减小到 $\dfrac{1}{a}$ 倍。也就是说，信号波形在时域的压缩意味着在频域信号频带的展宽；反之，信号波形在时域的扩展，意味着在频域信号频带的压缩。尺度变换特性可通过以不通速率播放已录好的音频信号进行理解。如果用较高的速度播放该音频，即相当于 $a>1$，则压缩了时域信号，频域中则展宽了频带宽度，因此感觉到音调升高；相反，以较低的速度播放则相当于扩展了时域信号，因为 $a<1$，而频域中则压缩了频带宽度，因此感觉到音调降低。

图 1-57 所示为单位矩形脉冲信号尺度变换 ($a=3$) 前后的时域波形及其频谱。在数字通信技术中，必须压缩矩形脉冲的宽度以提高通信速率，相应地必须展宽信道的频带。

5. 时移特性

若 $x(t)\longleftrightarrow X(\omega)$，则对于常数 t_0 有

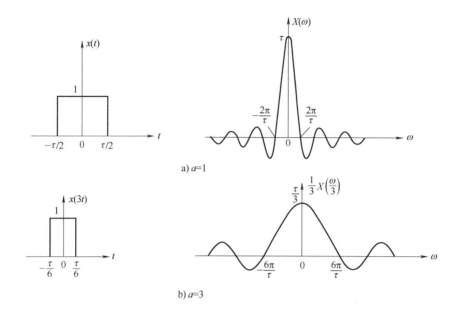

a) $a=1$

b) $a=3$

图1-57 尺度变换前后的单位矩形脉冲信号及其频谱

$$x(t\pm t_0) \longleftrightarrow e^{\pm j\omega t_0}X(\omega) \tag{1-53}$$

式(1-53)表明，信号在时域中沿时间轴右移(或左移)t_0，即延时(或超前)t_0，则在频域中，信号的幅度频谱不变，而相位频谱产生$-\omega t_0$(或$+\omega t_0$)的变化。

若信号$x(t)$既有时移，又有尺度变换，则有

$$F(x(at-b)) = \frac{1}{|a|}e^{-j\frac{b}{a}\omega}X\left(\frac{\omega}{a}\right) \tag{1-54}$$

式中，a和b为实常数，且$a\neq 0$。

例1-16 求图1-58a所示信号$x(t)$的频谱。

解：$x(t)$可看作如图1-58b、c所示的信号$x_1(t)$和$x_2(t)$的组合，即

$$x(t) = \frac{1}{2}x_1\left(t-\frac{5}{2}\right) + x_2\left(t-\frac{5}{2}\right)$$

式中，$x_1(t)$和$x_2(t)$分别为$E=1$、$\tau=1$和$E=1$、$\tau=3$的矩形脉冲信号，其频谱分别为

$$X_1(\omega) = Sa\left(\frac{\omega}{2}\right), \quad X_2(\omega) = 3Sa\left(\frac{3\omega}{2}\right)$$

由线性和时移特性，有

$$X(\omega) = \frac{1}{2}e^{-j\frac{5}{2}\omega}X_1(\omega) + e^{-j\frac{5}{2}\omega}X_2(\omega)$$

$$= e^{-j\frac{5}{2}\omega}\left[\frac{1}{2}Sa\left(\frac{\omega}{2}\right) + 3Sa\left(\frac{3\omega}{2}\right)\right]$$

6. 频移特性

若$x(t) \longleftrightarrow X(\omega)$，则对于常数$\omega_0$有

$$x(t)e^{\pm j\omega_0 t} \longleftrightarrow X(\omega \mp \omega_0) \tag{1-55}$$

频移特性表明，在时域将信号$x(t)$乘以因子$e^{j\omega_0 t}$(或$e^{-j\omega_0 t}$)，对应于在频域将原信号的频

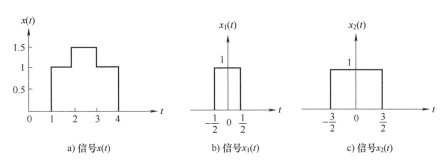

图 1-58 例 1-16 的信号

谱右移(或左移)ω_0，即往高频段(或低频段)平移 ω_0，实现频谱的搬移。

频谱搬移技术在通信系统中应用广泛，如调幅、同步解调、变频等过程，都是在频谱搬移的基础上完成的。该技术将调制信号 $x(t)$ 乘以正弦或余弦信号(常称载频信号)，在时域由信号 $x(t)$ 改变正弦或余弦信号的幅度，在频域则是使 $x(t)$ 的频谱右移，将发送信号的频谱搬移到适合信道传输的较高频率范围，因此，频移特性也称为调制特性。

设信号 $x(t)$ 由角频率为 ω_0 的余弦信号 $\cos\omega_0 t$ 调制，根据频移特性有

$$F(x(t)\cos\omega_0 t) = F\left(x(t)\frac{e^{j\omega_0 t}+e^{-j\omega_0 t}}{2}\right)$$

$$= \frac{1}{2}X(\omega-\omega_0) + \frac{1}{2}X(\omega+\omega_0) \tag{1-56}$$

同理可求得

$$F(x(t)\sin\omega_0 t) = \frac{1}{2}jX(\omega+\omega_0) - \frac{1}{2}jX(\omega-\omega_0) \tag{1-57}$$

例 1-17 求信号 $x(t) = g(t)\cos\omega_0 t$ 的频谱，其中 $g(t)$ 为 $E=1$、宽度为 τ 的矩形脉冲。

解： 已知矩形脉冲的频谱函数为

$$G(\omega) = F(g(t)) = \tau Sa\left(\frac{\omega\tau}{2}\right)$$

根据频移特性，有

$$X(\omega) = F(g(t)\cos\omega_0 t) = \frac{1}{2}G(\omega-\omega_0) + \frac{1}{2}G(\omega+\omega_0)$$

$$= \frac{\tau}{2}Sa\left(\frac{(\omega-\omega_0)\tau}{2}\right) + \frac{\tau}{2}Sa\left(\frac{(\omega+\omega_0)\tau}{2}\right)$$

图 1-59 分别为 $g(t)$、$\cos\omega_0 t$ 和 $x(t)$ 的频谱。可见，用角频率为 ω_0 的余弦(或正弦)信号去调制时间信号 $g(t)$ 时，原信号频谱 $G(\omega)$ 一分为二，各向左、右移动 ω_0，在移动过程中原信号幅度谱的形式保持不变。从另一角度看，$x(t)$ 可看作余弦信号在矩形窗函数作用下的截断，因而把原来集中在 ω_0 的冲激谱线变成连续频谱，使信号功率分散。

例 1-18 一个简化的无线电发射机和接收机如图 1-60a 所示，系统中的消息信号 $m(t)$ 及其频谱 $M(\omega)$ 如图 1-60b 所示。当忽略了传播效应和信道噪声时，假设在接收机的信号 $r(t)$ 等于发射信号；接收机低通滤波器的通带等于消息带宽，即 $\omega_c = W$，对比分析发射信号和接收信号的频谱。

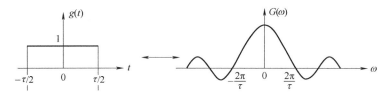

a) 时间信号 $g(t)$ 及其频谱

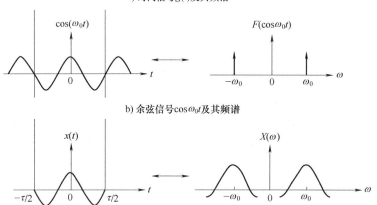

b) 余弦信号 $\cos\omega_0 t$ 及其频谱

c) 信号 $r(t)$ 及其频谱

图 1-59　信号的调制及其频谱

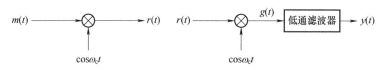

a) 发射机和接收机

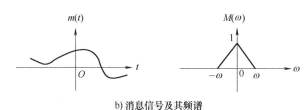

b) 消息信号及其频谱

图 1-60　简化的调幅无线电系统

解： 发射信号为

$$r(t) = m(t)\cos\omega_c t$$

其傅里叶变换为

$$R(\omega) = \frac{1}{2}M(\omega-\omega_c) + \frac{1}{2}M(\omega+\omega_c)$$

在接收机中，同样将 $r(t)$ 与余弦信号 $\cos\omega_c t$ 相乘，得到

$$g(t) = r(t)\cos\omega_c t$$

其傅里叶变换为

$$G(\omega) = \frac{1}{2}R(\omega-\omega_c) + \frac{1}{2}R(\omega+\omega_c)$$

如图 1-61a 所示。将 $R(\omega)$ 代入上式，有

$$G(\omega) = \frac{1}{4}M(\omega - 2\omega_c) + \frac{1}{4}M(\omega + 2\omega_c)$$

如图 1-61b 所示。

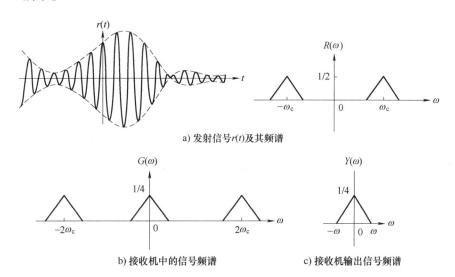

图 1-61　发射机和接收机中的信号

在接收机中的信号乘以余弦信号，使部分消息频谱靠近远点，另一部分消息频谱集中在两倍载波频率附近。原点附近的消息被低通滤波器复原，而集中在 2 倍载波频率附近的消息则被滤掉。滤波结果使原始信号的幅度发生了变换，如图 1-61c 所示。对滤波后的信号进行傅里叶逆变换，即可恢复传送的消息信号。

7. 微分性质

若 $x(t) \longleftrightarrow X(\omega)$，则有

$$\frac{\mathrm{d}^n x(t)}{\mathrm{d}t^n} \longleftrightarrow (\mathrm{j}\omega)^n X(\omega) \tag{1-58}$$

微分性质表明，时域的微分运算对应于频域乘以 $\mathrm{j}\omega$ 因子，相应地增强了高频成分。值得注意的是，微分运算消除了 $x(t)$ 的所有直流成分，导致微分信号的傅里叶变换在 $\omega = 0$ 处为零。

例 1-19　求如图 1-62a 所示的三角形脉冲信号 $x(t)$ 的频谱 $X(\omega)$。

解：先求出 $\dfrac{\mathrm{d}x(t)}{\mathrm{d}t}$ 的波形，是两个矩形脉冲的和，如图 1-62b 所示。该波形信号的频谱为

$$F\left(\frac{\mathrm{d}x(t)}{\mathrm{d}t}\right) = Sa\left(\frac{\omega\tau}{4}\right)\left(\mathrm{e}^{\mathrm{j}\frac{\omega\tau}{4}} - \mathrm{e}^{-\mathrm{j}\frac{\omega\tau}{4}}\right) = Sa\left(\frac{\omega\tau}{4}\right)\left(\mathrm{j}2\sin\frac{\omega\tau}{4}\right)$$

由式(1-58)，得

$$F\left(\frac{\mathrm{d}x(t)}{\mathrm{d}t}\right) = \mathrm{j}\omega X(\omega)$$

所以有
$$X(\omega) = \frac{1}{j\omega} Sa\left(\frac{\omega\tau}{4}\right)\left(j2\sin\frac{\omega\tau}{4}\right) = \frac{\tau}{2} Sa^2\left(\frac{\omega\tau}{4}\right)$$

图 1-62c 所示即为三角形脉冲信号 $x(t)$ 的频谱 $X(\omega)$。

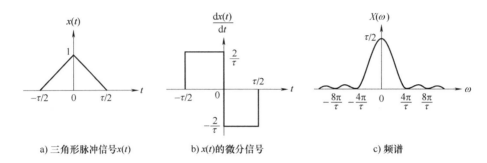

图 1-62 三角形脉冲信号及其频谱

利用微分性质求信号频谱能简化运算。但当信号及其各阶导数存在直流分量时往往会得出错误的结果，如 $x(t) = u(t)$。若求导后再利用后面介绍的傅里叶积分性质就能得到正确的结果。本例的结果正确是由于 $F\left(\dfrac{dx(t)}{dt}\right)_{\omega=0} = 0$。

8. 积分性质

若 $x(t) \longleftrightarrow X(\omega)$，则有

$$\int_{-\infty}^{t} x(\tau) d\tau \longleftrightarrow \frac{1}{j\omega} X(\omega) + \pi X(0)\delta(\omega) \tag{1-59}$$

如果 $X(\omega)|_{\omega=0} = 0$，则有

$$\int_{-\infty}^{t} x(\tau) d\tau \longleftrightarrow \frac{1}{j\omega} X(\omega)$$

积分性质表明，时域积分运算对应于频域乘以 $\dfrac{1}{j\omega}$ 因子，增强了低频成分，减少了高频成分。

例 1-20 求如图 1-63a 所示矩形脉冲信号 $x_1(t)$ 的积分 $x_2(t) = \int_{-\infty}^{t} x_1(\tau) d\tau$ 的频谱 $X_2(\omega)$。

解：$x_2(t)$ 的波形如图 1-63b 所示，由时移特性可得 $x_1(t)$ 的频谱 $X_1(\omega)$ 为

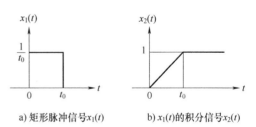

图 1-63 例 1-20 的信号

$$X_1(\omega) = Sa\left(\frac{\omega t_0}{2}\right) e^{-j\frac{\omega t_0}{2}}$$

由积分特性，可得

$$X_2(\omega) = \frac{1}{j\omega} X_1(\omega) + \pi X_1(0)\delta(\omega)$$

而 $X_1(0) = X_1(\omega)|_{\omega=0} = 1$，所以

$$X_2(\omega) = \frac{1}{j\omega} Sa\left(\frac{\omega t_0}{2}\right) e^{-j\frac{\omega t_0}{2}} + \pi\delta(\omega)$$

9. 帕斯瓦尔(Parseval)定理

若 $x(t) \longleftrightarrow X(\omega)$，则有

$$\int_{-\infty}^{\infty} |x(t)|^2 dt = \frac{1}{2\pi} \int_{-\infty}^{\infty} |X(\omega)|^2 d\omega \tag{1-60}$$

式(1-60)称为有限能量信号的帕斯瓦尔公式，等式左边表示有限能量信号 $x(t)$ 的总能量 E，对于实信号有 $x^2(t) = |x(t)|^2$。帕斯瓦尔定理表明，信号的总能量也可由频域求得，即从单位频率的能量 $|X(\omega)|^2/2\pi$ 在整个频率范围内积分得到。因此，$|X(\omega)|^2$（或 $|X(\omega)|^2/2\pi$）反映了信号的能量在各频率的相对大小，常称为能量密度谱，简称能谱，记为 $E(\omega)$，即

$$E(\omega) = |X(\omega)|^2 \tag{1-61}$$

显然，信号的能谱 $E(\omega)$ 是 ω 的偶函数，因此，信号的总能量也可写为

$$E = \frac{1}{\pi} \int_0^{\infty} E(\omega) d\omega \tag{1-62}$$

式(1-61)还表明，信号的能谱 $E(\omega)$ 只与幅度频谱 $|X(\omega)|$ 有关，不含相位信息，因而不可能从能谱 $E(\omega)$ 中恢复原信号 $x(t)$，但它对充分利用信号能量、确定信号的有效带宽起着重要作用。

例 1-21 求矩形脉冲（幅度 E、宽度 τ）信号频谱的第一过零点 $\left(\omega = \frac{2\pi}{\tau}\right)$ 内占有的能量。

解：矩形脉冲信号及其频谱如图 1-42 所示，频谱的第一过零点为 $\omega = \frac{2\pi}{\tau}$，其频谱为

$$X(\omega) = E\tau Sa\left(\frac{\omega\tau}{2}\right)$$

在频率 $\frac{2\pi}{\tau}$ 内的能量为

$$E_1 = \frac{1}{\pi} \int_0^{\frac{2\pi}{\tau}} |X(\omega)|^2 d\omega = \frac{E^2 \tau^2}{\pi} \int_0^{\frac{2\pi}{\tau}} Sa^2\left(\frac{\omega\tau}{2}\right) d\omega = 0.903 E^2 \tau$$

从时域可求出信号的总能量为

$$E_2 = \int_{-\infty}^{\infty} x^2(t) dt = \int_{-\frac{\tau}{2}}^{\frac{\tau}{2}} E^2 dt = E^2 \tau$$

可得到 $\omega = \frac{2\pi}{\tau}$ 内的能量占有率为

$$\frac{E_1}{E_2} = \frac{0.903 E^2 \tau}{E^2 \tau} = 0.903$$

表明信号总能量的 90.3% 集中在频带宽度 $0 \sim \omega_b = \frac{2\pi}{\tau}$ 内。

一般地，信号占有的等效带宽与脉冲的持续时间成反比，在工程中为了有利于信号的传输，往往生成各种能量比较集中的信号。

有限能量信号的帕斯瓦尔公式与周期信号的帕斯瓦尔公式是直接对应的，前者描述了能量有限信号总能量对各频率（连续）的分配关系，后者描述了功率有限信号的总平均功率对

各频率(离散)的分配关系。

10. 卷积定理

在信号的变换、传递和处理中，常常会遇到卷积积分计算。卷积定理表达了两个函数在时域(或频域)的卷积积分，对应于频域(或时域)的运算关系。卷积定理通常包含时域卷积定理和频域卷积定理。

(1) 时域卷积定理。若 $x_1(t) \longleftrightarrow X_1(\omega)$，$x_2(t) \longleftrightarrow X_2(\omega)$，则

$$x_1(t) * x_2(t) \longleftrightarrow X_1(\omega) X_2(\omega) \tag{1-63}$$

时域卷积定理表明，两个信号在时域的卷积积分，对应频域中该两信号频谱的乘积，由此可以把时域的卷积运算转换为频域的乘法运算，简化了运算过程。

例 1-22 求如图 1-64a、b 所示两个相同的矩形脉冲卷积后的时域波形的频谱。

解： 图 1-64a、b 所示矩形脉冲的表达式为

$$x_1(t) = x_2(t) = \begin{cases} \sqrt{\dfrac{2}{\tau}} & |t| < \dfrac{\tau}{4} \\ 0 & |t| > \dfrac{\tau}{4} \end{cases}$$

可以得出其对应的频谱为

$$X_1(\omega) = X_2(\omega) = \sqrt{\dfrac{2}{\tau}} \dfrac{\tau}{2} Sa\left(\dfrac{\omega\tau}{4}\right) = \sqrt{\dfrac{\tau}{2}} Sa\left(\dfrac{\omega\tau}{4}\right)$$

分别如图 1-64c、d 所示。根据卷积积分的定义，可求得两个信号的卷积积分为

$$r(t) = x_1(t) * x_2(t) = \int_{-\infty}^{\infty} x_1(\tau) x_2(t - \tau) \mathrm{d}\tau$$

$$= \begin{cases} 1 - \dfrac{2}{\tau}|t| & |t| < \dfrac{\tau}{2} \\ 0 & |t| > \dfrac{\tau}{2} \end{cases}$$

其波形是宽度为 τ、幅度为 1 的三角形脉冲，如图 1-64e 所示。

另一方面，由时域卷积定理得

$$R(\omega) = X_1(\omega) X_2(\omega) = \left[\sqrt{\dfrac{\tau}{2}} Sa\left(\dfrac{\omega\tau}{4}\right)\right]^2 = \dfrac{\tau}{2} Sa^2\left(\dfrac{\omega\tau}{4}\right)$$

其波形如图 1-64f 所示。与例 1-18 中求出的三角形脉冲信号的频谱完全一致，即由两个矩形脉冲信号的频谱相乘求得的频谱函数，正是由这两个矩形脉冲信号卷积得到的三角形脉冲信号的频谱。图 1-64 直观地说明了时域卷积定理及其对应的运算关系。

(2) 频域卷积定理。若 $x_1(t) \longleftrightarrow X_1(\omega)$，$x_2(t) \longleftrightarrow X_2(\omega)$

则

$$x_1(t) x_2(t) \longleftrightarrow \dfrac{1}{2\pi} X_1(\omega) * X_2(\omega) \tag{1-64}$$

由式(1-63)和式(1-64)可知，时域卷积和频域卷积形成对偶关系，这也是由傅里叶变换的对偶性决定的。

例 1-23 求信号 $x(t) = \dfrac{\sin t \sin \dfrac{t}{2}}{\pi t^2}$ 的频谱。

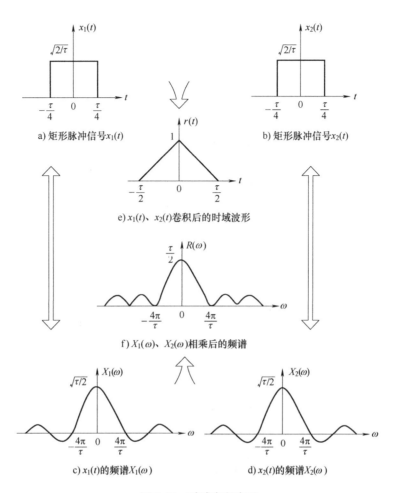

图 1-64 时域卷积定理

解： $x(t)$ 可表示为

$$x(t) = \frac{1}{2\pi} \frac{\sin t}{t} \frac{\sin\left(\frac{t}{2}\right)}{t/2} = \frac{1}{2\pi} Sa(t) Sa\left(\frac{t}{2}\right)$$

由频域卷积定理，有

$$X(\omega) = \frac{1}{4\pi^2} F(Sa(t)) * F\left(Sa\left(\frac{t}{2}\right)\right)$$

已知

$$F(Sa(t)) = 2\pi g(\omega) = \begin{cases} \pi & |\omega| < 1 \\ 0 & |\omega| > 1 \end{cases}$$

根据傅里叶变换的尺度变换特性，有

$$F\left(Sa\left(\frac{t}{2}\right)\right) = 4\pi g(2\omega) = \begin{cases} 2\pi & |\omega| < \frac{1}{2} \\ 0 & |\omega| > \frac{1}{2} \end{cases}$$

为了计算方便,取

$$X_1(\omega) = \frac{1}{2\pi}F(Sa(t)) = \begin{cases} \frac{1}{2} & |\omega| < 1 \\ 0 & |\omega| > 1 \end{cases}$$

和

$$X_2(\omega) = \frac{1}{2\pi}F\left(Sa\left(\frac{t}{2}\right)\right) = \begin{cases} 1 & |\omega| < \frac{1}{2} \\ 0 & |\omega| > \frac{1}{2} \end{cases}$$

波形如图 1-65a、b 所示。$X(\omega)$ 可表示为

$$X(\omega) = X_1(\omega) * X_2(\omega) = \int_{-\infty}^{\infty} X_1(\tau) X_2(\omega - \tau) d\tau$$

按卷积积分的计算,可得 $X(\omega)$ 如图 1-65c 所示。

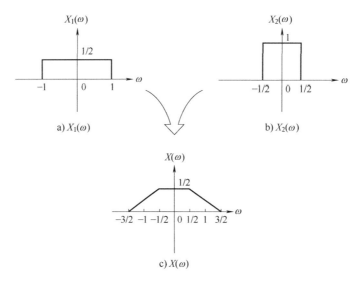

图 1-65 例 1-23 中的 $X_1(\omega)$、$X_2(\omega)$ 和 $X(\omega)$

例 1-24 求信号 $x(t) = \dfrac{d}{dt}\{[e^{-3t}u(t)] * [e^{-t}u(t-2)]\}$ 的傅里叶变换。

解: 为了简化运算,这里需用到傅里叶变换的三个特性:时域微分、卷积定理和时移特性。令 $w(t) = e^{-3t}u(t)$,$v(t) = e^{-t}u(t-2)$,则有

$$x(t) = \frac{d}{dt}[w(t) * v(t)]$$

利用卷积定理和微分特性,有

$$X(\omega) = j\omega[W(\omega)V(\omega)]$$

变换对

$$e^{-at}u(t) \xleftrightarrow{F} \frac{1}{a+j\omega}$$

则

$$W(\omega) = \frac{1}{3+j\omega}$$

同理
$$V(\omega) = e^{-2}\frac{e^{-2j\omega}}{1+j\omega}$$

因此，有
$$X(\omega) = e^{-2}\frac{j\omega e^{-2j\omega}}{(1+j\omega)(3+j\omega)}$$

为了使用方便，将上述傅里叶变换的基本性质汇总于表 1-1，并在表 1-2 中给出了常用信号的傅里叶变换。

表 1-1 傅里叶变换的基本性质

性　质	时域 $x(t)$	频域 $X(\omega)$
定义	$x(t) = \dfrac{1}{2\pi}\int_{-\infty}^{\infty} X(\omega) e^{j\omega t} d\omega$	$X(\omega) = \int_{-\infty}^{\infty} x(t) e^{-j\omega t} dt$ $= \lvert X(\omega) \rvert e^{j\varphi(\omega)} = R(\omega) + jI(\omega)$
线性	$a_1 x_1(t) + a_2 x_2(t)$	$a_1 X_1(\omega) + a_2 X_2(\omega)$
奇偶性	$x^*(t)$	$X^*(-\omega)$
对偶性	$X(t)$	$2\pi x(-\omega)$
尺度变换	$x(at) \quad a \neq 0$	$\dfrac{1}{\lvert a \rvert} X\left(\dfrac{\omega}{a}\right)$
翻转	$x(-t)$	$X(-\omega)$
时移	$x(t \pm t_0)$ $x(at-b) \quad a \neq 0$	$e^{\pm j\omega t_0} X(\omega)$ $\dfrac{1}{\lvert a \rvert} X\left(\dfrac{\omega}{a}\right) e^{-j\frac{b}{a}\omega}$
频移	$x(t) e^{\pm j\omega_0 t}$	$X(\omega \mp \omega_0)$
时域微分	$\dfrac{d^n x(t)}{dt^n}$	$(j\omega)^n X(\omega)$
时域积分	$\int_{-\infty}^{t} x(\tau) d\tau$	$\dfrac{1}{j\omega} X(\omega) + \pi X(0) \delta(\omega)$
帕斯瓦尔公式	$\int_{-\infty}^{\infty} \lvert x(t) \rvert^2 dt$	$\dfrac{1}{2\pi} \int_{-\infty}^{\infty} \lvert X(\omega) \rvert^2 d\omega$
时域卷积	$x_1(t) * x_2(t)$	$X_1(\omega) X_2(\omega)$
频域卷积	$x_1(t) x_2(t)$	$\dfrac{1}{2\pi} X_1(\omega) * X_2(\omega)$

表 1-2 常用信号的傅里叶变换

信号 $x(t)$	傅里叶变换 $X(\omega)$
$\delta(t)$	1
$\delta(t-t_0)$	$e^{-j\omega t_0}$
1	$2\pi \delta(\omega)$
$u(t)$	$\pi \delta(\omega) + \dfrac{1}{j\omega}$
$\mathrm{sgn}(t)$	$\dfrac{2}{j\omega}$

(续)

信号 $x(t)$	傅里叶变换 $X(\omega)$
$e^{-at}u(t)$ (a 为大于 0 的实数)	$\dfrac{1}{j\omega+a}$
$g(t)=\begin{cases} 1 & \|t\|<\dfrac{\tau}{2} \\ 0 & \|t\|>\dfrac{\tau}{2} \end{cases}$	$\tau Sa\left(\dfrac{\omega\tau}{2}\right)$
$Sa(\omega_c t)$	$\dfrac{\pi}{\omega_c}g(\omega),\ g(\omega)=\begin{cases} 1 & \|\omega\|<\omega_c \\ 0 & \|\omega\|>\omega_c \end{cases}$
$e^{-a\|t\|}$ ($a>0$)	$\dfrac{2a}{\omega^2+a^2}$
$e^{-(at)^2}$	$\dfrac{\sqrt{\pi}}{a}e^{-\left(\frac{\omega}{2a}\right)^2}$
$e^{j\omega_0 t}$	$2\pi\delta(\omega-\omega_0)$
$\cos\omega_0 t$	$\pi[\delta(\omega+\omega_0)+\delta(\omega-\omega_0)]$
$\sin\omega_0 t$	$j\pi[\delta(\omega+\omega_0)-\delta(\omega-\omega_0)]$
$e^{-at}\cos(\omega_0 t)u(t)$ ($a>0$)	$\dfrac{j\omega+a}{(j\omega+a)^2+\omega_0^2}$
$e^{-at}\sin(\omega_0 t)u(t)$ ($a>0$)	$\dfrac{\omega_0}{(j\omega+a)^2+\omega_0^2}$
$te^{-at}u(t)$ ($a>0$ 的实数)	$\dfrac{1}{(j\omega+a)^2}$
$\dfrac{t^{n-1}}{(n-1)!}e^{-at}u(t)$ ($a>0$ 的实数)	$\dfrac{1}{(j\omega+a)^n}$
$\delta_T(t)=\sum_{n=-\infty}^{\infty}\delta(t-nT_0)$	$\omega_0\sum_{n=-\infty}^{\infty}\delta(\omega-n\omega_0)\quad \omega_0=\dfrac{2\pi}{T_0}$
$x(t)=\sum_{n=-\infty}^{\infty}X(n\omega_0)e^{jn\omega_0 t}$	$X(\omega)=2\pi\sum_{n=-\infty}^{\infty}X(n\omega_0)\delta(\omega-n\omega_0)$

第三节 拉普拉斯变换与复频域分析

信号的傅里叶分析描述了连续确定性信号的基本特性，物理意义明确。但是，傅里叶变换要求信号满足狄里赫利条件。尽管在以上讨论中，通过引入 δ 函数或极限处理，对某些不满足狄里赫利条件的信号，如定常信号、周期信号等，可以求得其傅里叶变换，但还有一些重要信号，如功率型非周期信号、指数增长型信号 e^{at}($a>0$) 等，难以求出其傅里叶变换，不能对它们进行频谱分析，使傅里叶变换的应用受到限制。若将傅里叶变换的频域推广到复频域，构成一种新的变换——拉普拉斯变换，就能克服上述局限性，进一步扩大频谱分析范围。

拉普拉斯变换包括单边拉普拉斯变换和双边拉普拉斯变换。单边拉普拉斯变换是求解具有初始条件的微分方程的便捷工具。双边拉普拉斯变换则为系统特性(如稳定性、因果性及频率响应等)分析提供了新方法。

一、拉普拉斯变换

(一) 从傅里叶变换到拉普拉斯变换

由第二节讨论可知,信号 $x(t)$ 的傅里叶变换及其逆变换分别为

$$X(\omega) = \int_{-\infty}^{\infty} x(t) e^{-j\omega t} dt, \quad x(t) = \frac{1}{2\pi} \int_{-\infty}^{\infty} X(\omega) e^{j\omega t} d\omega$$

有些不满足绝对可积的信号,如增长型指数函数 $e^{at}(a>0)$,其傅里叶变换不能直接求得,若将这类信号乘以一个随时间衰减的因子 $e^{-\sigma t}$(σ 为大于 0 并使 $\lim\limits_{t \to \infty}|x(t)|e^{-\sigma t}=0$ 的实常数),使 $x(t)e^{-\sigma t}$ 满足绝对可积条件,则其傅里叶变换为

$$F(x(t)e^{-\sigma t}) = \int_{-\infty}^{\infty} x(t) e^{-\sigma t} e^{-j\omega t} dt$$
$$= \int_{-\infty}^{\infty} x(t) e^{-(\sigma+j\omega)t} dt$$

上述积分结果是 $\sigma+j\omega$ 的函数,记为 $X_b(\sigma+j\omega)$,即

$$X_b(\sigma + j\omega) = \int_{-\infty}^{\infty} x(t) e^{-(\sigma+j\omega)t} dt$$

相应的傅里叶逆变换为

$$x(t) e^{-\sigma t} = \frac{1}{2\pi} \int_{-\infty}^{\infty} X_b(\sigma + j\omega) e^{j\omega t} d\omega$$

上式两边同时乘以 $e^{\sigma t}$,得

$$x(t) = \frac{1}{2\pi} \int_{-\infty}^{\infty} X_b(\sigma + j\omega) e^{(\sigma+j\omega)t} d\omega$$

令复变量 $s=\sigma+j\omega$,因 σ 为实常数,故 $ds=jd\omega$,且当 $\omega \to \pm\infty$ 时,$s \to \sigma \pm j\infty$,有

$$X_b(s) = \int_{-\infty}^{\infty} x(t) e^{-st} dt \tag{1-65}$$

和

$$x(t) = \frac{1}{2\pi j} \int_{\sigma-j\infty}^{\sigma+j\infty} X_b(s) e^{st} ds \tag{1-66}$$

式(1-65)和式(1-66)称为双边拉普拉斯变换对,双边指的是积分变换式的上下限包括了时域的正、负区间,记为 $x(t) \xleftrightarrow{L} X_b(s)$。

式(1-65)为双边拉普拉斯变换式,$X_b(s)$ 称为 $x(t)$ 的双边拉普拉斯变换,它是复频率 $s=\sigma+j\omega$ 的函数。式(1-66)为双边拉普拉斯逆变换,表明信号 $x(t)$ 是复指数信号 $e^{st}=e^{\sigma t}e^{j\omega t}$ 的线性组合。

针对一般的信号 $x(t)$,由于 σ 可正、可负也可为零,复指数信号 e^{st} 可能是由增幅振荡信号或减幅振荡信号或等幅振荡信号组成。当 $\sigma=0$ 时,与傅里叶变换完全一致,信号 $x(t)$ 可视为由一系列频率无限密集、幅度为无限小的无限多个等幅振荡的复指数信号 $e^{j\omega t}$ 线性组合而成;当 $\sigma \neq 0$ 时,$x(t)$ 可视为由一系列频率无限密集、幅度为无限小的无限多个变幅振

荡的复指数信号 $e^{\sigma t}e^{j\omega t}$ 线性组合而成，$X_b(s)$ 表示单位复频率带宽内变幅振荡的复指数信号的合成振幅，具有密度性质。因此，$x(t)$ 的拉普拉斯变换 $X_b(s)$ 与傅里叶变换 $X(\omega)$ 类似，也反映了信号的基本特征，而且正因为拉普拉斯变换把信号 $x(t)$ 分解为一系列变振幅的复指数信号，因此它比傅里叶变换更具有普遍意义，对信号 $x(t)$ 的限制约束更少。从这一角度来看，可以认为拉普拉斯变换是傅里叶变换的推广，而傅里叶变换是拉普拉斯变换当 $\sigma=0$ 的特殊情况。

（二）拉普拉斯变换的收敛域

当把拉普拉斯变换理解为 $x(t)e^{-\sigma t}$ 的傅里叶变换，期望通过衰减因子 $e^{-\sigma t}$ 迫使 $x(t)e^{-\sigma t}$ 满足绝对可积的条件时，必须注意以下两个事实：

1) $e^{-\sigma t}$ 为指数型衰减因子，它至多能使指数增长型函数满足绝对可积条件，或满足

$$\lim_{t \to \infty} |x(t)| e^{-\sigma t} = 0 \tag{1-67}$$

但有些函数（如 e^{t^2}、t^t 等）随 t 的增长速率比 $e^{-\sigma t}$ 的衰减速度快，找不到能满足式(1-67)的 σ 值，因而这些函数乘上衰减因子后仍不满足绝对可积条件，它们的拉普拉斯变换便不存在，所幸的是这些函数在工程实际中很少遇到，并不影响拉普拉斯变换的实际意义。

2) 即使是乘上衰减因子 $e^{-\sigma t}$ 后能满足绝对可积条件或式(1-67)的函数 $x(t)$，也存在一个 σ 的取值问题。例如，$x(t)=e^{7t}$，只有在 $\sigma \geq 7$ 的情况下，积分才会收敛，$X_b(s)$ 才存在。这就是拉普拉斯收敛域的问题。

因此，乘上衰减因子 $e^{-\sigma t}$ 后，$x(t)e^{-\sigma t}$ 能否满足绝对可积条件，即

$$\int_{-\infty}^{\infty} |x(t)| e^{-\sigma t} dt < \infty$$

取决于信号 $x(t)$ 的性质，也取决于 σ 的取值。把能使信号 $x(t)$ 的拉普拉斯变换 $X_b(s)$ 存在的 s 值的范围称为信号 $x(t)$ 的拉普拉斯变换的收敛域，记为 ROC。

下面通过几个常见信号的拉普拉斯变换，来说明其收敛域。

例 1-25 求右边信号 $x(t)=e^{-t}u(t)$ 的拉普拉斯变换及其收敛域。

解：由式(1-65)，有

$$X_b(s) = \int_{-\infty}^{\infty} e^{-t}u(t)e^{-st}dt = \int_{0}^{\infty} e^{-(s+1)t}dt = -\frac{1}{s+1}e^{-(s+1)t}\Big|_{0}^{\infty}$$

上式积分只有在 $\sigma > -1$ 时收敛，这时

$$X_b(s) = \frac{1}{s+1} \qquad \sigma > -1$$

其收敛域表示在以 σ 轴为横轴、$j\omega$ 轴为纵轴的 S 平面上，如图 1-66 所示。

例 1-26 求左边信号 $x(t)=-e^{-t}u(-t)$ 的拉普拉斯变换及其收敛域。

解：同样由式(1-65)，有

$$X_b(s) = \int_{-\infty}^{\infty}[-e^{-t}u(-t)]e^{-st}dt = \int_{-\infty}^{0}[-e^{-(s+1)t}]dt = \frac{1}{s+1}e^{-(s+1)t}\Big|_{-\infty}^{0}$$

上式积分只有在 $\sigma < -1$ 时收敛，这时

$$X_b(s) = \frac{1}{s+1} \qquad \sigma < -1$$

其收敛域如图 1-67 所示。

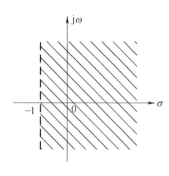

图 1-66 例 1-25 的收敛域

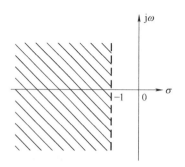

图 1-67 例 1-26 的收敛域

以上两例中，两个完全不同的信号对应了相同的拉普拉斯变换，而它们的收敛域不同。这说明了收敛域在拉普拉斯变换中的重要意义，一个拉普拉斯变换式只有与其收敛域一起，才能与信号建立一一对应的关系。

例 1-27 研究双边信号 $x(t)=\mathrm{e}^{-|t|}$ 的拉普拉斯变换及其收敛域。

解： $X_\mathrm{b}(s) = \int_{-\infty}^{\infty} \mathrm{e}^{-|t|}\mathrm{e}^{-st}\mathrm{d}t$

$= \int_{-\infty}^{0} \mathrm{e}^{t}\mathrm{e}^{-st}\mathrm{d}t + \int_{0}^{\infty} \mathrm{e}^{-t}\mathrm{e}^{-st}\mathrm{d}t$

$= -\dfrac{1}{s-1}\mathrm{e}^{-(s-1)t}\Big|_{-\infty}^{0} - \dfrac{1}{s+1}\mathrm{e}^{-(s+1)t}\Big|_{0}^{\infty}$

显然，上式第一项积分的收敛域为 $\sigma<1$，第二项积分的收敛域为 $\sigma>-1$，整个积分的收敛域应是其公共部分，即 $-1<\sigma<1$，如图 1-68 所示。这时，有

$$X_\mathrm{b}(s) = -\dfrac{1}{s-1}+\dfrac{1}{s+1}=\dfrac{-2}{s^2-1} \quad -1<\sigma<1$$

例 1-28 讨论双边信号 $x(t)=\mathrm{e}^{|t|}$ 的拉普拉斯变换。

解： $X_\mathrm{b}(s) = \int_{-\infty}^{\infty} \mathrm{e}^{|t|}\mathrm{e}^{-st}\mathrm{d}t$

$= \int_{-\infty}^{0} \mathrm{e}^{-t}\mathrm{e}^{-st}\mathrm{d}t + \int_{0}^{\infty} \mathrm{e}^{t}\mathrm{e}^{-st}\mathrm{d}t$

$= -\dfrac{1}{s+1}\mathrm{e}^{-(s+1)t}\Big|_{-\infty}^{0} - \dfrac{1}{s-1}\mathrm{e}^{-(s-1)t}\Big|_{0}^{\infty}$

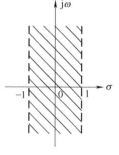

图 1-68 例 1-27 的收敛域

显然，上式第一项积分的收敛域为 $\sigma<-1$，第二项积分的收敛域为 $\sigma>1$，虽然两项积分都能收敛，但它们的收敛域没有公共部分，整个积分不能收敛，所以信号 $\mathrm{e}^{|t|}$ 的拉普拉斯变换不存在。这进一步表明尽管由于衰减因子的引入使拉普拉斯变换具有比傅里叶变换更强的收敛性，但其收敛性仍是有限的。换言之，并不是任何信号的拉普拉斯变换都存在，也不是 S 平面上的任何复数都能使拉普拉斯变换收敛。

综上讨论，信号拉普拉斯变换的收敛域具有以下基本特点：

1) 连续信号 $x(t)$ 的拉普拉斯变换 $X_\mathrm{b}(s)$ 的收敛域的边界是 S 平面上平行于 $\mathrm{j}\omega$ 轴的直线。这是因为决定 $x(t)\mathrm{e}^{-\sigma t}$ 是否绝对可积的只是 s 的实部，而与虚部无关。

2）右边信号 $x(t)u(t-t_0)$ 的拉普拉斯变换如果存在，则它的收敛域具有 $\sigma>\sigma_0$ 的形式，即收敛域具有左边界 σ_0。

3）左边信号 $x(t)u(-t+t_0)$ 的拉普拉斯变换如果存在，则其收敛域具有右边界 σ_0。

4）双边信号 $x(t)$（对于 $t>0$ 和 $t<0$ 都具有无限范围的信号）的拉普拉斯变换 $X_b(s)$ 如果存在，则其收敛域必为 S 平面上具有左边界和右边界的带状区域。

5）时限信号 $x(t)$（对于 $t_1<t<t_2$ 内有取值、其他区间取值为零的信号）的拉普拉斯变换 $X_b(s)$ 如果存在，则其收敛域必为整个 S 平面。

（三）拉普拉斯变换的性质

拉普拉斯变换的性质对于拉普拉斯变换和逆变换的运算起重要作用，由于拉普拉斯变换是傅里叶变换的推广，其大部分性质与傅里叶变换的性质相似，见表 1-3，但使用时应着重注意收敛域的变化。

表 1-3 拉普拉斯变换的基本性质

性质	时域 $x(t)$	复频域 $X_b(s)$	收 敛 域
定义	$x(t)=\dfrac{1}{2\pi j}\int_{\sigma-j\infty}^{\sigma+j\infty}X_b(s)e^{st}ds$	$X_b(s)=\int_{-\infty}^{\infty}x(t)e^{-st}dt$	R
线性	$a_1x_1(t)+a_2x_2(t)$	$a_1X_{b1}(s)+a_2X_{b2}(s)$	$R_1\cap R_2$，有可能扩大
尺度变换	$x(at)$	$\dfrac{1}{\|a\|}X_b\left(\dfrac{s}{a}\right)$	aR
时移	$x(t-t_0)$	$e^{-st_0}X_b(s)$	R
频移	$x(t)e^{s_0t}$	$X_b(s-s_0)$	$R+\sigma_0$（表示 R 有 σ_0 的平移）
时域微分	$\dfrac{dx(t)}{dt}$	$sX_b(s)$	R，有可能扩大
时域积分	$\int_{-\infty}^{t}x(\tau)d\tau$	$s^{-1}X_b(s)$	$R\cap\sigma>0$，有可能为 R
复频域微分	$-tx(t)$	$\dfrac{d}{ds}X_b(s)$	R
复频域积分	$t^{-1}x(t)$	$\int_{s}^{\infty}X_b(\tau)d\tau$	R
时域卷积	$x_1(t)*x_2(t)$	$X_{b1}(s)X_{b2}(s)$	$R_1\cap R_2$，有可能扩大

注：收敛域有可能扩大的情况发生在复频域运算时有零、极点相消的现象发生。

（四）常用信号的拉普拉斯变换

一些常用信号的拉普拉斯变换见表 1-4。对于这些信号的拉普拉斯变换求解，可以用拉普拉斯变换定义直接求得，也可以根据拉普拉斯变换的性质求得。

表 1-4 常用信号的拉普拉斯变换

信号 $x(t)$	拉普拉斯变换 $X_b(s)$	收 敛 域
$\delta(t)$	1	整个 S 平面
$u(t)$	$\dfrac{1}{s}$	$\sigma>0$
$-u(-t)$	$\dfrac{1}{s}$	$\sigma<0$
$t^n u(t)$	$\dfrac{n!}{s^{n+1}}$	$\sigma>0$
$-t^n u(-t)$	$\dfrac{n!}{s^{n+1}}$	$\sigma<0$
e^{-at}	$\dfrac{-2a}{s^2-a^2}$	$-a<\sigma<a$
$e^{-at}u(t)$	$\dfrac{1}{s+a}$	$\sigma>-a$
$-e^{-at}u(-t)$	$\dfrac{1}{s+a}$	$\sigma<-a$
$t^n e^{-at}u(t)$	$\dfrac{n!}{(s+a)^{n+1}}$	$\sigma>-a$
$-t^n e^{-at}u(-t)$	$\dfrac{n!}{(s+a)^{n+1}}$	$\sigma<-a$
$\delta(t-T)$	e^{-sT}	整个 S 平面
$\sin\omega_0 t u(t)$	$\dfrac{\omega_0}{s^2+\omega_0^2}$	$\sigma>0$
$\cos(\omega_0 t)u(t)$	$\dfrac{s}{s^2+\omega_0^2}$	$\sigma>0$
$e^{-at}\cos(\omega_0 t)u(t)$	$\dfrac{s+a}{(s+a)^2+\omega_0^2}$	$\sigma>-a$
$e^{-at}\sin(\omega_0 t)u(t)$	$\dfrac{\omega_0}{(s+a)^2+\omega_0^2}$	$\sigma>-a$

（五）拉普拉斯逆变换

式(1-66)给出了由 $X_b(s)$ 求 $x(t)$ 的拉普拉斯逆变换，这是一个复变函数积分，在数学上可以应用留数定理来求解。对于 $X_b(s)$ 为 s 的有理分式的情况，较为简单的方法是将 $X_b(s)$ 展开为部分分式和，再求出 $x(t)$。

前面提到，一个拉普拉斯变换式只有与其收敛域一起才能与信号建立一一对应的关系，换言之，撇开收敛域，仅仅由拉普拉斯逆变换式无法求得唯一的 $x(t)$。正如例 1-25 和例 1-26，右边信号 $e^{-t}u(t)$ 和左边信号 $-e^{-t}u(-t)$ 对应了同一拉普拉斯变换式 $\dfrac{1}{s+1}$。因此，仅由 $\dfrac{1}{s+1}$ 通过拉普拉斯逆变换去求对应的信号 $x(t)$ 时，无法确定应该是右边信号 $e^{-t}u(t)$ 还是左边信号 $-e^{-t}u(-t)$。

例 1-29 求 $X_b(s) = \dfrac{8(s-2)}{(s+5)(s+3)(s+1)}$，$\sigma > -1$ 所对应的信号 $x(t)$。

解：对 $X_b(s)$ 进行部分分式展开，得

$$X_b(s) = -\frac{3}{s+1} + \frac{10}{s+3} - \frac{7}{s+5} \qquad \sigma > -1$$

对于 $X_{b1}(s) = -\dfrac{3}{s+1}$，$\sigma > -1$，有

$$x_1(t) = -3e^{-t}u(t)$$

对于 $X_{b2}(s) = \dfrac{10}{s+3}$，$\sigma > -1$，显然满足 $\sigma > -1$ 的 s 值必满足 $\sigma > -3$，所以可写为 $X_{b2}(s) = \dfrac{10}{s+3}$，$\sigma > -3$，则

$$x_2(t) = 10e^{-3t}u(t)$$

同理，有 $X_{b3}(s) = \dfrac{7}{s+5}$，$\sigma > -5$，则

$$x_3(t) = -7e^{-5t}u(t)$$

所以

$$x(t) = x_1(t) + x_2(t) + x_3(t) = (-3e^{-t} + 10e^{-3t} - 7e^{-5t})u(t)$$

例 1-30 已知 $X_b(s) = \dfrac{2s+3}{(s+1)(s+2)}$，分别求出其收敛域为以下三种情况时的 $x(t)$：① $\sigma > -1$；② $\sigma < -2$；③ $-2 < \sigma < -1$。

解：将 $X_b(s)$ 展开为部分分式，有

$$X_b(s) = \frac{2s+3}{(s+1)(s+2)} = \frac{1}{s+1} + \frac{1}{s+2}$$

① 收敛域为 $\sigma > -1$ 时，同上例可得 $x(t) = (e^{-t} + e^{-2t})u(t)$。

② 收敛域为 $\sigma < -2$ 时，同理可得 $x(t) = (-e^{-t} - e^{-2t})u(-t)$。

③ 收敛域为 $-2 < \sigma < -1$ 时，对于分式 $X_{b1}(s) = \dfrac{1}{s+1}$，只对应左边信号 $x_1(t) = -e^{-t}u(-t)$；对于分式 $X_{b2}(s) = \dfrac{1}{s+2}$，只对应右边信号 $x_2(t) = e^{-2t}u(t)$；所以 $x(t) = x_1(t) + x_2(t) = -e^{-t}u(-t) + e^{-2t}u(t)$。

(六) 单边拉普拉斯变换

实际信号一般都有初始时刻，不妨把初始时刻设为坐标原点，通常关注的信号都是 $\{x(t) = 0, t < 0\}$ 的因果信号（或写成 $x(t)u(t)$）。这时，信号的拉普拉斯变换式(1-65)可写为

$$X(s) = \int_{0^-}^{\infty} x(t) e^{-st} dt \tag{1-68}$$

符号 $X(s)$ 中取消了表示双边的下标 b，而积分下限取 0^- 是为了处理在 $t = 0$ 包含冲激函数及其导数的 $x(t)$ 时较方便，式(1-68)称为信号 $x(t)$ 的单边拉普拉斯变换。

单边拉普拉斯变换只考虑 $t \geq 0$ 区间的信号,与 $t<0$ 区间的信号是否存在或取什么值无关,因此,对于在 $t<0$ 区间内不同,而在 $t \geq 0$ 区间内相同的两个信号,会有相同的单边拉普拉斯变换。例如,对于 $x_1(t) = e^{-t}u(t)$、$x_2(t) = e^{-t}$、$x_3(t) = e^{-|t|}$ 三个信号,由于在 $t \geq 0$ 区间内它们是一样的,所以这三个信号的单边拉普拉斯变换是一样的,即

$$X_1(s) = X_2(s) = X_3(s) = \frac{1}{s+1} \qquad \sigma > -1$$

但很显然它们的双边拉普拉斯变换是不一样的。$x_1(t)$ 和 $x_3(t)$ 的双边拉普拉斯变换分别为

$$X_{b1}(s) = \frac{1}{s+1} \qquad \sigma > -1$$

$$X_{b3}(s) = \frac{-2}{s^2-1} \qquad -1 < \sigma < 1$$

对于 $x_2(t) = e^{-t}$,由于

$$\int_{-\infty}^{\infty} e^{-t} e^{-st} dt = \int_{-\infty}^{0} e^{-(s+1)t} dt + \int_{0}^{\infty} e^{-(s+1)t} dt$$

$$= -\frac{1}{s+1} e^{-(s+1)t} \Big|_{-\infty}^{0} - \frac{1}{s+1} e^{-(s+1)t} \Big|_{0}^{\infty}$$

两项积分的收敛域分别为 $\sigma < -1$ 和 $\sigma > -1$,无公共部分,故 $X_{b2}(s)$ 不存在。

从上面的讨论可以看出,对于因果信号,如 $e^{-t}u(t)$,单边拉普拉斯变换和双边拉普拉斯变换是一样的,可以把信号 $x(t)$ 的单边拉普拉斯变换看成是信号 $x(t)u(t)$ 的双边拉普拉斯变换。因此,对于单边拉普拉斯变换,可以得出以下结论:

1) 单边拉普拉斯变换具有 $\sigma > \sigma_0$ 收敛域,即其收敛域具有左边界。正是由于单边拉普拉斯变换的收敛域单值,所以在研究信号的单边拉普拉斯变换时,把它的收敛域视为已包含在变换式中,一般不再另外强调。

2) 既然信号 $x(t)$ 的单边拉普拉斯变换可看作信号 $x(t)u(t)$ 的双边拉普拉斯变换,可以用下式求出 $x(t)u(t)$,即

$$x(t)u(t) = \frac{1}{2\pi j} \int_{\sigma-j\omega}^{\sigma+j\omega} X(s) e^{st} dt \tag{1-69}$$

式中,$X(s)$ 为单边拉普拉斯,故称上式为单边拉普拉斯逆变换。由于 $X(s)$ 收敛域的单值性,保证了拉普拉斯逆变换的单值性质,即 $X(s)$ 和 $x(t)u(t)$ 为一一对应的关系,使拉普拉斯逆变换的求取变得简单。

3) 单边拉普拉斯变换除了时域微分和时域积分外,绝大部分性质与双边拉普拉斯变换相同,只是不再像双边拉普拉斯变换那样去强调收敛域。此外,单边拉普拉斯变换的时移性质中时移信号指的是信号 $x(t)u(t)$ 的时延信号 $x(t-t_0)u(t-t_0)$,对于这几点略有差别的性质,在使用时请查阅有关书籍。

单边拉普拉斯变换还有两个重要性质:初值定理和终值定理。

(1) 初值定理。对于在 $t=0$ 处不包含冲激及各阶导数的因果信号 $x(t)$,若其单边拉普拉斯变换为 $X(s)$,则 $x(t)$ 的初值 $x(0^+)$ 为

$$x(0^+) = \lim_{s \to \infty} sX(s) \tag{1-70}$$

(2)终值定理。对于满足以上条件的因果信号 $x(t)$，若其终值 $x(\infty)$ 存在，则其计算式为

$$x(\infty) = \lim_{s \to 0} sX(s) \tag{1-71}$$

利用单边拉普拉斯变换的初值定理和终值定理，可以不经过拉普拉斯逆变换，直接从 $X(s)$ 求出 $x(t)$ 的初值和终值。

二、复频域分析

由于拉普拉斯变换 $X_b(s)$ 表示了信号 $x(t)$ 在复频域 ($s=\sigma+j\omega$) 的频谱密度，并且收敛域确定后，它与信号 $x(t)$ 有完全一一对应的关系。

与 $X(\omega)$ 可以在平面上画出频谱图不同，$X_b(s)$ 中的自变量 $s=\sigma+j\omega$ 是一个复变量，具有实部 σ 和虚部 $j\omega$，可借助于 S 平面的复平面从图形上表示复频率 s。横轴代表 s 的实部，即指数衰减因子 σ；纵轴代表 s 的虚部，即正频率 ω。在 S 平面上，$\sigma=0$ 对应于虚轴。$j\omega$ 轴把 S 平面分为两部分：$j\omega$ 轴左边区域称为左半平面，$j\omega$ 轴右边区域称为右边平面。在左半平面上 s 的实部为负，在右半平面上 s 的实部为正。

(一)拉普拉斯变换的几何表示

如果信号 $x(t)$ 是实指数或复指数信号的线性组合，则其拉普拉斯变换都可以表示成 s 的有理函数的形式，即

$$X_b(s) = \frac{N(s)}{D(s)}$$

式中，$N(s)$ 为 $X_b(s)$ 的 m 次分子多项式，有 m 个根 $z_j(j=1, 2, \cdots, m)$；$D(s)$ 为 $X_b(s)$ 的 n 次分母多项式，有 n 个根 $p_i(i=1, 2, \cdots, n)$，于是 $X_b(s)$ 又可表示为

$$X_b(s) = \frac{X_0 \prod_{j=1}^{m}(s-z_j)}{\prod_{i=1}^{n}(s-p_i)}$$

式中，X_0 为一个常数，通常有 $m<n$。由于 $\lim_{s \to z_j} X_b(s) = 0$，$z_j(j=1, 2, \cdots, m)$ 称为 $X_b(s)$ 的零点；$\lim_{s \to p_i} X_b(s) = \infty$，$p_i(i=1, 2, \cdots, n)$ 称为 $X_b(s)$ 的极点。在 S 平面上分别以"○"和"×"标出 $X_b(s)$ 的零点和极点的位置，就得出 $X_b(s)$ 的零极点图。图 1-69 分别给出了例 1-25～例 1-27 的 $X_b(s)$ 的零极点图，并同时在图中标出了 $X_b(s)$ 的收敛域。

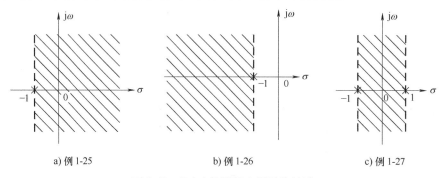

a) 例 1-25　　　　　b) 例 1-26　　　　　c) 例 1-27

图 1-69　$X_b(s)$ 的零极点图及收敛域

在 $X_b(s)$ 的零极点图中标出 $X_b(s)$ 的收敛域后，就构成了拉普拉斯变换的几何表示，除去可能相差一个常数因子外，它和有理拉普拉斯变换一一对应，可以完全表征一个信号的拉普拉斯变换，进而表征这个信号的基本属性。例如，图 1-70 所示的零极点图及收敛域，对应了有理拉普拉斯变换 $X_b(s) = k\dfrac{s}{s^2+\omega_c^2}$，$\sigma > 0$。由表 1-4 可知，它是 $x(t) = k\cos(\omega_c t)u(t)$ 的拉普拉斯变换，其中 k 为常数，可由其他附加条件确定。

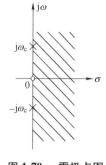

图 1-70　零极点图及收敛域

（二）拉普拉斯变换与傅里叶变换的关系

由上一节的讨论可知，拉普拉斯变换是傅里叶变换的推广，而傅里叶变换是拉普拉斯变换当 $\sigma = 0$（即 $s = j\omega$）时的特殊情况，那么是不是任何信号的拉普拉斯变换都可以通过 $s = j\omega$ 与它的傅里叶变换联系起来呢？回答是否定的。因为由前面的讨论已经看到，从信号分析的角度看，拉普拉斯变换正是针对某些信号（如指数增长型信号 e^{at}）难以求出其傅里叶变换而引入的。一般来说，一个信号存在拉普拉斯变换，其傅里叶变换可能存在，也可能不存在；但存在傅里叶变换的信号一般也存在拉普拉斯变换（个别信号除外，如 $x(t) = 1$，$X(\omega) = 2\pi\delta(\omega)$，但不存在 $X_b(s)$）。另一方面，对于有些信号，即使既存在拉普拉斯变换，又存在傅里叶变换，也不能简单地用 $s = j\omega$ 将二者联系起来。

拉普拉斯变换和傅里叶变换的根本区别在于讨论区域的不同，前者为 S 平面中的整个收敛区域，后者只是 $j\omega$ 轴，因此，讨论二者的关系时，根据拉普拉斯变换收敛区域的不同特点，存在三种情况：

（1）收敛域包含 $j\omega$ 轴。这时 $j\omega$ 轴上任一点的拉普拉斯变换的积分收敛，信号的拉普拉斯变换 $X_b(s)$ 存在。而由于 $\sigma = 0$，信号的傅里叶变换 $X(\omega)$ 也存在，只要将 $X_b(s)$ 中 s 代以 $j\omega$，即为信号的傅里叶变换，即

$$X(\omega) = X_b(s)\big|_{s=j\omega} \tag{1-72}$$

例 1-25、例 1-27 就是这种情况。

（2）收敛域不包含 $j\omega$ 轴。这时虽然信号的拉普拉斯变换存在，但是，在 $j\omega$ 轴上点的拉普拉斯变换积分不收敛，即傅里叶变换的积分不收敛，所以这时不存在信号的傅里叶变换，不能用 $X_b(s)$ 中 s 代以 $j\omega$ 来求得傅里叶变换。例 1-26 就是这种情况的例子。

（3）收敛域的收敛边界位于 $j\omega$ 轴上。这时，拉普拉斯变换的积分在虚轴上不收敛，根据上面的讨论，不能直接用式（1-72）求傅里叶变换。由于 $j\omega$ 轴是收敛边界，$X_b(s)$ 在 $j\omega$ 轴上必有极点，设 $j\omega_i(i = 1, 2, \cdots, p)$ 为 $X_b(s)$ 在 $j\omega$ 上的 p 个极点，为讨论简单起见，并设其余 $(n-p)$ 个极点位于 S 左半平面，则 $X_b(s)$ 可以展开成部分分式形式，即

$$X_b(s) = X_{b1}(s) + \sum_{i=1}^{p} \frac{k_i}{s - j\omega_i}$$

式中，$X_{b1}(s)$ 由位于左半 S 平面的极点对应的部分分式构成。设 $L^{-1}(X_{b1}(s)) = x_1(t)$，则 $X_b(s)$ 的逆变换为

$$x(t) = x_1(t) + \sum_{i=1}^{p} k_i e^{j\omega_i t} u(t)$$

所以有

$$X(\omega) = X_b(s)|_{s=j\omega} + \pi \sum_{i=1}^{p} k_i \delta(\omega - \omega_i) \qquad (1\text{-}73)$$

式(1-73)表明 $X_b(s)$ 在 jω 轴有极点时，其相应的傅里叶变换由两部分组成，一部分直接由 $s=j\omega$ 得到，另一部分则是由在虚轴上每个极点 $j\omega_i$ 对应的冲激项 $\pi k_i \delta(\omega-\omega_i)$ 组成，其中 k_i 是相应拉普拉斯变换部分分式展开式的系数。

上述结论适用于 jω 轴上极点为单极点的情况，对于 jω 轴上具有多重极点的情况，可参见有关书籍。

例 1-31 已知 $X_b(s) = \dfrac{s}{s^2+\omega_0^2}$，$\sigma>0$，求其对应的信号 $x(t)$ 的傅里叶变换 $X(\omega)$。

解：将 $X_b(s)$ 展开成部分分式为

$$X_b(s) = \frac{s}{s^2+\omega_0^2} = \frac{1/2}{s+j\omega_0} + \frac{1/2}{s-j\omega_0}$$

jω 轴上有两个单极点 $-j\omega_0$ 和 $j\omega_0$，由式(1-73)，得

$$X(\omega) = X_b(s)|_{s=j\omega} + \pi \sum_{i=1}^{2} k_i \delta(\omega - \omega_i) = \frac{j\omega}{(j\omega)^2 + \omega_0^2} + \frac{\pi}{2}[\delta(\omega+\omega_0) + \delta(\omega-\omega_0)]$$

第四节　应用 MATLAB 的连续信号分析

一、连续时间信号描述

（一）绘制连续信号的波形

信号时域描述最直接的形式是绘制其波形图。在 MATLAB 中通常用向量法和符号运算来表示信号，然后就可以利用 MATLAB 的绘图命令绘制信号波形。

1. 向量表示法

常用的绘图命令为 plot( )，函数说明如下：

plot(**x**)：当 **x** 为一向量时，以 **x** 向量元素为纵坐标值，**x** 的序号为横坐标值绘制曲线。当 **x** 为一实矩阵时，则以其序号为横坐标，按列绘制每列元素值对应于其序号的曲线，当 **x** 为 m×n 矩阵时，就有 n 条曲线。

plot(**x**,**y**)：以 **x** 向量元素为横坐标值，**y** 向量元素为纵坐标值绘制曲线。

plot(x,y1,x,y2,…)：以公共的 **x** 向量元素为横坐标值，以 y1，y2，… 向量元素为纵坐标值绘制曲线。

对于连续时间信号 $x=f(t)$，可以用两个行向量 **x** 和 **t** 来表示，其中，**t** 是用形如 $t=t_1$：p：t_2 定义的向量，t_1 为信号起始时间，t_2 为终止时间，p 为时间间隔；向量 **x** 为连续信号 $f(t)$ 在向量 **t** 所定义的时间点上的样值。

例 1-32 对于连续信号 $x_1=\sin(t)$，$x_2=\cos(t)$，请用 MATLAB 绘制其波形。

解：要表示一个波形，可以选择一个具有合适间隔的时间向量 **t**，并计算在时间向量 **t** 下的输出向量 **x**，将需要表示的波形表示成时间和输出的向量形式，用绘图命令 plot( ) 函数绘制其波形。其 MATLAB 参考运行程序如下：

```
close all;                %关闭打开的所有图形窗口
clear;                    %清空环境变量
clc;                      %清除当前 command 区域的命令
t1=0:0.01:10;             %定义时间 t1 的取值范围为 0~10,取样间隔为 0.01
x1=sin(t1);               %定义信号表达式,求出 x1 对应采样点上的样值
figure(1);                %打开图形窗口 1
plot(t1,x1);              %以 t1 为横坐标,x1 为纵坐标绘制 x1 的波形
grid on;                  %显示网格
t2=0:0.5:10;
x2=cos(t2);               %定义信号表达式,求出 x2 对应采样点上的样值
hold on;                  %保持现有的图,继续绘制
plot(t2,x2,'--');         %以 t2 为横坐标,x2 为纵坐标绘制 x2 的波形
legend('sin','cos');      %显示波形信息
```

其中 figure( ) 函数表示创建一个用来显示图形输出的一个窗口对象。MATLAB 程序运行结果如图 1-71 所示。

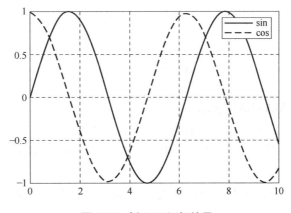

图 1-71 例 1-32 运行结果

从图 1-71 可以看出,余弦信号的波形光滑程度不如正弦信号,原因在于:MATLAB 不能直接表示连续信号,而是通过对自变量 t 进行取值,然后分别计算对应点上的函数值。因此,在使用 plot( ) 命令绘制波形时,是通过折线连接各个数据点从而形成连续曲线,所绘制近似波形的精度取决于 t 的取样间隔。t 的取样间隔越小,则近似程度越好,曲线越光滑。在图 1-71 中,$\sin t$ 的取样间隔为 0.01,$\cos t$ 的取样间隔为 0.5。

2. 符号运算表示法

如果一个信号可以用符号表达式来表示,则可以通过符号函数专用绘图命令 ezplot( ) 等绘制信号波形。该函数为一个一元函数绘图函数,在绘制含有符号变量的信号图形时,ezplot( ) 要比 plot( ) 更方便,因为 plot( ) 绘制图形时要指定自变量的范围,而 ezplot( ) 无须数据准备而直接绘制图形。

例 1-33 对于连续信号 $f(t) = \dfrac{\cos(t)}{t}$,用 ezplot( ) 命令绘制其波形。

解: 首先要定义符号表达式的符号变量,对于用符号变量定义的表达式,可以通过 ezplot( ) 函数来绘制该符号表达式的波形。MATLAB 参考运行程序如下:

```
close all;clear;clc;
syms t;                    %定义符号变量 t
x=cos(t)/t;                %定义函数表达式 x
figure(1);                 %打开图形窗口
ezplot(x,[-10,10]);        %绘制波形,并且设置坐标轴显示范围
```

MATLAB 程序运行结果如图 1-72 所示。

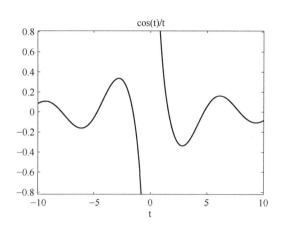

图 1-72　例 1-33 运行结果

(二) 常见信号的 MATLAB 表示

在 MATLAB 中对单位阶跃信号、单位冲激信号都有专门的表示方法。单位冲激信号调用 dirac() 函数，单位阶跃信号、门信号调用 heaviside()、stepfun()、sign()、ones() 函数。函数说明如下：

dirac(**X**)：当 **X** 矩阵元素为 0 时返回的对应矩阵元素值为无限大，其他情况下返回值为 0。

dirac(n,**X**)：表示 dirac(**X**) 的 n 阶微分。

heaviside(**X**)：当 **X** 矩阵元素小于 0 时返回的对应矩阵元素值为 0，**X** 矩阵元素为 0 时返回的对应矩阵元素值为 0.5，**X** 矩阵元素大于 0 时返回的矩阵元素值为 1。

stepfun(**T**,t0)：**T** 是以矩阵形式表示的时间；t0 表示信号发生突变的时刻；stepfun 函数返回一个长度和 **T** 相同的矩阵。**T** 矩阵的元素如果比 t0 小，则返回的对应向量元素为 0，否则返回元素为 1。

sign(**X**)：当 **X** 矩阵元素小于 0 时返回值为 -1 的对应矩阵元素，当 **X** 矩阵元素为 0 时返回的对应矩阵元素为 0，当 X 矩阵元素大于 0 时返回值为 1 的对应矩阵元素。

ones(n)：根据输入整形量 n 的值，返回一个长度为 n 的向量，向量中每个元素均为 1。

例 1-34　绘制信号 $f(t)=u(t+2)-3u(t-3)$ 的波形。

解：根据题意，首先定义符号变量 t，阶跃响应通过 heaviside() 函数实现。通过 str2sym() 函数将 $u(t+2)-3u(t-3)$ 表示为函数表达式，str2sym() 函数的用法为 s=str2sym(a)，表示将非符号对象(如数字、表达式、变量等) a 转换为符号对象，并存储在符号变量 s 中。该例的 MATLAB 参考运行程序如下：

```
close all; clear;clc;
syms t                                          %定义符号变量 t
f=str2sym('heaviside(t+2)-3 * heaviside(t-3)'); %定义函数表达式
ezplot(f,[-5,5])                                %绘制 f 的波形
```

MATLAB 程序运行结果如图 1-73 所示。

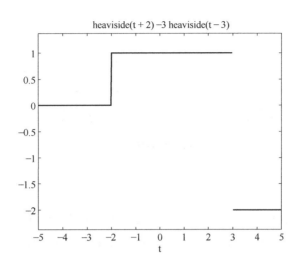

图 1-73 例 1-34 运行结果

例 1-35 利用符号函数 sign( )产生信号 $f(t)=u(t-2)-3u(t-3)$ 的波形。

解：由于 sign( )函数的取值范围为[-1，1]，可以通过 $u(t)=\dfrac{1}{2}+\dfrac{1}{2}\text{sign}(t)$ 来表示单位阶跃信号的波形。MATLAB 参考运行程序如下：

```
close all; clear;clc;
t=-5:0.01:5;              %定义自变量取值范围及间隔,生成行向量 t
x=sign(t-2);              %定义符号信号表达式,生成行向量 x
s1=1/2+1/2 * x;           %生成单位阶跃信号 s1,产生的信号是 u(t-2)
y=sign(t-3);              %定义符号信号表达式,生成行向量 y
s2=3 * (1/2+1/2 * y);     %生成单位阶跃信号 s2,产生的信号是 3u(t-3)
figure(1);                %打开图形窗口 1
plot(t,s1-s2);            %生成信号为 u(t-2)-3u(t-3)的图形
grid on;                  %显示网格
axis([-5,5,-3,2.5])       %定义坐标轴显示范围
```

例 1-35 程序中，axis([xmin xman ymin ymax])函数用来设定图形的坐标，xmin、xman 分别表示 x 轴坐标的最小值和最大值，ymin、ymax 分别表示 y 轴坐标的最小值和最大值，运行结果如图 1-74 所示。

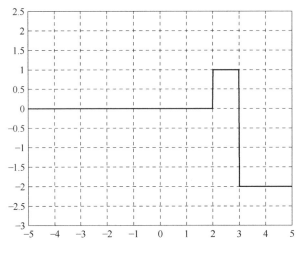

图 1-74 例 1-35 运行结果

二、卷积运算

要实现两个信号 $f_1(t)$、$f_2(t)$ 的卷积,可通过 conv( ) 函数来实现。函数说明如下:

w=conv(f1,f2): f1=$f_1(t)$ 和 f2=$f_2(t)$ 表示两个卷积运算的信号,w=$w(t)$ 表示卷积结果。

例 1-36 已知两信号 $f_1(t)=3u(t-1)-3u(t-2)$、$f_2(t)=u(t-1)-u(t-3)$,求卷积 $w(t)=f_1(t)*f_2(t)$。

解: conv( ) 卷积运算函数可以实现两个信号的卷积运算,但是,被卷积信号必须表示为向量形式,因此,需要定义时间间隔向量 t,生成对应的 f_1 和 f_2 信号向量。f_1 在时间[1,2]内值为 3,其他时间值为 0,f_2 在时间[1,3]内值为 1,其他时间值为 0。连续信号的卷积计算公式 $x_1(t)*x_2(t)=\int_{-\infty}^{\infty}x_1(\tau)x_2(t-\tau)\mathrm{d}\tau$ 是通过离散化后的数值计算实现的。考虑到一个采样时间间隔 T_s 内,被卷积信号为常数,得到对应的卷积数值计算式为

$$x_1(t)*x_2(t)=\sum_{n=-\infty}^{\infty}x_1(n)x_2(t-n)*T_s$$

因此,对于连续信号进行卷积运算,首先将被卷积信号生成数组向量,得出数组向量的卷积结果后再乘以采样时间间隔 T_s。应用 subplot(m,n,p) 函数可将多幅图绘制到一个页面上,m 表示图排成的行数,n 表示图排成的列数,p 表示图的位置顺序。MATLAB 参考运行程序如下:

```
close all; clear;clc;                %复位 MATLAB 工作环境
tspan=0.01;                          %设置信号的采样间隔
t1=0:tspan:3.5;                      %f1 信号时间向量 t1,时间范围为[0,3.5]
t1len=length(t1);                    %f1 信号时间向量 t1 的长度
t2=0:tspan:3.5;                      %f1 信号时间向量 t2,时间范围为[0,3.5]
t2len=length(t2);                    %f2 信号时间向量 t2 的长度
t3=0:tspan:(t1len+t2len-2)*tspan;    %生成两信号卷积结果的时间向量 t3
```

（续）

```
f1=[zeros(1,length([0:tspan:(1-0.01)])),3*ones(1,length([1:tspan:2])),zeros(1,length([2.01:tspan:3.5)))];    %生成 f1 信号,其中时间范围[1,2]幅值为 3,其他幅值为 0
f2=[zeros(1,length([0:tspan:(1-0.01)])),1*ones(1,length([1:tspan:3])),zeros(1,length([3.01:tspan:3.5)))];    %生成 f2 信号,其中时间范围[1,3]幅值为 1,其他幅值为 0
w=conv(f1,f2);                  %对 f1 和 f2 采样数组向量进行卷积
w=w*tspan;                      %乘以时间间隔
subplot(3,1,1);                 %选择作图区域 1
plot(t1,f1);                    %绘制 f1 的波形
title('f1 信号波形');           %设置抬头
grid on;                        %显示网格
xlabel('时间 t(s)');            %设置 x 轴显示标签
axis([0 7 0 4]);                %设置坐标范围
subplot(3,1,2);                 %选择作图区域 2
plot(t2,f2);                    %绘制 f2 的波形
title('f2 信号波形');           %设置抬头
grid on;                        %显示网格
xlabel('时间 t(s)');            %设置 x 轴显示标签
axis([0 7 0 2]);                %设置坐标范围
subplot(3,1,3);                 %选择作图区域 3
plot(t3,w);                     %绘制出卷积信号 w 的波形
title('f1 和 f2 信号卷积结果'); %设置抬头
xlabel('时间 t(s)');            %设置 x 轴显示标签
grid on;                        %显示网格
```

MATLAB 程序运行结果如图 1-75 所示。

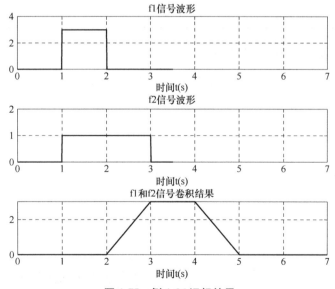

图 1-75 例 1-36 运行结果

三、傅里叶变换

(一) 傅里叶变换

在 MATLAB 中，实现傅里叶变换有两种方法，一种是利用 Symbolic Math Toolbox 提供的

专用函数直接求解函数的傅里叶变换和傅里叶逆变换，另一种是傅里叶变换的数值计算实现法。这里主要介绍直接调用专用函数法。

实现傅里叶变换的函数说明如下：

F=fourier(f)：实现对信号f(x)的傅里叶变换，其结果为F(w)，实现公式为F(w)=c*int(f(x)*exp(s*i*w*x),x,-inf,inf)。其中，c默认为1，s默认为-1，可以通过SYMPREF('FourierParameters',[c,s])来设置c和s的数值，int()表示对符号表达式进行积分运算，inf表示无穷大。

F=fourier(f,v)：实现对信号f(x)的傅里叶变换，其中变量v用来替代默认变量w，其结果为F(v)，实现公式为F(v)=c*int(f(x)*exp(s*i*v*x),x,-inf,inf)。

F=fourier(f,u,v)：实现对信号f(u)的傅里叶变换，其中变量v用来替代默认变量w，u用来替代默认变量x，其结果为F(v)，实现公式为F(v)=c*int(f(u)*exp(s*i*v*u),u,-inf,inf)。

例1-37 求单矩形脉冲信号的复指数形式傅里叶变换，其中$\tau=2$，$E=2$。

解：上述单矩阵脉冲信号可以表示为$f(t)=E[u(t+\tau/2)-u(t-\tau/2)]$。MATLAB的参考运行程序为：

```
close all; clear;clc;
syms tau w                                      %定义两个符号变量tau,w
Gt=str2sym('2*(heaviside(tau+1)-heaviside(tau-1))');   %产生门函数
Fw=fourier(Gt,tau,w);                           %对门函数进行傅里叶变换
ezplot(Fw,[-10*pi 10*pi])                       %绘制函数图形
axis([-10*pi 10*pi -1 5])                       %限定坐标轴范围
grid on;                                        %显示网格
```

MATLAB程序运行结果如图1-76所示。

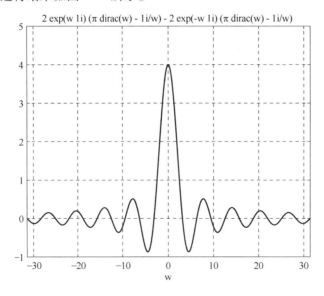

图1-76 例1-37运行结果

例 1-38　求信号 $f(t)=\dfrac{1}{2}e^{-2t}u(t)$ 的幅度频谱。

解：fourier( ) 函数可以实现函数频谱的计算，阶跃响应可以用 heaviside( ) 函数实现，通过定义符号变量来进行求解。MATLAB 参考运行程序如下：

```
close all; clear;clc;
syms t v w x;                              %定义符号变量t、v、w、x
x=1/2*exp(-2*t)*str2sym('heaviside(t)');   %生成符号变量表达式 x
F=fourier(x);                              %对符号变量表达式 x 进行傅里叶变换
subplot(2,1,1);                            %选择作图区域 1
ezplot(x);                                 %绘制符号变量表示的 x 波形
subplot(2,1,2);                            %选择作图区域 2
ezplot('abs(F)');                          %绘制傅里叶变换的幅度频谱
```

MATLAB 程序运行结果如图 1-77 所示。

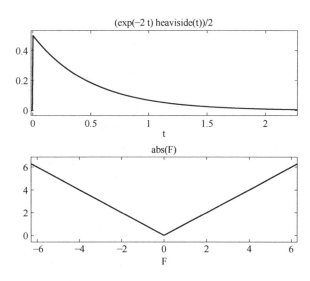

图 1-77　例 1-38 运行结果

例 1-39　求图 1-78 所示周期单位矩形脉冲信号的傅里叶级数展开，绘制离散频谱，其中 $\tau=2$，$E=2$，$T_0=4$，并绘制傅里叶级数展开 15 次时的逼近波形。

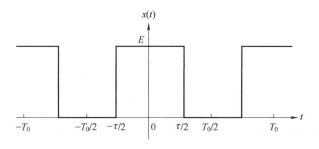

图 1-78　例 1-39 信号图

解：MATLAB 参考运行程序如下：

```
close all;clear;clc;
tau=2;                                          %矩形脉冲信号区间为(-tau/2,tau/2)
T0=4;                                           %矩形脉冲信号周期
m=15;                                           %傅里叶级数展开项次数
E=2;                                            %信号幅度值为2
t1=-tau/2:0.01:tau/2;                           %取矩形脉冲信号时间向量 t1,时间步进间隔为 0.01
t2=tau/2:0.01:(T0-tau/2);                       %取[tau/2,T0-tau/2]时间向量,时间步进间隔为 0.01
t=[(t1-T0)';(t2-T0)';t1';t2';(t1+T0)'];         %生成 2 个完整周期时间向量 t
n1=length(t1);                                  %获得时间向量 t1 长度
n2=length(t2);                                  %获得时间向量 t2 长度
f=E*[ones(n1,1);zeros(n2,1);ones(n1,1);zeros(n2,1);ones(n1,1)];   %构造周期矩形脉冲信号向量
y=zeros(m+1,length(t));                         %构造输出矩阵,用来记录傅里叶展开结果
y(m+1,:)=f';                                    %将原始信号保存到到 m+1 行坐标的 y 矩阵中
figure(1);                                      %打开图形窗口 1
h=plot(t,y(m+1,:));                             %绘制周期矩形信号波形
axis([-(T0+tau/2)-0.5,(T0+tau/2)+0.5,0,2.5]);   %设置坐标范围
set(gca,'XTick',-T0-1:1:T0+1);                  %设置横坐标的显示内容
title('矩形信号');                              %设置抬头
grid on;                                        %显示网格
figure(2);                                      %打开图形窗口 2
a=tau/T0;                                       %计算傅里叶变换系数
freq=[-20:1:20];                                %设置采样频率
mag=abs(E*a*sinc(a*freq));                      %计算傅里叶级数系数幅值
h=stem(freq,mag);                               %绘制傅里叶级数系数
x=E*a*ones(size(t));                            %计算傅里叶展开的常量项 a
title('离散幅度谱');                            %设置抬头
xlabel('f');                                    %设置 x 坐标
axis([-20,20,0,1.5]);                           %设置坐标范围
grid on;                                        %显示网格
for k=1:m                                       %循环显示谐波叠加图形
    x=x+2*E*a*sinc(a*k)*cos(2*pi*t*k/T0);       %计算 k 次傅里叶展开的叠加和
    y(k,:)=x;                                   %将结果 x 存入矩阵 y 中,k 表示级数下标
end
figure(3);                                      %打开图形窗口 3
plot(t,y(m+1,:));                               %绘制周期矩形信号波形
hold on;                                        %图形叠加
h=plot(t,y(k,:));                               %绘制各次叠加信号
grid on;                                        %显示网格
axis([-(T0+tau/2)-0.5,(T0+tau/2)+0.5,-0.5,2.5]);%设置坐标范围
title('15 次谐波叠加');                         %显示 15 次谐波叠加结果
xlabel('t');                                    %显示 x 轴坐标
legend('原始周期矩形脉冲信号','15 次谐波叠加信号');  %显示信号图示
```

MATLAB 程序运行结果如图 1-79 所示。

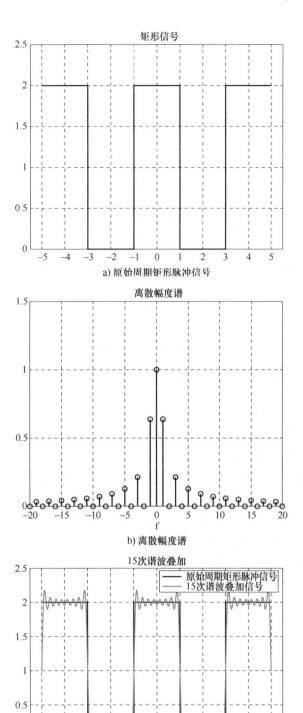

图 1-79 例 1-39 运行结果

（二）傅里叶逆变换

实现傅里叶逆变换可以通过 ifourier( ) 函数。函数说明如下：

f=ifourier(F)：对 F(w) 进行傅里叶逆变换，其结果为 f(x)，定义公式为 f(x)=abs(s)/(2*pi*c)*int(F(w)*exp(-s*i*w*x),w,-inf,inf)。其中，c、s 默认值同傅里叶变换。

f=ifourier(F,u)：对 F(w) 进行傅里叶逆变换，用 u 来替代默认变量 x，其结果为 f(u)，定义公式为 f(u)=abs(s)/(2*pi*c)*int(F(w)*exp(-s*i*w*u),w,-inf,inf)。

f=ifourier(F,v,u)：对 F(v) 进行傅里叶逆变换，用变量 v、u 分别替代 w、x，其结果为 f(u)，定义公式为 f(u)=abs(s)/(2*pi*c)*int(F(v)*exp(-s*i*v*u),v,-inf,inf)。

例 1-40　求频谱 $F(\omega)=\dfrac{2a}{a^2+\omega^2}$ 的傅里叶逆变换 $f(t)$。

解：选择 ifourier(F,v,u) 函数求解。MATLAB 参考运行程序如下：

```
close all; clear;clc;
syms t w a                          %定义三个符号变量 t、w、a
Fw=str2sym('2*a/(w^2+a^2)');        %生成符号变量表达式 F(w)
ft=ifourier(Fw,w,t)                 %对频谱 F(w) 进行傅里叶逆变换
```

MATLAB 程序运行结果为用符号变量表示的表达式 ft=(a*exp(-abs(t)*(a^2)^(1/2)))/(a^2)^(1/2)。

应用 MATLAB 求傅里叶运算时的注意事项：

1）函数 fourier( )、ifourier( ) 中用到的变量，需要用 syms 命令说明其为符号变量，将信号 f(t) 或 F(w) 表示为符号表达式。

2）函数 fourier( )、ifourier( ) 得到的返回结果仍然为符号表达式，在作图运算时要用 ezplot( ) 函数。

3）傅里叶分析函数 fourier( )、ifourier( ) 有很多局限性。例如，如果在返回结果中含有 δ( ) 或不能直接用表达式表示的信号时，ezplot( ) 函数将无法绘图。如果被变换函数连续但不能表示成符号表达式，此时只能应用数值计算法。当然，通常用数值计算法求得的结果只是近似的。

四、拉普拉斯变换

（一）拉普拉斯变换

实现拉普拉斯变换的函数为 laplace( )。函数说明如下：

L=laplace(F)：对符号函数 $F(t)$ 进行拉普拉斯变换，其结果为 $L(s)$，定义公式为 L(s)=int(F(t)*exp(-s*t),t,0,inf)。

L=laplace(F,u)：对 $F(t)$ 进行拉普拉斯变换，用 u 来替换默认的拉普拉斯变量 s，其结果为 $L(u)$，定义公式为 L(u)=int(F(t)*exp(-u*t),t,0,inf)。

L=laplace(F,w,u)：表示对 $F(w)$ 进行拉普拉斯变换，以 u 替换拉普拉斯变量 s，w 替换积分变量 t，其结果为 $L(u)$，定义公式为 L(u)=int(F(w)*exp(-u*w),w,0,inf)。

例 1-41　求右边信号 $x(t)=\mathrm{e}^{-t}u(t)$ 的拉普拉斯变换。

解：laplace( ) 函数可以实现一个符号函数的拉普拉斯变换。MATLAB 参考运行程序如下：

```
close all; clear;clc;
syms t s                                    %定义符号变量t、s
xt=str2sym('exp(-t)*heaviside(t)');         %生成符号变量表达式x(t)
Fs=laplace(xt)                              %求x(t)的拉普拉斯变换式F(s)
```

MATLAB 程序运行结果为 $F(s)=1/(s+1)$。

例 1-42 求右边信号 $f(t)=\sin(t)u(t)$ 的拉普拉斯变换,并绘制其曲面图。

解:求解包含两个步骤,首先求出信号的拉普拉斯变换表达式,然后根据拉普拉斯变换结果,绘制变换曲面图,具体的 MATLAB 参考运行程序如下:

1) 求取拉普拉斯变换表达式。

```
close all; clear;clc;
syms t s                                    %定义符号变量t、s
ft=str2sym('sin(t)*heaviside(t)');          %生成符号变量表达式f(t)
Fs=laplace(ft)                              %求f(t)的拉普拉斯变换式F(s)
```

MATLAB 程序运行结果为 $F(s)=\dfrac{1}{s^2+1}$。

2) 根据拉氏变换结果,绘制变换曲面图。

```
close all; clear;clc;
syms x y s                                  %定义符号变量x、y、s
s=x+i*y;                                    %生成复变量s
FFs=1/(s^2+1);                              %将F(s)表示成复变函数形式
FFss=abs(FFs);                              %求出F(s)的模
ezsurf(FFss);                               %绘制带阴影效果的三维曲面图
colormap(hsv);                              %设置hsv颜色图
```

上述程序中,ezsurf(f)函数表示绘制一个带有网格的 f(x,y) 的表面图,f 是包含两个自变量的符号表达式,colormap(hsv)表示创建一个 hsv 标准颜色图。MATLAB 程序运行结果如图 1-80 所示。

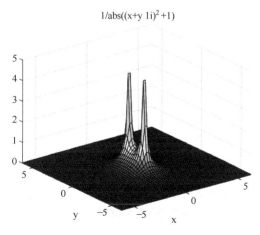

图 1-80 例 1-42 MATLAB 程序运行结果

(二) 拉普拉斯逆变换

通过 ilaplace( ) 实现拉普拉斯逆变换。函数说明如下：

F=ilaplace(L)：对符号变量 $L(s)$ 进行拉普拉斯逆变换，其结果为 $F(t)$，定义公式为 F(t) = int(L(s) * exp(s * t), s, c-i * inf, c+i * inf)/(2 * pi * i)。

F=ilaplace(L,y)：对 $L(s)$ 进行拉普拉斯逆变换，其结果为 $F(y)$，用变量 y 替换默认变量 t，定义公式为 F(y) = int(L(s) * exp(s * y), s, c-i * inf, c+i * inf)/(2 * pi * i)。

F=ilaplace(L,x,y)：对 $L(x)$ 进行拉普拉斯逆变换，其结果为 $F(y)$，用变量 y 替换变量 t，变量 x 替换积分变量 s，定义为 F(y) = int(L(x) * exp(x * y), x, c-i * inf, c+i * inf)/(2 * pi * i)。

例 1-43 求信号 $F(s) = \dfrac{1}{s+1}$ 的拉普拉斯逆变换式。

解：首先定义符号变量，然后通过 ilaplace( ) 函数进行拉普拉斯逆变换运算。MATLAB 参考运行程序如下：

```
close all; clear;clc;
syms t s
Fs=str2sym('1/(1+s)');                  %定义符号变量t、s
                                         %生成符号变量表达式F(s)
ft=ilaplace(Fs)                          %求F(s)的拉普拉斯逆变换式f(t)
```

MATLAB 程序运行结果为 ft=exp(-t)。

习 题

1.1 应用冲激信号的抽样特性，求下列各表达式的函数值。

(1) $\int_{-\infty}^{\infty} f(t-t_0)\delta(t)\mathrm{d}t$ (2) $\int_{0^-}^{\infty} (e^t + t)\delta(t+2)\mathrm{d}t$

(3) $\int_{-\infty}^{\infty} f(t-t_0)\delta(t-t_0)\mathrm{d}t$ (4) $\int_{-\infty}^{\infty} (t+\sin t)\delta\left(t-\dfrac{\pi}{6}\right)\mathrm{d}t$

1.2 画出下列各时间函数的波形图。

(1) $f_1(t) = \sin(\omega t)u(t)$ (2) $f_2(t) = \sin(\omega t)u(t-t_0)$

(3) $f_3(t) = \sin(\omega(t-t_0))u(t-t_0)$ (4) $f_2(t) = \sin(\omega(t-t_0))u(t)$

1.3 连续时间信号 $x_1(t)$ 和 $x_2(t)$ 如图 1-81 所示，试画出下列信号的波形。

(1) $2x_1(t)$ (2) $2x_1(t-2)$ (3) $x_1(2t)$

(4) $x_1(2t+1)$ 和 $x_1(2t-1)$ (5) $x_1(-t-1)$

(6) 分别画出 $x_1'(t)$ 和 $x_2'(t)$ 的波形并写出相应的表达式。

1.4 已知信号 $x(t)$ 如图 1-82 所示，试画出 $y_1(t)$ 和 $y_2(t)$ 的波形。

(1) $y_1(t) = x(2t)u(t) + x(-2t)u(-2t)$

(2) $y_2(t) = x(2t)u(-t) + x(-2t)u(t)$

1.5 已知连续时间信号 $x_1(t)$ 如图 1-83 所示，试画出下列各信号的波形。

(1) $x_1(t-2)$ (2) $x_1(1-t)$ (3) $x_1(2t+2)$

1.6 根据图 1-84 所示信号 $x_2(t)$，试画出下列各信号的波形。

(1) $x_2(t+3)$ (2) $x_2\left(\dfrac{t}{2}-2\right)$ (3) $x_2(1-2t)$

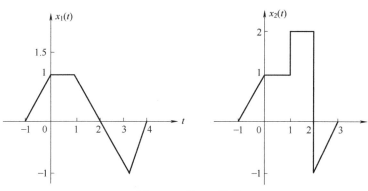

图 1-81 题 1.3 信号

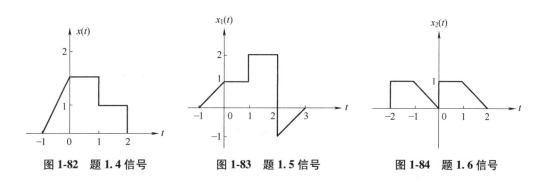

图 1-82 题 1.4 信号　　　图 1-83 题 1.5 信号　　　图 1-84 题 1.6 信号

1.7 根据图 1-83 和图 1-84 所示信号 $x_1(t)$ 和 $x_2(t)$，画出下列各信号的波形。

(1) $x_1(t)x_2(-t)$　　　(2) $x_1(1-t)x_2(t-1)$　　　(3) $x_1\left(2-\dfrac{t}{2}\right)x_2(t+4)$

1.8 已知信号 $x(5-2t)$ 的波形如图 1-85 所示，试画出 $x(t)$ 的波形。

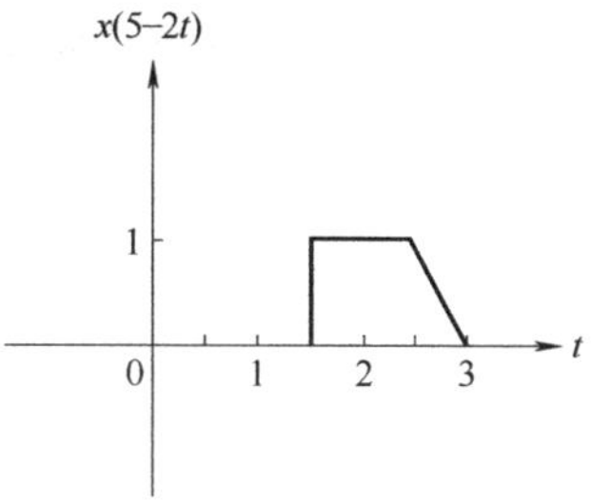

1.9 画出下列各信号的波形。

(1) $x(t)=(2-e^{-t})u(t)$　　　(2) $x(t)=e^{-t}\cos10\pi t[u(t-1)-u(t-2)]$

1.10 已知信号 $x(t)=\sin t[u(t)-u(t-\pi)]$，求

(1) $x_1(t)=\dfrac{d^2}{dt^2}x(t)+x(t)$　　　(2) $x_2(t)=\displaystyle\int_{-\infty}^{t}x(\tau)d\tau$

1.11 计算下列积分。

(1) $\displaystyle\int_{-\infty}^{\infty}\sin t\delta\left(t-\dfrac{T_1}{2}\right)dt$　　　(2) $\displaystyle\int_{-\infty}^{\infty}e^{-t}\delta(t+2)dt$

(3) $\displaystyle\int_{-\infty}^{\infty}(t^3+t+2)\delta(t-1)dt$　　　(4) $\displaystyle\int_{-\infty}^{\infty}u\left(t-\dfrac{t_0}{2}\right)\delta(t-t_0)dt$

图 1-85 题 1.8 信号

1.12 用直接计算傅里叶系数的方法，求图 1-86 所示周期信号的傅里叶系数。

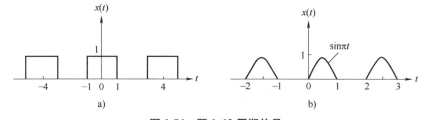

图 1-86 题 1.12 周期信号

1.13 图 1-87 所示是四个周期相同的信号
1) 用直接求傅里叶系数的方法求图 1-87a 所示信号的傅里叶级数(三角形式)。
2) 将图 1-87a 所示的函数 $x_1(t)$ 左移或右移 $T/2$，得到图 1-87b 所示函数 $x_2(t)$，利用 1) 的结果求 $x_2(t)$ 的傅里叶级数。
3) 利用以上结果求图 1-87c 所示函数 $x_3(t)$ 的傅里叶级数。
4) 利用以上结果求图 1-87d 所示函数 $x_4(t)$ 的傅里叶级数。

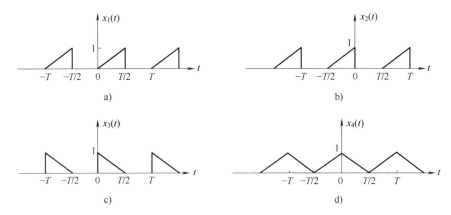

图 1-87 题 1.13 信号

1.14 求下列信号的傅里叶级数表达式。
1) $x(t) = \cos 4t + \sin 6t$。
2) $x(t)$ 是以 2 为周期的信号，且 $x(t) = e^{-t}$，$-1 < t < 1$。

1.15 计算下列连续时间周期信号(基波频率 $\omega_0 = \pi$)的傅里叶级数系数 a_k。

$$x(t) = \begin{cases} 1.5 & 0 \leq t < 1 \\ -1.5 & 1 \leq t < 2 \end{cases}$$

1.16 求题图 1-88 所示各信号的傅里叶变换。

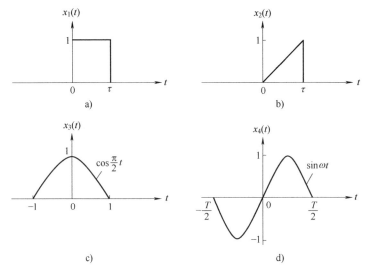

图 1-88 题 1.16 信号

1.17 利用对偶性质求下列函数的傅里叶变换。

(1) $x(t) = \dfrac{\sin(2\pi(t-2))}{\pi(t-2)}$ $-\infty < t < \infty$ (2) $x(t) = \dfrac{2a}{a^2+t^2}$ $-\infty < t < \infty$

(3) $x(t) = \left(\dfrac{\sin 2\pi t}{2\pi t}\right)^2$ $-\infty < t < \infty$

1.18 求下列信号的傅里叶变换。

(1) $x(t) = e^{-jt}\delta(t-2)$ (2) $x(t) = e^{-3(t-1)}\delta'(t-1)$ (3) $x(t) = \text{sgn}(t^2-9)$

1.19 试用时域积分性质,求图 1-89 所示信号的频谱。

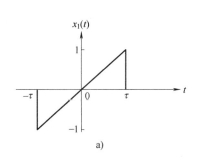
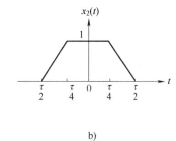

图 1-89 题 1.19 信号

1.20 若已知 $x(t)$ 的傅里叶变换 $X(\omega)$,试求下列函数的频谱。

(1) $tx(2t)$ (2) $(t-2)x(t)$ (3) $t\dfrac{\mathrm{d}x(t)}{\mathrm{d}t}$

(4) $\displaystyle\int_{-\infty}^{1-0.5t} x(\tau)\mathrm{d}\tau$ (5) $e^{jt}x(3-2t)$ (6) $\dfrac{\mathrm{d}x(t)}{\mathrm{d}t} * \dfrac{1}{\pi t}$

1.21 求下列函数的傅里叶逆变换。

(1) $X(\omega) = \delta(\omega+\omega_0) - \delta(\omega-\omega_0)$ (2) $X(\omega) = 2\cos 3\omega$

(3) $X(\omega) = [u(\omega) - u(\omega-2)]e^{-j\omega}$ (4) $X(\omega) = \displaystyle\sum_{n=0}^{2} \dfrac{2\sin\omega}{\omega}e^{-j(2n+1)\omega}$

1.22 利用傅里叶变换的性质,求图 1-90 所示信号的傅里叶逆变换。

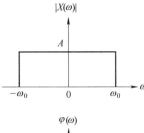
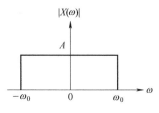
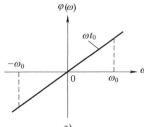
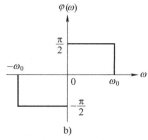

图 1-90 题 1.22 信号

1.23 利用傅里叶变换的性质，求下列傅里叶变换的逆变换。

(1) $\operatorname{sgn}(\omega)$ (2) $\cos 2\omega$

1.24 求图 1-91 所示周期信号 $x(t)$ 的傅里叶变换。

1.25 考虑信号

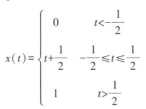
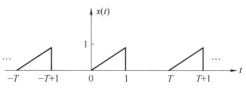

$$x(t)=\begin{cases} 0 & t<-\dfrac{1}{2} \\ t+\dfrac{1}{2} & -\dfrac{1}{2}\leqslant t\leqslant \dfrac{1}{2} \\ 1 & t>\dfrac{1}{2} \end{cases}$$

图 1-91 题 1.24 周期信号

1) 利用傅里叶变换的积分性质，求 $X(\omega)$。

2) 求 $g(t)=x(t)-\dfrac{1}{2}$ 的傅里叶变换。

1.26 用定义计算下列信号的拉普拉斯变换及收敛域。

(1) $e^{at}u(t)$ $a>0$ (2) $te^{at}u(t)$ $a>0$

(3) $e^{-at}u(-t)$ $a>0$ (4) $\cos(\omega_c t)u(-t)$

(5) $\cos(\omega_c t+\theta)u(t)$ (6) $e^{-at}\sin(\omega_c t)u(t)$ $a>0$

1.27 用定义计算图 1-92 所示各信号的拉普拉斯变换。

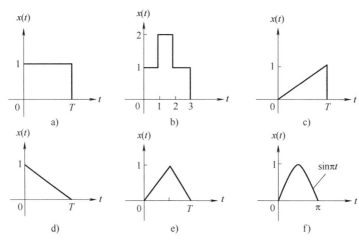

图 1-92 题 1.27 信号

1.28 求下列时间函数 $x(t)$ 的拉普拉斯变换、零极点及其收敛域。

(1) $x(t)=e^{-2t}u(t)+e^{-3t}u(t)$ (2) $x(t)=e^{-4t}u(t)+e^{-5t}\sin 5t u(t)$

(3) $x(t)=|t|e^{-2|t|}$ (4) $x(t)=|t|e^{2t}u(-t)$

(5) $x(t)=\delta(t)+u(t)$ (6) $x(t)=\delta(3t)+u(3t)$

1.29 判断下列信号的拉普拉斯变换是否存在，若存在，请求出其拉普拉斯变换式及收敛域。

(1) $tu(t)$ (2) $t^t u(t)$ (3) $te^{-2t}u(t)$

(4) $e^{t^2}u(t)$ (5) $e^{e^t}u(t)$ (6) $x(t)=\begin{cases} e^{-t} & t<0 \\ e^t & t>0 \end{cases}$

1.30 若已知 $u(t)$ 的拉普拉斯变换为 $\dfrac{1}{s}$，收敛域为 $\operatorname{Re}\{s\}>0$，试利用拉普拉斯变换的性质，求下列信号的拉普拉斯变换式及其收敛域。

(1) $\cos(\omega_c t)u(t)$ (2) $e^{-\alpha t}\cos(\beta t)u(t)$ (3) $te^{-t}u(t-T)$

(4) $t\delta'(t)$ (5) $t^2\cos(\omega_c t)u(t)$ (6) $\sum_{k=0}^{\infty}a^k\delta(t-kT)$

(7) $\sin(\omega_c t)u(t-T)$ (8) $\int_0^t \sin(\omega_c \tau)d\tau$

1.31 求下列函数的拉普拉斯逆变换。

(1) $\dfrac{1}{s^2+9}$ $\text{Re}\{s\}>0$ (2) $\dfrac{s}{s^2+9}$ $\text{Re}\{s\}<0$

(3) $\dfrac{s+1}{(s+1)^2+9}$ $\text{Re}\{s\}<-1$ (4) $\dfrac{3s}{(s^2+1)(s^2+4)}$ $\text{Re}\{s\}>0$

(5) $\dfrac{s+1}{s^2+5s+6}$ $-3<\text{Re}\{s\}<-2$ (6) $\dfrac{s+2}{s^2+7s+12}$ $-4<\text{Re}\{s\}<-3$

1.32 对图 1-93 所示每一个信号的有理拉普拉斯变换的零极点图，确定：

1）拉普拉斯变换式。

2）零极点图可能的收敛域，并指出相应信号的特征。

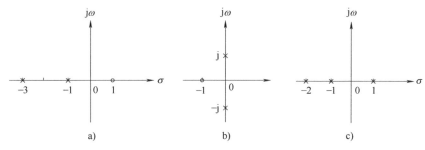

图 1-93 题 1.32 信号

1.33 求下列双边拉普拉斯变换所有可能与它相对应的时间函数，并注明其收敛域。

(1) $X_{b1}(s)=\dfrac{1}{(s-1)(s+2)}$ (2) $X_{b2}(s)=\dfrac{2}{(s+1)(s+2)(s+3)}$

1.34 指出下列信号哪些存在拉普拉斯变换，哪些同时存在拉普拉斯变换和傅里叶变换。

(1) $e^{-10t}u(t)$ (2) $e^{10t}u(t)$ (3) $e^{-10|t|}$ (4) $te^{-10t}u(t)$

1.35 应用拉普拉斯变换的卷积性质，求信号 $y(t)=x_1(t)*x_2(t)$，已知

(1) $x_1(t)=e^{-2t}u(t)$，$x_2(t)=u(t-5)$

(2) $x_1(t)=e^{-2t}u(t)$，$x_2(t)=\cos(5t)u(t)$

1.36 由下列各象函数⊖求原函数的傅里叶变换 $X(\omega)$。

(1) $\dfrac{1}{s}$ (2) $\dfrac{2}{s^2+1}$ (3) $\dfrac{s+2}{s^2+4s+8}$ (4) $\dfrac{s}{(s+4)^2}$

1.37 求下列象函数 $X(s)$ 的原函数的初值 $x(0_+)$ 和终值 $x(\infty)$。

(1) $X(s)=\dfrac{2s+3}{(s+1)^2}$ (2) $X(s)=\dfrac{3s+1}{s(s+1)}$

1.38 设信号的有理拉普拉斯变换具有两个极点 $s=-1$ 和 $s=-3$。若 $g(t)=e^{2t}x(t)$，其傅里叶变换 $G(\omega)$ 收敛，请问 $x(t)$ 是何种信号（左边信号、右边信号、双边信号）？

⊖ 象函数：$f(t)$ 经过双边拉普拉斯变换后得到的复变函数 $F(s)$ 又称为象函数。

上机练习题

1.39 用 MATLAB 求解习题 1.3。
1.40 用 MATLAB 求解习题 1.12。
1.41 用 MATLAB 求解习题 1.13。
1.42 用 MATLAB 求解习题 1.16。
1.43 用 MATLAB 求解习题 1.20。
1.44 用 MATLAB 求解习题 1.21。
1.45 用 MATLAB 求解习题 1.26。
1.46 用 MATLAB 求解习题 1.31。

第二章

信号的抽样与恢复

为了实现数字信号处理的目的,连续信号必须转换成数字信号,而实现该转换功能的常用方法就是以固定的抽样频率对连续信号进行抽样。这里的关键问题是每秒需要进行多少个样本点的抽样才能足够表示原连续信号。

本章从抽样过程入手,分别介绍时域抽样定理、频域抽样定理以及模拟频率和数字频率的关系。

第一节 抽样过程

连续信号的离散化可以由图 2-1 所示的连续信号 $x(t)$ 经过一个抽样开关的抽样过程完成。抽样开关周期性地开闭,其中,开闭周期为 T_s,每次闭合时间为 $\tau(\tau \ll T_s)$。因此,在抽样开关的输出端得到的是一串时间上离散的脉冲信号 $x_s(t)$。为简化讨论,考虑 T_s 是定值情况,即均匀抽样。T_s 称为抽样周期,$f_s = 1/T_s$ 称为抽样频率,$\omega_s = 2\pi f_s = 2\pi/T_s$ 称为抽样角频率。按理想化的情况,由于 $\tau \ll T_s$,可认为 $\tau \to 0$,即 $x_s(t)$ 由一系列冲激函数构成,每个冲激函数的强度等于连续信号在该时刻的抽样值 $x(nT_s)$。

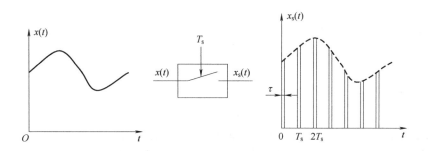

图 2-1 连续信号的抽样过程

图 2-2 所示框图为连续信号的抽样过程。

理想化的抽样过程是一个将连续信号进行脉冲调制的过程,即 $x_s(t)$ 可表示为连续信号

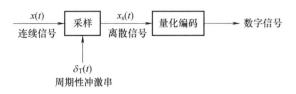

图 2-2 连续信号的抽样过程框图

$x(t)$ 与周期性冲激串 $\delta_T(t) = \sum_{n=-\infty}^{\infty} \delta(t - nT_s)$ 的乘积

$$x_s(t) = x(t)\delta_T(t) = x(t)\sum_{n=-\infty}^{\infty} \delta(t - nT_s) = \sum_{n=-\infty}^{\infty} x(nT_s)\delta(t - nT_s) \quad (2-1)$$

离散信号 $x_s(t)$ 还要经过幅值量化、编码处理,才能成为数字信号。这是因为如前所述,$x_s(t)$ 是经过抽样处理后时间上离散化而幅值上仍然连续变化的信号,必须经过幅值量化、编码等处理后才能成为数字信号。

一个连续信号离散化后,有两个问题需要讨论:

1)抽样得到的信号 $x_s(t)$ 在频域上有什么特性?它与原连续信号 $x(t)$ 的频域特性有什么联系?

2)连续信号抽样后,是否保留了原信号的全部信息,或者说,从抽样信号 $x_s(t)$ 能否无失真地恢复原连续信号 $x(t)$?

这里先讨论问题1),然后讨论问题2)。

设连续信号 $x(t)$ 的傅里叶变换为 $X(\omega)$,抽样后离散信号 $x_s(t)$ 的傅里叶变换为 $X_s(\omega)$,已知周期性冲激串 $\delta_T(t)$ 的傅里叶变换为 $\Delta_T(\omega) = \omega_s \sum_{n=-\infty}^{\infty} \delta(\omega - n\omega_s)$,由傅里叶变换的频域卷积定理,有

$$X_s(\omega) = \frac{1}{2\pi} X(\omega) * \Delta_T(\omega)$$

将 $\Delta_T(\omega)$ 代入上式,并由傅里叶卷积性质得到抽样信号 $x_s(t)$ 的傅里叶变换为

$$X_s(\omega) = \frac{1}{T_s} \sum_{n=-\infty}^{\infty} X(\omega - n\omega_s) \quad (2-2)$$

式(2-2)表明,一个连续信号经理想抽样后频谱发生了两个变化:

1)频谱发生了周期延拓,即将原连续信号的频谱 $X(\omega)$ 分别延拓到以 $\pm \omega_s$,$\pm 2\omega_s$,…为中心的频谱。

2)频谱的幅度乘上了一个 $1/T_s$ 因子。

图 2-3 所示为 $x(t)$、$\delta_T(t)$、$x_s(t)$ 及其频谱。

下面以对余弦信号进行抽样说明抽样频率的重要性。对连续时间信号 $x(t) = \cos 0.4\pi t$ 和 $y(t) = \cos 2.4\pi t$ 分别进行抽样,抽样周期 $T_s = 1s$,如图 2-4 所示。从图 2-4 可以看出,在整数值 n 处,$x(t)$ 和 $y(t)$ 的值相等。如果仅根据离散的抽样点很难区分出信号 $x(t)$ 和 $y(t)$。

图 2-4 所示情况引出一个重要的问题:对信号抽样的周期或频率应该为多大才可保留足够的信息,从而可以由样本重建原连续信号。下节的抽样定理可充分解决这一问题。

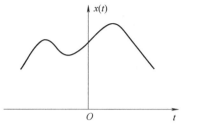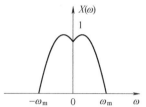

a) 连续信号 $x(t)$ 及其频谱

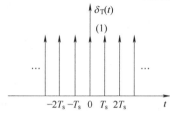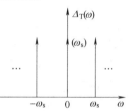

b) 冲激串 $\delta_T(t)$ 及其频谱

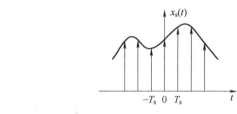

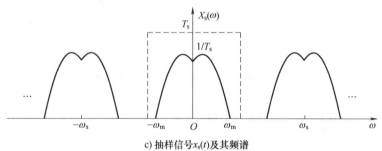

c) 抽样信号 $x_s(t)$ 及其频谱

图 2-3 抽样信号及其频谱

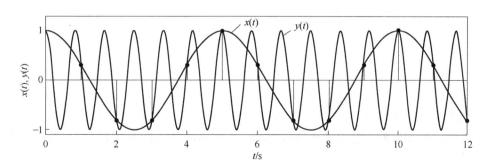

图 2-4 对 $x(t)=\cos 0.4\pi t$ 和 $y(t)=\cos 2.4\pi t$ 分别进行抽样后的波形($T_s=1\mathrm{s}$)

第二节 抽 样 定 理

抽样定理包括时域抽样定理和频域抽样定理,首先介绍时域抽样定理。

一、时域抽样定理

为了回答"从抽样信号 $x_s(t)$ 能否无失真地恢复原连续信号 $x(t)$",先要了解如何从抽样信号恢复原连续信号。从图 2-3c 可知,对于频谱函数,只在有限区间 $(-\omega_m, \omega_m)$ 具有有限值的信号 $x(t)$(称为频带受限信号),为了将它的抽样信号 $x_s(t)$ 恢复为原连续信号,只要对抽样信号施以截止频率为 $\omega \geqslant \omega_m$ 的理想低通滤波,即可在频域上得到与 $x(t)$ 的频谱 $X(\omega)$ 完全一样的频谱(幅度的变化很容易实现)。对应地,在时域上也就完全恢复了原连续信号 $x(t)$。上述连续信号恢复过程是在 $\omega_s \geqslant 2\omega_m$ 的前提下实现的,也即抽样频率至少为原连续信号所含最高频率成分的 2 倍时实现的。这时就能够无失真地从抽样信号中恢复原连续信号,或者说,抽样过程完全保留了原信号的全部信息。

那么,当 $\omega_s < 2\omega_m$ 时会出现什么情况呢?图 2-5 所示即为 $\omega_s < 2\omega_m$ 时的抽样信号及其频谱。

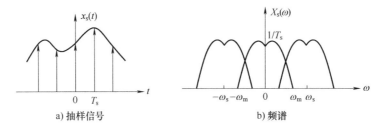

图 2-5 $\omega_s < 2\omega_m$ 时的抽样信号及其频谱

从图 2-5 可以看出,这时在频域就会出现频谱混叠现象。施以理想低通滤波后不能得到与 $X(\omega)$ 完全一样的频谱,也就不能无失真地恢复原连续信号 $x(t)$。

由此,可以得出关于抽样频率如何选取的结论,这就是著名的时域抽样定理(香农定理):

对于频谱受限的信号 $x(t)$,如果其最高频率分量为 ω_m(或 f_m),为了保留原信号的全部信息,或能无失真地恢复原信号,在通过抽样得到离散信号时,其抽样频率应满足 $\omega_s \geqslant 2\omega_m$(或 $f_s \geqslant 2f_m$)。

通常把最低允许的抽样频率 $\omega_s = 2\omega_m$ 称为奈奎斯特(Nyquist)频率。奈奎斯特频率的意义非常重要,因为人们通常希望使用可能的最低抽样频率来最小化样本存储、降低高速处理带来的系统成本。如音频 CD 以数字格式存储的音乐信号使用的是 44.1kHz 的抽样频率,该频率略大于 20kHz 的两倍,而 20kHz 是人们普遍的听觉和感知音乐的频率上限。

上面已提到,为了从抽样信号 $x_s(t)$ 中恢复原信号 $x(t)$,可将抽样信号的频谱 $X_s(\omega)$ 乘上幅度为 T_s 的矩形窗函数

$$G(\omega) = \begin{cases} T_s & |\omega| \leqslant \omega_s/2 \\ 0 & |\omega| > \omega_s/2 \end{cases}$$

它将原信号的频谱 $X(\omega)$ 从 $X_s(\omega)$ 中完整地提取出来，即

$$X(\omega) = X_s(\omega) G(\omega)$$

根据傅里叶时域卷积性质，有

$$x(t) = x_s(t) * g(t)$$

$G(\omega)$ 对应的时域函数为

$$g(t) = Sa\left(\frac{\omega_s}{2} t\right)$$

所以，可求得

$$x(t) = \sum_{n=-\infty}^{\infty} x(nT_s)\delta(t - nT_s) * Sa\left(\frac{\omega_s}{2} t\right) = \sum_{n=-\infty}^{\infty} x(nT_s) Sa\left[\frac{\omega_s}{2}(t - nT_s)\right] \quad (2\text{-}3)$$

如果正好取 $\omega_m = \frac{1}{2}\omega_s$，则有

$$x(t) = \sum_{n=-\infty}^{\infty} x(nT_s) Sa(\omega_m(t - nT_s)) = \sum_{n=-\infty}^{\infty} x(nT_s) \frac{\sin\omega_m(t - nT_s)}{\omega_m(t - nT_s)}$$

上式说明，如果知道连续时间信号的最高角频率 ω_m，则在抽样频率 $\omega_s \geqslant 2\omega_m$ 条件下，把各抽样样本值 $x(nT_s)$ 代入式(2-3)，就能无失真地求得原信号 $x(t)$。通常把式(2-3)称为恢复连续信号的内插公式。

时域抽样定理表明，为了保留原连续信号某一频率分量的全部信息，至少对该频率分量一个周期抽样两次。由此可以理解为，对于快变信号需要提高抽样频率，但并不能认为抽样频率越高越好，抽样频率过高，一方面会增加计算机内存的占用量，另一方面还会造成抽样过程不稳定。

对于不是频带受限的信号，或者频谱在高频段衰减较慢的信号，可以根据实际情况采用抗混叠滤波器来解决。即在抽样前，用一截止频率为 ω_c 的低通滤波器对信号 $x(t)$ 进行抗混叠滤波，把不需要或不重要的高频成分滤除，然后再进行抽样和数据处理。例如，在 Hi-Fi 数字音响设备中，因为人耳能感受到声音的最高频率是 20kHz，所以通常选择截止频率 $f_c = $ 20kHz 的前置抗混叠滤波器对输入信号进行预处理，然后再用 44.1kHz 的抽样频率抽样并进行数字化处理。

例 2-1 对 $f_0 = 100$Hz 的正弦信号 $x(t) = \sin(2\pi f_0 t + \varphi)$ 进行抽样，抽样频率 $f_s = 100$Hz，分析抽样后的信号波形。

解： 由于正弦信号 $x(t)$ 的频率和抽样频率一致，信号每个周期进行一次抽样，并且所有的样本值相等，也就是说，抽样后的信号 $x(n)$ 为频率为零的直流信号，如图 2-6 所示。

例 2-2 对余弦信号 $x_c(t) = \cos 2\pi f_0 t$ 进行抽样，抽样频率为 f_s，分析抽样频率对余弦信号抽样过程的影响。

解： 根据时域抽样定理，需要讨论以下两种情况：

1) 若 $f_s > 2f_0$，则满足抽样定理，对余弦信号进行抽样，将在所有抽样频率的整数倍处得

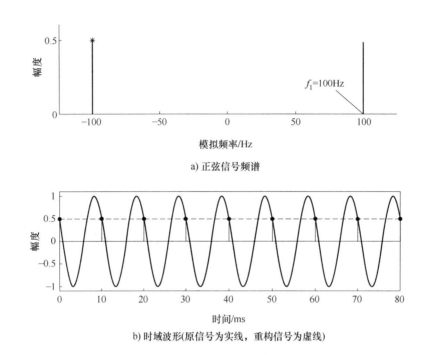

图 2-6 对正弦信号进行抽样

到重复的频谱。图 2-7a 为 $x_c(t)$ 的频谱,图 2-7b 为抽样后信号 $x(n)$ 的前三个复制频谱(为简洁起见,其他复制频谱不在图中画出),图 2-7c 为重建信号 $x_r(t)$ 的频谱,因此,有 $x_r(t) = x_c(t)$,不存在混叠。

2) 若 $f_0 < f_s < 2f_0$,则不满足抽样定理。图 2-7d 为 $x_c(t)$ 的频谱。抽样后,$-f_0$ 处的谱线移到了 $f_s - f_0$ 处,而 f_0 处的谱线移到了 $-f_s + f_0$ 处,如图 2-7e 所示。经低通滤波处理后,重建信号为 $x_r(t) = \cos 2\pi (f_s - f_0)t \neq x_c(t)$,如图 2-7f 所示,存在混叠现象。

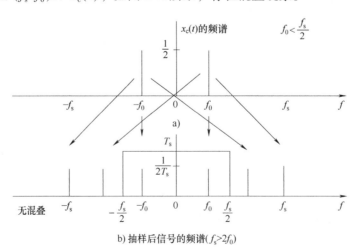

图 2-7 例 2-2 题图

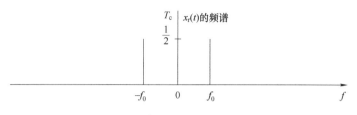

c) 重建信号 $x_r(t)$ 的频谱（$f_s > 2f_0$）

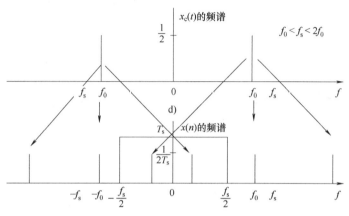

d)

e) 抽样后信号的频谱（$f_0 < f_s < 2f_0$）

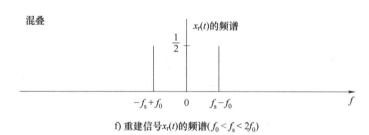

f) 重建信号 $x_r(t)$ 的频谱（$f_0 < f_s < 2f_0$）

图 2-7　例 2-2 题图（续）

二、频域抽样定理

与时域抽样定理相对应，对于一个具有连续频谱的信号，如果在频域进行抽样，也存在一个是否能准确恢复原信号频谱的问题。现考虑原时域信号 $x(t)$ 频谱为 $X(\omega)$，即

$$x(t) \overset{F}{\longleftrightarrow} X(\omega)$$

对于 $X(\omega)$ 在频域的抽样，同样可视为将 $X(\omega)$ 进行频域冲激串调制的过程，即

$$X_p(\omega) = X(\omega) \Delta_\omega(\omega) \tag{2-4}$$

式中，$\Delta_\omega(\omega) = \sum\limits_{k=-\infty}^{\infty} \delta(\omega - k\omega_0)$，是抽样间隔 $\omega_0 = \dfrac{2\pi}{T_0}$ 的频域单位冲激串，其时域信号为

$$\delta_\omega(t) = \frac{1}{\omega_0}\sum_{k=-\infty}^{\infty}\delta(t-kT_0)$$

由傅里叶变换的时域卷积性质，式(2-4)对应的时域形式为

$$x_p(t) = x(t) * \frac{1}{\omega_0}\sum_{k=-\infty}^{\infty}\delta(t-kT_0) = \frac{1}{\omega_0}\sum_{k=-\infty}^{\infty}x(t-kT_0) \tag{2-5}$$

式(2-5)表明，当信号频谱 $X(\omega)$ 以抽样间隔 ω_0 进行抽样时，它对应的时域信号 $x_p(t)$ 是以 T_0 为周期对原信号 $x(t)$ 进行周期延拓，信号的幅度要乘上 $\frac{1}{\omega_0}$，如图 2-8 所示。这一结论与时域信号的抽样完全形成对偶关系。

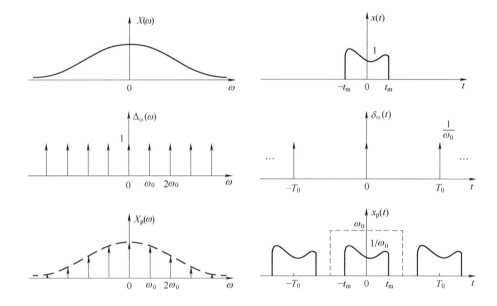

图 2-8　频域抽样及其对应的时域信号

由图 2-8 可知，对于一个时间受限信号 $x(t)$

$$x(t) = \begin{cases} x(t) & |t| \leq t_m \\ 0 & |t| > t_m \end{cases}$$

只有当 $T_0 \geq 2t_m$ 或 $\omega_0 \leq \frac{\pi}{t_m}$ 时，$x_p(t)$ 不会发生时域波形混叠，才有可能从 $x_p(t)$ 中不失真地提取出原信号 $x(t)$，相当于在频域从抽样的 $X_p(\omega)$ 中准确地恢复原信号的连续频谱 $X(\omega)$。因此，可以归纳出频域抽样定理：

对于一个长度为 $2t_m$ 的时限信号，为了能够从频域样本集合完全恢复原信号的频谱，其频域的抽样间隔必须满足 $\omega_0 \leq \frac{\pi}{t_m}$。

与连续时间信号的恢复类似，为了恢复原信号 $x(t)$ 的频谱 $X(\omega)$，可将其周期延拓的信号 $x_p(t)$ 乘上时域窗函数 $g(t)$

$$g(t) = \begin{cases} \omega_0 & |t| \leq \dfrac{T_0}{2} \\ 0 & |t| > \dfrac{T_0}{2} \end{cases}$$

将原信号 $x(t)$ 从 $x_p(t)$ 中完整地提取出来，即

$$x(t) = x_p(t) g(t)$$

根据傅里叶频域卷积性质，有

$$X(\omega) = \frac{1}{2\pi} X_p(\omega) * G(\omega)$$

其中，$X_p(\omega) = X(\omega) \sum\limits_{k=-\infty}^{\infty} \delta(\omega - k\omega_0) = \sum\limits_{k=-\infty}^{\infty} X(k\omega_0) \delta(\omega - k\omega_0)$，又由表 1-2 可知

$$G(\omega) = 2\pi Sa\left(\frac{\omega T_0}{2}\right)$$

所以得

$$X(\omega) = \frac{1}{2\pi} \left[\sum_{k=-\infty}^{\infty} X(k\omega_0) \delta(\omega - k\omega_0) \right] * \left[2\pi Sa\left(\frac{\omega T_0}{2}\right) \right] = \sum_{k=-\infty}^{\infty} X(k\omega_0) Sa\left(\frac{T_0}{2}(\omega - k\omega_0)\right)$$

(2-6)

式(2-6)即为频域内插公式。如果正好取 $t_m = \dfrac{T_0}{2}$，则有

$$X(\omega) = \sum_{k=-\infty}^{\infty} X(k\omega_0) Sa(t_m(\omega - k\omega_0)) = \sum_{k=-\infty}^{\infty} X(k\omega_0) \frac{\sin t_m(\omega - k\omega_0)}{t_m(\omega - k\omega_0)}$$

频域内插公式表明，在频域中每个抽样样本能给出准确的 $X(\omega)$ 值，而非样本值的 $X(\omega)$ 由无限项之和决定。

从时域抽样及其内插恢复和频域抽样及其内插恢复，可以得出一个重要的对应关系：频域的带限信号在时域是非时限的，时域的时限信号在频域是非带限的。

第三节　模拟频率和数字频率

连续信号的模拟频率 ω 和离散信号的数字频率 Ω 两个变量极易混淆且难以理解。下面通过正弦信号和复指数信号详细阐述这两个概念。

正弦信号和复指数信号是分析信号频谱的重要工具，尤其是复指数信号，它具有以下特点：

1）对于连续时间复指数信号，可以把微分、积分运算转换为乘法、除法运算。因为假设 $x(t) = e^{j\omega t}$，则有

$$\frac{\mathrm{d}}{\mathrm{d}t} x(t) = \frac{\mathrm{d}}{\mathrm{d}t} e^{j\omega t} = j\omega e^{j\omega t} = j\omega x(t)$$

$$\int x(t) \mathrm{d}t = \int e^{j\omega t} \mathrm{d}t = \frac{1}{j\omega} e^{j\omega t} = \frac{1}{j\omega} x(t)$$

2）对于复指数序列，可以通过乘法运算实现序列的时移。因为假设 $x(n) = e^{j\Omega n}$，则有

$$x(n-k) = e^{j\Omega(n-k)} = e^{-j\Omega k}e^{j\Omega n} = e^{-j\Omega k}x(n)$$

因此，傅里叶级数、傅里叶变换、拉普拉斯变换、z 变换和离散时间傅里叶变换等都采用复指数信号或复指数序列作为基型信号。

为了正确理解数字频率的概念，需要把连续时间正弦信号（简称正弦波）与离散时间正弦信号（简称正弦序列）联系起来进行讨论。

设有一个正弦波

$$x(t) = A\sin\omega t \tag{2-7}$$

式中，A 为幅度；ω 为模拟角频率（简称角频率），单位为 rad/s；t 为连续时间，单位为 s；周期为 T，单位为 s；频率 $f = 1/T$，f 的单位为 Hz。角频率与频率的关系是 $\omega = 2\pi f$。

以取样周期 T_s（单位为 s）对正弦波取样，每秒取样次数 $f_s = 1/T_s$，称为取样频率（单位为 Hz）。由于离散时间取样点为 $t = nT_s$（n 为整数），所以取样后得到的正弦序列为

$$x(n) = x(nT_s) = A\sin\omega T_s n \tag{2-8}$$

注意：式（2-8）正弦序列的自变量是离散时间变量 n，它表示取样点的序号，是无量纲的整数；而正弦波式（2-7）的自变量是连续时间变量 t，是有量纲的实数。这是正弦序列与正弦波之间最重要的区别。正是这种区别，导致离散、连续时间信号在频域内的描述有很大不同，主要表现在正弦波使用模拟角频率 ω，而正弦序列使用数字频率 Ω，且 $\Omega = \omega T_s$。因此，有

$$x(n) = A\sin\Omega n \tag{2-9}$$

对比式（2-9）与式（2-7）可以看出，正弦序列的 Ω 与正弦波的 ω 的位置和作用类似，因此，将 ω 称为模拟（角）频率，而将 Ω 称为数字频率。ω 的单位为 rad/s，而 Ω 的单位为 rad，ωt 和 Ωn 的单位都为 rad。

利用 $\omega = 2\pi f$ 和 $f_s = 1/T_s$，得到数字频率的另外一种定义形式，即

$$\Omega = 2\pi \frac{f}{f_s} \tag{2-10}$$

式（2-10）表明，数字频率是一个与取样频率 f_s 有关的频率度量，即数字频率是模拟频率 f 用取样频率 f_s 归一化后的弧度数。因此，对一个正弦波进行取样，使用的取样频率不同，所得到的正弦序列的数字频率也不同。为了更清楚地说明这个结论，将式（2-10）改写为

$$\Omega = \frac{2\pi}{\left(\dfrac{f_s}{f}\right)} \tag{2-11}$$

由于 f_s 表示每秒对正弦波取样的点数，f 表示正弦波每秒周期性重复的次数（周期数），因而 f_s/f 表示正弦波每个周期内取样点的数目。因此，式（2-11）数字频率 Ω 的含义是每相邻两个取样点之间相位差的弧度数。

例 2-3 如图 2-9a 所示，对于频率 $f = 1000\text{Hz}$ 的正弦波 $x(t)$，分别以 $f_s = 10\text{kHz}$ 和 $f_s = 5\text{kHz}$ 进行抽样，绘制离散化后的信号波形图，并分析其模拟频率和数字频率的关系。

解：频率 $f = 1000\text{Hz}$ 的正弦波 $x(t)$ 波形，周期为 $T = 1/f = 1\text{ms}$。

取样频率 $f_s=10\text{kHz}$ 时的正弦序列 $x_1(n)$ 如图 2-9b 所示。由于正弦波每个周期(2π)内取样点的数 $f_s/f=10\times10^3/1000=10$，因此，相邻两个取样点之间的相位差为 $\Omega_1=2\pi/10=\pi/5$，这就是正弦序列 $x_1(n)$ 的数字频率。

取样频率 $f_s=5\text{kHz}$ 时的正弦序列 $x_2(n)$ 如图 2-9c 所示，其数字频率 $\Omega_2=2\pi/5$。

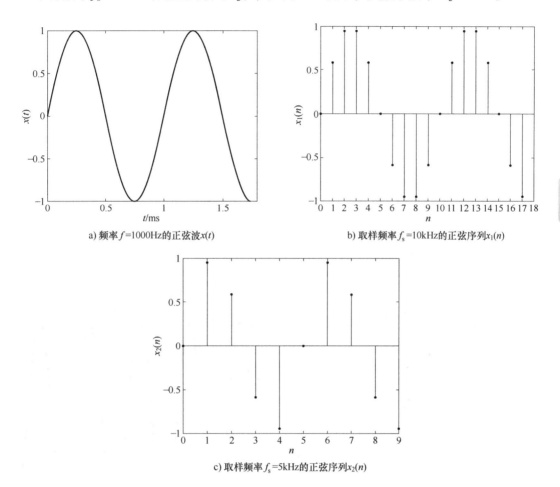

图 2-9 正弦波和取样后的正弦序列

从例 2-3 可以看出，正弦序列的数字频率 Ω 是由 f 与 f_s 的比值决定的以 rad 为单位的频率。

为了进一步加深对数字频率的理解，下面讨论正弦序列或复指数序列的频域表示问题。无论连续复指数信号还是离散复指数信号，都可以用其幅度 A、初相 φ 和频率表示为

$$x(t)=Ae^{j\varphi}e^{j\omega_0 t}=Ae^{j\varphi}e^{j2\pi f_0 t} \tag{2-12}$$

$$x(n)=Ae^{j\varphi}e^{j\Omega_0 n} \tag{2-13}$$

式中，连续复指数信号用角频率 ω_0 或模拟频率 f_0 表示，而复指数序列用数字频率 Ω_0 表示。

利用欧拉恒等式，连续正弦信号可以用复指数信号表示为

$$x(t)=A\cos(2\pi f_0 t+\varphi)=\frac{A}{2}\mathrm{e}^{\mathrm{j}\varphi}\mathrm{e}^{\mathrm{j}2\pi f_0 t}+\frac{A}{2}\mathrm{e}^{-\mathrm{j}\varphi}\mathrm{e}^{-\mathrm{j}2\pi f_0 t} \qquad (2\text{-}14)$$

式(2-14)表明，一个正弦信号由频率为 f_0 和 $-f_0$ 的两个复指数信号组成。与连续正弦信号相似，正弦序列也可以用数字频率为 Ω_0 和 $-\Omega_0$ 的两个复指数序列之和来表示，即

$$x(n)=A\sin(\Omega_0 n+\varphi)=\frac{A}{2}\mathrm{e}^{\mathrm{j}\varphi}\mathrm{e}^{\mathrm{j}\Omega_0 n}+\frac{A}{2}\mathrm{e}^{-\mathrm{j}\varphi}\mathrm{e}^{-\mathrm{j}\Omega_0 n} \qquad (2\text{-}15)$$

对于正弦波或者连续时间复指数信号，其时域表示和频域表示具有一一对应的关系。如图 2-10 所示，其中两个频率不同的连续时间正弦信号为 $x_1(t)=\sin 2\pi f_1 t$ 和 $x_2(t)=\sin 2\pi f_2 t$。

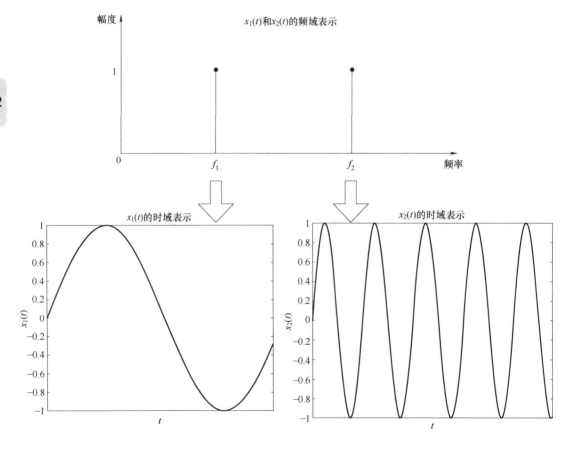

图 2-10　两个频率不同的连续时间正弦信号的时域与频域表示一一对应

但对离散信号来说，情况却完全不同。设有两个复指数序列 $x_1(n)=\mathrm{e}^{\mathrm{j}\Omega_1 n}$ 和 $x_2(n)=\mathrm{e}^{\mathrm{j}\Omega_2 n}$，当 $\Omega_2=\Omega_1+2\pi k$ 且 k 为整数时，有

$$x_2(n)=\mathrm{e}^{\mathrm{j}\Omega_2 n}=\mathrm{e}^{\mathrm{j}(\Omega_1+2\pi k)n}=\mathrm{e}^{\mathrm{j}2\pi kn}\mathrm{e}^{\mathrm{j}\Omega_1 n}=\mathrm{e}^{\mathrm{j}\Omega_1 n}=x_1(n)$$

上式表明，数字频率不同的两个复指数序列可以有完全相同的时域表示。对于离散时间正弦信号也有相同的结论。对于这一结论，将在离散周期信号的频域分析中给予详细分析。

例 2-4　设两个数字频率不同的余弦序列 $x_1(n)=A\cos(\Omega_1 n+\varphi_1)$ 和 $x_2(n)=A\cos(\Omega_2 n+$

φ_2)，其数字频率和相位满足下列关系

$$\begin{cases} \Omega_2 = \Omega_1 + 2\pi k & k \text{ 为整数} \\ \varphi_2 = \varphi_1 \end{cases}$$

分析数字频率不同的两个余弦序列的时域、频域对应关系。

解：由题意可得

$$x_2(n) = A\cos(\Omega_2 n + \varphi_2) = A\cos((\Omega_1 + 2\pi k)n + \varphi_1) = A\cos(\Omega_1 n + \varphi_1) = x_1(n)$$

这说明数字频率不同的两个余弦序列，其时域波形可以完全相同，如图 2-11 所示。也就是说，离散序列的时域表示和频域表示不具有一一对应的关系。

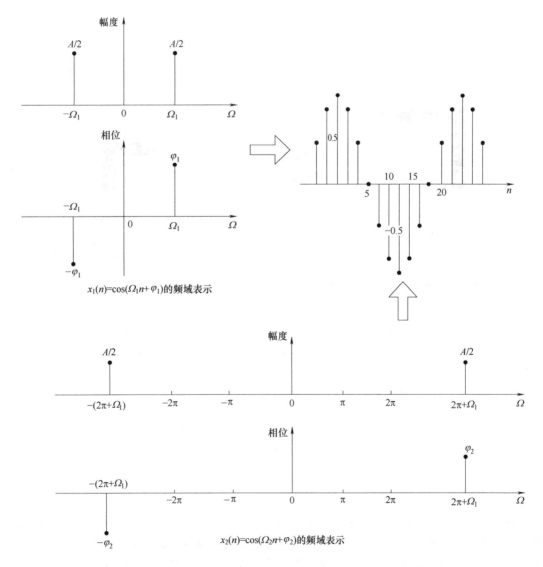

图 2-11 两个数字频率不同的余弦序列（$\Omega_2 = \Omega_1 + 2\pi k$，$\varphi_2 = \varphi_1$）离散时域表示与数字频域表示不具有一一对应关系

例 2-4 说明，若有一个余弦序列 $x(n) = \cos(\Omega_0 + \varphi_0)$，$-\pi \leq \Omega_0 < \pi$，那么所有数字频率为 $\Omega_k = \pm\Omega_0 + 2\pi k$（$k$ 取整数）的余弦序列的时域表示都与 $x(n)$ 相同，或者说，离散时间余弦信号的频域表示与时域表示之间不存在一一对应的关系。

为了避免这种不确定性，可以将数字频率限制在 $[-\pi, +\pi)$ 内，而不能像模拟频率那样在 $(-\infty, +\infty)$ 内取值。显然，在这个范围内的任何两个不同数字频率的余弦序列，具有完全不同的时域波形，如图 2-12 所示。满足关系 $\Omega_1 + 2\pi k$ 和 $\Omega_2 + 2\pi k$（$k \neq 0$）的所有频率都在 $[-\pi, +\pi)$ 之外，不会产生混叠。

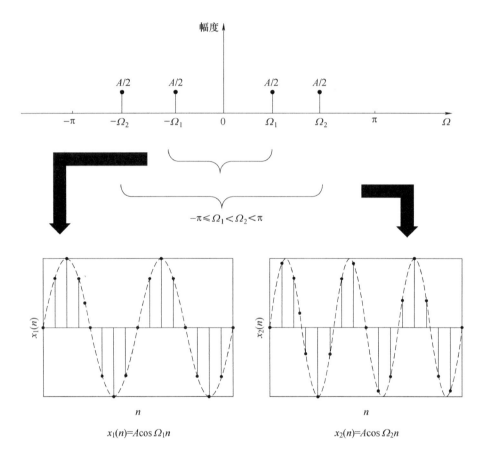

图 2-12 当 $-\pi \leq \Omega < \pi$ 时两个数字频率不同的余弦序列的频域表示与时域表示存在一一对应关系

例 2-5 分析正弦波 $x_1(t) = A\sin 2\pi f_0 t$，$x_2(t) = A\sin 2\pi (f_s - f_0)t$ 和 $x_3(t) = A\sin 2\pi (f_s + f_0)t$ 以频率 f_s 对它们取样后得到的正弦序列 $x(n)$。

解： 对三个不同频率的正弦波进行抽样后，其时域、频域波形如图 2-13 所示。可以看出，由于在所有的频率范围内，三个信号具有同样的离散化时域波形，因此，根据离散时间信号 $x(n)$ 不能够唯一地确定和恢复被取样的模拟信号。但是，如果把频率限制在 $[-f_s/2, f_s/2)$ 之内，由于 $f_s - f_0$ 和 $f_s + f_0$ 都在这个范围以外，所以能够确定正弦序列 $x(n)$ 代表的是频率为 f_0 的正弦波 $x_1(t)$，并可由 $x(n)$ 恢复 $x_1(t)$。

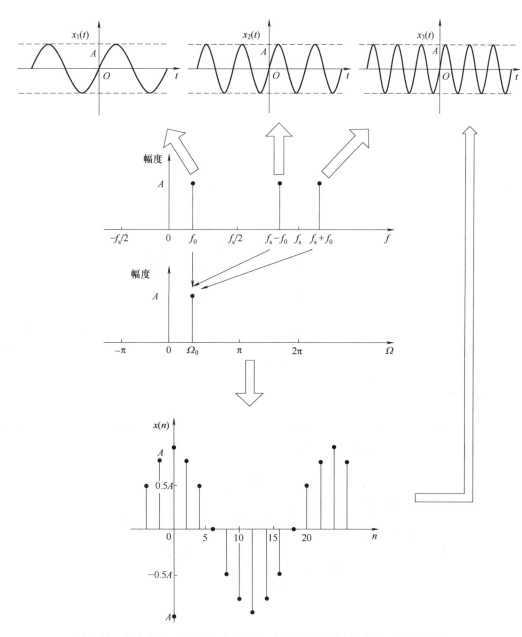

图 2-13 频率为 f_0、f_s-f_0 和 f_s+f_0 的三个正弦波被映射到同一个数字频率 Ω_0

第四节 基于 MATLAB 的信号抽样与恢复

在 MATLAB 中，没有专有函数实现信号的抽样与恢复，因此，该功能主要是通过基本函数编程实现。下面通过几个实例说明信号的抽样与恢复过程。

例 2-6 一个正弦信号的抽样。

解：本例分析连续时间正弦信号 $x_a(t)$ 在不同抽样频率下的抽样过程。由于 MATLAB 不能严格地产生一个连续时间信号,因此采用一个很高的抽样频率 T_H 对 $x_a(t)$ 抽样,使得样本互相非常接近,从而生成序列 $\{x_a(nT_H)\}$。用 plot( ) 命令画出的 $\{x_a(nT_H)\}$ 看上去将像一个连续时间信号。MATLAB 参考运行程序如下:

```
%程序例2-6
%在时间域中抽样过程的说明
clf;
t=0:0.0005:1;                        %生成以 0 为起点,以 1 为终点,以 0.0005 为步长的一维列向量
f=13;                                %频率
xa=cos(2*pi*f*t);                    %生成近似连续余弦序列
subplot(2,1,1);                      %将整个图像窗口分为 2 行 1 列,当前位置为 1
plot(t,xa);grid                      %画出余弦序列,并添加网格线
xlabel('时间,msec');ylabel('振幅');   %添加坐标轴标签
title('连续时间信号 x_{a}(t)');       %添加标题
axis([0 1 -1.2 1.2])                 %设置当前坐标轴 x 轴和 y 轴的限制范围
subplot(2,1,2);                      %将整个图像窗口分为 2 行 1 列,当前位置为 2
T=0.1;
n=0:T:1;                             %生成以 0 为起点,以 1 为终点,以 T 为步长的一维行向量
xs=cos(2*pi*f*n);                    %生成离散余弦序列
k=0:length(n)-1;                     %生成以 0 为起点,以 length(n)-1 为终点,以 1 为步长的一维行向量
stem(k,xs);grid;                     %将数据序列 xs 在 k 处从 x 轴到数据值按照茎状形式画出,以圆圈终止,
                                     %并添加网格线
xlabel('时间序号n');ylabel('振幅');   %添加坐标轴标签
title('离散时间信号 x[n]');          %添加标题
axis([0 (length(n)-1) -1.2 1.2])     %设置当前坐标轴 x 轴和 y 轴的限制范围
```

MATLAB 程序运行结果如图 2-14 所示。

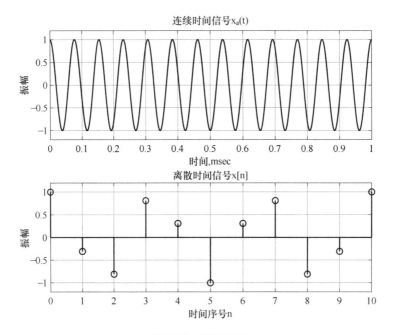

图 2-14　例 2-6 图

例 2-7 时域中的混叠效果。

解：本例将产生例 2-6 所生成的离散时间信号 $x(n)$ 的连续时间等效信号 $y_a(t)$，从而研究正弦信号 $x_a(t)$ 的频率与抽样周期之间的关系。为了从 $x(n)$ 中产生重构的信号 $y_a(t)$，将 $x(n)$ 通过一个理想低通滤波器。MATLAB 参考运行程序如下：

```
%例 2-7 程序
%时域中混叠效果的说明
clf;
T=0.1;f=13;
n=(0:T:1)';                        %生成以 0 为起点,以 1 为终点,以 T 为步长的一维列向量
xs=cos(2*pi*f*n);                  %生成相应的离散余弦序列
t=linspace(-0.5,1.5,500)';         %生成-0.5,1.5 之间的 500 点列向量
ya=sinc((1/T)*t(:,ones(size(n)))-(1/T)*n(:,ones(size(t)))')*xs;
                                   %生成重构近似连续时间信号 ya
plot(n,xs,'o',t,ya);grid;          %画出 xs 和 ya,并添加网格线
xlabel('时间,msec');ylabel('振幅'); %添加坐标轴标签
title('重构的连续时间信号 y_{a}(t)'); %添加图标题
axis([0 1 -1.2 1.2])               %设置当前坐标轴 x 轴和 y 轴的限制范围
```

MATLAB 程序运行结果如图 2-15 所示。

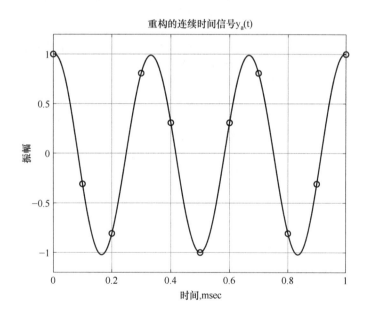

图 2-15 例 2-7 图

例 2-8 频域中混叠的效果。

解：本例研究任意带限连续时间信号的连续时间傅里叶变换(FT)与离散时间信号的离散时间傅里叶变换(DTFT)之间的关系。为了将连续时间信号 $x_a(t)$ 转换成为等效的离散时间信号 $x(n)$，前者必须在频域中带限。为了说明在频域中的抽样效果，选择一个连续时间傅里叶变换近似带限的指数衰减连续时间信号。MATLAB 参考运行程序如下：

```matlab
%例 2-8 程序
%频域中混叠效果的说明
clf;
t=0:0.005:10;                     %生成以 0 为起点,以 10 为终点,以 0.005 为步长的一维行向量
xa=2*t.*exp(-t);                  %生成近似连续指数函数序列
subplot(2,2,1)                    %将整个图像窗口分为 2 行 2 列,当前位置为 1
plot(t,xa);grid                   %画出 xa,并添加网格线
xlabel('时间,msec');ylabel('振幅'); %添加坐标轴标签
title('连续时间信号 x_{a}(t)');    %添加图标题
subplot(2,2,2)                    %将整个图像窗口分为 2 行 2 列,当前位置为 2
wa=0:10/511:10;                   %生成以 0 为起点,以 10 为终点,以 10/511 为步长的一维行向量
ha=freqs(2,[1 2 1],wa);           %根据系数向量计算返回模拟滤波器的复频域响应
plot(wa/(2*pi),abs(ha));grid      %画出频域响应曲线,并添加网格线
xlabel('频率,kHz');ylabel('振幅'); %添加坐标轴标签
title('|x_{a}(j\Omega)|');        %添加图标题
axis([0 5/pi 0 2]);               %设置当前坐标轴 x 轴和 y 轴的限制范围
subplot(2,2,3)                    %将整个图像窗口分为 2 行 2 列,当前位置为 3
T=1;
n=0:T:10;                         %生成以 0 为起点,以 10 为终点,以 T 为步长的一维行向量
xs=2*n.*exp(-n);                  %生成离散指数函数序列
k=0:length(n)-1;                  %生成以 0 为起点,以 length(n)-1 为终点,以 1 为步长的一维行向量
stem(k,xs);grid;                  %将数据序列 xs 在 k 处从 x 轴到数据值按照茎状形式画出,以圆圈终止,
                                  %并添加网格线
xlabel('时间序号 n');ylabel('振幅');%添加坐标轴标签
title('离散时间信号 x[n]');        %添加图标题
subplot(2,2,4)                    %将整个图像窗口分为 2 行 2 列,当前位置为 4
wd=0:pi/225:pi;                   %生成以 0 为起点,以 pi 为终点,以 pi/225 为步长的一维行向量
hd=freqs(xs,1,wd);                %根据系数向量计算返回模拟滤波器的复频域响应
plot(wd/(T*pi),T*abs(hd));grid    %画出频域响应曲线,并添加网格线
xlabel('频率,kHz');ylabel('振幅'); %添加坐标轴标签
title('|X(e^{j \omega})|');       %添加图标题
axis([0 1/T 0 2]);                %设置当前坐标轴 x 轴和 y 轴的限制范围
```

MATLAB 程序运行结果如图 2-16 所示。

例 2-9 以线性调频信号(也称为 chirp 信号)为例,进行抽样信号的混叠现象研究。

由于线性调频信号的频率是线性递增的,当用某一抽样频率对此信号抽样时,可以很好地观察到混叠现象,还可以通过声卡的 D/A 转换器和扬声器听到混叠信号的声音。chirp 信号的数学定义为 $x(t)=\cos(\pi\mu t^2+2\pi f_1 t+\theta)$,其中 μ 为线性调频的斜率,θ 为初始相位。chirp 信号的瞬时频率为 $f_i(t)=\mu t+f_1$,是一个随时间线性变化的频率。用 MATLAB 求解 chirp 信号的步骤如下:

1) 取 chirp 的参数为 $f_1=1000$Hz,$\mu=20$kHz/s,θ 取任意值。设抽样频率 $f_s=8$kHz,分别用函数 stem 和 plot 画出 chirp 的离散时间样点,分析混叠现象是否发生。

2) 从 chirp 的离散波形中可以看出,在某些时间点频率明显很低,将 chirp 信号分隔成

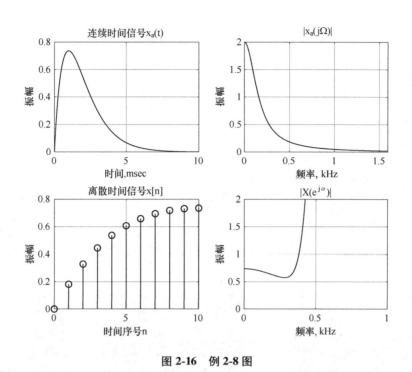

图 2-16 例 2-8 图

一定时间段的信号,事实上这些点的瞬时频率正好过零点。从波形图中确定这些点的时间值,并验证在这些点处正好发生扫频混叠现象。

解: 1) 由于 chirp 的扫频带宽超过了抽样频率,有混叠现象发生。MATLAB 参考运行程序如下:

```
%用 stem 画图
  f1=1000; u=20000;
  x=@(t) cos(pi*u*t.^2 + 2*pi*f1*t + 3*pi/2);
  f=@(t) u*t + f1;
  t=0:1/8000:1;
  y=x(t);
  stem(t,y)
%用 plot 方法画出曲线'''
  f1=1000; u=20000;
  x=@(t) cos(pi*u*t.^2 + 2*pi*f1*t + 3*pi/2);
  f=@(t) u*t + f1;
  t=0:1/8000:1;
  y=x(t);
  plot(t,y)
```

MATLAB 程序运行结果如图 2-17 所示。

2) 放大 chirp 波形如图 2-18 所示。从图中可以看出,第一个过零点为 $x=0.35$,即瞬时频率 $f=(3.5×2+1)\text{kHz}=8\text{kHz}$,等于抽样频率。第二个过零点 $x=0.75$,瞬时频率 $f=(7.5×2+1)\text{kHz}=16\text{kHz}$,等于抽样频率的 2 倍。

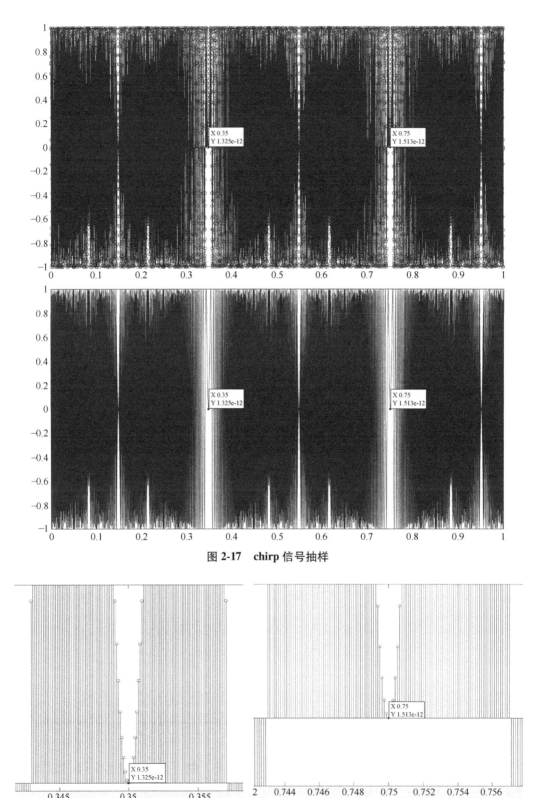

图 2-17 chirp 信号抽样

图 2-18 chirp 信号过零点

习 题

2.1 已知三角脉冲信号如图 2-19 所示，试求：
1) 三角脉冲信号的频谱。
2) 画出对 $x(t)$ 以等间隔 $T_0/8$ 进行理想抽样所构成的抽样信号 $x_s(t)$ 的频谱 $X_s(\omega)$。
3) 将 $x(t)$ 以周期 T_0 重复，构成周期信号 $x_p(t)$，画出对 $x_p(t)$ 以 $T_0/8$ 进行理想抽样所构成的抽样信号 $x_{ps}(t)$ 的频谱 $X_{ps}(\omega)$。
4) 若已知 $x(t)$ 的频谱函数 $X(\omega)$，对 $X(\omega)$ 进行频率抽样，若想不失真地恢复信号 $x(t)$，需满足哪些条件？

2.2 对余弦信号 $x_{a1}(t)=\cos 2\pi t$，$x_{a2}(t)=-\cos 6\pi t$，$x_{a3}(t)=\cos 10\pi t$ 进行理想抽样，抽样频率为 $\Omega_s=8\pi$，求其抽样输出序列并比较其结果。画出 $x_{a1}(t)$、$x_{a2}(t)$、$x_{a3}(t)$ 的波形及抽样点位置，解释频谱混叠现象。

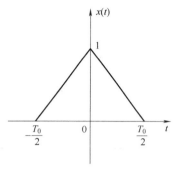

图 2-19 题 2.1 三角脉冲信号

2.3 分析正弦波 $x_1(t)=A\sin 2\pi f_0 t$，$x_2(t)=A\sin 2\pi (f_s-f_0)t$ 和 $x_3(t)=A\sin 2\pi (f_s+f_0)t$ 以频率 f_s 分别取 300Hz 和 600Hz 对它们取样后得到的正弦序列 $x(n)$，这里 $f_0=100$Hz。

2.4 考虑对信号 $x(t)=\dfrac{1}{\pi t}\sin 2\pi t$ 以抽样间隔 T_s 分别为 1/8、1/3、1/2、2/3 进行抽样，画出抽样后的信号波形。

2.5 已知信号 $x(t)=\cos(4000\pi t)\cos(8000\pi t)$，画出其频谱示意图，标注每一根谱线的频率和复振幅，确定能够对 $x(t)$ 进行抽样而不造成任何混叠的最小抽样频率。

2.6 已知信号 $r(t)=\cos(3\times 10^6\pi t)\sin(5\times 10^6\pi t)\cos(7\times 10^6\pi t)$，确定对 $x(t)$ 进行抽样而不造成混叠的最小抽样频率。

2.7 已知信号 $v(t)=\cos(3\times 10^6\pi t)+\sin(5\times 10^6\pi t)+\cos(7\times 10^6\pi t)$，确定对 $x(t)$ 进行抽样而不造成混叠的最小抽样频率。

2.8 余弦信号 $x(t)=3\cos(500\pi t)$ 以抽样频率 f_s 抽样后，得到的离散时间信号为
$$x(n)=x(n/f_s)=3\cos(800\pi n/f_s)$$
当 $-\infty<n<\infty$，假设 $f_s=3600$Hz，求解：
1) 确定 $x(t)$ 的一个周期内有多少抽样点，解答时考虑每周期的平均抽样点数，在这里答案是一个整数。
2) 考虑频率为 ω_0 的另一个余弦波形 $y(t)=3\cos\omega_0 t$，在 $7000\pi\sim 9000\pi$ 之间确定 ω_0 的值，使得 $y(t)$ 的抽样结果和上面的 $x(n)$ 相同，也就是对所有 n 值，$y(n)=y(n/f_s)=x(n/f_s)$。
3) 对于问题 2) 得到的频率，确定在 $y(t)$ 的一个周期内的平均抽样点数，这里答案不是一个整数。

2.9 一个调幅余弦波可表示为 $x(t)=[3+\sin(6000t)]\cos 2000\pi t$，其频谱由一些谱线表示。求解：
1) 画出信号双边频谱的示意图，在图中标出重要特征参数。
2) 解释为什么这个信号的波形是非周期的。

2.10 对于 chirp 信号 $x(t)=\cos(\pi\mu t^2+2\pi f_1 t+\theta)$，当抽样频率 $f_s=8$kHz，调整参数 μ，使得在扫频范围内只有少数几个混叠。对于周期为 2s 的 chirp 信号要通过 10 个混叠点，如何确定参数 μ？

上机练习题

2.11 用 MATLAB 实现图 2-19 频谱分析。

2.12 用 MATLAB 求解题 2.2。
2.13 用 MATLAB 求解题 2.3。
2.14 用 MATLAB 求解题 2.4。
2.15 用 MATLAB 求解题 2.5。
2.16 用 MATLAB 求解题 2.6。
2.17 用 MATLAB 求解题 2.9。
2.18 用 MATLAB 求解题 2.10。
2.19 在 MATLAB 中对信号进行处理时，总是存在抽样过程，因为 MATLAB 将信号存储为向量形式，这实际上就是离散时间信号。此外，MATLAB 对定义为数学公式的信号进行理想的 A/D 转换，因此，MATLAB 程序可能无意中发生混叠的情况。MATLAB 的离散时间信号可以通过 soundsc 函数转换成为连续时间信号，这个函数可以播放模拟信号来收听。

1) 以下 MATLAB 程序产生一个离散时间正弦信号并且采用 soundsc 函数进行播放：

```
nn=0:2190099;
xx=(7/pi)*cos(1.8*pi*nn+2.03);
soundsc(xx,16000);
```

求播放的模拟信号频率(单位为 Hz)。

2) 以下 MATLAB 程序产生一个正弦信号的抽样：

```
tt=0:1/2400:10000;
xx=cos(2*pi*1800*tt+pi/3);
soundsc(xx,fsamp);
```

尽管正弦信号频率不是 2400Hz，矢量 xx 仍然可能在播放时听起来像 2400Hz 的音调。确定 soundsc 函数中 fsamp 的值，使得 xx 是一个 2400Hz 的音调。

3) 以下 MATLAB 代码产生一个非常长的正弦信号：

```
tt=0:(1/8000):64;
xx=1.23*cos(2*pi*440*tt);
soundsc(xx,40000);
```

确定 soundsc 函数播放声音的频率(单位为 Hz)和持续时间(单位为 s)。

注：假设 MATLAB 有足够的存储空间来保存这个非常长的向量 **xx**。

第三章

离散信号的分析

离散信号是指只在某些不连续的规定时刻具有瞬时值,而在其他时刻无意义的信号。对连续信号进行采样是离散信号产生的方法之一,而计算机技术的快速发展和广泛应用,是离散时间信号分析、处理理论和方法迅速发展的动力。

本章主要介绍离散时间信号的时域、频域以及 z 域分析方法,最后介绍离散傅里叶变换(DFT)以及快速傅里叶变换(FFT)。

第一节 时域描述和分析

一、时域描述

无论是采样得到的离散信号,还是客观存在的离散信号,只要给出函数值的离散时刻是等间隔的,都可以用序列 $x(n)$ 来表示,其中 n 为各函数值在序列中出现的序号。

通常可以用 $x(n)$ 在整个定义域内一组有序数列的集合 $\{x(n)\}$ 来表示离散信号,如

$$\{x(n)\} = \{\cdots, 0, 0, 1, 2, 3, 4, 3, 2, 1, 0, 0, \cdots\}$$
$$\uparrow$$
$$n=0$$

表示了一个离散信号,n 值递增。显然,这里 $x(0)=4$,$x(1)=3$,……。如果 $x(n)$ 有闭式表达式,离散信号也可以用闭式表达式表示。例如,上述的离散信号可表示为

$$x(n) = \begin{cases} 0 & 4 \leq n < \infty \\ 4-n & 0 \leq n < 4 \\ 4+n & -3 \leq n < 0 \\ 0 & -\infty < n < -3 \end{cases}$$

或者表示为

$$x(n) = 4 - |n| \quad |n| \leq 3$$

式中,对 $|n|>3$ 的 $x(n)$ 值默认为零。

离散信号也常用图形表示,上述离散信号的图形表示如图 3-1 所示。有时也可以将各序

列端点连接起来,以表示信号的变化规律,但一定要注意,$x(n)$ 只有在 n 的整数值处才有定义。

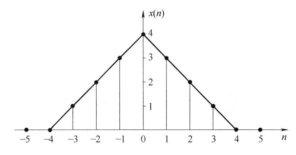

图 3-1 离散信号的图形表示

下面给出几种常用的典型离散信号(典型序列)。

1. 单位脉冲序列

单位脉冲序列

$$\delta(n) = \begin{cases} 1 & n=0 \\ 0 & n \neq 0 \end{cases} \tag{3-1}$$

只在 $n=0$ 处取单位值 1,如图 3-2 所示。类似于单位冲激函数 $\delta(t)$,它也具有取样特性,如

$$x(n)\delta(n) = x(0)\delta(n)$$

$$x(n)\delta(n-m) = x(m)\delta(n-m)$$

$$\sum_{n=-\infty}^{\infty} x(n)\delta(n-n_0) = \sum_{n=-\infty}^{\infty} x(n_0)\delta(n-n_0) = x(n_0)$$

因而又被称为单位样值信号。但应注意 $\delta(n)$ 与 $\delta(t)$ 之间有重要区别,$\delta(t)$ 是广义函数,在 $t=0$ 时幅度趋向于无穷大,而 $\delta(n)$ 在 $n=0$ 处取值为有限值 1。

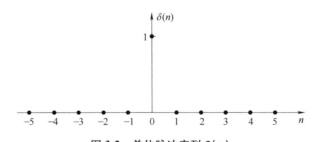

图 3-2 单位脉冲序列 $\delta(n)$

任意一个序列,一般都可以用单位脉冲序列表示为

$$x(n) = \sum_{k=-\infty}^{\infty} x(k)\delta(k-n) \tag{3-2}$$

2. 单位阶跃序列

单位阶跃序列

$$u(n) = \begin{cases} 1, & n \geq 0 \\ 0, & n < 0 \end{cases} \tag{3-3}$$

是一个右边序列,如图 3-3 所示。$u(n)$ 在 $n=0$ 处有明确定义值 1,这一点不同于 $u(t)$ 在 $t=0$ 处的取值。此外,经常将 $u(n)$ 与其他序列相乘,构成一个因果序列。

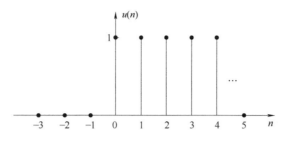

图 3-3 单位阶跃序列 $u(n)$

单位阶跃序列 $u(n)$ 与单位脉冲序列 $\delta(n)$ 之间有如下关系：

$$\delta(n) = u(n) - u(n-1), \quad u(n) = \sum_{k=0}^{\infty} \delta(n-k)$$

3. 矩形序列

矩形序列

$$R_N(n) = \begin{cases} 1 & 0 \leqslant n \leqslant N-1 \\ 0 & 其他 \end{cases} \tag{3-4}$$

如图 3-4 所示，此序列从 0 到 $N-1$，共有 N 个为 1 的数值，当然也可用 $R_N(n-m)$ 表示从 m 到 $m+N-1$ 的 N 个为 1 的数值。如果用单位阶跃序列表示矩形序列，则有

$$R_N(n) = u(n) - u(n-N)$$

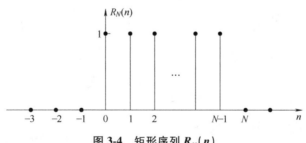

图 3-4 矩形序列 $R_N(n)$

4. 实指数序列

实指数序列

$$x(n) = a^n u(n) \tag{3-5}$$

是单边指数序列，其中 a 为常数。当 $|a|<1$ 时，序列收敛；当 $|a|>1$ 时，序列发散。$a>0$ 时，序列都取正值；$a<0$ 时，序列正负摆动。图 3-5 所示为 $0<a<1$ 时的情况。

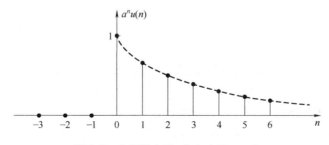

图 3-5 实指数序列 $a^n u(n)$ $(0<a<1)$

5. 正弦序列

正弦序列可理解为从连续时间正弦信号经采样得到，即

$$x(n) = A\sin(\omega_0 t + \varphi_0)\big|_{t=nT_s} = A\sin(n\omega_0 T_s + \varphi_0) = A\sin(n\Omega_0 + \varphi_0) \tag{3-6}$$

式中，A 为幅度；T_s 为抽样周期；$\Omega_0 = \omega_0 T_s$ 表示离散域的角频率，称为数字角频率，单位为 rad；φ_0 为正弦序列的初始相位。

值得注意的是，连续时间正弦信号一定是周期信号，其周期为 $T_0 = 2\pi/\omega_0$，而经采样离散化后的正弦型序列就不一定是周期性序列，只有满足某些条件时，它才是周期性序列。这是由于

$$x(n+N) = A\sin[(n+N)\Omega_0 + \varphi_0] = A\sin(n\Omega_0 + N\Omega_0 + \varphi_0)$$

若 $N\Omega_0 = 2\pi k$，k 为整数，则有

$$A\sin(n\Omega_0 + 2\pi k + \varphi_0) = A\sin(n\Omega_0 + \varphi_0) = x(n)$$

此时正弦序列若是周期性序列，其周期为 $N = \left(\dfrac{2\pi}{\Omega_0}\right)k$。取 k 值使得 $N = 2k\pi/\Omega_0$ 为最小正整数，正弦序列即为以 N 为周期的周期性序列。

若 $\dfrac{2\pi}{\Omega_0} = \dfrac{Q}{P} =$ 有理数（Q、P 是互为素数的整数），要使 $N = \dfrac{2\pi}{\Omega_0}k = \dfrac{Q}{P}k$ 为最小正整数，只有 $k=P$，所以周期 $N = Q > \dfrac{2\pi}{\Omega_0}$。图 3-6 所示为 $\dfrac{2\pi}{\Omega_0} = \dfrac{7}{2}$、周期 $N=7$ 时的正弦序列。

若 $\dfrac{2\pi}{\Omega_0}$ 为无理数，则任何 k 值都不能满足 N 为正整数，此时正弦序列就不可能是周期性序列。

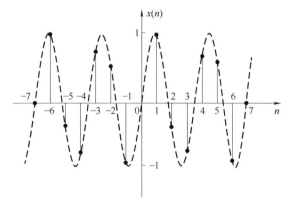

图 3-6　周期正弦序列（$N=7$）

6. 复指数序列

复指数序列表示为

$$x(n) = e^{(\sigma + j\Omega_0)n} = e^{\sigma n}(\cos\Omega_0 n + j\sin\Omega_0 n) \tag{3-7}$$

当 $\sigma = 0$ 时，复指数序列 $e^{j\Omega_0 n}$ 和正弦序列一样，只有当 $2\pi/\Omega_0$ 为整数或有理数时，才是周期性序列。与复指数信号 $e^{j\omega_0 t}$ 一样，复指数序列 $e^{j\Omega_0 n}$ 在信号分析中扮演重要角色。

比较连续正弦型信号 $\cos\omega_0 t$（复指数信号 $e^{j\omega_0 t}$）和正弦型序列 $\cos\Omega_0 n$（复指数序列 $e^{j\Omega_0 n}$），除了连续正弦型信号（复指数信号）一定是周期信号，正弦型序列（复指数序列）不一定是周期性序列外，信号频率取值范围的变化也特别值得注意。对于连续时间信号而言，其频率值 ω_0 可以在 $-\infty < \omega < \infty$ 区间任意取值，而对离散时间信号来说，由于

$$e^{j(\Omega_0 \pm 2k\pi)n} = e^{j\Omega_0 n} \cdot e^{\pm j2kn\pi} = e^{j\Omega_0 n} \qquad k \text{ 为正整数}$$

表明正弦型序列（复指数序列）是以 2π 为周期的 Ω 的函数。换言之，离散信号的数字频率的有效取值范围为 $0 \leq \Omega < 2\pi$ 或 $-\pi \leq \Omega < \pi$。由此可见，经过采样周期为 T_s 的离散化后，原来连续信号所具有的无限频率范围映射到离散信号的有限频率范围 2π。这一基本结论对任意信号都是

适用的,所以在离散信号和数字系统的频域分析时,数字频率 Ω 的取值范围为 $0 \leq \Omega < 2\pi$ 或 $-\pi \leq \Omega < \pi$。

二、时域运算

离散信号的时域运算包括平移、翻转、相加、相乘、累加、差分、时间尺度变换、卷积和相关运算等。

1. 平移

如果有序列 $x(n)$,当 m 为正时,$x(n-m)$ 是指序列 $x(n)$ 逐项依次延时(右移)m 位得到的一个新序列,而 $x(n+m)$ 则指依次超前(左移)m 位。m 为负时,则相反。

例 3-1 设

$$x(n) = \begin{cases} 2^{-(n+1)} & n \geq -1 \\ 0 & n < -1 \end{cases}$$

求 $x(n+1)$。

解:根据题意,有

$$x(n+1) = \begin{cases} 2^{-(n+1+1)} & n+1 \geq -1 \\ 0 & n+1 < -1 \end{cases}$$

即

$$x(n+1) = \begin{cases} 2^{-(n+2)} & n \geq -2 \\ 0 & n < -2 \end{cases}$$

序列 $x(n)$ 及超前序列 $x(n+1)$ 如图 3-7 所示。

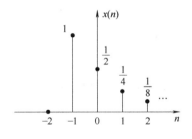 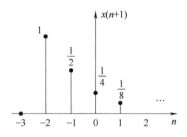

图 3-7 序列 $x(n)$ 及超前序列 $x(n+1)$

2. 翻转

如果有序列 $x(n)$,则 $x(-n)$ 是以纵轴为对称轴将序列 $x(n)$ 进行翻转得到的新序列。

例 3-2 设序列 $x(n)$ 表达式同例 3-1,求其翻转后的序列 $x(-n)$。

解:根据题意,有

$$x(-n) = \begin{cases} 2^{-(-n+1)} & -n \geq -1 \\ 0 & -n < -1 \end{cases}$$

得

$$x(-n) = \begin{cases} 2^{(n-1)} & n \leq 1 \\ 0 & n > 1 \end{cases}$$

序列 $x(n)$ 的翻转序列 $x(-n)$ 如图 3-8 所示。

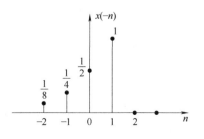

图 3-8 序列 $x(n)$ 的翻转序列 $x(-n)$

3. 相加

两序列的和是指同序号的序列值逐项对应相加而构成的新序列，表示为
$$z(n) = x(n) + y(n)$$

例 3-3 设 $x(n)$ 表达式同例 3-1，而
$$y(n) = \begin{cases} 2^n & n < 0 \\ n+1 & n \geq 0 \end{cases}$$

求 $z(n) = x(n) + y(n)$。

解：根据题意，有
$$z(n) = x(n) + y(n) = \begin{cases} 2^n & n < -1 \\ \dfrac{3}{2} & n = -1 \\ 2^{-(n+1)} + n + 1 & n \geq 0 \end{cases}$$

序列 $x(n)$、$y(n)$ 和 $z(n)$ 如图 3-9 所示。

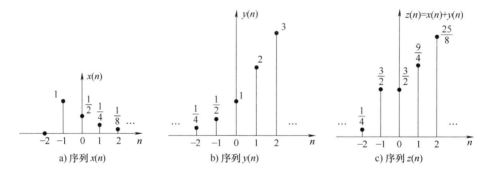

图 3-9　序列 $x(n)$、$y(n)$ 和 $z(n)$

4. 相乘

两序列相乘是指同序号的序列值逐项对应相乘，表示为 $z(n) = x(n)y(n)$。

例 3-4 $x(n)$、$y(n)$ 同例 3-8，求 $z(n) = x(n)y(n)$。

解：根据题意，有
$$z(n) = x(n)y(n) = \begin{cases} 0 & n < -1 \\ \dfrac{1}{2} & n = -1 \\ (n+1)2^{-(n+1)} & n \geq 0 \end{cases}$$

两序列相乘的积序列 $z(n)$ 如图 3-10 所示。

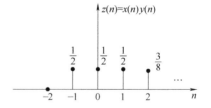

图 3-10　两序列相乘的积序列 $z(n)$

5. 累加

如果有序列 $x(n)$，则 $x(n)$ 的累加序列 $y(n)$ 为
$$y(n) = \sum_{k=-\infty}^{n} x(k)$$

它表示 $y(n)$ 在 n_0 上的值等于 n_0 上及 n_0 以前所有 $x(n)$ 值之和。

例 3-5 设 $x(n)$ 表达式同例 3-1，求其累加序列 $y(n)$。

解：序列 $x(n)$ 的累加序列为

$$y(n) = \begin{cases} \sum_{k=-1}^{n} 2^{-(n+1)} & n \geq -1 \\ 0 & n < -1 \end{cases}$$

累加序列 $y(n)$ 也可表示为
$$y(n) = y(n-1) + x(n)$$

因而有
$$y(-1) = 1$$
$$y(0) = y(-1) + x(0) = 1 + \frac{1}{2} = \frac{3}{2}$$
$$y(1) = y(0) + x(1) = \frac{3}{2} + \frac{1}{4} = \frac{7}{4}$$
$$y(2) = y(1) + x(2) = \frac{7}{4} + \frac{1}{8} = \frac{15}{8}$$
$$\vdots$$

序列 $x(n)$ 的累加序列 $y(n)$ 如图 3-11 所示。

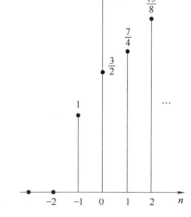

图 3-11 序列 $x(n)$ 的累加序列 $y(n)$

6. 差分运算

如果有序列 $x(n)$,则 $x(n)$ 的前向差分和后向差分分别为

前向差分 $\qquad \Delta x(n) = x(n+1) - x(n)$

后向差分 $\qquad \nabla x(n) = x(n) - x(n-1)$

由此可得 $\qquad \nabla x(n) = \Delta x(n-1)$

例 3-6 设 $x(n)$ 表达式同例 3-6,求它的前向差分和后向差分。

解: 序列 $x(n)$ 的前向差分为

$$\Delta x(n) = x(n+1) - x(n) = \begin{cases} 0 & n < -2 \\ 1 & n = -2 \\ 2^{-(n+2)} - 2^{-(n+1)} = -2^{-(n+2)} & n > -2 \end{cases}$$

后向差分为

$$\nabla x(n) = x(n) - x(n-1) = \begin{cases} 0 & n < -1 \\ 1 & n = -1 \\ 2^{-(n+1)} - 2^{-n} = -2^{-(n+1)} & n > -1 \end{cases}$$

序列 $x(n)$ 的前向差分 $\Delta x(n)$ 及后向差分 $\nabla x(n)$ 如图 3-12 所示。

7. 时间尺度(比例)变换

对于序列 $x(n)$,其时间尺度变换序列为 $x(mn)$ 或 $x\left(\dfrac{n}{m}\right)$,其中 m 为正整数。

以 $m = 2$ 为例,$x(2n)$ 不是简单地将 $x(n)$ 在时间轴上按比例地压缩一倍,而是从序列 $x(n)$ 的每 2 个相邻样点中取 1 点。如果把 $x(n)$ 看作是连续时间信号 $x(t)$ 按采样间隔 T 的采样,则 $x(2n)$ 相当于将采样间隔从 T 增加到 $2T$,即 $x(2n) = x(t)\big|_{t=n2T}$。这种运算也称为抽取,即 $x(2n)$ 是 $x(n)$ 的抽取序列。$x(n)$ 及 $x(2n)$ 分别如图 3-13a、b 所示。

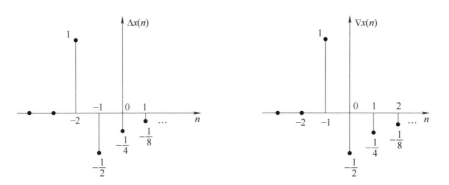

图 3-12 序列 $x(n)$ 的前向差分 $\Delta x(n)$ 及后向差分 $\nabla x(n)$

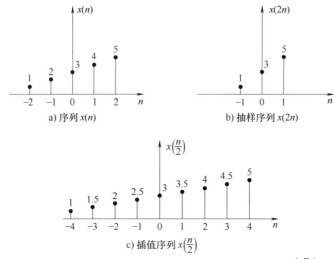

图 3-13 序列 $x(n)$ 及其抽取序列 $x(2n)$ 和插值序列 $x\left(\dfrac{n}{2}\right)$

同样地，$x\left(\dfrac{n}{2}\right) = x(t)\mid_{t=nT/2}$ 表示采样间隔由 T 变成了 $\dfrac{T}{2}$，即在原序列 $x(n)$ 的两个相邻样点之间插入一个新样点。所以，也可将 $x\left(\dfrac{n}{2}\right)$ 称为 $x(n)$ 的插值序列，如图 3-13c 所示。

8. 卷积和

两序列 $x(n)$ 和 $y(n)$，它们的卷积和定义为

$$z(n) = \sum_{m=-\infty}^{\infty} x(m) y(n-m) = x(n) * y(n) \tag{3-8}$$

卷积和运算的一般步骤为：

1）换坐标：将原坐标 n 换成 m 坐标，而把 n 视为 m 坐标中的参变量。

2）翻转：将 $y(m)$ 以 $m=0$ 的垂直轴为对称轴翻转成 $y(-m)$。

3）平移：当取某一定值 n 时，将 $y(-m)$ 平移 n，即得 $y(n-m)$。对变量 m，当 n 为正整数时，右移 n 位；当 n 为负整数时，左移 n 位。

4) 相乘：将 $y(n-m)$ 和 $x(m)$ 的相同 m 值的对应点值相乘。
5) 累加：把以上所有对应点的乘积累加起来，即得 $z(n)$ 值。

按上述步骤，取 $n=\cdots,-2,-1,0,1,2,\cdots$，即可得新序列 $z(n)$。通常，两个长度分别为 N 和 M 的序列求卷积和，其结果是一个长度为 $L=N+M-1$ 的序列。

具体求解时，可以考虑将 n 分成几个不同的区间分别计算。

例 3-7 设序列

$$x(n)=\begin{cases}\dfrac{1}{2}n & 1\leq n\leq 3\\ 0 & \text{其他}\end{cases},\quad y(n)=\begin{cases}1 & 0\leq n\leq 2\\ 0 & \text{其他}\end{cases}$$

求序列 $x(n)$ 和 $y(n)$ 的卷积和。

解： 由卷积和定义式(3-8)，有

$$z(n)=x(n)*y(n)=\sum_{m=1}^{3}x(m)y(n-m)$$

分段考虑如下：

1) 当 $n<1$ 时，$x(m)$ 和 $y(n-m)$ 相乘，处处为零，故

$$z(n)=0,\quad n<1$$

2) 当 $1\leq n\leq 2$ 时，$x(m)$ 和 $y(n-m)$ 有交叠的非零项是从 $m=1$ 到 $m=n$，故

$$z(n)=\sum_{m=1}^{n}x(m)y(n-m)=\sum_{m=1}^{n}\frac{1}{2}m=\frac{1}{2}\times\frac{1}{2}n(1+n)=\frac{1}{4}n(1+n)$$

也就是

$$z(1)=\frac{1}{2},\qquad z(2)=\frac{3}{2}$$

3) 当 $3\leq n\leq 5$ 时，$x(m)$ 和 $y(n-m)$ 交叠，但非零项对应的 m 下限是变化的（$n=3$、4、5 分别对应 m 的下限为 $m=1$、2、3），而 m 的上限是 3，有

$$z(3)=\sum_{m=1}^{3}x(m)y(3-m)=\sum_{m=1}^{3}\frac{1}{2}m=\frac{1}{2}\times(1+2+3)=3$$

$$z(4)=\sum_{m=2}^{3}x(m)y(4-m)=\sum_{m=2}^{3}\frac{1}{2}m=\frac{1}{2}\times(2+3)=\frac{5}{2}$$

$$z(5)=x(3)y(5-3)=\frac{3}{2}\times1=\frac{3}{2}$$

4) 当 $n\geq 6$ 时，$x(m)$ 和 $y(n-m)$ 没有非零项的交叠部分，故 $z(n)=0$。

序列 $x(n)$ 和 $y(n)$ 的卷积和图解如图 3-14 所示。

与连续信号的卷积积分类似，卷积和也具有一系列运算规则和性质，利用这些运算规则和性质，可以简化卷积运算。卷积和运算规则和性质如下：

1) 交换律：$x(n)*y(n)=y(n)*x(n)$
2) 分配律：$x(n)*[y_1(n)+y_2(n)]=x(n)*y_1(n)+x(n)*y_2(n)$
3) 结合律：$[x(n)*y_1(n)]*y_2(n)=x(n)*[y_1(n)*y_2(n)]$
4) 卷积和的差分：$\Delta[x(n)*y(n)]=x(n)*[\Delta y(n)]=[\Delta x(n)]*y(n)$
5) 卷积和的累加：$\sum_{k=-\infty}^{n}[x(k)*y(k)]=x(n)*[\sum_{k=-\infty}^{n}y(k)]=[\sum_{k=-\infty}^{n}x(k)]*y(k)$

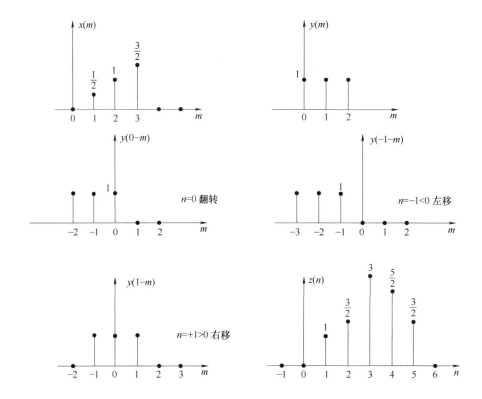

图 3-14 $x(n)$ 和 $y(n)$ 的卷积和图解

6）与脉冲序列的卷积：

$$x(n) * \delta(n) = x(n), \quad x(n) * \delta(n-n_0) = x(n-n_0)$$
$$x(n-n_1) * \delta(n-n_2) = x(n-n_1-n_2)$$

第二节 频域分析

在频域分析离散信号的作用体现在两个方面：一是通过频域分析能进一步认识离散信号的特性，深刻理解连续信号经离散化后在频域发生了什么变化；二是离散化信号的傅里叶变换是应用计算机处理信号的重要工具。

本节介绍离散信号频域分析的离散傅里叶级数（DFS）和离散时间傅里叶变换（DTFT）。

一、周期信号的频域分析

与连续周期信号类似，离散周期信号同样可以展开成傅里叶级数形式，并由此得出一新的变换对——离散傅里叶级数（Discrete Fourier Series，DFS）。

（一）离散傅里叶级数的引入

可以从连续周期信号傅里叶级数的复指数形式导出周期序列的 DFS。对连续周期信号 $x(t)$ 的一个周期 T_0 进行 N 点采样，即 $T_0 = NT_s$，$\omega_0 = 2\pi/T_0 = 2\pi/NT_s$，$T_s$ 为采样周期，得到的离散序列 $x(n)$ 是以 N 为周期的周期序列，即

$$x(n) = x(n+mN) \quad m\text{ 为任意整数}$$

记 $\Omega_0 = \omega_0 T_s = 2\pi/N$ 为离散域的基本数字频率，单位为 rad，$k\Omega_0$ 是 k 次谐波的数字频率。于是，对傅里叶级数的复系数进行离散化，有 $t = nT_s$，$\mathrm{d}t = T_s$，在一个周期内的积分变为在一个周期内的累加，即

$$X\left(k\frac{\Omega_0}{T_s}\right) = \frac{1}{NT_s}\sum_{n=0}^{N-1}x(nT_s)\mathrm{e}^{-\mathrm{j}k\frac{\Omega_0}{T_s}nT_s}T_s = \frac{1}{N}\sum_{n=0}^{N-1}x(nT_s)\mathrm{e}^{-\mathrm{j}k\Omega_0 n}$$

令 $x(n) \triangleq x(nT_s)$，$X(k\Omega_0) \triangleq X\left(k\frac{\Omega_0}{T_s}\right)$，则上式为

$$X(k\Omega_0) = \frac{1}{N}\sum_{n=0}^{N-1}x(n)\mathrm{e}^{-\mathrm{j}k\Omega_0 n} = \frac{1}{N}\sum_{n=-\frac{N}{2}}^{\frac{N}{2}}x(n)\mathrm{e}^{-\mathrm{j}k\Omega_0 n} \quad k = 0,1,2,\cdots,N-1 \quad (3-9)$$

式中，$X(k\Omega_0)$ 为变量 k 的周期函数，周期为 N。

当周期信号从连续变为离散以后，频率 ω 从 $-\infty \sim +\infty$ 的无限范围，映射到数字频率 $k\Omega_0$ 的 $0 \sim 2\pi$ 有限范围。因此，连续周期信号的傅里叶级数可表示为具有无限多个谐波分量，而离散周期信号只含有有限个谐波分量，其谐波数为 $k = \frac{2\pi}{\Omega_0} = N$。

式(3-9)离散化处理后为

$$x(n) = \sum_{k=0}^{N-1}X(k\Omega_0)\mathrm{e}^{\mathrm{j}k\Omega_0 n} = \sum_{k=-\frac{N}{2}}^{\frac{N}{2}}X(k\Omega_0)\mathrm{e}^{\mathrm{j}k\Omega_0 n} \quad n = 0,1,2,\cdots,N-1 \quad (3-10)$$

从式(3-9)、式(3-10)可以看出，以 N 为周期的信号序列 $x(n)$，其频谱是以 $\Omega_0 = 2\pi/N$ 的基本频率为间距的离散频谱。可见，周期序列的频谱是离散的。

在第二章学习到信号时域离散化对应频域周期化；在这里，则是与此完全对称的另一种情况，那就是时域周期化对应频域离散化。

式(3-10)可以看作周期序列 $x(n)$ 的傅里叶级数展开式，而 $X(k\Omega_0)$ 则可以看作是 $x(n)$ 的傅里叶级数展开式的系数。满足这对关系式的周期序列 $x(n)$ 和 $X(k\Omega_0)$ 为离散傅里叶级数变换对，简记为

$$x(n) \xleftrightarrow{DFS} X(k\Omega_0)$$

表示为 $DFS(x(n)) = X(k\Omega_0)$ 和 $IDFS(X(k\Omega_0)) = x(n)$。正变换为式(3-9)，逆变换为式(3-10)。

例 3-8 已知离散正弦信号 $x(n) = \cos\alpha n$，分别求出当 $\alpha = \sqrt{2}\pi$、$\alpha = \frac{\pi}{3}$ 时的傅里叶级数表示式，并画出相应的频谱图。

解：1) 已知一个连续正弦信号离散化后所形成的正弦序列只有在满足 $\frac{2\pi}{\alpha}$ = 有理数的条件下才是周期序列。

当 $\alpha = \sqrt{2}\pi$ 时，由于 $\frac{2\pi}{\alpha} = \sqrt{2}$ 为无理数，所以该正弦序列为非周期序列，因而不能展开为傅里叶级数，其频谱内容仅有 $k\Omega_0 = \sqrt{2}\pi$，不存在其他谐波分量。

2) 当 $\alpha = \dfrac{\pi}{3}$ 时，$\dfrac{2\pi}{\alpha} = 6$ 为有理数，所以是周期正弦序列，其周期为 $N = \dfrac{2\pi}{\alpha}m = 6$（取 $m=1$），基本频率为 $\Omega_0 = \dfrac{2\pi}{N} = \dfrac{\pi}{3}$，由式(3-9)可得

$$X(k\Omega_0) = \dfrac{1}{6}\sum_{n=0}^{5}\cos\left(\dfrac{\pi}{3}n\right)\mathrm{e}^{-jk\frac{\pi}{3}n}$$

$$= \dfrac{1}{6}\left[1 + \dfrac{1}{2}\mathrm{e}^{-jk\frac{\pi}{3}} + \left(-\dfrac{1}{2}\right)\mathrm{e}^{-jk\frac{2\pi}{3}} - \mathrm{e}^{-jk\pi} + \left(-\dfrac{1}{2}\right)\mathrm{e}^{-jk\frac{4\pi}{3}} + \dfrac{1}{2}\mathrm{e}^{-jk\frac{5\pi}{3}}\right]$$

$$= \dfrac{1}{6}\left(1 + \cos\dfrac{k\pi}{3} - \cos\dfrac{2k\pi}{3} - \cos k\pi\right) \qquad k = 0,1,2,3,4,5$$

因此，可得

$$X(k\Omega_0) = \begin{cases} \dfrac{1}{2} & k = 1,5 \\ 0 & k = 0,2,3,4 \end{cases}$$

周期序列 $x(n) = \cos\dfrac{\pi}{3}n$ 及其频谱如图 3-15 所示，该频谱是以 $N=6$ 为周期的离散频谱。

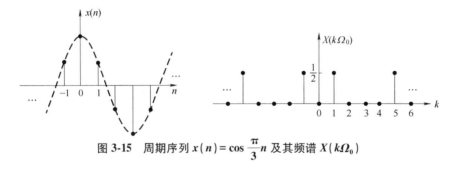

图 3-15　周期序列 $x(n) = \cos\dfrac{\pi}{3}n$ 及其频谱 $X(k\Omega_0)$

例 3-9　已知周期序列 $x(n)$，周期 $N=6$，如图 3-16 所示，求该序列的频谱 $X(k\Omega_0)$ 及时域表示式 $x(n)$。

解：序列 $x(n)$ 的基本频率为 $\Omega_0 = \dfrac{2\pi}{N} = \dfrac{\pi}{3}$。按式(3-9)求得周期序列的频谱为

$$X(k\Omega_0) = \dfrac{1}{6}\sum_{n=0}^{5}x(n)\mathrm{e}^{-jk\frac{\pi}{3}n}$$

$$= \dfrac{1}{6}\left[x(0) + x(1)\mathrm{e}^{-jk\frac{\pi}{3}} + x(5)\mathrm{e}^{-jk\frac{5\pi}{3}}\right]$$

$$= \dfrac{1}{6}\left(1 + \mathrm{e}^{-jk\frac{\pi}{3}} + \mathrm{e}^{jk\frac{\pi}{3}}\right) = \dfrac{1}{6}\left(1 + 2\cos\dfrac{\pi k}{3}\right) \qquad k = 0,1,2,3,4,5$$

有 $X(0) = \dfrac{1}{2}$，$X(\Omega_0) = \dfrac{1}{3}$，$X(2\Omega_0) = 0$，$X(3\Omega_0) = -\dfrac{1}{6}$，$X(4\Omega_0) = 0$，$X(5\Omega_0) = \dfrac{1}{3}$。$x(n)$ 可通过式(3-10)求得

$$x(n) = \sum_{k=0}^{5}X(k\Omega_0)\mathrm{e}^{jk\frac{\pi}{3}n} = \dfrac{1}{2} + \dfrac{1}{3}\mathrm{e}^{j\frac{\pi}{3}n} - \dfrac{1}{6}\mathrm{e}^{j\pi n} + \dfrac{1}{3}\mathrm{e}^{j\frac{5\pi}{3}n} = \dfrac{1}{2} - \dfrac{1}{6}\cos\pi n + \dfrac{2}{3}\cos\dfrac{\pi n}{3}$$

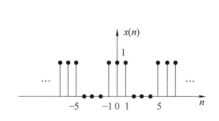
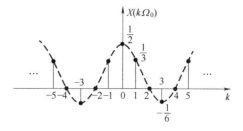

图 3-16　序列 $x(n)$ 及其频谱 $X(k\Omega_0)$

（二）DFS 的主要性质

离散傅里叶级数同连续时间信号的傅里叶级数一样，具有若干有用的性质，在实际应用中对简化频谱分析和运算起着重要作用。对 DFS 性质的总结见表 3-1。

表 3-1　DFS 的性质

性　质	序　列	离散傅里叶级数（DFS）
定义	$x(n) = \sum_{k=0}^{N} X(k\Omega_0)e^{jk\Omega_0 n}$	$X(k\Omega_0) = \dfrac{1}{N}\sum_{n=0}^{N-1} x(n)e^{-jk\Omega_0 n}$
线性	$ax(n)+by(n)$	$aX(k\Omega_0)+bY(k\Omega_0)$
时域平移	$x(n-m)$	$e^{-jk\Omega_0 m}X(k\Omega_0)$
复共轭	$x^*(-n)$	$X^*(k\Omega_0)$
周期卷积定理	$x(n)h(n)$	$\dfrac{1}{N}X(k\Omega_0)\circledast H(k\Omega_0)$
	$x(n)\circledast h(n)$	$X(k\Omega_0)H(k\Omega_0)$
帕斯瓦尔定理	$\sum_{n=0}^{N-1} x(n)h^*(n) = \dfrac{1}{N}\sum_{k=0}^{N-1} X(k\Omega_0)H^*(k\Omega_0)$	

注：⊛ 为周期卷积的符号，两周期序列 $x(n)$ 和 $h(n)$ 的周期卷积定义为 $x(n)\circledast h(n) = h(n)\circledast x(n) = \sum_{k=0}^{N-1} x(k)h(n-k)$。

（三）离散周期信号的频谱

从以上分析可以看出，对于一个离散周期信号 $x(n)$，可以通过 $X(k\Omega_0)$ 求得原始序列 $x(n)$，它们是一一对应的关系。也就是说，用有限项的复指数序列来表示周期序列 $x(n)$ 时，不同的 $x(n)$ 具有不同的复振幅 $X(k\Omega_0)$，所以 $X(k\Omega_0)$ 完整地描述了 $x(n)$。由于它是数字频率的函数，所以把离散傅里叶级数的系数 $X(k\Omega_0)$ 称为周期序列在频域的分析。如果 $x(n)$ 是从连续周期信号 $x(t)$ 采样得来，那么 $x(n)$ 的频谱 $X(k\Omega_0)$ 是否等效于 $x(t)$ 的频谱 $X(k\omega_0)$？下面将通过实例回答这个问题。

例 3-10　有连续周期信号 $x(t) = 6\cos\pi t$，以采样间隔 $T_s = 0.25\text{s}$ 进行采样，求采样后周期序列的频谱，并与原始信号 $x(t)$ 的频谱进行比较。

解：已知 $\omega_0 = \pi$，则 $f_0 = \dfrac{1}{2}$，$T_0 = 2$，$\Omega_0 = \dfrac{\pi}{4}$，在一周期内样点数 $N = T_0/T_s = 8$，按题意，有

$$x(n) = x(t)\big|_{t=0.25n} = 6\cos\frac{\pi n}{4}$$

如图 3-17a 所示，所以有

$$X(k\Omega_0) = \frac{1}{N}\sum_{n=0}^{N-1} x(n)\mathrm{e}^{-jk\frac{\pi}{4}n} = \frac{1}{8}\sum_{n=0}^{7} x(n)\mathrm{e}^{-jk\frac{\pi}{4}n}$$

求得

$$|X(k\Omega_0)| = \begin{cases} 3 & k = \pm 1, \pm 7 \\ 0 & k = 0, \pm 2, \pm 3, \pm 4, \pm 5, \pm 6 \end{cases}$$

以上是在一个周期内求得各谐波分量的幅度，其余则是它的周期重复，如图 3-17b 所示。

由于 $x(t) = 6\cos\pi t = 3(\mathrm{e}^{j\pi t} + \mathrm{e}^{-j\pi t})$，故得

$$X(k\omega_0) = \begin{cases} 3 & k = 1, -1 \\ 0 & \text{其他} \end{cases}$$

如图 3-17c 所示。比较图 3-17b、c 可见，在一个周期内 $|X(k\Omega_0)| = |X(k\omega_0)|$。这说明在 $-\pi \leq \Omega < \pi$ 内，离散周期信号的离散频谱准确地等同于连续时间周期信号的离散频谱，那么是否在任何情况下，这个结论都是正确的呢？再看下面的例子。

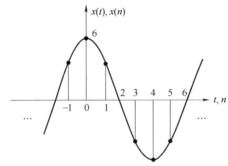

a) 连续周期信号 $x(t)$ 和离散周期信号 $x(n)$

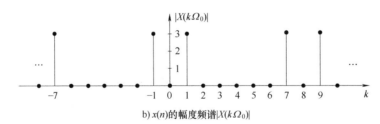

b) $x(n)$ 的幅度频谱 $|X(k\Omega_0)|$

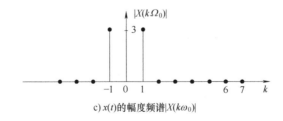

c) $x(t)$ 的幅度频谱 $|X(k\omega_0)|$

图 3-17　离散周期信号 $x(n)$ 与连续周期信号 $x(t)$ 频谱的比较

例 3-11 已知连续周期信号 $x(t) = 2\cos6\pi t + 4\sin10\pi t$，现以采样频率 $f_{s1} = 16$ 样点/周期和 $f_{s2} = 8$ 样点/周期进行采样。求采样后周期序列的频谱并与原始信号的频谱作比较。

解： 1) 不妨设周期信号的基本周期为 $T_0 = 1$，对于采样频率 $f_{s1} = 16$，采样周期 $T_{s1} = 1/16$，有

$$x_1(n) = x(t)\big|_{t=nT_{s1}} = 2\cos\left(6\pi \times \frac{1}{16}n\right) + 4\sin\left(10\pi \times \frac{1}{16}n\right) = 2\cos\frac{3\pi}{8}n + 4\sin\frac{5\pi}{8}n$$

序列 $x_1(n)$ 的周期 $N_1 = 16$，基本频率 $\Omega_{01} = \dfrac{\pi}{8}$，则有

$$x_1(n) = 2\cos 3\Omega_{01}n + 4\sin 5\Omega_{01}n = (e^{j3\Omega_{01}n} + e^{-j3\Omega_{01}n}) - 2j(e^{j5\Omega_{01}n} + e^{-j5\Omega_{01}n})$$

对应

$$x_1(n) = \sum_{k=-\frac{N}{2}}^{\frac{N}{2}} X(k\Omega_{01})e^{jk\Omega_{01}n}$$

可得出它的幅度频谱为 $|X(-3\Omega_{01})| = 1$，$|X(3\Omega_{01})| = 1$，$|X(-5\Omega_{01})| = 2$，$|X(5\Omega_{01})| = 2$，其余均为 0，如图 3-18a 所示。

2) 对于采样频率 $f_{s2} = 8$，采样周期 $T_{s2} = 1/8$，有

$$x_2(n) = x(t)\big|_{t=nT_{s2}} = 2\cos\left(6\pi \times \frac{1}{8}n\right) + 4\sin\left(10\pi \times \frac{1}{8}n\right)$$

$$= 2\cos\frac{3\pi}{4}n + 4\sin\frac{5\pi}{4}n = 2\cos\frac{3\pi}{4}n - 4\sin\frac{3\pi}{4}n$$

又，$x_2(n)$ 的周期 $N_2 = 8$，基本频率 $\Omega_{02} = \dfrac{\pi}{4}$，则有

$$x_2(n) = 2\cos 3\Omega_{02}n - 4\sin 3\Omega_{02}n = (e^{j3\Omega_{02}n} + e^{-j3\Omega_{02}n}) + 2j(e^{j3\Omega_{02}n} - e^{-j3\Omega_{02}n})$$

$$= (1+2j)e^{j3\Omega_{02}n} + (1-2j)e^{-j3\Omega_{02}n} = \sqrt{5}e^{j\arctan 2}e^{j3\Omega_{02}n} + \sqrt{5}e^{-j\arctan 2}e^{-j3\Omega_{02}n}$$

同样对应

$$x_2(n) = \sum_{k=-\frac{N}{2}}^{\frac{N}{2}} X(k\Omega_{02})e^{jk\Omega_{02}n}$$

可得出它的幅度频谱为 $|X(-3\Omega_{02})| = \sqrt{5}$，$|X(3\Omega_{02})| = \sqrt{5}$，其余均为 0，如图 3-18b 所示。

由于 $x(t) = 2\cos(2\pi \times 3)t + 4\sin(2\pi \times 5)t$，只有 3 次和 5 次两个频率分量，即其最高频率分量为 $f_m = 5$。信号的幅度频谱显然为 $|X(-3\omega_0)| = 1$，$|X(3\omega_0)| = 1$，$|X(-5\omega_0)| = 2$，$|X(5\omega_0)| = 2$，其余均为 0，如图 3-18c 所示。

比较图 3-18a 与图 3-18c 可见，在 $f_{s1} = 16$ 情况下，有

$$X_1(k\Omega_{01}) = X(k\omega_0) \qquad -8 < k < 8$$

根据采样定理，有 $f_{s1} > 2f_m = 10$，满足采样定理，故 $X_1(k\Omega_{01})$ 不出现混叠现象。

比较图 3-18b 与图 3-18c 可见，在 $f_{s2} = 8$ 情况下，有

$$X_2(k\Omega_{02}) \neq X(k\omega_0) \qquad -4 < k < 4$$

这时由于 $f_{s2} < 2f_m = 10$，不满足采样定理，使 $X_2(k\Omega_{02})$ 出现频谱混叠。

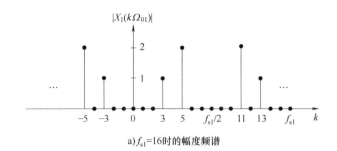
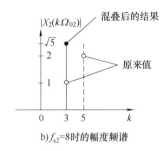
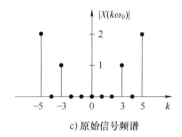

图 3-18 例 3-11 频谱图

通过以上讨论，有以下结论：

1) 连续周期信号的频谱 $X(k\omega_0)$ 是离散的非周期序列，而离散周期信号的频谱 $X(k\Omega_0)$ 是离散的周期序列，都具有谐波性。

2) 在满足采样定理条件下，从一个连续时间、频带有限的周期信号得到的周期序列，其频谱在 $|\Omega|<\pi$ 或 $|f|<(f_s/2)$ 内等于原始信号的离散频谱。因此，可以通过截取任一个周期的样点 $x(n)$，求出离散周期信号的频谱 $X(k\Omega_0)$，从而准确地得到连续周期信号 $x(t)$ 的频谱 $X(k\omega_0)$。

3) 在不满足采样定理条件下，由于 $X(k\Omega_0)$ 出现频谱混叠，这时就不能用 $X(k\Omega_0)$ 准确地表示 $X(k\omega_0)$。

（四）混叠与泄漏

1. 混叠

混叠现象在前面章节中已有提及，现进一步讨论。设正弦信号为

$$x(t)=A\sin(2\pi f_0 t+\varphi_0)$$

以采样间隔 T_s 进行均匀采样，则得

$$x(n)=A\sin(2\pi f_0 nT_s+\varphi_0)$$

若选取的 T_s 合适，使正弦序列 $x(n)$ 仍为周期序列，即

$$\begin{aligned}x(n)&=A\sin(2\pi f_0 nT_s+\varphi_0)=A\sin(2\pi f_0 nT_s+\varphi_0\pm 2k\pi)\\&=A\sin\left[2\pi\left(f_0\pm\frac{k}{nT_s}\right)nT_s+\varphi_0\right]=A\sin\left[2\pi\left(f_0\pm\frac{m}{T_s}\right)nT_s+\varphi_0\right]\\&=A\sin[2\pi(f_0\pm mf_s)nT_s+\varphi_0]\end{aligned}$$

式中，$m=\dfrac{k}{n}$，n、m、k 均为整数。可见，以采样间隔 T_s 对正弦信号进行均匀采样时，频率为 $f_0\pm mf_s$ 的一些正弦信号与频率为 f_0 的正弦信号有完全相同的样点，从而在频域造成频谱混

叠现象。可能混叠到 f_0 上的信号频率为

$$f_A = f_0 \pm mf_s, \qquad m = \pm 1, \pm 2, \cdots \tag{3-11}$$

根据时域采样定理，允许的最低采样频率 $f_s = 2f_m$（奈奎斯特频率），即 $\dfrac{f_s}{2}$ 可视为针对采样频率 f_s 的信号最大允许频率，即信号中存在大于该频率的正弦型信号时，离散化后必将产生频谱混叠现象。

在例 3-11 中，$x(t)$ 包含了 $f_1=3$、$f_2=5$ 两种正弦信号，当采样频率为 $f_{s1}=16$ 时，都没有超过最大允许频率 8，所以不会产生频谱混叠现象。当采样频率为 $f_{s2}=8$ 时，$f_1=3$ 的分量没有超过最大允许频率 4，离散化后能保持原来的谱线，但 $f_2=5$ 的分量已经超过最大允许频率 4，将产生频谱混叠现象。由式(3-11)，它将混叠到频率为

$$f_0 = f_A \pm mf_s = 5 - 8 = -3$$

的正弦信号上，正如图 3-18b 所示。

同理，在频域的采样间隔 $\omega_0 > \dfrac{\pi}{t_m}$ 的情况下，由于出现信号波形混叠而无法恢复原频谱所对应的信号，因而不能从频域样点重建原连续频谱。对于周期信号而言，混叠所造成的影响与上述结论一样，只是这时频谱是离散的而且具有谐波性。

可见，一个离散周期信号 $x(n)$，对应的是一个周期性且只有有限数字频率分量的离散频谱，因此，对那些具有无限频谱分量的连续周期信号，如矩形、三角形等脉冲串，必然无法准确地从有限样点求得原始信号的频谱，而只能通过恰当地提高采样频率，增加样点数，来减少混叠对频谱分析所造成的影响。

2. 泄漏

通过截取一个周期的样点 $x(n)$，可以求出离散周期信号的频谱，进而得到原信号的频谱。但是在事先不知道信号确切周期的情况下，会由于截取波形的时间长度不恰当造成求得频谱的误差。

例如，在例 3-10 中，若将周期 $T_0=2$ 的正弦信号 $x(t)=6\cos\pi t$ 截取长度变为 $T_1=3$，采样周期仍为 $T_s=0.25$，则得样点数为 $N=3/0.25=12$，如图 3-19a 所示。对采样后的序列 $x(n)=6\cos(\pi n/4)$ 及 $N=12$，可以求得其频谱 $X(k\Omega_0)$，如图 3-19b 中黑点所示，图中空心圆圈表示 $x(t)$ 真实的频谱。由图可见，这时 $X(k\Omega_0)$ 虽然也是离散和周期的，但频谱的分布与例 3-10 的图 3-17b 有很大不同。具体地说，在一个周期内后者谱线集中在原连续信号谱线 $k=\pm 1$ 处，而前者谱线却分散在原连续信号谱线的附近。这种由于截取信号周期不准确而出现的谱线分散现象，称为频谱泄漏或功率泄漏。显然，频谱泄漏会给频谱分析带来误差。产生这一现象的原因在于，这时实际上把原来周期 $T_0=2$ 的周期正弦信号改变为周期 $T_1=3$ 的非正弦周期信号了，其结果不仅使信号的基本频率从 $f_0=1/T_0=1/2$ 变为 $f_1=1/T_1=1/3$，还导致谐波分量大大增加，并会导致频谱混叠现象。

由此可见，泄漏与混叠是两种不同的现象，一般情况下各自产生，有时会同时产生。为了克服泄漏误差的产生，$x(n)$ 必须取自一个基本周期或基本周期的整倍数。如果待分析的信号事先不能精确地知道其周期，则可以截取较长时间长度的样点进行分析，以减小频谱泄漏引起的泄漏误差。当然，尽量在采样频率满足采样定理的条件下进行，否则混叠与泄漏同时存在，将给频谱分析造成更大的困难。

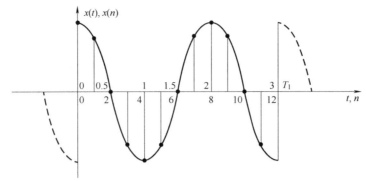

a) 周期正弦信号x(t)及其离散信号x(n)

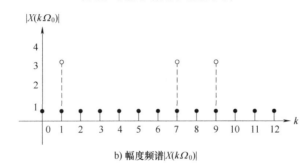

b) 幅度频谱$|X(k\Omega_0)|$

图 3-19 信号截取长度不当造成频谱泄漏

二、非周期信号的频域分析

对于离散的非周期信号，可采用离散时间傅里叶变换（Discrete Time Fourier Transformation，DTFT）进行分析。如前所述，离散周期信号的频谱具有周期性和谐波性，那么离散非周期信号的频谱有哪些特征？下面以一个实例进行简单说明。

例 3-12 考虑如图 3-20 所示的矩形脉冲串序列，其中 $N>2L+1$，求其傅里叶级数表达式，并分析当周期 $N\to\infty$ 时，该信号频谱函数的变化趋势。

解： 根据离散傅里叶级数表达式，可求出傅里叶系数

$$X(k\Omega_0) = \frac{1}{N}\sum_{n=-L}^{L} e^{-jk\Omega_0 n}$$

将求和序号由 n 变为 $m=n+L$，则

$$X(k\Omega_0) = \frac{1}{N}\sum_{m=0}^{2L} e^{-jk\Omega_0(m-L)} = \frac{1}{N}e^{jk\Omega_0 L}\sum_{m=0}^{2L}(e^{-jk\Omega_0})^m$$

对于 $k=0, \pm N, \pm 2N, \cdots$，有 $X(k\Omega_0) = (2L+1)/N$。对于 $k\neq 0, \pm N, \pm 2N, \cdots$，有

$$X(k\Omega_0) = \frac{e^{jk\Omega_0 L}}{N}\frac{1-e^{-jk\Omega_0(2L+1)}}{1-e^{jk\Omega_0}} = \frac{1}{N}\frac{e^{jk\Omega_0(2L+1)/2}-e^{-jk\Omega_0(2L+1)/2}}{e^{jk\Omega_0/2}-e^{-jk\Omega_0/2}}$$

分子分母同时除以 2j，有

$$X(k\Omega_0) = \frac{1}{N}\frac{\sin\left(\Omega_0 k\left(L+\frac{1}{2}\right)\right)}{\sin\left(\frac{1}{2}\Omega_0 k\right)}$$

因此，有

$$X(k\Omega_0) = \begin{cases} \dfrac{2L+1}{N} & k = 0, \pm N, \pm 2N, \cdots \\ \dfrac{1}{N} \dfrac{\sin\left(\Omega_0 k \left(L + \dfrac{1}{2}\right)\right)}{\sin\left(\dfrac{1}{2}\Omega_0 k\right)} & \text{其他} \end{cases}$$

当 $L = 2$ 且周期 $N = 10$ 时，$x(n)$ 的幅度频谱如图 3-20 所示。

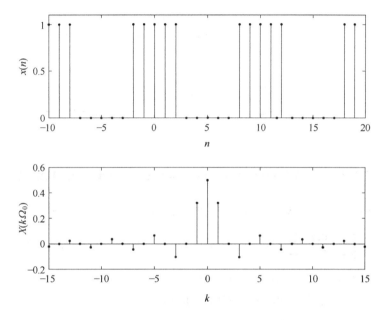

图 3-20 矩形脉冲串序列 $x(n)$ 及其幅度频谱 $X(k\Omega_0)$

为了简便起见，固定脉冲宽度 $2L+1 = 5$。同时，为了避免 $N \to \infty$ 时 $X(k\Omega_0) \to 0$ 的影响，研究经尺度变换后复系数 $NX(k\Omega_0)$ 与频率 $k\Omega_0$ 的关系曲线，其中 $N = 10$、20、40，如图 3-21 所示。由图 3-21 可以看出，随着 N 的增加，谱线间隔 $\Omega_0 = \dfrac{2\pi}{N}$ 逐步减小，当周期 $N \to \infty$ 时，$x(n)$ 变为非周期序列，该信号的频谱函数变为连续函数。

由例 3-12 可以看出，当逐步增大周期矩形脉冲信号的周期 N 时，该信号的频谱将逐步由离散频谱演变为连续频谱。对于其他离散周期信号，同样具有这一特性。

（一）从 DFS 到 DTFT

非周期序列可以看作周期为无穷大的周期序列。从这一思想出发，可以在周期序列的傅里叶级数 DFS 基础上推导出非周期序列的傅里叶变换。对于长度有限的非周期序列 $x(n)$，以 N 为周期，将 $x(n)$ 延拓为周期序列 $x_N(n)$，这里要求 N 大于 $x(n)$ 的长度，因为此时 $x_N(n)$ 是 $x(n)$ 的原样按周期重复，即

$$x_N(n) = \sum_{m=-\infty}^{\infty} x(n - mN) \tag{3-12}$$

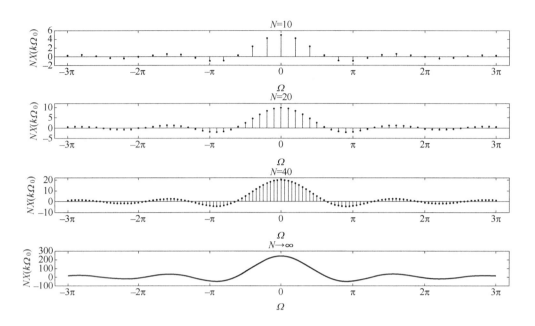

图 3-21 矩形脉冲序列周期 $N\to\infty$ 时，其离散频谱逐步演变为连续频谱

对于周期序列 $x_N(n)$，考虑周期为无穷大时，即 $N\to\infty$，有 $\Omega_0 = 2\pi/N \to d\Omega$，$k\Omega_0 \to \Omega = \omega T$（为连续量），$\dfrac{1}{N} = \dfrac{\Omega_0}{2\pi} \to \dfrac{d\Omega}{2\pi}$，$\displaystyle\sum_{k=0}^{N-1} \to \int_0^{2\pi}$，$x_N(n) \to x(n)$。同时，如前所述，当 k 在 0 和 $N-1$ 之间变化时，Ω 在 0 和 2π 之间变化。另外，由式(3-9)，当 $N\to\infty$ 时，$X(k\Omega_0)$ 幅值趋于无穷小，采用频谱密度来描述非周期序列的频谱分布规律，可得

$$X(\Omega) = \lim_{N\to\infty} NX(k\Omega_0) = \sum_{n=-\infty}^{\infty} x(n) e^{-j\Omega n} \tag{3-13}$$

和

$$x(n) = \lim_{N\to\infty} x_N(n) = \lim_{N\to\infty} \sum_{k=0}^{N-1} X(k\Omega_0) e^{jk\Omega_0 n} = \lim_{N\to\infty} \sum_{k=0}^{N-1} \frac{1}{N} X(\Omega) e^{j\Omega n} = \frac{1}{2\pi} \int_0^{2\pi} X(\Omega) e^{j\Omega n} d\Omega \tag{3-14}$$

式(3-13)称为离散信号的傅里叶变换，简称离散时间傅里叶变换(DTFT)，式(3-14)则为离散时间傅里叶逆变换。

$X(\Omega)$ 是变量 Ω 的周期函数，周期为 2π。因为对任意整数 q 有

$$X(\Omega + 2\pi q) = \sum_{n=-\infty}^{\infty} x(n) e^{-j(\Omega+2\pi q)n} = \sum_{n=-\infty}^{\infty} x(n) e^{-j\Omega n} = X(\Omega)$$

通常称满足式(3-13)、式(3-14)的 $x(n)$ 和 $X(\Omega)$ 为离散时间傅里叶变换对，并简记为

$$x(n) \xleftrightarrow{DTFT} X(\Omega) \tag{3-15}$$

可见，$X(\Omega)$ 是频谱密度函数，它反映了非周期序列 $x(n)$ 的基本特征，简称为 $x(n)$ 的频谱。$x(n)$ 持续时间可以是有限长序列也可以是无限长序列，但这种情况下必须考虑式(3-13)无限项求和的收敛问题。因此，DTFT 存在条件与连续信号的傅里叶变换相对应，为了保证和式收敛，要求 $x(n)$ 是绝对可和的，即

$$\sum_{n=-\infty}^{\infty}|x(n)|<\infty$$

或序列的能量是有限的，即

$$\sum_{n=-\infty}^{\infty}|x(n)|^2<\infty$$

例 3-13 序列

$$x_1(n)=a^n u(n) \qquad |a|<1$$
$$x_2(n)=-a^n u(-n-1) \qquad |a|>1$$

求其 DTFT。

解：根据题意，有

$$X_1(\Omega)=\sum_{n=0}^{\infty}a^n\mathrm{e}^{-\mathrm{j}\Omega n}=\sum_{n=0}^{\infty}(a\mathrm{e}^{-\mathrm{j}\Omega})^n$$

利用几何级数求和公式，得

$$X_1(\Omega)=\frac{1}{1-a\mathrm{e}^{-\mathrm{j}\Omega}}$$

类似地，对于序列

$$x_2(n)=-a^n u(-n-1) \qquad |a|>1$$

其 DTFT 为

$$X_2(\Omega)=\sum_{n=-\infty}^{\infty}x_2(n)\mathrm{e}^{-\mathrm{j}\Omega n}=-\sum_{n=-\infty}^{-1}a^n\mathrm{e}^{-\mathrm{j}\Omega n}$$

改变求和的上下限，得

$$X_2(\Omega)=-\sum_{n=1}^{\infty}a^{-n}\mathrm{e}^{\mathrm{j}\Omega n}=-\sum_{n=0}^{\infty}(a^{-1}\mathrm{e}^{\mathrm{j}\Omega})^n+1$$

因为 $|a|>1$，所以有

$$X_2(\Omega)=-\frac{1}{1-a^{-1}\mathrm{e}^{\mathrm{j}\Omega}}+1=\frac{1}{1-a\mathrm{e}^{-\mathrm{j}\Omega}}$$

例 3-14 求有限长序列 $x(n)$ 的频谱并作图，已知

$$x(n)=\begin{cases}1 & -M\leqslant n\leqslant M \quad M=2\\ 0 & \text{其他}\end{cases}$$

解：根据式(3-13)，有

$$X(\Omega)=\sum_{n=-M}^{M}\mathrm{e}^{-\mathrm{j}\Omega n}=\sum_{L=0}^{2M}\mathrm{e}^{-\mathrm{j}\Omega(L-M)}=\mathrm{e}^{\mathrm{j}\Omega M}\sum_{L=0}^{2M}\mathrm{e}^{-\mathrm{j}\Omega L}$$

$$=\mathrm{e}^{\mathrm{j}\Omega M}\frac{1-\mathrm{e}^{-\mathrm{j}\Omega(2M+1)}}{1-\mathrm{e}^{-\mathrm{j}\Omega}}=\frac{\sin(M+1/2)\Omega}{\sin(\Omega/2)}$$

故得其幅度频谱与相位频谱分别为

$$|X(\Omega)|=\left|\frac{\sin(M+1/2)\Omega}{\sin(\Omega/2)}\right|,\quad \varphi(\Omega)=\begin{cases}0 & X(\Omega)>0\\ \pm\pi & X(\Omega)<0\end{cases}$$

如图 3-22 所示。

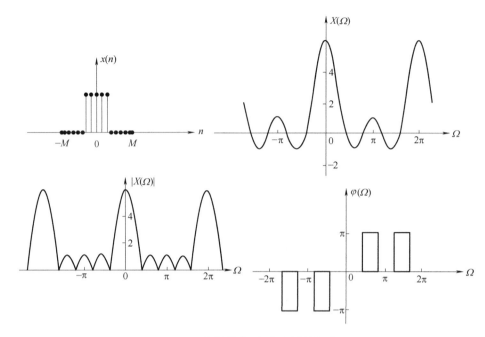

图 3-22 有限长序列 $x(n)$ 及其频谱

例 3-15 假设 $X(\Omega)$ 是频率 $\Omega=\Omega_0$ 的一个单位冲激信号,即

$$X(\Omega)=\delta(\Omega-\Omega_0)$$

求其反 DTFT。

解: 根据题意,有

$$x(n)=\frac{1}{2\pi}\int_{-\pi}^{\pi}X(\Omega)\mathrm{e}^{\mathrm{j}\Omega n}\mathrm{d}\Omega=\frac{1}{2\pi}\mathrm{e}^{\mathrm{j}\Omega_0 n}$$

本例中尽管 $x(n)$ 不是绝对可加,但由于允许它的 DTFT 包含脉冲,可以考虑包含复指数序列的 DTFT。作为另一个例子,如果

$$X(\Omega)=\pi\delta(\Omega-\Omega_0)+\pi\delta(\Omega+\Omega_0)$$

计算反 DTFT,得

$$x(n)=\frac{1}{2}\mathrm{e}^{\mathrm{j}\Omega_0 n}+\frac{1}{2}\mathrm{e}^{-\mathrm{j}\Omega_0 n}=\cos\Omega_0 n$$

例 3-16 已知一周期连续频谱如图 3-23a 所示,求其相应的序列 $x(n)$。

解: 根据式(3-14),可求得

$$x(n)=\frac{1}{2\pi}\int_{-\pi}^{\pi}X(\Omega)\mathrm{e}^{\mathrm{j}\Omega n}\mathrm{d}\Omega=\frac{1}{2\pi}\int_{-\Omega_\mathrm{m}}^{\Omega_\mathrm{m}}\mathrm{e}^{\mathrm{j}\Omega n}\mathrm{d}\Omega=\frac{\Omega_\mathrm{m}}{\pi}\frac{\sin\Omega_\mathrm{m} n}{\Omega_\mathrm{m} n} \quad n\neq 0$$

当 $n=0$ 时,则有 $x(n)=\dfrac{\Omega_\mathrm{m}}{\pi}$,故得该频谱所对应的序列如图 3-23b 所示。

(二) DTFT 的性质

离散时间傅里叶变换同连续时间信号的傅里叶变换一样具有若干有用的性质,在实际应用中对简化频谱分析和运算起着重要作用。对 DTFT 性质的总结见表 3-2,表 3-3 给出了常用序列的 DTFT。

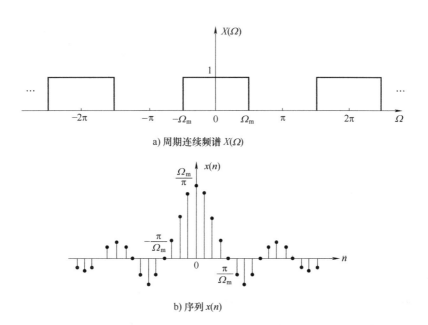

图 3-23 周期连续频谱 $X(\Omega)$ 及其相应的序列 $x(n)$

表 3-2 DTFT 的性质

性 质	序 列	离散时间傅里叶变换(DTFT)
定义	$x(n) = \frac{1}{2\pi} \int_0^{2\pi} X(\Omega) e^{j\Omega n} d\Omega$	$X(\Omega) = \sum_{n=-\infty}^{\infty} x(n) e^{-j\Omega n}$
线性	$ax(n) + by(n)$	$aX(\Omega) + bY(\Omega)$
时域平移	$x(n-n_0)$	$e^{-j\Omega n_0} X(\Omega)$
频域平移	$e^{j\Omega_0 n} x(n)$	$X(\Omega - \Omega_0)$
时间翻转	$x(-n)$	$X(-\Omega)$
共轭对称	$x^*(n)$	$X^*(-\Omega)$
时域卷积(卷积和)	$x(n) * y(n)$	$X(\Omega) Y(\Omega)$
频域卷积	$x(n) y(n)$	$\frac{1}{2\pi} \int_{-\pi}^{\pi} X(\lambda) Y(\Omega - \lambda) d\lambda$
调制	$x(n) \cos\Omega_0 n$	$\frac{1}{2}[X(\Omega+\Omega_0) + X(\Omega-\Omega_0)]$
频域微分	$nx(n)$	$j \frac{dX(\Omega)}{d\Omega}$
帕斯瓦尔公式	$\sum_{n=-\infty}^{\infty} \|x(n)\|^2 = \frac{1}{2\pi} \int_{-\pi}^{\pi} \|X(\Omega)\|^2 d\Omega$	

注：给定 $x(n)$ 和 $y(n)$ 的 DTFT 为 $X(\Omega)$ 和 $Y(\Omega)$，本表列出由 $x(n)$ 和 $y(n)$ 形成序列的 DTFT。

表 3-3 一些常见序列的 DTFT

序　　列	离散时间傅里叶变换(DTFT)
$\delta(n)$	1
$\delta(n-n_0)$	$e^{-j\Omega n_0}$
1	$2\pi\delta(\Omega)$
$e^{j\Omega_0 n}$	$2\pi\delta(\Omega-\Omega_0)$
$a^n u(n),\ |a|<1$	$\dfrac{1}{1-ae^{-j\Omega}}$
$-a^n u(-n-1),\ |a|>1$	$\dfrac{1}{1-ae^{-j\Omega}}$
$(n+1)a^n u(n),\ |a|<1$	$\dfrac{1}{(1-ae^{-j\Omega})^2}$
$\cos\Omega_0 n$	$\pi\delta(\Omega+\Omega_0)+\pi\delta(\Omega-\Omega_0)$

(三) DTFT、DFS、FT 之间的关系

DTFT 是 DFS 当 $N\to\infty$ 的极限情况，其共同点是在时域都是离散的，在频域其频谱都是周期的；不同点是离散时间周期信号的频谱是离散的，具有谐波性，$X(k\Omega_0)$ 是谐波的复振幅，适合用计算机计算，离散时间非周期信号的频谱则是连续的，不具有谐波性，$X(\Omega)$ 表示的是频谱密度，是连续变量 Ω 的函数，不便于计算机对频谱进行分析计算。

DTFT 与 FT 也有着密切的内在联系，其共同点是在时域其波形均为非周期，在频域 $X(\omega)$ 与 $X(\Omega)$ 均表示频谱密度，分别为连续变量 ω 及 Ω 的函数，都是连续频谱，在满足采样定理的条件下，$X(\Omega)$ 保存 $X(\omega)$ 的全部信息；不同点是 $X(\Omega)$ 是周期频谱，而 $X(\omega)$ 是非周期频谱，在满足采样定理的条件下，$X(\Omega)$ 保存 $X(\omega)$ 的全部信息，所以可以从 DTFT 求取 FT。特别当离散时间信号是从连续时间信号采样得来时，更具有实际意义。

为了使计算结果尽量逼近原始连续信号的频谱，必须根据信号特点恰当地选取采样频率及截取采样信号的长度，以减少混叠与泄漏带来的影响。

三、四种傅里叶变换分析

前面介绍了四种不同的傅里叶变换对，给出了四种变换对应的表达式，分别是连续傅里叶级数(FS)、连续傅里叶变换(FT)、离散傅里叶级数(DFS)和离散时间傅里叶变换(DTFT)。为了能更好地理解其内涵，也便于记忆和应用，现将这四种变换总结如下：

1) 级数变换适用于周期信号，一般傅里叶变换适用于非周期信号。

具体地说，FS 适用于连续周期信号，DFS 适用于离散周期信号；FT 适用于连续非周期信号，DTFT 适用于离散非周期信号。

2) 时域的周期性对应了频域的离散性，时域的离散性对应了频域的周期性。

时域周期信号表现出谐波性，可以理解为它是由有限个正弦型信号组合而成的，在频域呈现出相互间隔的频谱；时域离散信号由一系列冲激信号组成，表现出非常丰富的频率成分。

3) 时域的非周期性对应了频域的连续性，时域的连续性对应了频域的非周期性。

非周期时域信号不具有谐波性，它必由一系列频率密集的正弦型信号组成，表现为具有连续的频谱；与时域离散信号在频域具有周期性相反，连续时间信号在频域必定是非周期性的。

4) 周期信号对应的是频谱函数，非周期信号对应的是频谱密度函数。

时域周期信号的谐波性在频域表现为一些间隔的有限值的谱线，体现了一系列正弦型信号的加权组合；而非周期信号对应的真正谱线无限密集、幅度趋于无穷小，通过乘上无穷大的周期值（即除以无穷小的角频率值）来体现其频域特性，所以实际上具有单位角频率所具频谱的物理意义，即频谱密度函数。

由上可得四类不同时域信号及其对应的频谱，见表 3-4。

表 3-4　不同时域信号及其对应的频谱

时域信号	频谱形式	对应的傅里叶变换对
连续、周期	非周期、离散频谱函数	连续傅里叶级数（FS）：$x(t) = \sum_{n=-\infty}^{\infty} X(n\omega_0) e^{jn\omega_0 t}$ $X(n\omega_0) = \frac{1}{T_0} \int_{T_0} x(t) e^{-jn\omega_0 t} dt$
连续、非周期	非周期、连续频谱密度函数	连续傅里叶变换（FT）：$x(t) = \frac{1}{2\pi} \int_{-\infty}^{\infty} X(\omega) e^{j\omega t} d\omega$ $X(\omega) = \int_{-\infty}^{\infty} x(t) e^{-j\omega t} dt$
离散、周期	周期、离散频谱函数	离散傅里叶级数（DFS）：$x(n) = \sum_{k=0}^{N-1} X(k\Omega_0) e^{jk\Omega_0 n}$ $X(k\Omega_0) = \frac{1}{N} \sum_{n=0}^{N-1} x(n) e^{-jk\Omega_0 n}$
离散、非周期	周期、连续频谱密度函数	离散时间傅里叶变换（DTFT）：$x(n) = \frac{1}{2\pi} \int_0^{2\pi} X(\Omega) e^{j\Omega n} d\Omega$ $X(\Omega) = \sum_{n=-\infty}^{\infty} x(n) e^{-j\Omega n}$

第三节　离散傅里叶变换和快速傅里叶变换

为了利用计算机对信号进行分析，要求该信号在时域和频域都必须是离散的，而非周期离散信号通过 DTFT 后的频谱密度是 Ω 的连续周期函数，不满足离散性要求。为此，需要寻求一种时域和频域都离散的傅里叶变换对，称其为离散傅里叶变换（Discrete Fourier Transformation，DFT）。

DFT 是频谱计算中的核心算法，通过将较长的序列分解为连续的较短序列，对较短的序列进行 DFT 运算，可以实现对较长序列的频谱分析。本节将介绍 DFT 分析方法以及如何通过快速傅里叶变换（FFT）高效地计算有限长信号的频谱，也可计算由有限长信号周期性延拓得到的周期性序列的频谱。

一、离散傅里叶变换

离散傅里叶变换(DFT)的推导有多种方法,比较方便且物理意义也比较明确的是从离散傅里叶级数(DFS)着手,这是因为在四种傅里叶变换中,只有 DFS 满足时域、频域都是离散性的要求。为此,需要进行如下处理:

1) 将时间有限非周期离散信号进行周期延拓,使之成为离散、周期信号。
2) 通过 DFS 变换求出相应的离散频谱函数 $X(k\Omega_0)$。
3) 取出主值区间的 $X(k\Omega_0)$ 值。
4) 乘上周期 N,将频谱函数变换成频谱密度函数,即为所求离散傅里叶变换(DFT)。

DFT 由于有快速计算方法,更加适用于数字信号处理,因而 DFT 不仅有理论意义,更具有实际意义,在数字信号处理的实现中起着重要作用。

(一) 从离散傅里叶级数(DFS)到离散傅里叶变换(DFT)

考虑有限长序列 $x(n)$,$0 \leq n \leq N-1$,将其按周期 N 进行延拓,得到周期序列

$$x_p(n) = \sum_r x(n + rN) \qquad r \text{ 为任意整数}$$

称 $x(n)$ 为主值序列,它也是周期序列 $x_p(n)$ 的主值区间序列。由于 $x_p(n)$ 是周期为 N 的周期序列,其离散傅里叶级数 DFS 表达式为

$$X_p(k\Omega_0) = \frac{1}{N}\sum_{n=0}^{N-1} x_p(n) e^{-jk\Omega_0 n} \qquad k = 0,1,2,\cdots,N-1$$

$$x_p(n) = \sum_{k=0}^{N-1} X_p(k\Omega_0) e^{jk\Omega_0 n} \qquad n = 0,1,2,\cdots,N-1$$

式中,$X_p(k\Omega_0)$ 是自变量 k 的周期为 N、离散的频谱,其逆变换也是离散、周期为 N 的序列。由于 $X_p(k\Omega_0)$ 的周期性,取其一个周期为主值区间($0 \leq k \leq N-1$),主值区间的 $X_p(k\Omega_0)$ 记为 $X(k\Omega_0)$。当 $x_p(n)$ 和 $X_p(k\Omega_0)$ 都取主值区间序列时,显然有

$$X(k\Omega_0) = \frac{1}{N}\sum_{n=0}^{N-1} x(n) e^{-jk\Omega_0 n} \qquad k = 0,1,2,\cdots,N-1 \tag{3-16}$$

$$x(n) = \sum_{k=0}^{N-1} X(k\Omega_0) e^{jk\Omega_0 n} \qquad n = 0,1,2,\cdots,N-1 \tag{3-17}$$

前面已述,非周期序列的傅里叶变换得到的是频谱密度函数,所以必须将式(3-16)乘以周期 N,同时考虑到离散的频谱可用序列来表示,所以定义长度为 N 的有限长序列 $x(n)$ 的离散傅里叶变换 $X(k)$ 和逆变换分别为

$$X(k) = NX(k\Omega_0) = \sum_{n=0}^{N-1} x(n) e^{-jk\Omega_0 n} = \sum_{n=0}^{N-1} x(n) e^{-jk\frac{2\pi}{N}n} \qquad k = 0,1,2,\cdots,N-1$$

$$\tag{3-18}$$

$$x(n) = \frac{1}{N}\sum_{k=0}^{N-1} NX(k\Omega_0) e^{jk\Omega_0 n} = \frac{1}{N}\sum_{k=0}^{N-1} X(k) e^{jk\Omega_0 n} = \frac{1}{N}\sum_{k=0}^{N-1} X(k) e^{jk\frac{2\pi}{N}n} \qquad n = 0,1,2,\cdots,N-1$$

$$\tag{3-19}$$

把满足式(3-18)、式(3-19)的 $x(n)$ 和 $X(k)$ 称为离散傅里叶变换(DFT)对,简记为

$$x(n) \xleftrightarrow{\text{DFT}} X(k)$$

其中，式(3-18)为正变换，式(3-19)为逆变换。

由上述推导可以看出，只要从 DFS 变换对截取序列的主值，就构成了 DFT 变换对。但它们在本质意义上是有区别的，DFS 是按傅里叶分析严格定义的，$X(k\Omega_0)$ 是无限长周期时间序列傅里叶级数的傅里叶系数；而 DFT 是一种通过"借用" DFS 得出的变换，目的是将有限非周期离散信号的频谱离散化，使得信号的频谱分析完全由计算机来实现，所以 $X(k)$ 本质上表示的是有限非周期序列 $x(n)$ 的频谱密度函数 $X(\Omega)$ 在数字频域主值区间的取样。也可以从非周期序列的离散时间傅里叶变换(DTFT)出发，在主周期 $[-\pi, \pi)$ 内按抽样间隔 $\Omega_0 = \dfrac{2\pi}{N}$ 对原连续频域函数 $X(\Omega)$ 离散化，得到离散傅里叶变换(DFT)。

(二) DFT 的性质

DFT 具有在时域、频域均离散化的特点，既有一些与其他傅里叶变换相似的性质，又有一些独有特性，最主要的是圆周移位性质和圆周卷积性质。DFT 的性质见表 3-5。

表 3-5　DFT 的性质

性　质	序　列	离散傅里叶变换(DFT)
线性	$ax(n)+by(n)$	$aX(k)+bY(k)$
周期性	$x(n)=x(n+N)$	$X(k)=X(k+N)$
时域圆周移位	$x((n-m))_N R_N(n)$	$e^{-j\Omega_0 mk} X(k)$
频域圆周移位	$e^{j\Omega_0 k_0 n} x(n)$	$X((k-k_0))_N R_N(k)$
时间翻转	$x(-n)$	$X(-k)$
复共轭	$x^*(n)$	$X^*(N-k)$
时域圆周卷积	$x(n) \circledast h(n)$	$X(k)H(k)$
频域圆周卷积	$x(n)h(n)$	$\dfrac{1}{N} X(k) \circledast H(k)$
调制	$x(n)\cos\Omega_0 n$	$\dfrac{1}{2}[X(\Omega+\Omega_0)+X(\Omega-\Omega_0)]$
圆周相关	$x(n) \circledast h^*(-n)$	$X(k)H^*(k)$
帕斯瓦尔公式	$\sum_{n=0}^{N-1} \lvert x(n) \rvert^2$	$\dfrac{1}{N}\sum_{k=0}^{N-1} \lvert X(k) \rvert^2$

利用 DFT 的性质进行运算时，有以下几点需要注意：

1) 如果进行运算的序列 $x_1(n)$、$x_2(n)$ 长度不同，长度短的序列要补零，与另一序列长度相同。

2) $x((n-m))_N R_N(n)$ 表示序列 $x(n)$ 的圆周移位，其中 $((n-m))_N$ 表示"$(n-m)$ 对 N 取模值"，即 $(n-m)$ 被 N 除，整除后所得的余数就是 $((n-m))_N$，而 $R_N(n)$ 是以 N 为长度的矩形序列。如若 $n=20$，$m=2$，$N=7$，则 $((n-m))_N=(6)$。

若有限长序列 $x(n)$，$0 \leq n \leq N-1$，则经时移后的序列 $x(n-m)$ 仍为有限长序列，其位置移至 $m \leq n \leq N+m-1$，如图 3-24 所示。求其 DFT 时，取和的范围出现差异，前者从 0 到 $N-1$，后者从 m 到 $N+m-1$，当时移位数不同时，DFT 取和范围也要随之改变，给位移序列 DFT 的研究带来不便。为解决此问题，可以这样来理解有限长序列的位移：先将原序列

$x(n)$ 按 N 周期延拓成 $x_p(n)$，然后移 m 位得到 $x_p(n-m)$，最后取 $x_p(n-m)$ 的主值区间 $(0, \cdots, N-1)$。有限长序列 $x(n)$ 的圆周移位过程如图 3-25 所示，图中表示了 $m = 2$ 的情况。

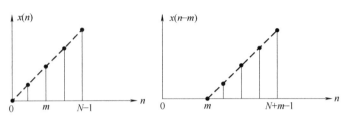

图 3-24　有限长序列 $x(n)$ 的移位

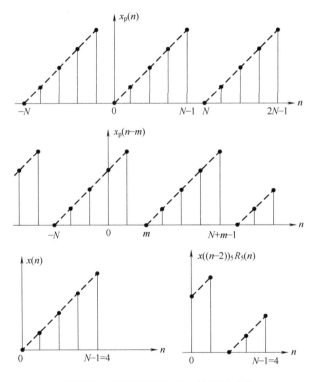

图 3-25　有限长序列 $x(n)$ 的圆周移位

圆周移位具有循环特性，即 $x(n)$ 向右移 m 位时，右边超出 $N-1$ 的 m 个样值又从左边依次填补了空位。若把序列 $x(n)$ 排列在 N 等分的圆周上，N 个样点首尾相接。上述移位可表示为 $x(n)$ 在圆周上旋转 m 位，如图 3-26 所示。当有限长序列进行任意位数的圆周移位后，求序列 DFT 时取值范围仍然保持在 $(0, \cdots, N-1)$。

3）$x(n) \circledast h(n)$ 表示序列 $x(n)$ 和 $h(n)$ 的圆周卷积，定义为

$$x(n) \circledast h(n) = \sum_{m=0}^{N-1} x(m) h((n-m))_N R_N(n) = \sum_{m=0}^{N-1} h(m) x((n-m))_N R_N(n) \quad (3-20)$$

例 3-17　已知 $x(n) = [2, 1, 2, 1]$，$h(n) = [1, 2, 3, 4]$，计算两个序列的圆周卷积 $y(n) = x(n) \circledast h(n)$。

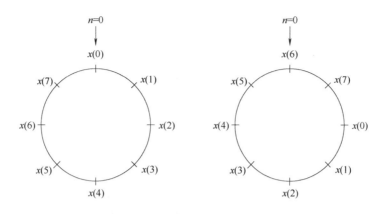

图 3-26 通过圆周的旋转表示圆周位移

解： 可以用圆周卷积定义和圆周卷积性质两种方法求解。

第一种方法：由于 $N=4$，有

$$y(n) = \sum_{m=0}^{3} x(m) h((n-m))_4 R_4(n)$$

即

$$\begin{aligned}
y(0) &= \sum_{m=0}^{3} x(m) h((-m))_4 R_4(n) \\
&= x(0)h(0) + x(1)h(3) + x(2)h(2) + x(3)h(1) \\
&= 2 \times 1 + 1 \times 4 + 2 \times 3 + 1 \times 2 = 14
\end{aligned}$$

同理可求得 $y(1)=16$，$y(2)=14$，$y(3)=16$。

第二种方法：已知 $x(n)$，可由 DFT 定义式(3-18)求得

$$\begin{aligned}
X(k) &= \sum_{n=0}^{3} x(n) e^{-jk\Omega_0 n} \\
&= x(0) + x(1) e^{-jk\frac{\pi}{2}} + x(2) e^{-jk\pi} + x(3) e^{-jk\frac{3\pi}{2}} \\
&= 2 + e^{-jk\frac{\pi}{2}} + 2 e^{-jk\pi} + e^{-jk\frac{3\pi}{2}} \qquad k=0,1,2,3
\end{aligned}$$

可得 $X(0)=6$，$X(1)=0$，$X(2)=2$，$X(3)=0$。同理可得 $H(0)=10$，$H(1)=-2+2j$，$H(2)=-2$，$H(3)=-3-2j$。

根据圆周卷积性质式，有

$$Y(k) = X(k)H(k) = [60, \underset{\uparrow}{0}, -4, 0]$$

由 DFT 逆变换式(3-19)可求得

$$y(n) = \frac{1}{4} \sum_{k=0}^{3} Y(k) e^{jk\frac{2\pi}{4}n} = \frac{1}{4}(60 - 4e^{j\pi n})$$

代入 $n=0, 1, 2, 3$，得

$$y(n) = x(n) \circledast h(n) = [\underset{\uparrow}{14}, 16, 14, 16]$$

二、快速傅里叶变换

快速傅里叶变换(Fast Fourier Transformation，FFT)是计算离散傅里叶变换(DFT)的快速算法。本节重点阐明 DFT 运算的内在规律，在此基础上提出(FFT)的基本思路，同时介绍一种常用的 FFT 算法——基 2FFT 算法。

（一）快速傅里叶变换的基本思路

已知 N 点有限长序列 $x(n)$ 的 DFT 为

$$X(k) = \sum_{n=0}^{N-1} x(n) e^{-j\frac{2\pi}{N}nk} \qquad k = 0,1,\cdots,N-1$$

通常 $X(k)$ 为复数，给定的序列 $x(n)$ 可以是实数也可以是复数。为了简化，令指数因子(旋转因子或加权因子) $W_N = e^{-j2\pi/N}$。当 N 给定，W_N 是一个常数，则 $X(k)$ 可表示为

$$X(k) = \sum_{n=0}^{N-1} x(n) W_N^{nk} \qquad k = 0,1,\cdots,N-1 \tag{3-21}$$

因而 DFT 可看作是以 W_N^{nk} 为加权系数的一组样点 $x(n)$ 的线性组合，是一种线性变换。其中 W_N^{nk} 的上标为 n 和 k 的乘积。

将式(3-21)展开，得

$$X(0) = W_N^{0\times 0} x(0) + W_N^{1\times 0} x(1) + \cdots + W_N^{(N-1)\times 0} x(N-1)$$
$$X(1) = W_N^{0\times 1} x(0) + W_N^{1\times 1} x(1) + \cdots + W_N^{(N-1)\times 1} x(N-1)$$
$$X(2) = W_N^{0\times 2} x(0) + W_N^{1\times 2} x(1) + \cdots + W_N^{(N-1)\times 2} x(N-1)$$
$$\vdots$$
$$X(N-1) = W_N^{0\times(N-1)} x(0) + W_N^{1\times(N-1)} x(1) + \cdots + W_N^{(N-1)(N-1)} x(N-1)$$

或写成矩阵表示式(为便于讨论，写出 $N=4$ 的情况)

$$\begin{pmatrix} X(0) \\ X(1) \\ X(2) \\ X(3) \end{pmatrix} = \begin{pmatrix} W_4^0 & W_4^0 & W_4^0 & W_4^0 \\ W_4^0 & W_4^1 & W_4^2 & W_4^3 \\ W_4^0 & W_4^2 & W_4^4 & W_4^6 \\ W_4^0 & W_4^3 & W_4^6 & W_4^9 \end{pmatrix} \begin{pmatrix} x(0) \\ x(1) \\ x(2) \\ x(3) \end{pmatrix}$$

可见，每完成一个频谱样点的计算，需要进行 N 次复数乘法和 $(N-1)$ 次复数加法。整个 $X(k)$ 序列的 N 个频谱样点的计算，就得进行 N^2 次复数乘法和 $N(N-1)$ 次复数加法。每一次复数乘法又含有 4 次实数乘法和 2 次实数加法；每一次复数加法包含 2 次实数加法。这样的运算过程对于一个实际信号，当样点数较多时，势必占用很长的计算时间。即使是目前运算速度较快的计算机，往往也难免会失去信号处理的实时性。例如，$N=1024$，$N^2 \approx 10^6$，设进行一次复数乘法运算为 $1\mu s$，则仅仅考虑乘法运算就需要 $1s$，况且复数加法和运算控制的时间都是不能忽略的。可见，DFT 虽然给出了利用计算机进行信号分析的基本原理，但由于 DFT 计算量大，计算费时长，在实际应用中有其局限性。解决这个问题就要寻找实现 DFT 的高效、快速算法。

DFT 运算时间能否减少，关键在于 DFT 运算是否存在规律性以及如何去利用这些规律。由于在计算 $X(k)$ 时，需要大量地计算 W_N^{nk}，而 W_N^{nk} 具有以下特点可以利用：

1) $W_N^0 = 1$，$W_N^N = 1$，$W_N^{N/2} = -1$，$W_N^{(mN+N/2)} = -1$。

2) W_N^{nk} 具有周期性，$W_N^k = W_N^{k+lN}$，其中 l、m 为整数。
3) W_N^{nk} 具有对称性，$W_N^{(nk+N/2)} = -W_N^{nk}$。
4) W_N^{nk} 具有可约性，$W_N^{nk} = W_{N/k}^n$。
5) W_N^{nk} 具有正交性，$\dfrac{1}{N}\sum\limits_{k=0}^{N-1} W_N^{nk}(W_N^{mk})^* = \dfrac{1}{N}\sum\limits_{k=0}^{N-1} W_N^{(n-m)k} = \begin{cases} 1 & n-m = lN \\ 0 & n-m \neq lN \end{cases}$。

仍以 $N=4$ 为例，利用 W_N^{nk} 的特性，有

$$\begin{pmatrix} X(0) \\ X(1) \\ X(2) \\ X(3) \end{pmatrix} = \begin{pmatrix} W_4^0 & W_4^0 & W_4^0 & W_4^0 \\ W_4^0 & W_4^1 & -W_4^0 & -W_4^1 \\ W_4^0 & -W_4^0 & W_4^0 & -W_4^0 \\ W_4^0 & -W_4^1 & -W_4^0 & W_4^1 \end{pmatrix} \begin{pmatrix} x(0) \\ x(1) \\ x(2) \\ x(3) \end{pmatrix}$$

进一步，有

$$\begin{pmatrix} X(0) \\ X(1) \\ X(2) \\ X(3) \end{pmatrix} = \begin{pmatrix} 1 & 1 & 1 & 1 \\ 1 & -1 & W_4^1 & -W_4^1 \\ 1 & 1 & -1 & -1 \\ 1 & -1 & -W_4^1 & W_4^1 \end{pmatrix} \begin{pmatrix} x(0) \\ x(2) \\ x(1) \\ x(3) \end{pmatrix}$$

由上式可知，由于求 DFT 时所进行的复数乘法和复数加法次数都与 N^2 成正比，因此，若把长序列分解为短序列，如把 N 点的 DFT 分解为 2 个 $N/2$ 点 DFT 之和时，其结果使复数乘法次数减少到 $2\times(N/2)^2 = N^2/2$，即为分解前的一半。

一种高效、快速实现 DFT 的算法是把原始的 N 点序列依次分解成一系列短序列，并充分利用 W_N^{nk} 所具有的对称性质和周期性质，求出这些短序列的 DFT，然后进行适当组合，最终达到删除重复运算、减少乘法运算、提高速度的目的。这就是快速傅里叶变换(FFT)的基本思想。

（二）基 2 FFT 算法

最基本的 FFT 算法是将 $x(n)$ 按时间分解（抽取）成较短的序列，然后从这些短序列的 DFT 中求得 $X(k)$。

设序列 $x(n)$ 的长度为 $N=2^v$（v 为整数），先按 n 的奇、偶将序列分成两部分，则可写出序列 $x(n)$ 的 DFT 为

$$X(k) = \sum_{n=0}^{N-1} x(n) W_N^{nk} = \sum_{n\text{偶}} x(n) W_N^{nk} + \sum_{n\text{奇}} x(n) W_N^{nk}$$

当 n 为偶数时，令 $n=2l$，n 为奇数时，令 $n=2l+1$，其中 l 为整数。则上式为

$$X(k) = \sum_{l=0}^{\frac{N}{2}-1} x(2l) W_N^{2lk} + \sum_{l=0}^{\frac{N}{2}-1} x(2l+1) W_N^{(2l+1)k} \tag{3-22}$$

可见，这时序列 $x(n)$ 先被分解（抽取）成两个子序列，每个子序列长度为 $N/2$，如图 3-27 所示，第一个序列 $x(2l)$ 由 $x(n)$ 的偶数项组成，第二个序列 $x(2l+1)$ 由 $x(n)$ 的奇数项组成。

由于 $W_N^2 = \mathrm{e}^{-\mathrm{j}2\frac{2\pi}{N}} = \mathrm{e}^{-\mathrm{j}\frac{2\pi}{N/2}} = W_{N/2}^1$，式(3-22)可以表示为

$$X(k) = \sum_{l=0}^{\frac{N}{2}-1} x(2l) W_{N/2}^{lk} + W_N^k \sum_{l=0}^{\frac{N}{2}-1} x(2l+1) W_{N/2}^{lk}$$

注意到上式第一项是 $x(2l)$ 的 $N/2$ 点 DFT，第二项是 $x(2l+1)$ 的 $N/2$ 点 DFT，若分别记

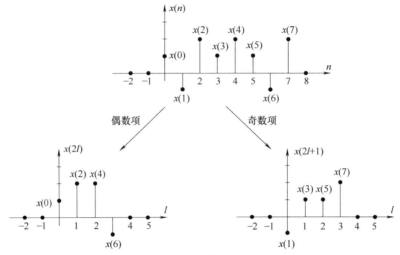

图 3-27 以因子 2 分解长度为 $N=8$ 的序列 $x(n)$

$$G(k) = \sum_{l=0}^{\frac{N}{2}-1} x(2l) W_{N/2}^{lk}, \qquad H(k) = \sum_{l=0}^{\frac{N}{2}-1} x(2l+1) W_{N/2}^{lk}$$

则有

$$X(k) = G(k) + W_N^k H(k) \qquad k=0,1,\cdots,N-1 \tag{3-23}$$

显然 $G(k)$、$H(k)$ 是长度为 $N/2$ 点的 DFT，它们的周期都应是 $N/2$，即

$$G\left(k+\frac{N}{2}\right) = G(k) \qquad H\left(k+\frac{N}{2}\right) = H(k)$$

再利用 $W_N^{k+N/2} = -W_N^k$，式（3-23）又可表示为

$$X(k) = G(k) + W_N^k H(k) \qquad k=0,1,\cdots,\frac{N}{2}-1 \tag{3-24}$$

$$X(k+N/2) = G(k) - W_N^k H(k) \qquad k=0,1,\cdots,\frac{N}{2}-1 \tag{3-25}$$

前 $N/2$ 个 $X(k)$ 由式（3-24）求得，后 $N/2$ 个 $X(k)$ 由式（3-25）求得，而二者只差一个符号。一个 8 点序列 $x(n)$ 按时间抽取 FFT 算法的第一次分解运算的框图如图 3-28 所示。

如果 $N/2$ 是偶数，$x(2l)$ 和 $x(2l+1)$ 还可以被再分解（抽取）。在计算 $G(k)$ 时可以将序列 $x(2l)$ 按 l 的奇偶分为两个子序列，每个子序列长度为 $N/4$。当 l 为偶数时令 $l=2r$，l 为奇数时令 $l=2r+1$，其中 r 为整数。于是，可得 $G(k)$ 为

$$\begin{aligned}
G(k) &= \sum_{l=0}^{\frac{N}{2}-1} x(2l) W_{N/2}^{lk} = \sum_{l偶} x(2l) W_{N/2}^{lk} + \sum_{l奇} x(2l) W_{N/2}^{lk} \\
&= \sum_{r=0}^{\frac{N}{4}-1} x(4r) W_{N/2}^{2rk} + \sum_{r=0}^{\frac{N}{4}-1} x(4r+2) W_{N/2}^{(2r+1)k} \\
&= \sum_{r=0}^{\frac{N}{4}-1} x(4r) W_{N/4}^{rk} + W_{N/2}^{k} \sum_{r=0}^{\frac{N}{4}-1} x(4r+2) W_{N/4}^{rk} \\
&= A(k) + W_N^{2k} B(k) \qquad k=0,1,\cdots,\frac{N}{2}-1
\end{aligned} \tag{3-26}$$

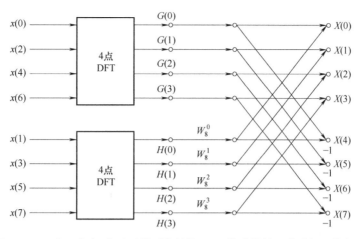

图 3-28　一个 8 点序列 $x(n)$ 按时间抽取 FFT 算法的第一次分解运算框图

式(3-26)推导过程中应用了等式 $W_{N/2}^k = W_N^{2k}$。显然 $A(k)$、$B(k)$ 是长度为 $N/4$ 点的 DFT，它们的周期都应是 $N/4$，若再利用等式 $W_N^{2(k+N/4)} = W_N^{2k+N/2} = -W_N^{2k}$，式(3-26)可写为

$$G(k) = A(k) + W_N^{2k} B(k) \qquad k = 0, 1, \cdots, \frac{N}{4} - 1 \qquad (3\text{-}27)$$

$$G\left(k + \frac{N}{4}\right) = A(k) - W_N^{2k} B(k) \qquad k = 0, 1, \cdots, \frac{N}{4} - 1 \qquad (3\text{-}28)$$

式中，$A(k) = \sum_{r=0}^{\frac{N}{4}-1} x(4r) W_{N/4}^{rk}$，$B(k) = \sum_{r=0}^{\frac{N}{4}-1} x(4r+2) W_{N/4}^{rk}$，$k = 0, 1, \cdots, N/4 - 1$。前 $N/4$ 点 $G(k)$ 由式(3-27)求得，后 $N/4$ 点 $G(k)$ 由式(3-28)求得，二者也只差一个符号。图 3-29 所示为图 3-28 中 4 点 DFT 按时间抽取 FFT 算法的第二次分解运算框图。

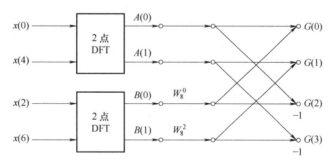

图 3-29　图 3-28 中 4 点 DFT 按时间抽取 FFT 算法的第二次分解运算框图

同样的处理方法也应用于计算 $H(k)$，得到计算 $H(k)$ 的式子为

$$H(k) = C(k) + W_N^{2k} D(k) \qquad k = 0, 1, \cdots, \frac{N}{4} - 1 \qquad (3\text{-}29)$$

$$H\left(k + \frac{N}{4}\right) = C(k) - W_N^{2k} D(k) \qquad k = 0, 1, \cdots, \frac{N}{4} - 1 \qquad (3\text{-}30)$$

式中，$C(k) = \sum_{r=0}^{\frac{N}{4}-1} x(4r+1) W_{N/4}^{rk}$，$D(k) = \sum_{r=0}^{\frac{N}{4}-1} x(4r+3) W_{N/4}^{rk}$，$k = 0, 1, \cdots, N/4 - 1$。

于是，对于一个 8 点序列 $x(n)$，根据式(3-27)~式(3-30)，可计算得到

$$A(0) = x(0) + W_8^0 x(4), \quad A(1) = x(0) - W_8^0 x(4)$$
$$B(0) = x(2) + W_8^0 x(6), \quad B(1) = x(2) - W_8^0 x(6)$$
$$C(0) = x(1) + W_8^0 x(5), \quad C(1) = x(1) - W_8^0 x(5)$$
$$D(0) = x(3) + W_8^0 x(7), \quad D(1) = x(3) - W_8^0 x(7)$$

进一步求得

$$G(0) = A(0) + W_8^0 B(0), \quad G(1) = A(1) + W_8^2 B(1)$$
$$G(2) = A(0) - W_8^0 B(0), \quad G(3) = A(1) - W_8^2 B(1)$$
$$H(0) = C(0) + W_8^0 D(0), \quad H(1) = C(1) + W_8^2 D(1)$$
$$H(2) = C(0) - W_8^0 D(0), \quad H(3) = C(1) - W_8^2 D(1)$$

再由式(3-24)和式(3-25)，求得

$$X(0) = G(0) + W_8^0 H(0), \quad X(1) = G(1) + W_8^1 H(1)$$
$$X(2) = G(2) + W_8^2 H(2), \quad X(3) = G(3) + W_8^3 H(3)$$
$$X(4) = G(0) - W_8^0 H(0), \quad X(5) = G(1) - W_8^1 H(1)$$
$$X(6) = G(2) - W_8^2 H(2), \quad X(7) = G(3) - W_8^3 H(3)$$

一个完整的 8 点按时间抽取的基 2 FFT 算法流程如图 3-30 所示，自左至右分为三级：第一级是 4 个 2 点 DFT，计算 $A(k)$、$B(k)$、$C(k)$、$D(k)$，$k=0$，1；第二级是 2 个 4 点 DFT，计算 $G(k)$、$H(k)$，$k=0 \sim 3$；第三级是 1 个 8 点 DFT，计算 $X(k)$，$k=0 \sim 7$。而每一级的运算都由 4 个基本运算单元组合而成，每一碟形运算单元有 2 个输入数据和 2 个输出数据，如图 3-31 所示。

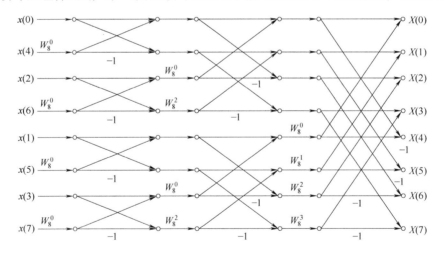

图 3-30 一个完整的 8 点按时间抽取的基 2 FFT 算法流程

实际上，基 2 FFT 算法是一种不断将数据序列进行抽取，每抽取一次就把 DFT 的计算宽度降为原来一半，最后成为 2 点 DFT 运算的算法。因此，一个长度为 $N = 2^v$（v 为整数）的序列 $x(n)$，通过按时间抽取的基 2 FFT 算法可以分解为 $\log_2 N = v$ 级运算，每级运算由 $N/2$ 个碟形运算单元完成。每一碟形运算单元只需进行一次与指数因子 W_N^r 的复数乘法和二次复数加

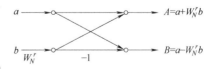

图 3-31 碟形运算示意图

法，每一级运算则有 $N/2$ 次复数乘法和 N 次复数加法，所以整个运算过程共有 $\frac{1}{2}N\log_2 N$ 次复数乘法和 $N\log_2 N$ 次复数加法，极大地提高了计算的效率。如对于 $N=1024$ 的序列，采用 FFT 比直接计算 DFT 提高运算速度在 200 倍以上，而且随着 N 的增加，运算效率的提高更加显著。

以上介绍的是按时间抽取的基 2 FFT 算法，也称 Cooley-Tukey（库利-图基）算法；与此对应的另一种算法是在频域把 $X(k)$ 按 k 的奇、偶分组来计算 DFT，称为按频率抽取的 FFT 算法，也称 Sande-Tukey（桑德-图基）算法。

FFT 算法也可以用于离散傅里叶变换（DFT）的逆变换，即由信号的频谱序列 $X(k)$ 求出序列 $x(n)$，通常称为 FFT 逆变换。

（三）应用 FFT 求解连续信号的频谱

DFT 的应用，往往伴随着 FFT 算法的实施，因此，所谓 DFT 的应用实际上就是 FFT 的应用。FFT 算法可直接用来处理离散信号的数据，也可用于对连续时间信号分析的逼近。

实际的信号大都是连续信号，为了能在计算机上对连续信号进行分析、处理，必须借助于 FFT 这一快速算法。但是，由于连续信号在应用 FFT 时，首先必须进行抽样、截断等前期处理，处理不当会使结果产生较大的误差，甚至得出错误结论。因此，在利用 FFT 对连续时间信号进行分析、处理时，要特别关注如何减少抽样、截断等前期处理带来的误差。下面分别就几种典型的连续时间信号，讨论由 DFT 带来的误差以及为了减少误差可以采取的办法。

1. 时限连续信号

由于一般时限信号具有无限带宽，根据时域抽样定理，无论怎样减小抽样间隔 T_s 都不可避免产生频谱混叠，而且过度减小抽样间隔，会极大地增加 DFT 计算工作量和计算机存储单元，实际应用中并不可取。解决的方法，一方面利用抗混叠滤波器去除连续信号中次要的高频成分，再进行抽样；另一方面选取合适的抽样周期 T_s，使混叠产生的误差限制在允许的范围之内。

2. 带限连续信号

带限信号的抽样频率选取比较容易，但一般带限信号的时宽是无限的，不符合 DFT 在时域对信号的要求，为此要进行加窗截断。如前所述，离散周期信号当长度截断不当时会产生频谱泄漏现象，连续时间信号加窗截断时一定会造成频谱泄漏。例如，单位直流信号加单位矩形窗截断后产生的频谱泄漏如图 3-32 所示。很显然，时宽无限的信号由于截断会造成谱峰下降、频带扩展的频谱泄漏。为减小频谱泄漏，一种方法是加大窗宽 τ，由图 3-32 可见，加大 τ 能减少谱峰下降和频带扩展的影响，但使信号时宽加大，经抽样后增大了序列长度，增加了 DFT 的计算量及计算机存储单元；另一种方法是根据原信号选取形状合适的窗函数。矩形窗在时域的突变导致频域中高频成分衰减慢，造成的频谱泄漏最严重，而三角形窗、升余弦窗（Haning 窗）、海明窗（Hamming 窗）等在频域有较低的旁瓣，使频谱泄漏现象减弱。

在考虑了频谱泄漏的影响后，还要调整抽样频率，否则会引起混叠。

3. 连续周期信号

如果周期信号是带限信号，则合理选取抽样频率可避免混叠，但对于频带无限的周期信号，与时限信号一样不可避免产生混叠，要设法把混叠产生的误差限制在允许范围之内。

连续周期信号是非时限信号，进行 DFT 处理时也要加窗截断。当截断长度正好是信号

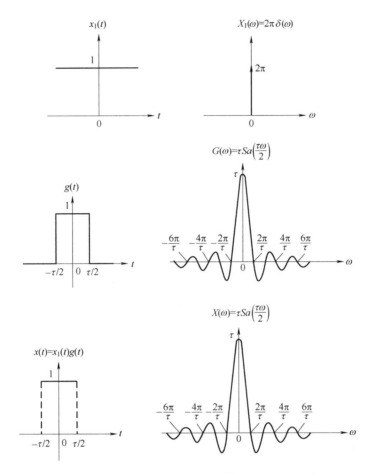

图 3-32 单位直流信号加单位矩形窗截断后产生的频谱泄漏

周期时,不会产生频谱泄漏,但当截断长度不是信号周期时,则会产生频谱泄漏现象。合理地选取截断长度(整周期截断),能避免 DFT 的频谱泄漏。

连续时间信号离散化后,在频域还会出现幅值的变动,即离散化后信号的频谱幅值为原连续信号频谱幅值除以抽样周期。因此,用 DFT 求出频谱后,乘上一个抽样周期值才是连续信号的频谱近似值。实际应用中,往往只关心正、反傅里叶变换的相对值结果,所以大都不大强调该因子。

在用 DFT 求连续信号的频谱时,还有一个概念值得注意,就是频率分辨率。它是指 DFT 中谱线间的最小间隔,单位为 Hz(或 rad),等于信号基波频率 f_0(或 Ω_0),f_0(或 Ω_0)越小则频率分辨率越高。对于长度为 N 的序列,频率分辨率为 f_s/N,其中 f_s 为抽样频率。

例 3-18 用 FFT 分析最高频率为 $f_m = 1.25\text{kHz}$ 的连续时间信号,要求频率分辨率 $f_0 \leq 5\text{Hz}$。试确定:

1)最小的信号抽样记录长度(持续时间)。
2)最大抽样间隔。
3)最少抽样记录点数。

解: 1)由 DFT 和分辨率 f_0 的概念,最小的抽样记录长度 T_0 为

$$T_0 = \frac{1}{f_0} \geq \frac{1}{5}\text{s} = 0.2\text{s}$$

2）由时域抽样定理，最大抽样间隔为

$$T_s \leq \frac{1}{2f_m} = \frac{1}{2 \times 1.25 \times 10^3}\text{s} = 0.4 \times 10^{-3}\text{s}$$

3）由 $N = \dfrac{f_s}{f_0} = \dfrac{T_0}{T_s} \geq \dfrac{0.2}{0.4 \times 10^{-3}} = 500$

为方便基 2 FFT 计算，取 $N = 2$ 的整数次幂，即

$$N = 512 = 2^9$$

例 3-19 利用 DFT 求图 3-33a 所示三角脉冲的频谱，假设信号最高频率为 $f_m = 25\text{kHz}$，要求谱率分辨力 $f_0 = 100\text{Hz}$。

解： 由 f_m 得出对最大抽样间隔 T_s 为

$$T_s \leq \frac{1}{2f_m} = \frac{1}{2 \times 25 \times 10^3}\text{s} = 0.02\text{ms}$$

由频率分辨率决定数据记录长度为

$$T_0 = \frac{1}{f_0} = \frac{1}{100}\text{s} = 10\text{ms}$$

抽样点数为

$$N = \frac{T_0}{T_s} \geq \frac{10}{0.02} = 500$$

取 $N = 512 = 2^9$，便于基 2 FFT 运算，由于 N 修正了，T_s 也应修正为

$$T_s = \frac{T_0}{N} = \frac{10 \times 10^{-3}}{512}\text{s} \approx 19.53\mu\text{s}$$

$x(t)$ 抽样后经过周期延拓，取主值区间所得 $x(n)$（$n = 0 \sim 511$），如图 3-33b 所示。经 FFT 运算后得到如图 3-33c 所示频谱，当然它是对 $X(kf_0)$ 的幅值乘上 T_s 因子，然后画出的包络线。

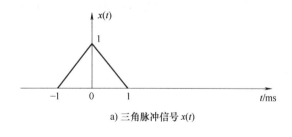

a）三角脉冲信号 $x(t)$

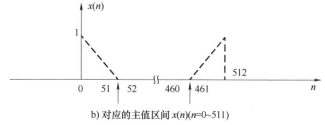

b）对应的主值区间 $x(n)$（$n = 0 \sim 511$）

图 3-33　三角脉冲信号 $x(t)$ 及其用 DFT 求得的频谱

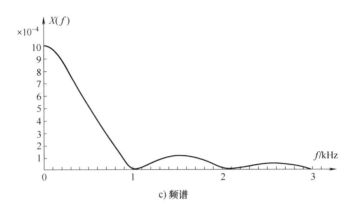

c) 频谱

图 3-33　三角脉冲信号 $x(t)$ 及其用 DFT 求得的频谱（续）

第四节　Z 域 分 析

离散信号也可以用类似于连续信号所采用的复频域方法进行分析。离散信号的复频域分析方法是 Z 变换法。

与拉普拉斯变换是连续时间信号傅里叶变换的直接推广完全相同，Z 变换也是离散时间傅里叶变换（DTFT）的直接推广。它用复变量 z 表示一类更为广泛的信号，拓宽了离散时间傅里叶变换的应用范围。本节从序列的 DTFT 引出 Z 变换的定义，然后讨论 Z 变换的收敛域、性质、逆 Z 变换等。

一、离散信号的 Z 变换

（一）从 DTFT 到 Z 变换

增长的离散信号（序列）$x(n)$ 的 DTFT 是不收敛的，为了满足收敛条件，将 $x(n)$ 乘以一衰减的实指数信号 $r^{-n}(r>1)$，使函数 $x(n)r^{-n}$ 满足收敛条件。可得 DTFT 为

$$F(x(n)r^{-n}) = \sum_{n=-\infty}^{\infty} [x(n)r^{-n}] e^{-j\Omega n} = \sum_{n=-\infty}^{\infty} x(n)(re^{j\Omega})^{-n} \tag{3-31}$$

令复变量 $z = re^{j\Omega}$，代入式(3-31)，则式子右边为复变量 z 的函数，把它定义为离散时间信号 $x(n)$ 的 Z 变换，记作 $X(z)$。显然有

$$X(z) = \sum_{n=-\infty}^{\infty} x(n) z^{-n} \tag{3-32}$$

假设 r 的取值使式(3-32)收敛，对其进行反 DTFT，得

$$x(n)r^{-n} = F^{-1}(X(z)) = \frac{1}{2\pi} \int_0^{2\pi} X(z) e^{j\Omega n} d\Omega$$

故有

$$x(n) = \frac{1}{2\pi} \int_0^{2\pi} X(z)(re^{j\Omega})^n d\Omega \tag{3-33}$$

现将积分变量 Ω 改变为 z，由于 $z = re^{j\Omega}$，对 Ω 在 $0 \sim 2\pi$ 区域（实际上是 Ω 的整个取值范围）内积

分,对应了沿$|z|=r$的圆逆时针环绕一周的积分,可得$dz=jre^{j\Omega}d\Omega=jzd\Omega$,即$d\Omega=\frac{1}{j}z^{-1}dz$,代入式(3-33)得

$$x(n)=\frac{1}{2\pi j}\oint_c X(z)z^{n-1}dz \tag{3-34}$$

式(3-34)为 Z 变换的逆变换式。$\oint_c$ 表示在以 r 为半径、以原点为中心的封闭圆周上沿逆时针方向的围线积分。式(3-32)和式(3-34)构成双边 Z 变换对,这里双边 Z 变换指的是 n 取值为 $(-\infty,+\infty)$,记为 $x(n)\xleftrightarrow{Z}X(z)$。

(二) Z 变换的收敛域

与拉普拉斯变换类似,即使引入指数型衰减因子 r^{-n},对于不同信号 $x(n)$ 也存在为保证 $x(n)r^{-n}$ 的 DTFT 收敛的 r 取值问题,也就是 Z 变换存在的 z 值取值范围问题,称为 Z 变换的收敛域(ROC)。同理,逆 Z 变换的积分围线必须是位于 ROC 内任意 $|z|=r$ 的圆周。下面通过例子来说明 Z 变换的收敛域。

例 3-20 求序列 $x(n)=a^nu(n)$ 的 Z 变换。

解:由式(3-32),序列 $x(n)$ 的 Z 变换为

$$X(z)=\sum_{n=-\infty}^{\infty}a^nu(n)z^{-n}=\sum_{n=0}^{\infty}a^nz^{-n}=\sum_{n=0}^{\infty}\left(\frac{a}{z}\right)^n$$

为使 $X(z)$ 收敛,根据几何级数的收敛定理,必须满足 $\left|\frac{a}{z}\right|<1$,即 $|z|>|a|$。此时

$$X(z)=\frac{1}{1-az^{-1}}=\frac{z}{z-a} \qquad |z|>|a|$$

图 3-34 在 Z 平面上表示出了例 3-20 的收敛域,其中 Z 平面是以 $Re(z)$ 为横坐标轴、$Im(z)$ 为纵坐标轴的平面。图中同时表示出了零、极点位置,其中极点用"×"表示,零点用"○"表示。

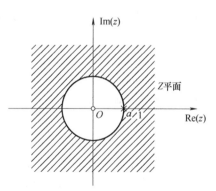

图 3-34 例 3-20 的零极点和收敛域

例 3-21 设序列 $x(n)=-a^nu(-n-1)$,求其 Z 变换。

解:根据题意,有

$$X(z)=\sum_{n=-\infty}^{-1}(-a^nz^{-n})$$

令 $m=-n$,则

$$X(z)=\sum_{m=1}^{\infty}(-a^{-m}z^m)=\sum_{m=0}^{\infty}-(a^{-1}z)^m+a^0z^0=1-\sum_{m=0}^{\infty}(a^{-1}z)^m$$

显然上式只有当 $\left|\frac{z}{a}\right|<1$,即 $|z|<|a|$ 时收敛,此时

$$X(z)=1-\frac{1}{1-a^{-1}z}=1-\frac{a}{a-z}=\frac{z}{z-a}=\frac{1}{1-az^{-1}} \qquad |z|<|a|$$

其收敛域如图3-35所示。

从以上两个例子可以看出，它们的Z变换式是完全一样的，不同的仅是Z变换的收敛域。一个Z变换式只有和它的收敛域在一起，才能与信号建立起对应的关系。

进一步分析，可以认为Z变换的收敛域ROC是由满足$x(n)r^{-n}$绝对可和，即满足

$$\sum_{n=-\infty}^{\infty}|x(n)|r^{-n}<\infty \tag{3-35}$$

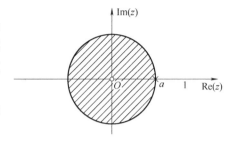

图3-35 例3-21的零极点和收敛域

的所有$z=re^{j\Omega}$的值组成，显然，决定式(3-35)是否成立的只是z值的模r，而与Ω无关。由此可见，若某一具体的z_0值是在ROC内，那么位于以原点为圆心的同一圆上的全部z值也一定在该ROC内，换言之，$X(z)$的ROC是由在Z平面上以原点为中心的圆环组成。事实上，ROC必须是而且只能是一个单一的圆环，在某些情况下，圆环的内圆边界可以向内延伸到原点，而在另一些情况下，它的外圆边界可以向外延伸到无穷远。

由式(3-35)还可以看到，$X(z)$的收敛域还与$x(n)$的性质有关，具体地说，不同类型的序列其收敛域的特性是不同的，一般可以分为以下几种情况：

1. 有限长序列

有限长序列是指在有限区间$n_1 \leq n \leq n_2$内序列才具有非零的有限值，而在此区间外，序列值皆为零，称为有始有终序列，其Z变换可表示为

$$X(z)=\sum_{n=n_1}^{n_2}x(n)z^{-n} \tag{3-36}$$

由于n_1、n_2是有限整数，因而式(3-36)是一个有限项级数，故只要级数的每一项有界，则级数就收敛，即要求

$$|x(n)z^{-n}|<\infty \qquad n_1\leq n\leq n_2$$

由于$x(n)$有界，故要求$|z^{-n}|<\infty$，$n_1\leq n\leq n_2$。显然，在$0<|z|<+\infty$上都满足此条件。因此，有限长序列的收敛域至少是除$z=0$和$z=\infty$外的整个Z平面。

例如，对$n_1=-2$，$n_2=3$的情况，有

$$X(z)=\sum_{n=-2}^{3}x(n)z^{-n}=\underbrace{x(-2)z^2+x(-1)z^1}_{|z|<\infty}+\underbrace{x(0)z^0}_{常值}+\underbrace{x(1)z^{-1}+x(2)z^{-2}+x(3)z^{-3}}_{|z|>0}$$

其收敛域就是除$z=0$和$z=\infty$外的整个Z平面。

在n_1、n_2的特殊情况下，收敛域还可以扩大：若$n_1\geq 0$，收敛域为$0<|z|\leq\infty$，即除$z=0$外的整个Z平面；若$n_2\leq 0$，收敛域为$0\leq|z|<\infty$，即除$z=\infty$外的整个Z平面。

2. 右边序列

右边序列是有始无终的序列，即当$n<n_1$时，$x(n)=0$。此时Z变换为

$$X(z)=\sum_{n=n_1}^{\infty}x(n)z^{-n}=\sum_{n=n_1}^{-1}x(n)z^{-n}+\sum_{n=0}^{\infty}x(n)z^{-n} \tag{3-37}$$

式(3-37)右边第一项为有限长序列的Z变换，按前面的讨论可知，它的收敛域至少是除了$z=0$和$z=\infty$外的整个Z平面。第二项是z的负幂级数，由级数收敛的阿贝尔(N. Abel)定理可知，存在一个收敛半径R_{x^-}，级数在以原点为中心、以R_{x^-}为半径的圆外任何点都绝对收敛。综

合此两项，右边序列 Z 变换的收敛域为 $R_{x-}<|z|<\infty$，如图 3-36 所示。若 $n_1 \geqslant 0$，则式（3-37）右端不存在第一项，故收敛域应包括 $z=\infty$，即为 $R_{x-}<|z|\leqslant\infty$，或写为 $R_{x-}<|z|$。特别地，$n_1=0$ 的右边序列也称因果序列，通常可表示为 $x(n)u(n)$。

3. 左边序列

左边序列是无始有终序列，即当 $n>n_2$ 时，$x(n)=0$。此时 Z 变换为

$$X(z)=\sum_{n=-\infty}^{n_2}x(n)z^{-n}=\sum_{n=-\infty}^{0}x(n)z^{-n}+\sum_{n=1}^{n_2}x(n)z^{-n} \quad (3-38)$$

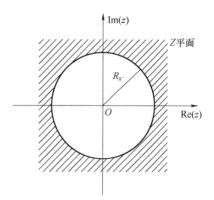

图 3-36 右边序列的 ROC

式（3-38）右端第二项为有限长序列的 Z 变换，收敛域至少为除 $z=0$ 和 $z=\infty$ 外的整个 Z 平面。右端第一项是正幂级数，由阿贝尔定理可知，必有收敛半径 R_{x+}，级数在以原点为中心、以 R_{x+} 为半径的圆内任何点都绝对收敛。综合以上两项，左边序列 Z 变换的收敛域为 $0<|z|<R_{x+}$，如图 3-37 所示。若 $n_2\leqslant 0$，则式（3-38）右端不存在第二项，故收敛域应包括 $z=0$，即为 $0\leqslant|z|<R_{x+}$，或写为 $|z|<R_{x+}$。

4. 双边序列

双边序列是从 $n=-\infty$ 延伸到 $n=+\infty$ 的序列，为无始无终序列，可以把它看成是一个右边序列和一个左边序列的和，即

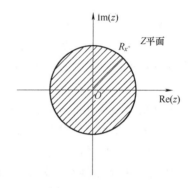

图 3-37 左边序列的 ROC

$$X(z)=\sum_{n=-\infty}^{\infty}x(n)z^{-n}=\sum_{n=0}^{\infty}x(n)z^{-n}+\sum_{n=-\infty}^{-1}x(n)z^{-n} \quad (3-39)$$

因为可以把双边序列看成右边序列和左边序列的 Z 变换叠加，其收敛域应该是右边序列和左边序列收敛域的重叠部分。式（3-39）右边第一项为右边序列的 Z 变换，且 $n_1=0$，其收敛域为 $|z|>R_{x-}$；第二项为左边序列的 Z 变换，且 $n_2=-1$，其收敛域为 $|z|<R_{x+}$。所以，若满足 $R_{x-}<R_{x+}$，则存在公共收敛域 $R_{x-}<|z|<R_{x+}$，是一个环形区域，如图 3-38 所示。

值得注意的是，对于连续时间信号，通常非因果信号不具有实际意义，而对于离散时间信号，往往是取得信号序列后，再进行分析处理，这时非因果信号同样具有实际意义。

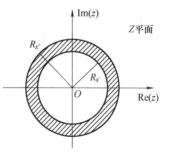

图 3-38 双边序列的 ROC

例 3-22 求双边序列 $x(n)=b^{|n|}$，$-\infty\leqslant n\leqslant\infty$，$b>0$ 的 Z 变换。

解：双边序列 $x(n)$ 可以表示成一个右边序列和一个左边序列之和，即

$$x(n)=\underbrace{b^n u(n)}_{n\geqslant 0}+\underbrace{b^{-n}u(-n-1)}_{n<0}$$

等式右边第一项 $b^n u(n)$ 是一个右边序列，有

$$Z(b^n u(n))=\frac{1}{1-bz^{-1}} \qquad |z|>b$$

等式右边第二项可以写成 $b^{-n}u(-n-1)=-[-(b^{-1})^n u(-n-1)]$，有

$$Z(b^{-n}u(-n-1))=-Z(-(b^{-1})^n u(-n-1))=\frac{-1}{1-b^{-1}z^{-1}} \qquad |z|<b^{-1}$$

对于 $b\geq 1$，上面两式没有任何公共的 ROC，因此序列 $x(n)$ 的 Z 变换不收敛，尽管此时左边和右边序列都有单独的 Z 变换，但整个序列不存在 Z 变换。对于 $b<1$，上面两式的 ROC 有重叠，此时序列 $x(n)$ 的 Z 变换为

$$X(z)=\frac{1}{1-bz^{-1}}-\frac{1}{1-b^{-1}z^{-1}} \qquad b<|z|<\frac{1}{b}$$

（三）Z 变换的几何表示

当 Z 变换式是有理式时，可以表示为复变量 z 的两个多项式之比，即

$$X(z)=\frac{N(z)}{D(z)} \tag{3-40}$$

式中，$N(z)$ 和 $D(z)$ 分别为分子多项式和分母多项式。分子多项式的根称为 $X(z)$ 的零点，分母多项式的根称为 $X(z)$ 的极点。在 Z 平面内分别用"○"和"×"标出 $X(z)$ 的零点和极点位置，并指出收敛域 ROC，就构成了 Z 变换的几何表示。它除了可能相差一个常数因子外，与 Z 变换的有理式一一对应，为 Z 变换提供了一种方便而形象的描述方式。图 3-34、图 3-35 就是例 3-20 和例 3-21 的 Z 变换式的零极点图和 ROC，分别对应了 $a^n u(n)$ 和 $-a^n u(-n-1)$ 的 Z 变换。

用零极点及收敛域 ROC 来描述 Z 变换式时，有两个特征值得注意和应用：

1）收敛域内不包含任何极点。这一特征是很明显的，因为在一个极点处，$X(z)$ 为无穷大，即 $x(n)$ 的 Z 变换在此处不收敛，因此它不应该在收敛域内。

2）Z 变换的收敛域被极点界定。也就是说，对于收敛域具有边界的 Z 变换，其边界上一定包含有极点。右边序列的 Z 变换收敛域为 Z 平面上最大模极点为半径的圆外，左边序列收敛域为 Z 平面上最小模极点为半径的圆内。

（四）Z 变换的性质

Z 变换也有很多重要的性质，见表 3-6。这些性质反映了离散信号的时域特性与 Z 域特性之间的关系，对简化信号的 Z 变换很有用。

表 3-6 Z 变换的主要性质

性质	时域	Z 变换域	收敛域
序列	$x(n)$	$X(z)$	ROC=R_x：$R_{x-}<|z|<R_{x+}$
序列	$y(n)$	$Y(z)$	ROC=R_y：$R_{y-}<|z|<R_{y+}$
线性	$ax(n)+by(n)$	$aX(z)+bY(z)$	$\max\{R_{x-}, R_{y-}\}<|z|<\min\{R_{x+}, R_{y+}\}$
时移	$x(n-n_0)$	$z^{-n_0}X(z)$	$R_{x-}<|z|<R_{x+}$
Z 域尺度变换	$a^n x(n)$	$X(a^{-1}z)$	$|a|R_{x-}<|z|<|a|R_{x+}$
Z 域微分	$nx(n)$	$-z\dfrac{dX(z)}{dz}$	$R_{x-}<|z|<R_{x+}$
时间翻转	$x(-n)$	$X(z^{-1})$	$R_k^{-1}<|z|<R_k^{-1}$
卷积	$x(n)*y(n)$	$X(z)Y(z)$	$\max\{R_{x-}, R_{y-}\}<|z|<\min\{R_{x+}, R_{y+}\}$
乘积	$x(n)y(n)$	$\dfrac{1}{2\pi j}\oint_c X(v)Y(zv^{-1})v^{-1}dv$	$R_{x-}R_{y-}<|z|<R_{x+}R_{y+}$

(续)

性 质	时 域	Z 变换域	收 敛 域
共轭	$x^*(n)$	$X^*(z^*)$	$R_{x-}<|z|<R_{x+}$
累加	$\sum_{k=-\infty}^{n} x(k)$	$\dfrac{1}{1-z^{-1}}X(z)$	至少包含 $R_x \bigcap |z|>1$
初值定理	$x(0)=\lim\limits_{z\to\infty}X(z)$		$x(n)$ 为因果序列，$|z|>R_{x-}$
终值定理	$x(\infty)=\lim\limits_{z\to 1}(z-1)X(z)$		$x(n)$ 为因果序列，且当 $|z|\geq 1$ 时，$(z-1)X(z)$ 收敛

下面举例说明 Z 变换性质的应用。

例 3-23 求序列 $x(n)=a^n u(n)-a^n u(n-1)$ 的 Z 变换。

解：令 $x_1(n)=a^n u(n)$，$x_2(n)=a^n u(n-1)$，由 Z 变换定义式(3-32)，可得

$$X_1(z)=\sum_{n=-\infty}^{\infty}a^n u(n)z^{-n}=\frac{z}{z-a} \qquad |z|>|a|$$

$$X_2(z)=\sum_{n=-\infty}^{\infty}a^n u(n-1)z^{-n}=\frac{a}{z-a} \qquad |z|>|a|$$

所以

$$Z(x(n))=X_1(z)-X_2(z)=1 \qquad 0\leq |z|\leq \infty$$

例 3-23 中，$x(n)$ 实际上就是单位脉冲序列 $\delta(n)$，其 Z 变换为常数 1，收敛域为包含 0 和 ∞ 的全部 Z 平面。可见，线性叠加后可能使得新序列的 Z 变换的零极点相互抵消掉，导致新序列的 Z 变换的 ROC 边界发生改变，在此例中，ROC 就由原来的 $|z|>|a|$ 扩展到新序列的全部 Z 平面。

例 3-24 已知 $x(n)=\cos(\omega_0 n)u(n)$，求它的 Z 变换。

解：由例 3-20 可知

$$Z(a^n u(n))=\frac{1}{1-az^{-1}} \qquad |z|>|a|$$

令 $a=e^{j\omega_0}$，且当 $|z|>|e^{j\omega_0}|=1$ 时，有

$$Z(e^{j\omega_0 n}u(n))=\frac{1}{1-e^{j\omega_0}z^{-1}}$$

同样

$$Z(e^{-j\omega_0 n}u(n))=\frac{1}{1-e^{-j\omega_0}z^{-1}}$$

根据 Z 变换的线性特性及欧拉公式可得

$$Z(\cos(\omega_0 n)u(n))=Z\left(\frac{e^{j\omega_0}+e^{-j\omega_0}}{2}u(n)\right)=\frac{1}{2}Z(e^{j\omega_0}u(n))+\frac{1}{2}Z(e^{-j\omega_0}u(n))$$

$$=\frac{1}{2(1-e^{j\omega_0}z^{-1})}+\frac{1}{2(1-e^{-j\omega_0}z^{-1})}$$

$$=\frac{1-z^{-1}\cos\omega_0}{1-2z^{-1}\cos\omega_0+z^{-2}} \qquad |z|>1$$

例 3-25 设 $x(n)=a^n u(n)$，$y(n)=b^n u(n)-ab^{n-1}u(n-1)$，求卷积 $x(n)*y(n)$。

解： $X(z) = Z(x(n)) = \dfrac{1}{1-az^{-1}}$ $|z| > |a|$

根据线性性质和时移性质

$$Z(ab^{n-1}u(n-1)) = aZ(b^{n-1}u(n-1)) = \dfrac{az^{-1}}{1-bz^{-1}} \quad |z| > |b|$$

故

$$Y(z) = Z(y(n)) = \dfrac{1}{1-bz^{-1}} - \dfrac{az^{-1}}{1-bz^{-1}} = \dfrac{1-az^{-1}}{1-bz^{-1}} \quad |z| > |b|$$

根据卷积定理

$$Z(x(n) * y(n)) = X(z)Y(z) = \dfrac{1}{1-bz^{-1}}$$

逆 Z 变换为

$$x(n) * y(n) = Z^{-1}(X(z)Y(z)) = b^n u(n)$$

显然，若 $|b| > |a|$，$X(z)Y(z)$ 的收敛域为 $|z| > |b|$；若 $|b| < |a|$，$X(z)Y(z)$ 的收敛域为 $|z| > |a|$。

例 3-26 已知 $Z(u(n)) = \dfrac{z}{z-1}$，$|z| > 1$，求斜变序列 $nu(n)$ 的 Z 变换。

解： 由 Z 域微分性质

$$Z(nu(n)) = -z\dfrac{\mathrm{d}}{\mathrm{d}z}Z(u(n)) = -z\dfrac{\mathrm{d}}{\mathrm{d}z}\left(\dfrac{z}{z-1}\right) = \dfrac{z}{(z-1)^2} \quad |z| > 1$$

Z 变换的主要性质见表 3-6。

为了便于 Z 变换及逆变换的计算，表 3-7 列出了一些常用序列的 Z 变换。

表 3-7 常用序列的 Z 变换

$x(n)$	$X(z)$	收敛域
$\delta(n)$	1	$0 \leq |z| \leq \infty$
$u(n)$	$\dfrac{z}{z-1}$	$1 < |z| \leq \infty$
$-u(-n-1)$	$\dfrac{z}{z-1}$	$0 \leq |z| < 1$
$a^n u(n)$	$\dfrac{z}{z-a}$	$|a| < |z| \leq \infty$
$-a^n u(-n-1)$	$\dfrac{z}{z-a}$	$0 \leq |z| < |a|$
$\dfrac{(n+1)(n+2)\cdots(n+m)}{m!}a^n u(n)$	$\dfrac{z^{m+1}}{(z-a)^{m+1}}$	$|a| < |z| \leq \infty$
$-\dfrac{(n+1)(n+2)\cdots(n+m)}{m!}a^n u(-n-1)$	$\dfrac{z^{m+1}}{(z-a)^{m+1}}$	$0 \leq |z| \leq |a|$
$na^n u(n)$	$\dfrac{az}{(z-a)^2}$	$|a| < |z| \leq \infty$
$-na^n u(-n-1)$	$\dfrac{az}{(z-a)^2}$	$0 \leq |z| < |a|$

(续)

$x(n)$	$X(z)$	收敛域
$\sin(n\Omega_0)u(n)$	$\dfrac{z\sin\Omega_0}{z^2-2z\cos\Omega_0+1}$	$1<|z|\leq\infty$
$\cos(n\Omega_0)u(n)$	$\dfrac{z(z-\cos\Omega_0)}{z^2-2z\cos\Omega_0+1}$	$1<|z|\leq\infty$
$a^n\sin(n\Omega_0)u(n)$	$\dfrac{az\sin\Omega_0}{z^2-2az\cos\Omega_0+a^2}$	$|a|<|z|\leq\infty$
$a^n\cos(n\Omega_0)u(n)$	$\dfrac{z(z-a\cos\Omega_0)}{z^2-2az\cos\Omega_0+a^2}$	$|a|<|z|\leq\infty$

(五) 逆 Z 变换

逆 Z 变换就是从给定的 Z 变换闭合表达式 $X(z)$ 中求出原序列 $x(n)$，记为

$$x(n)=Z^{-1}(X(z)) \tag{3-41}$$

式(3-41)给出了逆 Z 变换的表达式，这是一个复变函数的回线积分。在数学上，可以借助于复变函数的留数定理求解；对于 $X(z)$ 为有理分式的情况，也可以采用部分分式展开法求解。此外，由于 $x(n)$ 的 Z 变换 $X(z)$ 可视为 z^{-1} 的幂级数，可以通过幂级数展开(通常用长除法)，其级数的系数就是待求的序列 $x(n)$ 的值。无论采用哪一种方法，都要关注收敛域对求逆 Z 变换的影响。下面举例说明应用部分分式展开法求解逆 Z 变换。

例 3-27 已知 $X(z)=\dfrac{10z}{z^2-3z+2}$，$|z|>2$，试用部分分式展开法求 $x(n)$。

解： $\dfrac{X(z)}{z}=\dfrac{10}{z^2-3z+2}=\dfrac{10}{(z-1)(z-2)}=\dfrac{A_1}{z-2}+\dfrac{A_2}{z-1}$

$$A_1=\left[\dfrac{X(z)}{z}(z-2)\right]_{z=2}=10$$

$$A_2=\left[\dfrac{X(z)}{z}(z-1)\right]_{z=1}=-10$$

$X(z)$ 展开为

$$X(z)=\dfrac{10z}{z-2}-\dfrac{10z}{z-1}$$

因为 $|z|>2$，$x(n)$ 是因果序列，利用表 3-7，可得

$$x(n)=10\times 2^n u(n)-10u(n)=10(2^n-1)u(n)$$

例 3-28 已知 $X(z)=\dfrac{2z+4}{(z-1)(z-2)^2}$，$|z|>2$，试用部分分式法求其逆变换。

解： 将等式两端同除以 z 并展开成部分分式得

$$\dfrac{X(z)}{z}=\dfrac{2z+4}{z(z-1)(z-2)^2}=\dfrac{A_1}{z}+\dfrac{A_2}{z-1}+\dfrac{C_1}{z-2}+\dfrac{C_2}{(z-2)^2}$$

各个部分分式中的待定系数为

$$A_1 = \left[\frac{X(z)}{z}z\right]_{z=0} = -1, \quad A_2 = \left[\frac{X(z)}{z}(z-1)\right]_{z=1} = 6$$

$$C_1 = \left\{\frac{\mathrm{d}}{\mathrm{d}z}\left[\frac{X(z)}{z}(z-2)^2\right]\right\}_{z=2} = -5, \quad C_2 = \left[\frac{X(z)}{z}(z-2)^2\right]_{z=2} = 4$$

代入得

$$\frac{X(z)}{z} = \frac{-1}{z} + \frac{6}{z-1} + \frac{-5}{z-2} + \frac{4}{(z-2)^2}$$

即

$$X(z) = -1 + \frac{6z}{z-1} - 5\frac{z}{z-2} + 2\frac{2z}{(z-2)^2}$$

利用表 3-7，并由收敛域 $|z|>2$ 得

$$x(n) = -\delta(n) + 6u(n) - 5\times 2^n u(n) + 2n2^n u(n)$$

由上面的例子可以看出，由于 $\dfrac{z}{z-z_m}$ 是 Z 变换的基本形式，在应用部分分式展开法时，通常先将 $\dfrac{X(z)}{z}$ 展开，然后每个分式乘以 z，$X(z)$ 便可展成 $\dfrac{z}{z-z_m}$ 的形式，对于多重极点的情况，应用部分分式展开法也是可取的，如例 3-25。上面例子的收敛域对应的都是单边序列，处理起来比较容易，下面举一个收敛域对应双边序列的例子。

例 3-29 已知 $X(z) = \dfrac{5z}{z^2+z-6}$，$2<|z|<3$，用部分分式展开法求 $x(n)$。

解： $\dfrac{X(z)}{z} = \dfrac{5}{z^2+z-6} = \dfrac{5}{(z+3)(z-2)} = \dfrac{A_1}{z+3} + \dfrac{A_2}{z-2}$

可求得

$$A_1 = \left[\frac{X(z)}{z}(z+3)\right]_{z=-3} = -1, \quad A_2 = \left[\frac{X(z)}{z}(z-2)\right]_{z=2} = 1$$

故有

$$X(z) = -\frac{z}{z+3} + \frac{z}{z-2} = X_1(z) + X_2(z)$$

对于 $X_2(z) = \dfrac{z}{z-2}$，$|z|>2$，为右边序列，有

$$x_2(n) = 2^n u(n)$$

对于 $X_1(z) = -\dfrac{z}{z+3}$，$|z|<3$，为左边序列，有

$$x_1(n) = (-3)^n u(-n-1)$$

所以

$$x(n) = x_1(n) + x_2(n) = 2^n u(n) + (-3)^n u(-n-1)$$

或

$$x(n) = \begin{cases} (-3)^n & n<0 \\ 1 & n=0 \\ 2^n & n>0 \end{cases}$$

下面再举几个例子说明应用幂级数展开方法求逆 Z 变换。

例 3-30 已知 $X(z) = \dfrac{z}{(z-1)^2}$，收敛域为 $|z|>1$，应用幂级数展开方法求其逆 Z 变换 $x(n)$。

解： 根据 $X(z)$ 的收敛域 $|z|>1$，$x(n)$ 必然是右边序列，此时 $X(z)$ 应为 z 的降幂级数，

可以将 $X(z)$ 的分子、分母多项式按 z 降幂（z^{-1} 的升幂）排列进行长除，即

$$X(z) = \frac{z}{z^2 - 2z + 1}$$

其长除结果

$$\begin{array}{r} z^{-1} + 2z^{-2} + 3z^{-3} + \cdots \\ z^2 - 2z + 1 \overline{\smash{)}\, z } \\ \underline{z - 2 + z^{-1}} \\ 2 - z^{-1} \\ \underline{2 - 4z^{-1} + 2z^{-2}} \\ 3z^{-1} - 2z^{-2} \\ \underline{3z^{-1} - 6z^{-2} + 3z^{-3}} \\ 4z^{-2} - 3z^{-3} \\ \cdots \end{array}$$

$$X(z) = z^{-1} + 2z^{-2} + 3z^{-3} + \cdots = \sum_{n=0}^{\infty} n z^{-n}$$

得

$$x(n) = n u(n)$$

实际应用中，如果只需要求序列 $x(n)$ 的前几个值，幂级数展开方法就很方便。但使用幂级数展开法的缺点是不容易求得 $x(n)$ 的闭合表达式。

例 3-31 求下列 Z 变换 $X(z)$ 的逆变换 $x(n)$。

$$X(z) = \lg(1 + az^{-1}) \qquad |z| > |a|$$

解：由 $|z| > |a|$，可得 $|az^{-1}| < 1$，因此，可将上式展成泰勒级数

$$\lg(1 + az^{-1}) = \sum_{n=1}^{\infty} \frac{(-1)^{n+1} (az^{-1})^n}{n}$$

即

$$X(z) = \sum_{n=1}^{\infty} \frac{(-1)^{n+1} (az^{-1})^n}{n} = \sum_{n=1}^{\infty} \frac{-(-a)^n}{n} z^{-n}$$

根据收敛域 $|z| > |a|$，$x(n)$ 为右边序列，又由于 n 取值为 $1 \sim \infty$，可以得到 $x(n)$ 为

$$x(n) = \frac{-(-a)^n}{n} u(n-1)$$

（六）单边 Z 变换

前面所讨论的 Z 变换一般称为双边 Z 变换，因为被变换序列的 n 为 $-\infty \sim +\infty$。和拉普拉斯变换一样，还有另外一种称之为单边 Z 变换的形式，它仅考虑 n 为 $0 \sim \infty$ 的序列变换，其定义为

$$X(z) = \sum_{n=0}^{\infty} x(n) z^{-n} \tag{3-42}$$

单边 Z 变换和双边 Z 变换的差别在于，单边 Z 变换求和仅在 n 的非负值上进行，而不管 $n<0$ 时 $x(n)$ 是否为零。因此，$x(n)$ 的单边 Z 变换可看作是 $x(n)u(n)$ 的双边 Z 变换。特别地，对一个因果序列，$n<0$ 时，$x(n) = 0$，其单边 Z 变换和双边 Z 变换是一致的，或者说 $x(n)$ 的单边 Z 变换就是 $x(n)u(n)$ 的双边 Z 变换。此时它的收敛域总是位于某一个圆的外

面，所以对于单边 Z 变换，并不特别强调收敛域。

由于单边 Z 变换和双边 Z 变换有紧密的联系，因此，单边 Z 变换和双边 Z 变换的计算方法相似，只是要区别求和极限而已。同理，单边逆 Z 变换和双边逆 Z 变换的计算方法也基本相同，只要考虑到对单边 Z 变换而言，其收敛域总是位于某一个圆的外面。

例 3-32 求序列 $x(n)=a^n u(n)$ 的单边 Z 变换。

解：按单边 Z 变换的定义式(3-42)，有

$$X(z) = \sum_{n=0}^{\infty} x(n)z^{-n} = \sum_{n=0}^{\infty} a^n u(n)z^{-n} = \sum_{n=0}^{\infty} a^n z^{-n} = \frac{1}{1-az^{-1}} \quad |z|>|a|$$

与 $x(n)$ 的双边 Z 变换相同。

例 3-33 求序列 $x(n)=a^{n+1} u(n+1)$ 的单边 Z 变换。

解：$X(z) = \sum_{n=0}^{\infty} a^{n+1} u(n+1) z^{-n}$

令 $m=n+1$，有

$$X(z) = \sum_{m=1}^{\infty} a^m u(m) z^{-m+1} = \left(\sum_{m=0}^{\infty} a^m u(m) z^{-m} \right) z - z$$

$$= \frac{z}{1-az^{-1}} - z = \frac{u}{1-az^{-1}} \quad |z|>|a|$$

显然与 $x(n)$ 的双边 Z 变换

$$X(z) = \frac{z}{1-az^{-1}} \quad |z|>|a|$$

不同。

由于单边 Z 变换的逆变换一般都是因果序列，所以在求其逆变换时也不再特别强调 Z 变换式的收敛域。

例 3-34 求单边 Z 变换式 $X(z) = \frac{10z^2}{(z-1)(z-2)}$ 所对应的序列 $x(n)$。

解：由于 $X(z) = \frac{10z^2}{(z-1)(z-2)}$ 为单边 Z 变换式，它的收敛域必为 $|z|>2$，应用部分分式展开法，可得

$$\frac{X(z)}{z} = \frac{10z}{(z-1)(z-2)} = \frac{A_1}{z-1} + \frac{A_2}{z-2}$$

可求得

$$A_1 = \left[\frac{X(z)}{z}(z-1) \right]_{z=1} = -10$$

$$A_2 = \left[\frac{X(z)}{z}(z-2) \right]_{z=2} = 20$$

即

$$X(z) = -\frac{10z}{z-1} + \frac{20z}{z-2}$$

所以

$$x(n) = -10u(n) + 20 \times 2^n u(n) = 10(2^{n+1}-1)u(n)$$

从式(3-42)中可以看到，如果将单边 Z 变换式展开成幂级数的形式，它的各项系数就是序列 $x(n)$ 的值，但是幂级数展开式中只能包含 z 的负幂次项，而不应包含 z 的正幂次项，

亦即应按右边序列所对应的展开方法进行，把 $X(z)$ 展开成 z 的降幂（z^{-1}的升幂）排列。

单边 Z 变换的绝大部分性质与对应的双边 Z 变换的性质相同，下面只介绍与双边 Z 变换不同的几个性质。

1. 时移定理

若 $x(n)$ 是双边序列，其单边 Z 变换为 $X(z)$，则序列左移后，它的单边 Z 变换为

$$Z(x(n+m)u(n)) = z^m \left[X(z) - \sum_{k=0}^{m-1} x(k)z^{-k} \right] \tag{3-43}$$

序列右移后，其单边 Z 变换为

$$Z(x(n-m)u(n)) = z^{-m} \left[X(z) + \sum_{k=-m}^{-1} x(k)z^{-k} \right] \tag{3-44}$$

显然，单边 Z 变换的时移性质与双边 Z 变换是不相同的，这种不同体现在双边 Z 变换的时间区域为 $-\infty \sim +\infty$，信号时移时，无法考虑信号的初始状态，而单边 Z 变换可以考虑初始状态。这一点对于研究初始储能不为零的离散系统特别有用。

如果 $x(n)$ 是因果序列，则式(3-44)右边的 $\sum_{k=-m}^{-1} x(k)z^{-k}$ 项等于零，于是右移序列的单边 Z 变换为

$$Z(x(n-m)u(n)) = z^{-m}X(z) \tag{3-45}$$

而左移序列的单边 Z 变换仍为式(3-43)。

例 3-35 求 $x(n) = \sum_{k=0}^{\infty} \delta(n-2k)$ 的单边 Z 变换。

解：根据题意，$x(n)$ 为因果序列，因为 $Z(\delta(n)) = 1$，其右移序列的单边 Z 变换为

$$Z(\delta(n-2k)) = z^{-2k}$$

由 Z 变换的线性性质，得 $x(n)$ 的单边 Z 变换为

$$X(z) = \sum_{k=0}^{\infty} z^{-2k} = \frac{1}{1-z^{-2}} \qquad |z| > 1$$

2. 初值定理

对于因果序列 $x(n)$，若其单边 Z 变换为 $X(z)$，而且 $\lim_{z \to \infty} X(z)$ 存在，则

$$x(0) = \lim_{z \to \infty} X(z) \tag{3-46}$$

这是因为根据单边 Z 变换定义，有

$$X(z) = \sum_{n=0}^{\infty} x(n)z^{-n} = x(0) + x(1)z^{-1} + x(2)z^{-2} + \cdots$$

当 $z \to \infty$ 时，上式右边的级数中除了第一项 $x(0)$ 外，其他各项都趋近于零。

3. 终值定理

对于因果序列 $x(n)$，如果其终值 $\lim_{n \to \infty} x(z) = x(\infty)$ 存在，若其单边 Z 变换为 $X(z)$，则

$$\lim_{n \to \infty} x(n) = \lim_{z \to 1} [(z-1)X(z)] \tag{3-47}$$

这是因为由单边 Z 变换的左移性质，有

$$Z(x(n+1) - x(n)) = zX(z) - zx(0) - X(z) = (z-1)X(z) - zx(0)$$

即

$$(z-1)X(z) = Z(x(n+1) - x(n)) + zx(0)$$

上式两边取极限,得

$$\lim_{z\to 1}[(z-1)X(z)] = x(0) + \lim_{z\to 1}\sum_{n=0}^{\infty}[x(n+1)-x(n)]z^{-n}$$
$$= x(0) + [x(1)-x(0)] + [x(2)-x(1)] + \cdots$$
$$= x(0) - x(0) + x(\infty) = x(\infty)$$

单边 Z 变换的初值定理和终值定理与拉普拉斯变换类似,如果已知序列 $x(n)$ 的 Z 变换 $X(z)$,在不求出逆变换的情况下,利用初值定理和终值定理可方便地求出序列的初值 $x(0)$ 和终值 $x(\infty)$。

二、Z 变换与其他变换的关系

如前所述,Z 变换 $X(z)$ 与其收敛域合在一起与离散信号 $x(n)$ 具有一一对应的关系。可见,与序列的傅里叶变换 $x(\Omega)$ 类似,它能完整地描述序列的属性。通过讨论序列的 Z 变换与其他变换之间的关系,不仅有助于进一步理解离散信号的 Z 变换,还有利于利用 Z 变换对离散信号进行分析。

(一) Z 变换与拉普拉斯变换的关系

理想冲激抽样信号(采样间隔为 T_s)表示为

$$x_s(t) = x(t)\delta_{T_s}(t) = x(t)\sum_{n=-\infty}^{\infty}\delta(t-nT_s) = \sum_{n=-\infty}^{\infty}x(nT_s)\delta(t-nT_s)$$

对上式两边取拉普拉斯变换并应用时移性质,可得

$$X_s(s) = \sum_{n=-\infty}^{\infty} x(nT_s) e^{-nsT_s}$$

令复变量 $z = e^{sT_s}$,即 $s = \dfrac{1}{T_s}\ln z$,上式变为

$$X_s(s)\Big|_{s=\frac{1}{T_s}\ln z} = \sum_{n=-\infty}^{\infty} x(n) z^{-n} = X(z)$$

即

$$L(x_s(t))\Big|_{s=\frac{1}{T_s}\ln z} = Z(x(n)) \tag{3-48}$$

式(3-48)表明,序列的 Z 变换可以看作是产生序列的理想冲激抽样信号拉普拉斯变换进行 $z = e^{sT_s}$ 映射的结果,该映射由复变量 S 平面映射到复变量 Z 平面。

由于 $z = e^{sT_s} = e^{(\sigma+j\omega)T_s} = |z|e^{j\Omega}$,其中 $|z| = e^{\sigma T_s}$,$\Omega = \omega T_s$,所以有

$$\begin{cases}\sigma < 0 & |z| < 1 \\ \sigma = 0 & |z| = 1 \\ \sigma > 0 & |z| > 1\end{cases}$$

表明左半 S 平面映射到 Z 平面的单位圆内部,右半 S 平面映射到 Z 平面的单位圆外部,而 S 平面的虚轴($s=j\omega$)对应 Z 平面的单位圆。另外还要注意的是这种映射不是单值的,所有 S 平面上 $s = \sigma + jk\omega_s$,$k = 0, \pm 1, \pm 2, \cdots$ 的点都映射到 Z 平面上 $z = e^{\sigma T_s}$ 的一个点,这是因为 $z = e^{sT_s} = e^{(\sigma+jk\omega_s)T_s} = e^{\sigma T_s}e^{jk\omega_s T_s} = e^{\sigma T_s}e^{jk2\pi} = e^{\sigma T_s}$。

(二) Z 变换与离散时间傅里叶变换(DTFT)的关系

离散信号 $x(n)$ 的 Z 变换是 $x(n)$ 乘以实指数信号 r^{-n} 后的 DTFT,即

$$X(z)=F(x(n)r^{-n})=\sum_{n=-\infty}^{\infty}[x(n)r^{-n}]\mathrm{e}^{-jn\Omega}$$

如果 $X(z)$ 在 $|z|=1$ (即 $z=\mathrm{e}^{j\Omega}$ 或 $r=1$)处收敛，上式取 $|z|=1$ (即 $z=\mathrm{e}^{j\Omega}$ 或 $r=1$)，有

$$X(z)\big|_{z=\mathrm{e}^{j\Omega}}=F(x(n))=\sum_{n=-\infty}^{\infty}x(n)\mathrm{e}^{-jn\Omega}=X(\Omega) \tag{3-49}$$

可见，DTFT 就是在 Z 平面单位圆上的 Z 变换，前提是单位圆应包含在 Z 变换的收敛域内。根据式(3-49)，求某一序列的频谱，可以先求出该序列的 Z 变换，然后将 z 直接代以 $\mathrm{e}^{j\Omega}$ 即可，同样，其前提是该序列 Z 变换的收敛域必须包括单位圆。

例 3-36 求序列

$$x(n)=\begin{cases}1 & 2\le n\le 6\\ 0 & n=0,1,7,8,9\end{cases}$$

的离散时间傅里叶变换(DTFT)。

解： 由序列的 Z 变换定义式，得

$$X(z)=\sum_{n=-\infty}^{\infty}x(n)z^{-n}=\sum_{n=2}^{6}z^{-n}=\frac{z^{-2}(1-z^{-5})}{1-z^{-1}}=z^{-4}\frac{z^{5/2}-z^{-5/2}}{z^{1/2}-z^{-1/2}}$$

$X(z)$ 的收敛域包括了单位圆，根据式(3-49)，将 $z=\mathrm{e}^{j\Omega}$ 代入 $X(z)$ 得到序列的 DTFT 为

$$X(\Omega)=X(z)\big|_{z=\mathrm{e}^{j\Omega}}=z^{-4}\frac{z^{5/2}-z^{-5/2}}{z^{1/2}-z^{-5/2}}\bigg|_{z=\mathrm{e}^{j\Omega}}=\mathrm{e}^{-j4\Omega}\frac{(\mathrm{e}^{j\frac{5}{2}\Omega}-\mathrm{e}^{-j\frac{5}{2}\Omega})}{\mathrm{e}^{j\frac{1}{2}\Omega}-\mathrm{e}^{-j\frac{1}{2}\Omega}}=\mathrm{e}^{-j4\Omega}\frac{\sin\frac{5}{2}\Omega}{\sin\frac{1}{2}\Omega}$$

(三) Z 变换与离散傅里叶变换(DFT)的关系

有限长序列 $x(n)(0\le n\le N-1)$ 的 Z 变换可以写为

$$X(z)=\sum_{n=0}^{N-1}x(n)z^{-n}$$

一般情况下，若有限长序列满足绝对可和条件，则其收敛域至少是除 $z=0$ 和 $z=\infty$ 外的整个 Z 平面，当然包括单位圆。令 $z=\mathrm{e}^{jk\frac{2\pi}{N}}$ ，则上式变为

$$X(z)\big|_{z=\mathrm{e}^{jk\frac{2\pi}{N}}}=\sum_{n=0}^{N-1}x(n)\mathrm{e}^{-jkn\frac{2\pi}{N}}=\sum_{n=0}^{N-1}x(n)\mathrm{e}^{-jkn\Omega_0}$$

将该式与有限长序列 $x(n)$ 的离散傅里叶变换式比较，可知

$$X(k)=X(z)\big|_{z=\mathrm{e}^{jk\frac{2\pi}{N}}} \quad k=0,1,2,\cdots,N-1 \tag{3-50}$$

式中，$z=\mathrm{e}^{jk\frac{2\pi}{N}}$ 表示在 Z 平面的单位圆上的第 k 个抽样点。式(3-50)表明，有限长序列的离散傅里叶变换(DFT)，就是该序列的 Z 变换在单位圆上每隔 $\frac{2\pi}{N}=\Omega_0$ 弧度的均匀抽样。具体地说，在 Z 平面的单位圆上，取幅角为 $\Omega=\frac{2\pi}{N}k(k=0,1,2,\cdots,N-1)$ 的第 k 个等分点，计算出其 Z 变换，就是离散傅里叶变换的第 k 个样值 $X(k)$ ，如图 3-39 所示。

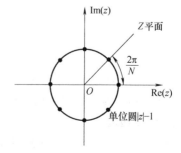

图 3-39 Z 变换在单位圆上的均匀抽样就是离散傅里叶变换

从前面的讨论可知，离散时间傅里叶变换（DTFT）是 Z 平面单位圆上的 Z 变换，而一个 N 点序列的离散傅里叶变换（DFT）可视为序列的离散时间傅里叶变换（DTFT）在频域的等间隔取样，其取样间隔为 $\Omega_0 = \dfrac{2\pi}{N}$。因此，DFT 可视为序列的 Z 变换在单位圆上取样间隔为 $\Omega_0 = \dfrac{2\pi}{N}$ 的均匀取样。

例 3-37 求例 3-36 给出的序列的离散傅里叶变换（DFT）。

解：例 3-36 已求得序列的 Z 变换为

$$X(z) = z^{-4} \dfrac{z^{5/2} - z^{-5/2}}{z^{1/2} - z^{-1/2}}$$

由式（3-50）可求得序列的离散傅里叶变换（DFT）为

$$X(k) = X(z)\bigg|_{z=\mathrm{e}^{\mathrm{j}k\frac{2\pi}{N}}} = z^{-4} \dfrac{z^{5/2} - z^{-5/2}}{z^{1/2} - z^{-1/2}}\bigg|_{z=\mathrm{e}^{\mathrm{j}k\frac{2\pi}{N}}} = \mathrm{e}^{-\mathrm{j}4k\frac{2\pi}{N}} \dfrac{\mathrm{e}^{\mathrm{j}\frac{5}{2}k\frac{2\pi}{N}} - \mathrm{e}^{-\mathrm{j}\frac{5}{2}k\frac{2\pi}{N}}}{\mathrm{e}^{\mathrm{j}\frac{1}{2}k\frac{2\pi}{N}} - \mathrm{e}^{-\mathrm{j}\frac{1}{2}k\frac{2\pi}{N}}}$$

$$= \mathrm{e}^{-\mathrm{j}\frac{8k\pi}{5}} \dfrac{\mathrm{e}^{\mathrm{j}k\pi} - \mathrm{e}^{-\mathrm{j}k\pi}}{\mathrm{e}^{\mathrm{j}\frac{k\pi}{5}} - \mathrm{e}^{-\mathrm{j}\frac{k\pi}{5}}} = \mathrm{e}^{-\mathrm{j}\frac{8k\pi}{5}} \dfrac{\sin k\pi}{\sin \dfrac{k\pi}{5}}$$

取序列长度 $N = 5$。

例 3-36 和例 3-37 表明，利用序列的 Z 变换可以方便地求得序列的离散时间傅里叶变换（DTFT）和离散傅里叶变换（DFT）。同时，也进一步证明，序列的离散傅里叶变换（DFT）是序列的离散时间傅里叶变换（DTFT）在频域按取样间隔 $\Omega_0 = \dfrac{2\pi}{N}$ 均匀取样的结果。

第五节 应用 MATLAB 的离散信号分析

一、离散信号描述

在 MATLAB 中离散信号只能利用数值法计算。当对连续信号进行数值计算时，只要对连续信号进行采样间隔时间足够小的离散化，就能得到近似的计算结果。

离散信号可以使用 stairs( )、stem( ) 等函数进行绘制，其中，stairs( ) 是显示连续信号的阶梯状图，stem( ) 是离散信号的火柴梗图。函数说明如下：

stairs(**y**)：画出向量 **y** 的阶梯状图，向量 **y** 中的每个元素即为阶梯状图信号的纵坐标值，横坐标顺序递进。

stairs(**x**, **y**)：画出向量 **y** 的阶梯状图，向量 **x** 和向量 **y** 的下标对应的元素分别作为阶梯状图信号的横坐标和纵坐标。

stem(**y**)：画出向量 **y** 的火柴梗图，向量 **y** 中的每个元素即为火柴梗图信号的纵坐标值，横坐标顺序递进。

stem(**x**, **y**)：画出向量 **y** 的火柴梗图，向量 **x** 和向量 **y** 的下标对应的元素分别作为火柴梗图信号的横坐标和纵坐标。

例 3-38 利用 MATLAB 画出单位脉冲序 $\delta[k-1]$ 在 $-4 \leqslant k \leqslant 4$ 内各点的取值。

解：首先生成脉冲序列在取值区间内的数值，然后通过 stem( ) 函数绘图。MATLAB 参考运行程序如下：

```
close all; clear;clc;
ks=-4;ke=4;n=1;            %定义局部变量值
k=[ks:ke];                 %生成坐标序列
x=[(k-n)==0];              %生成δ[k-1]脉冲序列
stem(k,x);                 %画出序列火柴梗图
xlabel('k');               %显示 x 轴坐标
grid on;
```

MATLAB 程序运行结果如图 3-40 所示。

例 3-39 利用 MATLAB 画出信号
$x(k)=10\sin(0.02\pi k)+n(k)$ $0\leq k\leq 50$
的波形。其中，$n(k)$ 表示均值为 0、方差为 1 的 Gauss 分布随机信号。

解：MATLAB 有两个产生（伪）随机序列的函数。其中，rand(1, n) 产生 1 行 n 列的 [0，1] 均匀分布随机数；randn(1, n) 产生 1 行 n 列均值为 0、方差为 1 的 Gauss 分布随机数。首先生成序列坐标 k，根据序列坐标，计算出对应的 $x(k)$ 值。MATLAB 参考运行程序如下：

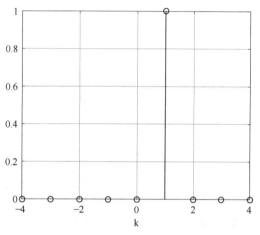

图 3-40 例 3-38 MATLAB 程序运行结果

```
close all; clear;clc;
N=50;                       %点数上限
k=0:N;                      %生成序列坐标
f=10*sin(0.02*pi*k);        %生成 sin 波形数据
n=randn(1,N+1);             %生成随机信号数据
figure(1);                  %打开图形窗口 1
subplot(3,1,1);             %选择作图区域 1
stem(k,f);                  %画出原始 sin 波形
xlabel('k');                %横轴显示采样点坐标
ylabel('f[k]');             %纵轴显示标记
subplot(3,1,2);             %选择作图区域 2
stem(k,n);                  %画出随机信号波形
xlabel('k');                %横轴显示采样点坐标
ylabel('n[k]');             %纵轴显示标记
subplot(3,1,3);             %选择作图区域 3
stem(k,f+n);                %画出 x(k)
xlabel('k');                %横轴显示采样点坐标
ylabel('x[k]');             %纵轴显示标记
```

MATLAB 程序运行结果如图 3-41 所示。randn( ) 是随机产生的 Gauss 信号，其每次运行的结果均不同。

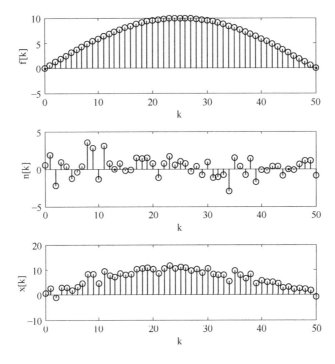

图 3-41 例 3-39 MATLAB 程序运行结果

例 3-40 将 $x(n)=\delta(n)+2\delta(n-1)+3\delta(n-4)$ 右移 4 位。

解：序列右移可以通过 circshift( ) 函数实现，其使用方法为 **y** = circshift(**A**，[k1 k2])，表示将 **A** 矩阵行移动 k1 位，列移动 k2 位，采用循环补位方式。MATLAB 参考运行程序如下：

```
close all; clear;clc;
n=-5:15;                              %定义序列长度
x=[zeros(1,5),1,2,0,0,3,zeros(1,11)]; %生成 x 信号,circshift()函数采用循环补位方式进行移位,
                                      %因此在原信号[1 2 0 0 3]前后加入长度不小于 4 的 0 序列,以
                                      %保证原信号序列不产生循环补位
y=circshift(x,[0,4]);                 %右移 4 位
figure(1);                            %打开图形窗口 1
subplot(2,1,1);                       %选择作图区域 1
stem(n,x);                            %画出 x 信号的火柴梗图
grid on;                              %显示网格
subplot(2,1,2);                       %选择作图区域 2
stem(n,y);                            %画出 y 信号的火柴梗图
grid on ;                             %显示网格
```

MATLAB 程序运行结果如图 3-42 所示。

例 3-41 实现信号 $x(n)=\delta(n)+2\delta(n-1)+3\delta(n-4)$ 的翻转，序列长度为 11。

解：序列的翻转可以通过函数 fliplr( ) 实现，其使用方法为 **B** = fliplr(**A**)，表示矩阵 **B** 为矩阵 **A** 信号的翻转，翻转按照矩阵 **A** 的中心线进行。MATLAB 参考运行程序如下：

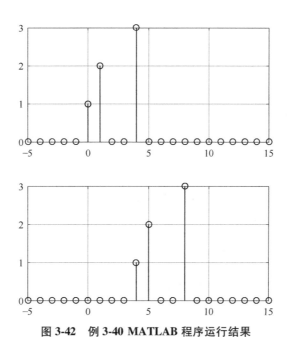

图 3-42 例 3-40 MATLAB 程序运行结果

```
close all; clear;clc;
n=0:8;                          %定义序列长度
nn=n-4;                         %生成对称 x 轴坐标
x=[zeros(1,4),1,2,0,0,3,];      %生成 x 信号,对称点用零补充
y=fliplr(x);                    %信号翻转
figure(1);                      %打开图形窗口 1
subplot(2,1,1);                 %选择作图区域 1
stem(nn,x);                     %画出信号 x 的火柴梗图
axis([-5 5 0 4]);               %设置坐标范围
grid on;                        %显示网格
subplot(2,1,2);                 %选择作图区域 2
stem(nn,y);                     %画出信号 y 的火柴梗图
axis([-5 5 0 4]);               %设置坐标范围
grid on ;                       %显示网格
```

MATLAB 程序运行结果如图 3-43 所示。

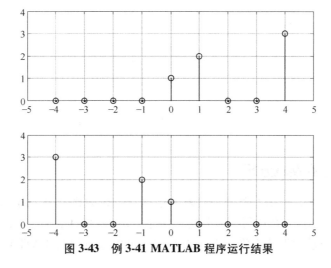

图 3-43 例 3-41 MATLAB 程序运行结果

二、离散卷积的计算

通过序列卷积函数 conv( ) 计算两个序列的卷积。函数说明如下:

y = conv(**x**, **h**): **x** 和 **h** 分别是有限长度序列向量; **y** 是 **x** 和 **h** 的卷积结果序列向量。函数 conv( ) 的返回值 **y** 中只有卷积的结果,没有取值范围。由序列卷积的性质可知,当序列向量 **x** 和 **h** 的起始点都为 0 时,**y** 序列的长度为 length(x)+length(h)−1。

例 3-42 求序列信号 $[x(k)] = [1\ 2\ 3\ 4\ 5]$,$[h(k)] = [1\ 2\ 1\ 3\ 4]$ 的卷积。

解: 根据题意,$x(k)$ 序列有 5 个元素,$h(k)$ 序列有 5 个元素,因此,卷积结果的序列长度为 5+5−1=9。MATLAB 参考运行程序如下:

```
close all; clear;clc;
N=5;                        %x 序列长度
M=5;                        %h 序列长度
L=N+M-1;                    %计算卷积序列长度
x=[1,2,3,4,5];              %x 序列值
h=[1,2,1,3,4];              %h 序列值
y=conv(x,h);                %y 求出卷积序列值
n=0:(L-1);                  %画出横坐标
stem(n,y);                  %画出卷积序列
grid on ;                   %显示网格
```

MATLAB 程序运行结果如图 3-44 所示。

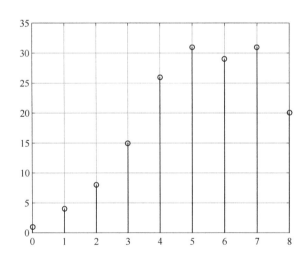

图 3-44 例 3-42 MATLAB 程序运行结果

三、离散信号的频域分析

对于离散周期信号,利用 DFS 可以对其频谱函数进行频谱分析。对于离散非周期信号,利用 DTFT 可以对其频谱函数进行频谱分析。但是,由于 DTFT 的计算困难,往往通过时域和频域都离散化的离散傅里叶变换(DFT)来实现。可以通过编写 MATLAB 程序实现离散信

号的离散傅里叶变换(DFT)。

例3-43 已知一个信号$[x(n)] = [0,1,2,3,4,5]$，$N=6$，求该信号的离散傅里叶变换(DFT)。

解：根据题意，其MATLAB参考运行程序如下：

```
clear all; close all;clc;              %初始化工作环境
xn=[0,1,2,3,4,5];                      %生成离线信号 x(n)
N=6;                                   %生成采样点数 N
n=[0:1:N-1];                           %生成DFT结果的下标n向量
WN=exp(-j*2*pi/N);                     %计算WN数值
for k=0: N-1                           %设置外循环
 Xk(k+1)=0;                            %设置傅里叶变换初值为0,MATLAB数组下标从1开始
 for n=0:N-1                           %设置内循环
    nk=k*n;                            %计算nk的乘积
    Xk(k+1)=Xk(k+1)+ xn(n+1)*WN^nk;    %计算累加和
  end
end
stem(abs(Xk));                         %画出幅频特性
axis([0 7 0 16]);                      %设置坐标轴范围
grid on;                               %显示网格
```

MATLAB程序运行结果如图3-45所示。

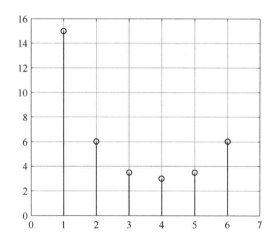

图3-45 例3-43 MATLAB程序运行结果

四、快速傅里叶变换

快速傅里叶变换(FFT)极大地减少了傅里叶变换的计算时间和运算压力，使得离散傅里叶变换(DFT)在信号处理中得到广泛应用。在MATLAB中，实现信号快速傅里叶变换的函数有fft()函数和ifft()。函数说明如下：

Y = fft(X)：将输入量**X**实现快速傅里叶变换计算，返回离散傅里叶变换结果，**X**可以

是向量、矩阵。

Y=fft(X,n)：将输入量 **X** 实现快速傅里叶变换计算，返回离散傅里叶变换结果，**X** 可以是向量、矩阵和多维数组，n 为输入量 **X** 的每个向量取值点数，如果 **X** 的对应向量长度小于 n，则会自动补零；如果 X 的长度大于 n，则会自动截断。当 n 取 2 的整数幂时，傅里叶变换的计算速度最快。通常 n 取大于又最靠近 **X** 长度的幂次。

Y=ifft(X)：实现对输入量 **X** 的快速傅里叶逆变换，返回离散傅里叶逆变换结果，**X** 可以为向量、矩阵。

Y=ifft(X,n)：实现对输入量 **X** 的快速傅里叶逆变换，返回离散傅里叶逆变换结果，**X** 可以为向量、矩阵，n 为输入量 **X** 的每个向量序列长度。

例 3-44 对连续周期信号 $x(t)=\sin(2\pi f_a t)$ 按采样频率 $f_s=16f_a$ 进行采样，截取长度 N 分别选 $N=20$ 和 $N=16$，观察其幅度频谱。

解：根据题意，可以得到 $x(n)=\sin(2\pi n f_a/f_s)=\sin(2\pi n/16)$，应用 fft( ) 函数，可以求得连续信号的离散频谱。MATLAB 参考运行程序如下：

```
close all; clear;clc;
k=16;                                %采样频率为16
n1=[0:1:19];                         %fft 采样点坐标,共20点
xa1=sin(2*pi*n1/k);                  %得出离散序列 x(n)
figure(1)                            %打开图形窗口1
subplot(1,2,1)                       %选择作图区域1
stem(n1,xa1)                         %画出 x(n)
xlabel('t/T');ylabel('x(n)');        %设置坐标轴显示文本
title('20 个采样点信号');            %设置抬头
xk1=fft(xa1);xk1=abs(xk1);           %进行快速傅里叶变换,并且取幅值
subplot(1,2,2)                       %选择作图区域2
stem(n1,xk1)                         %画出傅里叶变换幅值
xlabel('k');ylabel('X(k)');          %设置坐标轴显示文本
title('20 个点采样的傅里叶幅值');    %设置抬头
n2=[0:1:15];                         %fft 采样点坐标,共16点
xa2=sin(2*pi*n2/k);                  %得出离散序列 x(n)
figure(2)                            %打开图形窗口2
subplot(1,2,1)                       %选择作图区域3
stem(n2,xa2)                         %画出 x(n)
xlabel('t/T');ylabel('x(n)');        %设置坐标轴显示文本
title('16 个采样点信号');            %设置抬头
xk2=fft(xa2);xk2=abs(xk2);           %进行快速傅里叶变换,并且取幅值
subplot(1,2,2)                       %选择作图区域4
stem(n2,xk2)                         %画出采样数据
xlabel('k');ylabel('X(k)');          %设置坐标轴显示文本
title('16 个点采样的傅里叶幅值');    %设置抬头
```

MATLAB 程序运行结果如图 3-46 所示。其中，图 3-46a 为截取长度 $N=20$，图 3-46b 为截取长度 $N=16$。

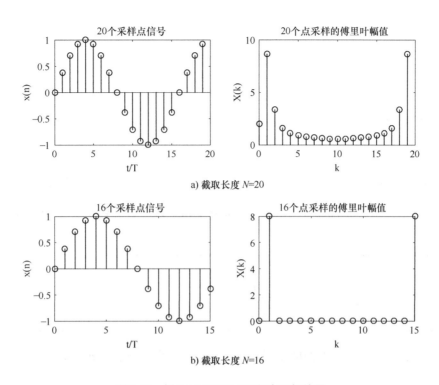

图 3-46　例 3-44 MATLAB 程序运行结果

五、离散信号 Z 变换

对信号进行正反 Z 变换的函数为 ztrans( ) 和 itrans( )。函数说明如下：

F=ztrans(f)：对 f(n) 进行 Z 变换，结果为 F(z)，其实现定义公式为 F(z)= symsum(f(n)/z^n,n,0,inf)，其中 symsum( ) 函数表示求符号表达式的和。

F=ztrans(f,w)：对 f(n) 进行 Z 变换，结果为 F(w)，即用变量 w 替代默认变量 z，其实现定义公式为 F(w)= symsum(f(n)/w^n,n,0,inf)。

F=ztrans(f,k,w)：对 f(k) 进行 Z 变换，结果为 F(w)，即用变量 w 替代默认变量 z，用变量 k 替代默认变量 n，其实现公式为 F(w)= symsum(f(k)/w^k,k,0,inf)。

f=iztrans(F)：对 F(z) 进行逆 Z 变换，结果为 f(n)。

f=iztrans(F,k)：对 F(z) 进行逆 Z 变换，结果为 f(k)，即用变量 k 替代默认变量 n。

f=iztrans(F,w,k)：对 F(w) 进行逆 Z 变换，结果为 f(k)，即用变量 k 替代默认变量 n，用变量 w 替代默认变量 z。

在使用函数 ztran( ) 及 iztran( ) 之前，要把在函数中用到的变量 n、u、v、w 等用 syms 命令定义为符号变量。

例 3-45　用 MATLAB 求出序列 $f(k)=(0.1)^k+\cos\dfrac{k\pi}{2}$ 的 Z 变换。

解：可以通过定义符号变量表示一个离散序列，然后使用 ztrans( ) 函数进行 Z 变换。MATLAB 参考运行程序如下：

```
close all; clear;clc;
syms k z                  %定义符号变量 k、z
f=0.1^k+cos(k*pi/2);      %生成离散序列
Fz=ztrans(f)              %对离散序列进行 Z 变换
```

MATLAB 程序运行结果是用变量 z 表示的一个函数表达式 $F(z)=\dfrac{z}{z-\dfrac{1}{10}}+\dfrac{z^2}{z^2+1}$。

例 3-46 已知离散信号的 Z 变换式为 $F(z)=\dfrac{10z}{z^2-3z+2}$,求出它所对应的序列 $f(k)$。

解:逆 Z 变换函数 iztrans( )使用前需要先把 z 和 k 定义为符号变量。MATLAB 参考运行程序如下:

```
close all; clear;clc;
syms k z                  %定义符号变量 k、z
Fz=10*z/(z^3-3*z+2);      %生成 Z 变换表达式
fk=iztrans(Fz,k)          %求出逆 Z 变换
```

MATLAB 程序运行结果返回的是用变量 k 表示的一个函数表达式 $f(k)=10\times 2^k-10$。

习 题

3.1 画出正弦序列 $\sin\left(\dfrac{16}{5}\pi n+\dfrac{\pi}{4}\right)$ 的波形,并判断它可否是周期序列。若是,求其周期。

3.2 画出序列 $x(n)$ 的图形。
$$x(n)=5\delta(n+4)+2\delta(n+1)-4\delta(n-1)+3\delta(n-3)$$

3.3 计算两序列的卷积和 $y(n)=h(n)*x(n)$,已知
$$h(n)=\begin{cases}\alpha^n & 0\leq n\leq N-1\\ 0 & 其他\end{cases},\quad x(n)=\begin{cases}\beta^{n-n_0} & n_0\leq n\\ 0 & n_0>n\end{cases}$$

3.4 求下列序列的 DTFT。

(1) $x_1(n)=\left(\dfrac{1}{2}\right)^n u(n+3)$ (2) $x_2(n)=a^n\sin(n\omega_0)u(n)$

(3) $x_3(n)=\begin{cases}\left(\dfrac{1}{2}\right)^n & n=0,2,4,\cdots\\ 0 & 其他\end{cases}$

3.5 求题如图 3-47 所示 $X(\Omega)$ 的反 DTFT。

3.6 设 $x(n)\xleftrightarrow{\text{DTFT}} X(\Omega)$,对于如下序列,用 $X(\Omega)$ 表示其 DTFT。

(1) $x(\alpha n)$ (2) $x^*(\alpha n)$ (3) $x(n)-x(n-2)$
(4) $x(n)*x(n-1)$

其中,上标"*"表示共轭;α 为任意常数。

3.7 设 $x(n)=2\delta(n+3)-2\delta(n+1)+\delta(n-1)+3\delta(n-2)$,如

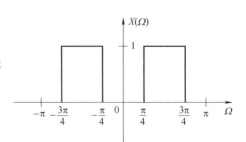

图 3-47 题 3.5 图

果 $x(n)$ 的 DTFT 用其实部和虚部可表示为 $X(\Omega)=X_R(\Omega)+jX_I(\Omega)$，求 DTFT 为 $Y(\Omega)=X_R(\Omega)+jX_I(\Omega)$ $e^{-j2\omega}$ 的序列 $y(n)$。

3.8 求下列周期序列的 DFS。

(1) $[\alpha^n u(n)] * \tilde{\delta}_8(n)$ $0<\alpha<1$ (2) $\cos\dfrac{\pi}{4}n$

3.9 设 $x_a(t)$ 是周期连续时间信号，且
$$x_a(t)=A\cos200\pi t+B\cos500\pi t$$
以采样频率 $f_s=1\text{kHz}$ 对其进行采样，计算采样信号 $x(n)=x_a(t)\big|_{t=nT_s}$ 的 DFS。

3.10 计算下列序列的 N 点 DFT。

(1) $x_1(n)=\delta(n)-\delta(n-n_0)$ $0<n_0<N$

(2) $x_2(n)=a^n$ $0\leq n<N$

(3) $x_3(n)=u(n)+u(n-n_0)$ $0<n_0<N$

(4) $x_5(n)=4+\cos^2\dfrac{2\pi n}{N}$ $n=0,1,\cdots,N-1$

3.11 求 DFT 逆变换。

1) 求 $X_1(k)$ 的 16 点 DFT 逆变换，$X_1(k)=\cos\dfrac{2\pi}{16}3k+3j\sin\dfrac{2\pi}{16}5k$。

2) 求 $X_2(k)$ 的 10 点 DFT 逆变换。
$$X_2(k)=\begin{cases}3 & k=0\\ 2 & k=3,7\\ 1 & \text{其他}\end{cases}$$

3.12 假定给定一个计算复值序列 $x(n)$ 的 DFT 程序，如何利用这个程序计算 $X(k)$ 的 DFT 逆变换？

3.13 已知 $x(n)=4\delta(n)+3\delta(n-1)+2\delta(n-2)+\delta(n-3)$，$X(k)$ 是 $x(n)$ 的 6 点 DFT，则

1) 若有限长序列 $y(n)$ 的 6 点 DFT 是 $Y(k)=w_6^{-4k}X(k)$，求 $y(n)$。

2) 若有限长序列 $w(n)$ 的 6 点 DFT 等于 $X(k)$ 的实部，求 $w(n)$。

3) 若有限长序列 $q(n)$ 的 3 点 DFT 满足：$Q(k)=X(2k)$，$k=0,1,2$，求 $q(n)$。

3.14 考虑下序列：
$$x(n)=\delta(n)+3\delta(n-1)+3\delta(n-2)+2\delta(n-3)$$
$$h(n)=\delta(n)+\delta(n-1)+\delta(n-2)+\delta(n-3)$$
若组成乘积 $Y(k)=X(k)H(k)$，其中 $X(k)$、$H(k)$ 分别是 $x(n)$ 和 $h(n)$ 的 5 点 DFT，求 $Y(k)$ 的 DFT 逆变换 $y(n)$。

3.15 当 DFT 的点数是 2 的整数幂时，可以用基 2 FFT 算法。但是当 $N=4^v$ 时，用基 4 FFT 算法效率更高。

1) 推导 $N=4^v$ 时的按时间抽取的基 4 FFT 算法。

2) 画出基 4 FFT 算法的碟形图，比较基 4 FFT 算法和基 2 FFT 算法的复数乘法和复数加法次数。

3.16 求下列序列的 Z 变换，并画出零极点图和收敛域。

(1) $x(n)=a^{|n|}$ (2) $x(n)=\begin{cases}1 & 0\leq n\leq N-1\\ 0 & n<0,\ n>N-1\end{cases}$

(3) $x(n)=\begin{cases}n & 0\leq n\leq N\\ 2N-n & N+1\leq n\leq 2N\\ 0 & \text{其他}\end{cases}$ (4) $x(n)=n$ $n\geq 0$

(5) $x(n)=\dfrac{1}{n!}$ $n\geq 0$ (6) $x(n)=\cos an$ $n\geq 0$，a 为常数

3.17 设序列 $x(n)$ 和 $y(n)$ 的 Z 变换分别为 $X(z)$ 和 $Y(z)$，试求下列各序列的 $Y(z)$ 与 $X(z)$ 的关系。

(1) $\begin{cases} y(2n) = x(n) \\ y(2n+1) = 0 \end{cases}$

(2) $y(2n) = y(2n+1) = x(n)$

(3) $y(n) = x^*(-n)$（上标"*"表示复共轭运算）

3.18 设 $X(z) = \dfrac{-3z^{-1}}{2 - 5z^{-1} + 2z^{-2}}$，试问 $x(n)$ 在以下三种收敛域下，哪一种是左边序列？哪一种是右边序列？哪一种是双边序列？并求出各对应的 $x(n)$。

(1) $|z| > 2$ (2) $|z| < 0.5$ (3) $0.5 < |z| < 2$

3.19 求下列 $X(z)$ 的逆 Z 变换。

(1) $\dfrac{1 - az^{-1}}{z^{-1} - a}$ $|z| > \dfrac{1}{a}$ (2) $\dfrac{1 + z^{-1}}{1 - z^{-1} 2\cos\omega_0 + z^{-2}}$ $|z| > 1$

(3) $\dfrac{z^{-n_0}}{1 + z^{-n_0}}$ $|z| > 1$，n_0 为某整数

上机练习题

3.20 用 MATLAB 求解题 3.3。

3.21 用 MATLAB 求解题 3.5。

3.22 用 MATLAB 求解题 3.6。

3.23 用 MATLAB 求解题 3.7。

3.24 用 MATLAB 求解题 3.8。

3.25 用 MATLAB 求解题 3.9。

3.26 用 MATLAB 求解题 3.10。

3.27 用 MATLAB 求解题 3.11。

3.28 用 MATLAB 求解题 3.13。

3.29 用 MATLAB 求解题 3.16。

3.30 用 MATLAB 求解题 3.18。

第四章

信号处理基础

为了充分地从信号中获取有用信息，最大限度地利用信息，以及有效地传输、交换、存储信息，必须对信号进行加工和处理。信号处理的任务由具有一定功能的器件、装置、设备及其组合完成。为了达到一定目的而对信号进行处理的器件、装置、设备及其组合称为系统。例如，放大器将微弱信号变成所需强度的可用信号，滤波器按一定要求尽可能剔除混在有用信号中的无用信号，自动控制系统通过控制器的作用将输入信号变为满足实际要求的输出信号等。在信息学科领域，系统是为了处理信号而设置的。信号和系统是信号处理的两个因素，信号是系统实施的对象，系统是信号处理的工具。

本章从信号处理的意义出发，从信号和系统的关系入手，讨论信号处理中的一些最基本的共性问题，为信号处理方法以及信号处理系统的设计奠定基础。

第一节 系统及其性质

系统是一个极具广泛性的概念，除了通信、自动化、机械等工程领域的系统外，还有经济、管理、社会等系统，甚至各种生理、生态系统，凡是具有信息加工和交换的场所都存在系统。系统可以小到一个电阻或一个细胞，甚至基本粒子，也可以复杂到诸如人体、全球通信网，乃至整个宇宙。系统可以是自然存在的，也可以是人造产生的。

一、系统的描述

各不相同的系统都对施加于它的信号做出响应，产生出新的信号。把施加于系统的信号称为系统的输入信号，由此产生的响应信号称为系统的输出信号。有时将系统的输入及其对应的响应表示为 $x(t) \rightarrow y(t)$，系统框图如图 4-1 所示。信号和系统之间存在着紧密关系，一方面，任何系统都要接收输入信号，产生输出信号，系统的特定功能就体现在系统接收一定输入信号的情况下产生什么样的输出信号；另一方面，任何信号的改变（包括物理形态以及所包含的信息内容）都是通过某种系统实现的，即系统是信号处理的工具。

人们在研究系统时往往注重它在实现信号加工和处理

图 4-1 系统框图

过程中所表现出来的属性，而不去关心它的具体物理组成，这使人们能够对系统进行抽象化，用能表达信号加工或变换关系的数学式子来描述，称之为系统的数学模型。

系统的数学模型通常可以分为两大类：一类是只反映系统输入和输出之间的关系，或者说只反映系统的外特性，称为输入输出模型，通常由包含输入量和输出量的方程描述；另一类不仅反映系统的外特性，而且更着重描述系统的内部状态，称之为状态空间模型，通常由状态方程和输出方程描述。对于仅有一个输入信号并产生一个输出信号的简单系统，通常采用输入输出模型，而对于多变量系统或者诸如具有非线性关系等复杂系统，往往采用状态空间模型。

对系统的研究包括两方面内容，即系统分析和系统综合。所谓系统分析，就是在系统给定的情况下，研究系统对输入信号所产生的响应，并由此获得关于系统功能和特性的认识；系统综合则是已知系统的输入信号以及对输出信号的具体要求，研究如何调整系统中可变动部分的结构和参数。

根据信号与系统的关系，还可以提出一个概念，即如果一个系统的输入信号与输出信号呈一一对应的关系，那么该系统的特性或数学模型将由输入、输出信号唯一确定。换言之，可以通过对输入、输出信号的数学处理，得到描述系统的数学关系式，这就是系统辨识的概念，也是系统研究的重要问题。

根据系统数学模型描述的差异，可以分为连续时间系统和离散时间系统。如果系统的输入、输出信号，甚至中间变量都是连续时间信号，则是连续时间系统；如果系统的输入、输出信号，或者中间变量中有离散时间信号，则称这种系统为离散时间系统。连续时间系统通常用微分方程或连续时间状态方程描述，而离散时间系统通常用差分方程或离散时间状态方程描述。此外，还有单输入单输出系统和多输入多输出系统之分，如果系统只有一个输入信号，也只有一个输出信号，则为单输入单输出系统；反之，如果一个系统有多个输入信号和（或）多个输出信号，就称为多输入多输出系统。

二、系统的性质

下面介绍系统的主要属性，这些性质具有重要的物理意义。

（一）记忆性，瞬时系统和动态系统

对于任意输入信号，如果每一时刻系统的输出信号值仅取决于该时刻的输入信号值，而与别的时刻值无关，称该系统具有无记忆性，否则，称该系统为有记忆性。无记忆性的系统称为无记忆系统或瞬时系统，有记忆性的系统称为记忆系统或动态系统。

电阻器是最简单的瞬时系统，因为电阻器两端某时刻的电压值 $y(t)$ 完全由该时刻流过电阻 R 的电流值 $x(t)$ 决定，即 $y(t)=Rx(t)$。同理，数乘器、加法器、相乘器等都是无记忆系统，无记忆系统通常由代数方程描述。

含有储能元件的系统是一种动态系统，这种系统即使在输入信号去掉后（等于0）仍能产生输出信号，因为它所含的储能元件存储着输入信号曾经产生的影响。例如，一个电容器 C 是一个动态系统，它两端的电压 $y(t)$ 与流过它的电流 $x(t)$ 具有关系式

$$y(t) = \frac{1}{C}\int_{-\infty}^{t} x(\tau)\mathrm{d}\tau$$

系统在 t 时刻的输出是 t 时刻以前输入的积累。动态系统通常可用微分方程或差分方程描述。

此外，延迟单元 $y(t)=x(t-t_0)$ 是连续时间动态系统，因为系统在 t 时刻的输出总是由该时刻以前的 $t-t_0$ 时刻的输入决定，说明该系统具有记忆以前输入的能力。

由 $y(n)=[x(n)+x(n-1)+x(n-2)]/3$ 所表示的移动平均系统也是动态系统。因为 n 时刻的输出信号 $y(n)$ 的值取决于输入信号 $x(n)$ 的现在值和最近的两个过去值。反之，$y(n)=x^3(n)$ 描述的是一个瞬时系统，因为 n 时刻输出信号 $y(n)$ 的值仅取决于输入信号 $x(n)$ 的现在值。

（二）因果性，因果系统和非因果系统

对于任意的输入信号，如果系统在任何时刻的输出值，只取决于该时刻和该时刻以前的输入值，而与将来时刻的输入值无关，称该系统具有因果性；否则，如果某个时刻的输出值还与将来时刻的输入值有关，则为非因果性。具有因果性的系统为因果系统，具有非因果性的系统为非因果系统。

数学上，若把 t_0 或 n_0 看作现在时刻，则 $t<t_0$ 或 $n<n_0$ 时刻就是以前时刻，而 $t>t_0$ 或 $n>n_0$ 时刻为将来时刻，因果系统可表示为

$$y(t)=f\{x(t-\tau),\ \tau\geq 0\} \quad (4-1)$$

或

$$y(n)=f\{x(n-k),\ k\geq 0\} \quad (4-2)$$

按定义，$y(t)=\int_{-\infty}^{t}x(\tau)\mathrm{d}\tau$、$y(n)=\sum_{k=-\infty}^{n}x(k)$ 表示的是因果系统。$y(t)=x(t+1)$ 表示的是非因果系统，因为系统的输出显然与将来时刻的输入有关，如 $y(0)$ 取决于 $x(1)$。

$y(t)=x(-t)$ 表示的是非因果系统。当 $t=-1$ 时，$y(-1)$ 取决于 $x(1)$，与将来时刻的输入有关。$y(n)=x(n)-x(n+1)$ 也表示了一个非因果系统，因为 $y(0)$ 不仅与 $x(0)$ 有关，还与将来时刻的输入 $x(1)$ 有关。

因果系统的输出只能反映从过去到现在的输入作用的结果，体现了"原因在前，结果在后"的原则，它不能预见将来输入的影响，具有不可预见性。现实世界中，就真实时间系统而言，只存在因果系统。但是，非因果系统在非真实时间系统（如自变量是空间变量的情况）和在具有处理延时（输出信号有一定的附加延时）的系统中仍然具有实际意义。

通常，瞬时系统必定是因果系统，而动态系统有些是因果系统，如积分器、累加器，另一些是非因果系统，如离散平滑器 $y(n)=\dfrac{1}{2N+1}\sum_{K=-N}^{\infty}x(n-K)$。

（三）可逆性，可逆系统与不可逆系统

如果一个系统对不同的输入信号产生不同的输出信号，即系统的输入、输出信号呈一一对应关系，则称该系统是可逆的，或称为可逆系统，否则就是不可逆系统。

一个系统，如果能找到它的逆系统，则该系统一定是可逆的。下列系统是可逆系统：

1) $y(t)=2x(t)$，有逆系统 $z(t)=0.5y(t)$。
2) $y(t)=x(t-t_0)$，有逆系统 $z(t)=y(t+t_0)$。
3) $y(n)=\sum_{k=-\infty}^{n}x(k)$，有逆系统 $z(n)=y(n)-y(n-1)$。

下列系统是不可逆系统：

1) $y(t)=0$，因为系统对任何输入信号产生同样的输出。

2) $y(t) = \cos(x(t))$,因为系统对输入 $x(t)+2k\pi(k=0,\pm 1,\cdots)$ 都有相同的输出。

3) $y(n) = x^2(n)$,系统对 $x(n)$ 和 $-x(n)$ 这两个不同的输入信号产生相同的输出。

4) $y(n) = x(n)x(n-1)$,系统的输入信号为 $x(n)=\delta(n)$ 和 $x(n)=\delta(n+1)$ 时,有相同的输出信号 $y(n)=0$。

在实际应用中,可逆性和可逆系统有着十分重要的意义。首先,对于许多信号处理问题,最后都希望能从被处理或变换后的信号中恢复原信号。最典型的例子是通信系统中发送端的编码器、调制器等都应该是可逆的,以便在接收端用相应的解码器、解调器等逆系统实现发送端的原信号。其次,逆系统在自动控制中也有重要的应用。

(四) 稳定性,稳定系统和不稳定系统

稳定性是系统的一个十分重要的特性,稳定系统才是有意义的,不稳定系统难以在实际中应用。可以从多方面定义系统的稳定性,一个直观、简单的定义是:如果一个系统对其有界的输入信号的响应也是有界的,则该系统具有稳定性,或称该系统是稳定系统。否则,如果对有界输入产生的输出不是有界的,则系统是不稳定的,或称该系统是不稳定系统。

由于稳定性对于一个系统的重要意义,因此,在系统分析中把它放在首要地位,并给出一系列稳定性判据,在系统设计中也把它作为一项基本原则。

由 $y(n) = r^n x(n)$,$r>1$ 描述的离散时间系统,就是不稳定的系统。原因在于,假如输入信号 $x(n)$ 有界,对于 $r>1$,当 n 增加时,r^n 发散。因此,输入信号有界并不能保证输出信号也有界,因而系统是不稳定的。

(五) 时不变性,时变系统与时不变系统

对于一个系统,如果其输入信号在时间上有一个任意的平移,导致输出信号仅在时间上产生相同的平移,即若 $x(t) \to y(t)$,有 $x(t-t_0) \to y(t-t_0)$,则该系统具有时不变性,或称系统为时不变系统,否则就是时变系统。

时不变系统的物理含义很清楚,即系统特性是确定的,不随时间的变化而变化,某一时刻对系统施加一个输入信号,系统产生一个明确的响应,当另外时刻施加相同的输入信号时它都会有与之前相同的响应。系统的时不变性给人们的活动带来了方便,是大家希望的系统性质,它以构成系统的所有元部件的参数不随时间变化为基础。

检验一个系统的时不变性,可从定义出发。对于 $x_1(t)$,有 $y_1(t)$,令 $x_2(t)=x_1(t-t_0)$,检验 $y_2(t)$ 是否等于 $y_1(t-t_0)$,若是,则系统是时不变的,否则,系统就是时变的。

1) $y(t)=\cos(x(t))$ 是时不变的。因为 $y_1(t)=\cos(x_1(t))$,$y_1(t-t_0)=\cos(x_1(t-t_0))$,对于 $x_2(t)=x_1(t-t_0)$,有 $y_2(t)=\cos(x_2(t))=\cos(x_1(t-t_0))=y_1(t-t_0)$。

2) $y(t)=x(-t)$ 是时变的。因为 $y_1(t)=x_1(-t)$,$y_1(t-t_0)=x_1(-t+t_0)$,对于 $x_2(t)=x_1(t-t_0)$,有 $y_2(t)=x_2(-t)=x_1(-t-t_0) \neq y_1(t-t_0)$;

3) $y(t)=x(t)\cos\omega t$ 是时变的。因为 $y_1(t)=x_1(t)\cos\omega t$,$y_1(t-t_0)=x_1(t-t_0)\cos\omega(t-t_0)$,对于 $x_2(t)=x_1(t-t_0)$,有 $y_2(t)=x_2(t)\cos\omega t=x_1(t-t_0)\cos\omega t \neq y_1(t-t_0)$。

(六) 线性,线性系统和非线性系统

同时满足叠加性和齐次性的系统称为线性系统,否则为非线性系统。

叠加性是指几个输入信号同时作用于系统时,系统的响应等于每个输入信号单独作用所产生的响应之和,即若 $x_1(t) \to y_1(t)$,$x_2(t) \to y_2(t)$,则 $x_1(t)+x_2(t) \to y_1(t)+y_2(t)$。

齐次性是指当输入信号为原输入信号的 k 倍时,系统的输出响应也为原输出响应的 k

倍，即若 $x(t) \to y(t)$，则 $kx(t) \to ky(t)$。

叠加性和齐次性合在一起称为线性条件。综上，一个线性系统应满足
$$ax_1(t)+bx_2(t) \to ay_1(t)+by_2(t)$$

由齐次性可以直接得出线性系统的另一个重要性质，即零输入信号必然产生零输出信号。因此，不具备这一性质的系统必定不是线性系统，但是反过来则不成立，即零输入信号产生零输出信号的系统不一定是线性系统，还要看是否满足叠加性。

例 4-1 判断系统 $y(t)=tx(t)$ 是否为线性系统。

解：
$$x_1(t) \to y_1(t) = tx_1(t)$$
$$x_2(t) \to y_2(t) = tx_2(t)$$

令 $\quad x_3(t)=ax_1(t)+bx_2(t) \quad a, b$ 为任意常数

有 $\quad y_3(t)=tx_3(t)=t[ax_1(t)+bx_2(t)]=atx_1(t)+btx_2(t)=ay_1(t)+by_2(t)$

所以系统为线性系统。

例 4-2 判断系统 $y(t)=x(t)x(t-1)$ 是否为线性系统。

解：
$$x_1(t) \to y_1(t) = x_1(t)x_1(t-1)$$
$$x_2(t) \to y_2(t) = x_2(t)x_2(t-1)$$

令 $\quad x_3(t)=ax_1(t)+bx_2(t) \quad a, b$ 为任意常数

有
$$y_3(t)=x_3(t)x_3(t-1)=[ax_1(t)+bx_2(t)][ax_1(t-1)+bx_2(t-1)]$$
$$=a^2x_1(t)x_1(t-1)+b^2x_2(t)x_2(t-1)+abx_1(t)x_2(t-1)+abx_1(t-1)x_2(t)$$
$$=a^2y_1(t)+b^2y_2(t)+ab[x_1(t)x_2(t-1)+x_1(t-1)x_2(t)]$$
$$\neq ay_1(t)+by_2(t)$$

所以系统为非线性系统。

从例 4-1、例 4-2 可以看出，线性系统由线性方程描述，而非线性方程描述的是非线性系统，下面再看一个线性方程描述的系统。

例 4-3 判断系统 $y(t)=2x(t)+3$ 是否为线性系统。

解：
$$x_1(t) \to y_1(t) = 2x_1(t)+3$$
$$x_2(t) \to y_2(t) = 2x_2(t)+3$$

令 $\quad x_3(t)=ax_1(t)+bx_2(t) \quad a, b$ 为任意常数

有 $\quad y_3(t)=2x_3(t)+3=2[ax_1(t)+bx_2(t)]+3=2ax_1(t)+2bx_2(t)+3$

显然与 $ay_1(t)+by_2(t)=2ax_1(t)+3a+2bx_2(t)+3b$ 不相等，所以系统是非线性系统。

例 4-3 说明由线性方程表示的系统并不一定就是线性系统。进一步分析可知，该系统既不满足叠加性，也不满足齐次性，原因在于输出中的常数项始终与输入信号没有关系。

线性、时不变的动态系统是一类常见的系统，由于这类系统具有良好的特性，目前已有一整套完整、严密且十分有效的分析方法。

第二节　信号的线性系统处理

一个既满足叠加原理又满足时不变条件的系统，称为线性时不变系统。本节主要讨论通过线性时不变系统对信号进行加工、处理的方法，主要包括时域、频域和复频域法，其目的

都是为了分析信号通过线性系统后所产生的响应及其特性。

一、时域法

(一) 线性时不变因果系统的时域响应

线性时不变动态系统可以由线性常系数微分方程描述

$$\sum_{k=0}^{n} a_k y^{(k)}(t) = \sum_{k=0}^{m} b_k x^{(k)}(t) \tag{4-3}$$

或线性常系数差分方程描述

$$\sum_{k=0}^{N} a_k y(n-k) = \sum_{k=0}^{M} b_k x(n-k) \tag{4-4}$$

式(4-3)对应于连续系统，式(4-4)对应于离散系统，$y(t)$、$y(n)$为系统输出，$x(t)$、$x(n)$为系统输入。

求解上述微分(差分)方程得出系统输出响应是最直接的时域分析法。为了求解上述微分(差分)方程，除了必须已知系统输入信号及其各阶导数值(差分值)外，还必须给出系统的初始条件：连续系统的初始条件为$y^{(k)}(0)$，其中$k=0,1,\cdots,n-1$；离散系统的初始条件为$y(-k)$，其中$k=1,2,\cdots,N$。

在实际系统中，初始条件的存在，往往是因为在输入信号施加到系统前，系统已经历过激励，尽管这个历史激励已经结束，但其响应过程直至这次激励加入时仍未结束，遗留给系统一个非零能量状态，使得即使这次激励不加入，系统仍会有输出，从而形成系统的初始状态。

因此，系统的输出响应由两部分组成，一部分是系统在零初始状态下对输入激励的响应，称之为零状态响应；另一部分是本次输入激励为零时系统由非零初始状态延续下来的输出，称之为零输入响应。根据线性系统的叠加性，系统的输出响应是由这两个部分相加，如图4-2所示。一个线性时不变系统对任意输入信号的响应可表示为

$$y(t) = y_{zs}(t) + y_{zi}(t) \tag{4-5}$$

或

$$y(n) = y_{zs}(n) + y_{zi}(n) \tag{4-6}$$

式中，$y_{zs}(t)$、$y_{zs}(n)$为零状态响应；$y_{zi}(t)$、$y_{zi}(n)$为零输入响应。

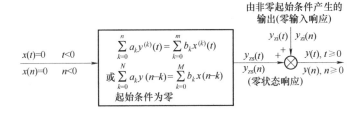

图 4-2 线性时不变因果系统的结构

式(4-5)、式(4-6)称为线性时不变系统的完全响应。在信号和系统的分析中，重点关心的是系统在零初始状态下对输入激励的响应，即零状态响应。

通常情况下，求解方程的纯数学方法一般不予采用。其原因在于，该方法不能表现系统

响应的物理意义，而且求解困难，输入信号或初始条件改变时需重新求解。

(二) 线性时不变系统的单位冲激响应(单位脉冲响应)

线性时不变连续系统的单位冲激响应是指系统在零初始条件下对激励为单位冲激信号 $\delta(t)$ 所产生的响应，记为 $h(t)$；线性时不变离散系统的单位脉冲响应则是指系统在零初始条件下，对单位脉冲序列 $\delta(n)$ 的响应，记为 $h(n)$。系统的单位冲激响应(单位脉冲响应)是一种在 $\delta(t)$ 或 $\delta(n)$ 作用下的零状态响应。

1. 线性时不变连续系统的单位冲激响应

对于线性时不变连续系统式(4-3)，分别将激励 $\delta(t)$ 及其响应 $h(t)$ 代入，得

$$\sum_{k=0}^{n} a_k h^{(k)}(t) = \sum_{k=0}^{m} b_k \delta^{(k)}(t) \tag{4-7}$$

式(4-7)右边由 $\delta(t)$ 及其各阶导数组成。通过求解该方程得到的 $h(t)$ 具有以下特点：

1) 当 $t>0$ 时，由于 $\delta(t)$ 及其各阶导数均等于零，$h(t)$ 应满足齐次方程

$$\sum_{k=0}^{n} a_k h^{(k)}(t) = 0 \qquad t>0 \tag{4-8}$$

同时，由于系统的因果性，$h(t)$ 又要满足

$$h(t) = 0 \qquad t<0$$

所以 $h(t)$ 应具有齐次微分方程解的基本形式。例如，在式(4-8)的齐次方程有 n 个不同的单特征根 $\lambda_i(i=1,2,\cdots,n)$ 时，$h(t)$ 应为

$$h(t) = \sum_{i=1}^{n} A_i e^{\lambda_i t} u(t) \tag{4-9}$$

2) 根据方程两边函数项匹配的原则，$h(t)$ 的形式与 n、m 值的相对大小密切相关，具体地说：

① $n>m$ 时，$h(t)$ 对应着 $\delta(t)$ 的一次以上积分，不会包含 $\delta(t)$ 及其导数。$h(t)$ 仅具有式(4-9)所表示的基本形式，这是一个物理上可实现系统一般所具有的形式。

② $n=m$ 时，$h(t)$ 对应着 $\delta(t)$，所以除了式(4-9)所表示的基本形式外，$h(t)$ 还包含了 $\delta(t)$ 项，但不包含 $\delta(t)$ 的各阶导数项，即 $h(t)$ 为

$$h(t) = c\delta(t) + \sum_{i=1}^{n} A_i e^{\lambda_i t} u(t) \tag{4-10}$$

③ $n<m$ 时，$h(t)$ 除了式(4-9)所表示的基本形式外，还会包含 $\delta(t)$ 直至其 $m-n$ 阶导数项，即 $h(t)$ 为

$$h(t) = \sum_{j=0}^{m-n} c_j \delta^{(j)}(t) + \sum_{i=1}^{n} A_i e^{\lambda_i t} u(t) \tag{4-11}$$

式(4-11)中，待定常系数 c、c_j、A_i 可以根据微分方程两边各奇异函数项系数对应相等的方法求取。

例 4-4 求解下述线性时不变连续系统的单位冲激响应。

$$y''(t) + 4y'(t) + 3y(t) = x'(t) + 2x(t)$$

解：系统对应的特征方程为 $\lambda^2 + 4\lambda + 3 = 0$，求得其两个特征根分别为

$$\lambda_1 = -1, \quad \lambda_2 = -3$$

根据上面所讨论的结果，本例中 $n=2$，$m=1$，$h(t)$ 应为

$$h(t) = (A_1 e^{-t} + A_2 e^{-3t}) u(t)$$

将 $y(t) = h(t)$ 和 $x(t) = \delta(t)$ 代入原方程，即

$$h''(t) + 4h'(t) + 3h(t) = \delta'(t) + 2\delta(t)$$

其中

$$h'(t) = (A_1 e^{-t} + A_2 e^{-3t})\delta(t) - (A_1 e^{-t} + 3A_2 e^{-3t}) u(t)$$
$$= (A_1 + A_2)\delta(t) - A_1 e^{-t} u(t) - 3A_2 e^{-3t} u(t)$$
$$h''(t) = (A_1 + A_2)\delta'(t) - [A_1 e^{-t} \delta(t) - A_1 e^{-t} u(t)] - [3A_2 e^{-3t}\delta(t) - 9A_2 e^{-3t} u(t)]$$
$$= (A_1 + A_2)\delta'(t) - (A_1 + 3A_2)\delta(t) + (A_1 e^{-t} + 9A_2 e^{-3t}) u(t)$$

所以有

$$(A_1 + A_2)\delta'(t) - (A_1 + 3A_2)\delta(t) + (A_1 e^{-t} + 9A_2 e^{-3t}) u(t) + 4(A_1 + A_2)\delta(t)$$
$$- 4(A_1 e^{-t} + 3A_2 e^{-3t}) u(t) + 3(A_1 e^{-t} + A_2 e^{-3t}) u(t)$$
$$= \delta'(t) + 2\delta(t)$$

整理后得

$$(A_1 + A_2)\delta'(t) + (3A_1 + A_2)\delta(t) = \delta'(t) + 2\delta(t)$$

方程两边各奇异函数项系数相等，有

$$\begin{cases} A_1 + A_2 = 1 \\ 3A_1 + A_2 = 2 \end{cases}$$

解得 $A_1 = 1/2$，$A_2 = 1/2$，代入 $h(t)$，系统的单位冲激响应为

$$h(t) = \left(\frac{1}{2} e^{-t} + \frac{1}{2} e^{-3t}\right) u(t)$$

2. 线性时不变离散系统的单位脉冲响应

对于线性时不变离散系统式(4-4)，分别将激励 $\delta(n)$ 及其响应 $h(n)$ 代入，得

$$\sum_{k=0}^{N} a_k h(n-k) = \sum_{k=0}^{M} b_k \delta(n-k) \tag{4-12}$$

可得到单位脉冲响应 $h(n)$ 为

$$h(n) = \begin{cases} \displaystyle\sum_{i=1}^{N} A_i \lambda_i^n u(n) & N > M \\ \displaystyle\sum_{j=0}^{N-M} C_j \delta(n-j) + \sum_{i=1}^{N} A_i \lambda_i^n u(n) & N \leq M \end{cases} \tag{4-13}$$

其中，待定系数 C_j、A_i 可以通过方程两边各对应项系数相等的方法求得。根据上一章的讨论，单位阶跃序列 $u(n)$ 可以表示为 $u(n) = \sum_{k=0}^{\infty} \delta(n-k)$，因此，式(4-13)中各 $A_i \lambda_i^n u(n)$ 项都包含了 $\delta(n-k)$，$k = 0, 1, \cdots, M$，即 $A_i \lambda_i^n u(n)$ 可写成

$$A_i \lambda_i^n u(n) = A_i \lambda_i^n \sum_{k=0}^{\infty} \delta(n-k) = A_i \delta(n) + A_i \lambda_i \delta(n-1) + \cdots + A_i \lambda_i^M \delta(n-M) + \cdots$$

例 4-5 已知线性时不变因果离散系统的差分方程为

$$y(n) - 5y(n-1) + 6y(n-2) = x(n) - 3x(n-2)$$

试求出该系统的单位脉冲响应。

解：系统的特征方程为 $\lambda^2-5\lambda+6=0$，求得两个特征根分别为 $\lambda_1=3$，$\lambda_2=2$。由于 $N=M=2$，根据式(4-13)，有

$$h(n)=C_0\delta(n)+A_13^nu(n)+A_22^nu(n)$$

它应满足差分方程

$$h(n)-5h(n-1)+6h(n-2)=\delta(n)-3\delta(n-2)$$

而 $A_13^nu(n)$ 和 $A_22^nu(n)$ 分别可写为

$$A_13^nu(n)=A_1\delta(n)+3A_1\delta(n-1)+9A_1\delta(n-2)+\cdots$$
$$A_22^nu(n)=A_2\delta(n)+2A_2\delta(n-1)+4A_2\delta(n-2)+\cdots$$

所以 $h(n)=(C_0+A_1+A_2)\delta(n)+(3A_1+2A_2)\delta(n-1)+(9A_1+4A_2)\delta(n-2)+\cdots$

且有 $h(n-1)=(C_0+A_1+A_2)\delta(n-1)+(3A_1+2A_2)\delta(n-2)+\cdots$

$h(n-2)=(C_0+A_1+A_2)\delta(n-2)+\cdots$

将它们代入上面的差分方程并加以整理得

$$(C_0+A_1+A_2)\delta(n)+(-5C_0-2A_1-3A_2)\delta(n-1)+6C_0\delta(n-2)=\delta(n)-3\delta(n-2)$$

等式两边对应项系数相等，则有

$$\begin{cases}C_0+A_1+A_2=1\\5C_0+2A_1+3A_2=0\\6C_0=-3\end{cases}$$

解此联立方程，得 $C_0=-1/2$，$A_1=2$，$A_2=-1/2$。故系统的单位脉冲响应为

$$h(n)=-0.5\delta(n)+2\times3^nu(n)-0.5\times2^nu(n)$$

（三）线性时不变系统的时域法分析

如果已知线性时不变系统的单位冲激响应（或单位脉冲响应），利用线性时不变系统的线性和时不变性，就能确定出系统对任意信号的响应，这就是线性时不变系统时域法分析的基本思想。

1. 连续系统的卷积积分

如前所述，任意连续信号可分解为一系列冲激函数之和 $x(t)=\sum_{k=-\infty}^{+\infty}x(k\Delta t)\Delta t\delta(t-k\Delta t)$。进一步，利用线性时不变系统的线性和时不变性，就可以确定出系统对任意信号的响应。

如果一个线性时不变连续系统的单位冲激响应为 $h(t)$，表明系统在零初始条件下输入为单位冲激信号 $\delta(t)$ 时，输出为 $h(t)$，即

$$\delta(t)\to h(t)$$

由系统的时不变性，有

$$\delta(t-k\Delta t)\to h(t-k\Delta t)$$

又由系统的齐次性，有

$$x(k\Delta t)\Delta t\delta(t-k\Delta t)\to x(k\Delta t)\Delta th(t-k\Delta t)$$

按照系统的叠加性，将不同延时和不同强度的冲激信号叠加后输入系统，系统的输出响应必是不同延时和不同强度冲激响应的叠加，即

$$\sum_{k=-\infty}^{\infty}x(k\Delta t)\delta(t-k\Delta t)\Delta t\to\sum_{k=-\infty}^{\infty}x(k\Delta t)h(t-k\Delta t)\Delta t$$

当 $\Delta t \to 0$ 时，有 $k\Delta t \to \tau$，$\Delta t \to d\tau$，于是有

$$x(t) = \int_{-\infty}^{\infty} x(\tau)\delta(t-\tau)d\tau \to y(t) = \int_{-\infty}^{\infty} x(\tau)h(t-\tau)d\tau = x(t) * h(t)$$

表明线性时不变系统对任意输入信号 $x(t)$ 的响应是信号 $x(t)$ 与系统单位冲激响应 $h(t)$ 的卷积，即

$$y(t) = x(t) * h(t) \tag{4-14}$$

值得注意的是，当输入信号有不连续点或为有限长时域信号时，卷积积分上下限要根据实际情况确定。例如，对于连续时间系统，如果 $t<0$ 时有 $x(t)=0$，则积分下限取零。此外，对于物理上可实现的因果系统，由于在 $t<0$ 时 $h(t)=0$，所以 $\tau > t$ 时有 $h(t-\tau)=0$，积分上限应取 t，即对于 $t=0$ 时刻加入激励信号 $x(t)$ 的线性时不变因果系统的输出响应为 $y(t) = \int_0^t x(\tau)h(t-\tau)d\tau$。

例 4-6 已知一个线性时不变连续系统的单位冲击响应 $h(t) = 3\delta(t) - 0.5e^{-0.5t}$，$t \ge 0$，试求输入为 $x(t) = u(t)$ 时的系统零状态响应。

解： 由式(4-14)，得

$$y(t) = x(t) * h(t) = \int_{-\infty}^{\infty} x(\tau)h(t-\tau)d\tau$$

$$= \int_0^t [3\delta(t-\tau) - 0.5e^{-0.5(t-\tau)}]u(\tau)d\tau$$

$$= \int_0^t 3\delta(t-\tau)d\tau - \int_0^t 0.5e^{-0.5(t-\tau)}d\tau$$

$$= 3u(t) - 0.5e^{-0.5t} \int_0^t e^{0.5\tau}d\tau$$

$$= 3u(t) + (e^{-0.5t} - 1)u(t) = (2 + e^{-0.5t})u(t)$$

考虑 $x(t) = u(t)$ 是 $t=0$ 时刻加入的激励信号，所以线性时不变因果系统的输出响应为 $y(t) = \int_0^t x(\tau)h(t-\tau)d\tau$。

2. 离散系统的卷积和

任一离散时间信号 $x(n)$，都可以表示为单位脉冲信号 $\delta(n)$ 的移位、加权和，即

$$x(n) = \sum_{k=-\infty}^{\infty} x(k)\delta(n-k)$$

根据线性时不变系统的性质，离散时间系统对 $x(n)$ 的响应就是系统单位脉冲响应 $h(n)$ 的移位、加权和，这与连续时间系统的情况类似，有

$$y(n) = \sum_{k=-\infty}^{\infty} x(k)h(n-k) = x(n) * h(n) \tag{4-15}$$

表明线性时不变离散系统对任一输入序列 $x(n)$ 的响应等于该输入信号 $x(n)$ 与系统单位脉冲响应 $h(n)$ 的卷积和。

类似连续线性时不变因果系统，如果 $n=0$ 时刻加入激励信号 $x(n)$，则其输出响应为

$$y(n) = \sum_{k=0}^{n} x(k)h(n-k)$$

例 4-7 已知一个线性时不变离散系统的单位脉冲响应序列为 $h(n) = [2, 2, 3, 3]$，求
                                                                                                                                  ↑

系统对输入序列 $x(n) = [\underset{\uparrow}{1}, 1, 2]$ 的零状态响应。

解： 由式(4-15)及考虑到系统激励信号 $x(n)$ 是 $n=0$ 时刻加入的，所以有

$$y(n) = x(n) * h(n) = \sum_{k=0}^{n} x(k)h(n-k)$$

求得

$$y(0) = x(0)h(0) = 1 \times 2 = 2$$

$$y(1) = \sum_{k=0}^{1} x(k)h(n-k) = x(0)h(1) + x(1)h(0) = 1 \times 2 + 1 \times 2 = 4$$

$$y(2) = \sum_{k=0}^{2} x(k)h(n-k) = x(0)h(2) + x(1)h(1) + x(2)h(0)$$
$$= 1 \times 3 + 1 \times 2 + 2 \times 2 = 9$$

$$y(3) = \sum_{k=0}^{3} x(k)h(n-k) = x(0)h(3) + x(1)h(2) + x(2)h(1)$$
$$= 1 \times 3 + 1 \times 3 + 2 \times 2 = 10$$

$$y(4) = \sum_{k=0}^{4} x(k)h(n-k) = x(1)h(3) + x(2)h(2) = 1 \times 3 + 2 \times 3 = 9$$

$$y(5) = \sum_{k=0}^{5} x(k)h(n-k) = x(2)h(3) = 2 \times 3 = 6$$

即

$$y(n) = [\underset{\uparrow}{2}, 4, 9, 10, 9, 6]$$

式(4-14)、式(4-15)表明，如果已知线性时不变系统的单位冲激响应 $h(t)$（或单位脉冲响应 $h(n)$），则在零状态条件下系统对任意输入信号 $x(t)$、$x(n)$ 的响应 $y(t)$、$y(n)$，就可以通过它与 $h(t)$（或 $h(n)$）的卷积求得。可见，系统单位冲激响应 $h(t)$（或单位脉冲响应 $h(n)$）反映了线性时不变系统的输入输出变换关系，它仅由系统的内部结构及参数决定。因此，系统的单位冲激响应 $h(t)$（或单位脉冲响应 $h(n)$）是线性时不变系统输入输出关系的表征，是对线性时不变系统特性和功能的完全充分描述。

二、频域法

系统的频域法分析是研究信号通过系统以后频谱特性的变化情况，即输出响应随频率变化的规律。为此，必须研究系统本身所具有的与频率相关的特性。

（一）频率特性函数

1. 连续时间系统

假设线性时不变系统有 $x(t) \overset{F}{\longleftrightarrow} X(\omega)$，$h(t) \overset{F}{\longleftrightarrow} H(\omega)$。由时域法分析，可知线性时不变系统对任意输入信号 $x(t)$ 的响应 $y(t) = x(t) * h(t)$，根据傅里叶变换的时域卷积定理，直接可得到

$$Y(\omega) = H(\omega)X(\omega) \tag{4-16}$$

这种线性时不变系统时域与频域的对应关系如图4-3所示。

由式(4-16)，有

$$H(\omega)=\frac{Y(\omega)}{X(\omega)} \quad (4\text{-}17)$$

式中，$H(\omega)$称为系统的频率特性函数。

式(4-17)表明，系统的频率特性函数是系统在零初始条件下，系统输出响应的傅里叶变换$Y(\omega)$与输入信号的傅里叶变换$X(\omega)$之比。与单位冲激响应$h(t)$在时域完全充分地描述了线性时不变系统的特性和功能相对应，频率特性函数$H(\omega)$在频域完全充分地描述了线性时不变系统的特性和功能。$H(\omega)$是频率(角频率)的复函数，可表示为

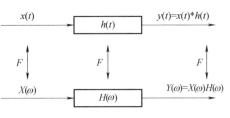

图4-3 线性时不变系统时域、频域的对应关系

$$H(\omega)=|H(\omega)|\mathrm{e}^{\mathrm{j}\varphi_h(\omega)} \quad (4\text{-}18)$$

式中，$|H(\omega)|$和$\varphi_h(\omega)$分别称为系统的幅频特性和相频特性。于是有

$$Y(\omega)=X(\omega)|H(\omega)|\mathrm{e}^{\mathrm{j}\varphi_h(\omega)} \quad (4\text{-}19)$$

由式(4-19)可知，当信号$x(t)$通过线性时不变系统时，$H(\omega)$从幅值和相位两个方面改变了$X(\omega)$的频谱结构。例如，当$x(t)=\delta(t)$时，其频谱$X(\omega)=1$，这是一个具有均匀频谱的输入信号(幅度频谱恒为1，相位频谱恒为0)，响应$y(t)$的频谱$Y(\omega)=H(\omega)$，即单位冲击信号$\delta(t)$通过线性时不变系统时，输出信号的频谱发生了改变，幅度频谱由1变为$|H(\omega)|$，相位频谱由0变为$\varphi_h(\omega)$。

一般情况下，输出信号的频谱改变表现为

$$|Y(\omega)|=|X(\omega)||H(\omega)|$$
$$\varphi_y(\omega)=\varphi_x(\omega)+\varphi_h(\omega)$$

显然，这种改变是由系统的频率特性$H(\omega)$决定的。系统的频率特性$H(\omega)$体现了系统本身与频率相关的内在特性，是由系统结构决定的。

利用系统的频率特性函数，可以在频域方便地研究信号处理问题，通过傅里叶变换对又可以和时域分析联系起来。

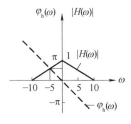

图4-4 例4-8图

例4-8 已知某线性时不变系统的幅频特性$|H(\omega)|$和相频特性$\varphi_h(\omega)$如图4-4所示，求系统对信号$x(t)=2+4\cos 5t+4\cos 10t$的响应$y(t)$。

解：对信号$x(t)$求傅里叶变换，有

$$X(\omega)=4\pi\delta(\omega)+4\pi[\delta(\omega+5)+\delta(\omega-5)]+4\pi[\delta(\omega+10)+\delta(\omega-10)]$$
$$=4\pi\sum_{n=-2}^{2}\delta(\omega-n\omega_0)$$

其中$\omega_0=5$，有

$$Y(\omega)=X(\omega)H(\omega)=4\pi\sum_{n=-2}^{2}H(\omega)\delta(\omega-n\omega_0)=4\pi\sum_{n=-2}^{2}H(n\omega_0)\delta(\omega-n\omega_0)$$
$$=4\pi[H(-10)\delta(\omega+10)+H(-5)\delta(\omega+5)+H(0)\delta(\omega)+H(5)\delta(\omega-5)+H(10)\delta(\omega-10)]$$

将$H(-10)=H(10)=0$，$H(-5)=0.5\mathrm{e}^{\mathrm{j}\frac{\pi}{2}}$，$H(5)=0.5\mathrm{e}^{-\mathrm{j}\frac{\pi}{2}}$，$H(0)=1$，代入上式得

$$Y(\omega) = 4\pi[0.5e^{j\frac{\pi}{2}}\delta(\omega+5)+\delta(\omega)+0.5e^{-j\frac{\pi}{2}}\delta(\omega-5)]$$

取傅里叶逆变换，得

$$y(t) = e^{-j(5t-\frac{\pi}{2})}+2+e^{j(5t-\frac{\pi}{2})} = 2+2\cos\left(5t-\frac{\pi}{2}\right)$$

可见，输入信号 $x(t)$ 经过系统后，直流分量不变，基波分量衰减为原信号的 $1/2$，且相位延迟了 $\frac{\pi}{2}$，2 次谐波分量则完全被滤除。

例 4-9 已知描述某系统的微分方程为 $y'(t)+2y(t)=x(t)$，求系统对输入信号 $x(t)=e^{-t}u(t)$ 的响应。

解： 对系统的微分方程两边取傅里叶变换，得

$$j\omega Y(\omega)+2Y(\omega)=X(\omega)$$

系统的频率特性函数为

$$H(\omega)=\frac{Y(\omega)}{X(\omega)}=\frac{1}{j\omega+2}$$

对 $x(t)$ 取傅里叶变换，有

$$X(\omega)=\frac{1}{j\omega+1}$$

系统响应 $y(t)$ 的傅里叶变换为

$$Y(\omega)=X(\omega)H(\omega)=\frac{1}{j\omega+1}\frac{1}{j\omega+2}=\frac{1}{j\omega+1}-\frac{1}{j\omega+2}$$

对 $Y(\omega)$ 取傅里叶逆变换，得

$$y(t)=e^{-t}u(t)-e^{-2t}u(t)=(e^{-t}-e^{-2t})u(t)$$

2. 离散系统

与连续系统相对应，离散信号通过离散系统后其频谱结构的变化是由离散系统与频率相关的特性决定的。可以推想，单位脉冲响应 $h(n)$ 的傅里叶变换 $H(\Omega)$ 是描述离散系统与频率相关特性的特征量，称其为离散系统频率特性函数（或频率响应函数）。

由时域法分析，可知线性时不变离散系统对任意序列 $x(n)$ 的响应 $y(n)=x(n)*h(n)$，根据离散时间傅里叶变换的卷积性质，有

$$Y(\Omega)=H(\Omega)X(\Omega)$$

或可写成

$$H(\Omega)=\frac{Y(\Omega)}{X(\Omega)} \tag{4-20}$$

式中，$X(\Omega)$、$Y(\Omega)$ 分别表示输入序列和输出序列的离散时间傅里叶变换。

式（4-20）表明离散系统的频率特性函数是系统在零初始条件下，系统输出响应 $Y(\Omega)$ 与输入信号 $X(\Omega)$ 之比，它在频域描述了离散系统的特性和功能，由系统的结构决定。进一步，输出响应的频谱改变表现为

$$|Y(\Omega)|=|X(\Omega)||H(\Omega)|$$
$$\varphi_y(\Omega)=\varphi_x(\Omega)+\varphi_h(\Omega)$$

例 4-10 已知描述离散系统的差分方程为

$$y(n)-0.9y(n-1)=0.1x(n)$$

求系统对输入信号 $x(n)=5+12\sin\dfrac{\pi}{2}n-20\cos\left(\pi n+\dfrac{\pi}{4}\right)$ 的响应。

解： 根据 DTFT 的时域平移性质，差分方程的频域表达式可写为

$$Y(\Omega)-0.9e^{-j\Omega}Y(\Omega)=0.1X(\Omega)$$

由式(4-20)，求得离散系统频率特性函数为

$$H(\Omega)=\dfrac{Y(\Omega)}{X(\Omega)}=\dfrac{0.1}{1-0.9e^{-j\Omega}}$$

即有

$$|H(\Omega)|=\dfrac{0.1}{\sqrt{1+0.81-1.8\cos\Omega}}$$

$$\varphi_h(\Omega)=-\arctan\dfrac{0.9\sin\Omega}{1-0.9\cos\Omega}$$

由于输入信号包含了 $\Omega=0$, $\dfrac{\pi}{2}$, π 三个频率成分，可求出对应的幅频特性和相频特性为

$$|H(0)|=\dfrac{0.1}{\sqrt{1+0.81-1.8}}=1, \quad \varphi_h(0)=-\arctan\dfrac{0}{1-0.9}=0$$

$$\left|H\left(\dfrac{\pi}{2}\right)\right|=\dfrac{0.1}{\sqrt{1+0.81}}=0.074, \quad \varphi_h\left(\dfrac{\pi}{2}\right)=-\arctan 0.9=-42°$$

$$|H(\pi)|=\dfrac{0.1}{\sqrt{1+0.81+1.8}}=0.053, \quad \varphi_h(\pi)=-\arctan\dfrac{0}{1+0.9}=0$$

系统的输出响应是系统对三个谐波序列信号响应的合成，即

$$y(n)=5|H(0)|+12\left|H\left(\dfrac{\pi}{2}\right)\right|\sin\left(\dfrac{\pi}{2}n+\varphi_h\left(\dfrac{\pi}{2}\right)\right)-20|H(\pi)|\cos\left(\pi n+\dfrac{\pi}{4}+\varphi_h(\pi)\right)$$

$$=5\times 1+12\times 0.074\sin\left(\dfrac{\pi}{2}n-42°\right)-20\times 0.053\cos\left(\pi n+\dfrac{\pi}{4}\right)$$

$$=5+0.8884\sin\left(\dfrac{\pi}{2}n-42°\right)-1.06\cos\left(\pi n+\dfrac{\pi}{4}\right)$$

三、复频域法

在 S 域中讨论连续时间系统对输入信号的响应及其特性，或者在 Z 域中讨论离散时间系统对输入信号的响应及其特性，就是信号的复频域分析法。

复频域分析法与频域分析法类似，都是通过数学变换将时域的问题放到变换域中加以讨论和研究，然后将结果逆变换至时域。与频域分析法不同的是信号在频域中有明确的物理意义，而在复频域中其物理意义不清晰，因而在复频域中研究信号处理时，更趋向于是一种数学方法。但是，复频域法比频域法更方便、更有效，主要表现在：①更方便地求取系统对输入信号的响应；②更有效地研究既定系统的特性；③更方便地实现系统的综合和设计。

（一）微分方程的 S 域求解

设线性时不变连续系统的微分方程为

$$\sum_{i=0}^{n} a_i y^{(i)}(t) = \sum_{j=0}^{m} b_j x^{(j)}(t) \tag{4-21}$$

式中，$x(t)$ 为 $t=0$ 时接入的输入信号；$y(t)$ 为系统的输出信号。为了更具普遍性，设 $x(t)$ 接入前，系统不处于静止状态，也即系统具有非零初始条件 $y^{(i)}(0_-)$ ($i=0, 1, \cdots, n$)。

根据单边拉普拉斯变换及其时域微分性质，有

$$L(y^{(i)}(t)) = s^i Y(s) - \sum_{k=0}^{i-1} s^{i-1-k} y^{(k)}(0_-) \qquad i = 0, 1, \cdots, n \tag{4-22}$$

$$L(x^{(j)}(t)) = s^j X(s) \qquad j = 0, 1, \cdots, m \tag{4-23}$$

由于 $x(t)$ 是 $t=0$ 时接入的因果信号，故 $x^{(j)}(0_-) = 0$ ($j=0, 1, \cdots, m$)。将式(4-21)两边取拉普拉斯变换，并代以式(4-22)、式(4-23)，得

$$\sum_{i=0}^{n} a_i \left[s^i Y(s) - \sum_{k=0}^{i-1} s^{i-1-k} y^{(k)}(0_-) \right] = \sum_{j=0}^{m} b_j s^j X(s)$$

即

$$\left(\sum_{i=0}^{n} a_i s^i \right) Y(s) - \sum_{i=0}^{n} a_i \left[\sum_{k=0}^{i-1} s^{i-1-k} y^{(k)}(0_-) \right] = \left(\sum_{j=0}^{m} b_j s^j \right) X(s)$$

$$Y(s) = \frac{\sum_{j=0}^{m} b_j s^j}{\sum_{i=0}^{n} a_i s^i} X(s) + \frac{\sum_{i=0}^{n} a_i \left[\sum_{k=0}^{i-1} s^{i-1-k} y^{(k)}(0_-) \right]}{\sum_{i=0}^{n} a_i s^i} \tag{4-24}$$

式(4-24)右边第二项是一个 s 的有理函数，它与输入的拉普拉斯变换无关，仅取决于输出及其各阶导数的初始值 $y(0_-)$、$y'(0_-)$、$\cdots$、$y^{(n-1)}(0_-)$，表示系统在本次输入为零时仍有的输出，即零输入响应 $y_{zi}(t)$ 的拉普拉斯变换 $Y_{zi}(s)$。右边第一项是 s 的有理函数与输入信号的拉普拉斯变换 $X(s)$ 相乘，表示系统在零初始状态情况下对激励的响应，即系统零状态响应 $y_{zs}(t)$ 的拉普拉斯变换 $Y_{zs}(s)$。因此，式(4-24)可以写为

$$Y(s) = Y_{zs}(s) + Y_{zi}(s) \tag{4-25}$$

两边取拉普拉斯逆变换，得

$$y(t) = y_{zs}(t) + y_{zi}(t) \tag{4-26}$$

式中，$y_{zs}(t) = L^{-1} \left(\dfrac{\sum_{j=0}^{m} b_j s^j}{\sum_{i=0}^{n} a_i s^i} X(s) \right)$，$y_{zi}(t) = L^{-1} \left(\dfrac{\sum_{i=0}^{n} a_i \left[\sum_{k=0}^{i-1} s^{i-1-k} y^{(k)}(0_-) \right]}{\sum_{i=0}^{n} a_i s^i} \right)$

利用复频域分析法能方便地求取系统的零输入响应、零状态响应以及全响应。

例 4-11 线性时不变系统 $y''(t) + 3y'(t) + 2y(t) = 2x'(t) + 6x(t)$ 的初始状态为 $y(0_-) = 2$，$y'(0_-) = 1$，求在输入信号 $x(t) = u(t)$ 的作用下，系统的零输入响应、零状态响应和全响应。

解： 对系统方程取单边拉普拉斯变换，有

$$s^2 Y(s) - sy(0_-) - y'(0_-) + 3sY(s) - 3y(0_-) + 2Y(s) = 2sX(s) + 6X(s)$$

整理得

$$(s^2 + 3s + 2)Y(s) - y'(0_-) - (s+3)y(0_-) = (2s+6)X(s)$$

即

$$Y(s) = \frac{2s+6}{s^2+3s+2}X(s) + \frac{y'(0_-)+(s+3)y(0_-)}{s^2+3s+2} = Y_{zs}(s) + Y_{zi}(s)$$

代入初始条件 $y(0_-) = 2$，$y'(0_-) = 1$，有

$$Y_{zi}(s) = \frac{y'(0_-)+(s+3)y(0_-)}{s^2+3s+2} = \frac{1+2(s+3)}{s^2+3s+2} = \frac{2s+7}{(s+1)(s+2)} = \frac{5}{s+1} - \frac{3}{s+2}$$

代入 $X(s) = L(u(t)) = \dfrac{1}{s}$，有

$$Y_{zs}(s) = \frac{2s+6}{s^2+3s+2}X(s) = \frac{2s+6}{s(s+1)(s+2)} = \frac{3}{s} - \frac{4}{s+1} + \frac{1}{s+2}$$

取逆变换，零输入响应和零状态响应分别为

$$y_{zi}(t) = (5e^{-t} - 3e^{-2t})u(t)$$
$$y_{zs}(t) = (3 - 4e^{-t} + e^{-2t})u(t)$$

系统的全响应为

$$y(t) = y_{zi}(t) + y_{zs}(t) = (3 + e^{-t} - 2e^{-2t})u(t)$$

如果只求全响应，可将 $X(s)$ 和初始条件直接代入 $Y(s)$，即

$$Y(s) = \frac{2s+6}{s^2+3s+2}\frac{1}{s} + \frac{1+2(s+3)}{s^2+3s+2} = \frac{2s^2+9s+6}{s(s+1)(s+2)} = \frac{3}{s} + \frac{1}{s+1} - \frac{2}{s+2}$$

取逆变换直接得到全响应 $y(t)$，结果同上。

（二）差分方程的 Z 域求解

把描述离散时间系统的时域差分方程变换成 Z 域的代数方程，解此代数方程后，再经逆 Z 变换求得系统的响应。

设 N 阶线性时不变离散时间系统的差分方程为

$$\sum_{k=0}^{N} a_k y(n-k) = \sum_{k=0}^{M} b_k x(n-k) \tag{4-27}$$

式中，$x(n)$、$y(n)$ 分别为离散时间系统的输入和输出，$y(-1)$，…，$y(-N)$ 为系统的 N 个初始状态，利用单边 Z 变换及其时移特性，有

$$Z(y(n-k)u(n)) = z^{-k}\left[Y(z) + \sum_{l=-k}^{-1} y(l)z^{-l}\right]$$

$$Z(x(n-k)u(n)) = z^{-k}\left[X(z) + \sum_{l=-k}^{-1} x(l)z^{-l}\right] = z^{-k}X(z)$$

上式的第二个等式由于输入序列 $x(n)$ 是因果序列，有 $x(l) = 0$，$l = -k$，…，-1。因此，差分方程式(4-27)的 Z 域表达式为

$$\sum_{k=0}^{N} a_k z^{-k}\left[Y(z) + \sum_{l=-k}^{-1} y(l)z^{-l}\right] = \sum_{k=0}^{M} b_k z^{-k} X(z)$$

即有

$$\sum_{k=0}^{N} a_k z^{-k} Y(z) = \sum_{k=0}^{M} b_k z^{-k} X(z) - \sum_{k=0}^{N} a_k z^{-k}\left[\sum_{l=-k}^{-1} y(l)z^{-l}\right]$$

解得离散系统响应的 Z 域表达式为

$$Y(z) = \frac{\sum_{k=0}^{M} b_k z^{-k}}{\sum_{k=0}^{N} a_k z^{-k}} X(z) + \frac{-\sum_{k=0}^{N} a_k z^{-k} \left[\sum_{l=-k}^{-1} y(l) z^{-l}\right]}{\sum_{k=0}^{N} a_k z^{-k}} \tag{4-28}$$

式(4-28)右边第一项仅与 $X(z)$ 有关，表示系统在零初始状态情况下对激励的响应，即系统零状态响应 $y_{zs}(n)$ 的 Z 变换 $Y_{zs}(z)$。右边第二项与输入信号无关，仅取决于输出的各过去时刻值 $y(-1)$，…，$y(-N)$，即离散系统零输入响应 $y_{zi}(n)$ 的 Z 变换 $Y_{zi}(z)$。

显然，对 $Y_{zs}(z)$、$Y_{zi}(z)$ 和 $Y(z)$ 进行逆 Z 变换，即可求得离散系统的零状态响应、零输入响应和完全响应的时域表达式。

例 4-12 求差分方程为下式的离散时间系统对输入信号 $x(n)=(-3)^n u(n)$ 的零状态响应、零输入响应和完全响应，系统的初始状态为 $y(-1)=0$，$y(-2)=2$。

$$y(n) - 4y(n-1) + 4y(n-2) = 4x(n)$$

解： 对系统差分方程取单边 Z 变换，有

$$Y(z) - 4[z^{-1}Y(z) + y(-1)] + 4[z^{-2}Y(z) + z^{-1}y(-1) + y(-2)] = 4X(z)$$

整理得

$$(1 - 4z^{-1} + 4z^{-2})Y(z) - (4 - 4z^{-1})y(-1) + 4y(-2) = 4X(z)$$

即有

$$Y(z) = \frac{4}{1 - 4z^{-1} + 4z^{-2}} X(z) + \frac{(4 - 4z^{-1})y(-1) - 4y(-2)}{1 - 4z^{-1} + 4z^{-2}}$$

$Y(z)$ 右边第一项为系统零状态响应的 Z 变换 $Y_{zs}(z)$，且有

$$X(z) = Z(x(n)) = Z((-3)^n u(n)) = \frac{z}{z+3}$$

所以有

$$Y_{zs}(z) = \frac{4}{1 - 4z^{-1} + 4z^{-2}} X(z) = \frac{4}{1 - 4z^{-1} + 4z^{-2}} \frac{z}{z+3} = \frac{4}{(1 - 2z^{-1})^2 (1 + 3z^{-1})}$$

$$= \frac{1.44}{1 + 3z^{-1}} + \frac{0.96}{1 - 2z^{-1}} + \frac{1.6}{(1 - 2z^{-1})^2}$$

对 $Y_{zs}(z)$ 进行逆 Z 变换，可得系统的零状态响应为

$$y_{zs}(n) = 1.44(-3)^n u(n) + 0.96 \times 2^n u(n) + 1.6(n+1)2^n u(n)$$
$$= [1.44(-3)^n + 2.56 \times 2^n + 1.6n2^n] u(n)$$

$Y(z)$ 右边第二项为系统零输入响应的 Z 变换 $Y_{zi}(z)$，代入系统的初始状态得

$$Y_{zi}(z) = \frac{(4 - 4z^{-1})y(-1) - 4y(-2)}{1 - 4z^{-1} + 4z^{-2}} = \frac{-8}{1 - 4z^{-1} + 4z^{-2}}$$

对 $Y_{zi}(z)$ 进行逆 Z 变换，可得系统的零输入响应为

$$y_{zi}(n) = -8(n+1)2^n u(n) = (-8n2^n - 8 \times 2^n) u(n)$$

系统的完全响应为

$$y(n) = y_{zs}(n) + y_{zi}(n)$$
$$= [1.44(-3)^n + 2.56 \times 2^n + 1.6n2^n] u(n) + (-8 \times 2^n - 8n2^n) u(n)$$
$$= [1.44(-3)^n - 5.44 \times 2^n - 6.4n2^n] u(n)$$

(三)系统函数
1. 连续系统

对于连续系统,如果仅考虑零状态响应,即系统在零初始条件下对输入激励的响应,则式(4-24)变为

$$Y(s) = \frac{\sum_{j=0}^{m} b_j s^j}{\sum_{i=0}^{n} a_i s^i} X(s) \tag{4-29}$$

定义在零初始条件下,系统输出的拉普拉斯变换与输入的拉普拉斯变换之比为连续系统的系统函数(或称为传递函数),记作 $H(s)$,即

$$H(s) = \frac{Y(s)}{X(s)} = \frac{\sum_{j=0}^{m} b_j s^j}{\sum_{i=0}^{n} a_i s^i} \tag{4-30}$$

式(4-30)表明,线性时不变连续系统的系统函数 $H(s)$ 是 s 的有理分式,它只与描述系统的微分方程的结构及系数 a_i、b_j 有关,即系统函数 $H(s)$ 由系统的结构及其参数完全确定,反映了系统的特性和功能。

由式(4-30)可得

$$Y(s) = H(s)X(s) \tag{4-31}$$

表示 $H(s)$ 的作用是将输入信号 $X(s)$ 经它传递到输出 $Y(s)$,如图4-5所示。

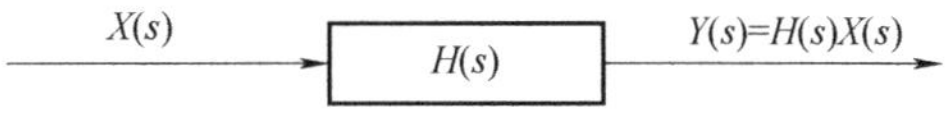

图 4-5 系统函数的传递功能

当输入信号为单位冲激信号 $\delta(t)$ 时,$X(s)=1$,而系统的输出为单位冲激响应 $h(t)$,其拉普拉斯变换为 $L(h(t))$,将其代入式(4-30),有

$$H(s) = L(h(t)) \tag{4-32}$$

即连续系统的系统函数就是连续系统的单位冲激响应的拉普拉斯变换,表明了系统特性在时域和复频域之间的联系,实际上由拉普拉斯变换的时域卷积定理也很容易得出式(4-32)的关系。

由于系统函数 $H(s)$ 较易获得,往往可以通过对 $H(s)$ 的逆变换求系统的单位冲激响应,另外,也可以由 $H(\omega) = H(s)|_{s=j\omega}$ 求取系统的频率特性函数,给系统分析带来极大方便。当然,根据式(4-31)及其逆变换求得系统零状态响应也是系统函数 $H(s)$ 的一个用途。

除此之外,系统函数在系统理论中占有十分重要的地位,它的零极点分布与系统的稳定性、瞬态响应都有明确的对应关系,在反馈控制系统分析和综合中更是重要的工具。

例4-13 求下面线性时不变系统的单位冲激响应

$$y''(t) + 2y'(t) + 2y(t) = x'(t) + 3x(t)$$

解:设系统的初始条件为零,对系统方程取拉普拉斯变换,得

$$s^2 Y(s) + 2sY(s) + 2Y(s) = sX(s) + 3X(s)$$

整理得

$$H(s) = \frac{Y(s)}{X(s)} = \frac{s+3}{s^2+2s+2} = \frac{s+1}{(s+1)^2+1} + \frac{2}{(s+1)^2+1}$$

利用频移性质有
$$L^{-1}\left(\frac{s+1}{(s+1)^2+1^2}\right) = e^{-t}\cos tu(t)$$

$$L^{-1}\left(\frac{1}{(s+1)^2+1^2}\right) = e^{-t}\sin tu(t)$$

系统的单位冲激响应为
$$h(t) = L^{-1}(H(s)) = e^{-t}(\cos t + 2\sin t)u(t)$$

例 4-14 已知线性时不变系统对 $x(t) = e^{-t}u(t)$ 的零状态响应为
$$y(t) = (3e^{-t} - 4e^{-2t} + e^{-3t})u(t)$$
试求该系统的单位冲激响应，并写出描述该系统的微分方程。

解：由 $x(t) = e^{-t}u(t)$ 得
$$X(s) = \frac{1}{s+1}$$

再由系统的零状态响应得
$$Y(s) = \frac{3}{s+1} - \frac{4}{s+2} + \frac{1}{s+3} = \frac{2(s+4)}{(s+1)(s+2)(s+3)}$$

由式(4-30)，得
$$H(s) = \frac{Y(s)}{X(s)} = \frac{2(s+4)}{(s+1)(s+2)(s+3)}(s+1) = \frac{2(s+4)}{(s+2)(s+3)} = \frac{4}{s+2} - \frac{2}{s+3}$$

系统的单位冲激响应为
$$h(t) = L^{-1}(H(s)) = (4e^{-2t} - 2e^{-3t})u(t)$$

$H(s)$ 也可写为
$$H(s) = \frac{Y(s)}{X(s)} = \frac{2(s+4)}{(s+2)(s+3)} = \frac{2s+8}{s^2+5s+6}$$

则有
$$s^2Y(s) + 5sY(s) + 6Y(s) = 2sX(s) + 8X(s)$$

求 S 逆变换，并注意到系统的初始条件为零，得
$$y''(t) + 5y'(t) + 6y(t) = 2x'(t) + 8x(t)$$

即为描述系统的微分方程。

2. 离散系统

类似的，对于离散系统，如果仅考虑零状态响应，则式(4-28)变为
$$Y(z) = \frac{\sum_{k=0}^{M} b_k z^{-k}}{\sum_{k=0}^{N} a_k z^{-k}} X(z) \tag{4-33}$$

定义在零初始条件下系统输出、输入的 Z 变换之比为离散系统的系统函数(或称为脉冲传递函数)，记作 $H(z)$，即

$$H(z) = \frac{Y(z)}{X(z)} = \frac{\sum_{k=0}^{M} b_k z^{-k}}{\sum_{k=0}^{N} a_k z^{-k}} \tag{4-34}$$

线性时不变离散系统的系统函数 $H(z)$ 是 z 的有理函数，它由离散系统的结构及其参数完全确定，反映了离散系统的特性和功能。

由式(4-34)可得离散系统从输入信号 $X(z)$ 到输出响应 $Y(z)$ 的传递关系，即

$$Y(z) = H(z)X(z) \tag{4-35}$$

当输入信号为单位脉冲序列 $\delta(n)$ 时，$X(z)=1$，对应的系统输出为单位脉冲响应 $h(n)$，其 Z 变换为 $Z(h(n))$，代入式(4-34)，有

$$H(z) = Z(h(n)) \tag{4-36}$$

即离散系统的系统函数就是离散系统的单位脉冲响应的 Z 变换，表示系统特性在时域和 Z 域之间的联系，实际上由 Z 变换的时域卷积定理也很容易得出式(4-36)的关系。

另外，当系统函数 $H(z)$ 的极点全部位于 Z 平面单位圆内时，离散系统的频率特性函数 $H(\Omega)$ 也可由 $H(z)$ 求取，即

$$H(\Omega) = H(z)\big|_{z=e^{j\Omega}} \tag{4-37}$$

同样地，离散系统的系统函数在离散系统理论中占有十分重要的地位，它的零极点分布与系统的稳定性、响应特性都有明确的对应关系，在离散控制系统的分析和综合中是重要的工具。

四、典型应用

信号处理的方法多种多样，遍布各个学科领域，下面给出几个简单的工程应用实例。

1. 滑动平均滤波器

观测信号中因随机噪声的影响，观测数据准确性差。在受到噪声干扰的情况下，检测到的第 n 个抽样时刻的数据 $x(n)$ 可写为

$$x(n) = s(n) + d(n) \tag{4-38}$$

式中，$s(n)$ 和 $d(n)$ 分别为数据和噪声的第 n 个样本。

若能够得到同一组数据的多次观测结果，则可以通过集合平均的方法得到未受干扰数据的一个较合理的估计值。然而，有些工程应用并不能重复观测数据，这时从被噪声污染的数据样本 $\{x(l), n-M+1 \leq l \leq n\}$ 已有的 M 个观测数据中，估计时刻 n 的真实值 $s(n)$ 的常用方法，就是求取 $y(n)$ 的 M 点平均或者均值，即

$$y(n) = \frac{1}{M} \sum_{l=0}^{M-1} x(n-l) \tag{4-39}$$

通常用标准差估计均值 $y(n)$ 相对于真实值 $s(n)$ 的分散程度，定义为

$$\sigma(n) = \sqrt{\frac{\sum_{l=0}^{M-1}[x(n-l) - y(n)]^2}{M}} \tag{4-40}$$

实现式(4-40)的离散时间系统通常称为 M 点滑动平均滤波器。在绝大多数应用中，数据 $x(n)$ 是有界序列，因此，M 点均值 $y(n)$ 也是有界序列。由式(4-40)可知，若观测过程没

有偏差,则可以简单地通过增大 M 来提高对噪声数据估计的准确性。

式(4-39)给出的 M 点滑动平均滤波器的直接实现,包括 $M-1$ 次相加、以值 $1/M$ 为因子的一次相乘和存储 $M-1$ 个过去输入数据样本的存储器。下面推导滑动平均滤波器的一种更为有效的实现。

由式(4-39)可得

$$y(n) = \frac{1}{M}\Big[\sum_{l=0}^{M-1} x(n-l) + x(n-M) - x(n-M)\Big]$$

$$= \frac{1}{M}\Big[\sum_{l=0}^{M-1} x(n-1-l) + x(n) - x(n-M)\Big] \quad (4-41)$$

式(4-41)可重写为

$$y(n) = y(n-1) + \frac{1}{M}[x(n) - x(n-M)] \quad (4-42)$$

若使用上述递归方程计算序列第 n 时刻的 M 点滑动平均值 $y(n)$,现在只需要 2 次相加和 1 次与 $1/M$ 相乘,计算量比式(4-39)的直接实现方式减少。

例 4-15 设计一个滑动平均滤波器去除正弦信号中混入的随机噪声干扰。

解:假设正弦序列 $s(n) = \sin\frac{2\pi}{200}n$ 被 $(-0.05, 0.05)$ 的高斯白噪声 $d(n)$ 污染,则被污染后的信号为

$$x(n) = s(n) + d(n)$$

根据式(4-39)设计滑动平均系统。若 $M=3$,则滑动平均系统的输出为

$$y(n) = \frac{1}{3}[x(n) + x(n-1) + x(n-2)]$$

用上式所示的滑动平均系统,从受噪声干扰信号 $x(n)$ 产生平滑的输出 $y(n)$。分析结果如图 4-6 所示。由图 4-6 可见,式(4-39)给出的滑动平均滤波器工作起来就像一个低通滤波器,它通过去除高频成分来平滑输入数据。然而,大多数随机噪声在 $[0, \pi]$ 范围内都有频率分量,因此,噪声中的一些低频成分也会出现在滑动平均滤波器的输出中。

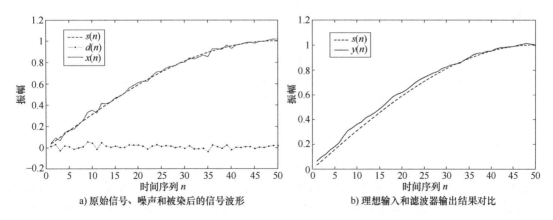

a) 原始信号、噪声和被染后的信号波形   b) 理想输入和滤波器输出结果对比

图 4-6 例 4-15 滑动平均滤波器分析结果

随着 M 值的增加,低通滤波器的带宽变窄,从而可能去除了一些原始信号中的中频成

分，导致输出过于平滑。因此，必须选择合适的 M。在一些应用中，通过把一组具有较小 M 值的相同滑动平均滤波器级联组成滤波器组，处理受噪声影响的信号，可以得到质量较高的平滑输出。

2. 中值滤波器

一组 $2K+1$ 个数据的中值定义为：若该组的 K 个数值大于该数值，而剩下的 K 个数值小于该数值，则该数据即为中值，通常用 med{} 表示。可以根据数值的大小对数组进行排序，然后选取位于中间的那个数。例如，有一组数 $\{2,-3,10,5,-1\}$，重新排序后为 $\{-3,-1,2,5,10\}$。因此，med$\{2,-3,10,5,-1\}=2$。

中值滤波器是通过在输入序列 $x(n)$ 上滑动一个长度为奇数的窗口来实现的，每次滑动一个样本值。在任一时刻，滤波器的输出都为当前窗口中所有输入样本值的中值。更确切地说，在 n 时刻，窗口长度为 $2K+1$ 的中值滤波器的输出为

$$y(n)=\text{med}\{x(n-K),\cdots,x(n-1),x(n),x(n+1),\cdots,x(n+K)\} \quad (4\text{-}43)$$

在实际中，当用窗口长度为 M 的中值滤波器处理长度为 $N(M<N)$ 的有限长序列 $x(n)$ 时，需要在输入序列两端各添加 $(M-1)/2$ 个零值，得到长度为 $N+M-1$ 的新序列，即

$$x_e(n)=\begin{cases} 0 & -\dfrac{(M-1)}{2}\leqslant n\leqslant -1 \\ x(n) & 0\leqslant n\leqslant N-1 \\ 0 & N\leqslant n\leqslant N-1+\dfrac{(M-1)}{2} \end{cases} \quad (4\text{-}44)$$

当用中值滤波器处理序列 $x_e(n)$ 时得到输出序列 $y(n)$，其长度仍为 N。

中值滤波器常用于去除加性随机冲击噪声，这类噪声将会导致受干扰信号中存在大量突发错误。在这种情况下，线性低通滤波器（如滑动平均滤波器或指数加权平均滤波器）在消除数据中突发的较大数值错误的同时，会使原数据中自然产生不连续从而严重失真。在许多实际场合，这种类型的不连续经常发生。如在语音中清音和浊音之间的突然过渡以及在图像和视频数据中自然出现的边缘。

例 4-16 设计一个中值滤波器用于移除冲击噪声。

解：为简便起见，假设原未受干扰信号为正弦序列 $s(n)=\sin 2\pi n$，冲击噪声为 $d(n)$，则被污染后的信号为

$$x(n)=s(n)+d(n)$$

根据式(4-43)设计中值滤波器，消除观测数据中的冲击噪声。图 4-7 所示为中值滤波器的窗口长度为 3 时的输出结果。由图 4-7b 可以看出，中值滤波后的信号与原未受干扰信号几乎相同。

例 4-17 一般情况下，自然界的图像都是连续的。为了便于计算机处理和进一步研究，通常需要对连续图像进行亮度和空间上的离散化处理，处理后可以得到数字图像。对数字图像进行处理时，首先需要获取视觉较为清晰、边缘细节和目标区域等组成部分保持较好的图像。但是，图像在采集、传输和接收过程中，因受外界环境、传感器元件质量等因素干扰或影响，将产生很多噪声导致图像质量变差，进而对后续的图像分割、图像特征识别等处理过程产生巨大的影响，而在众多噪声中，脉冲噪声出现的频率非常高，对图像的污染也最为严重。设计一个中值滤波器，实现对数字图像中脉冲噪声的去除。

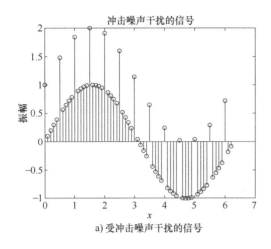
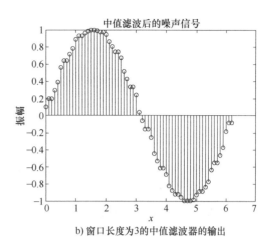

a) 受冲击噪声干扰的信号   b) 窗口长度为3的中值滤波器的输出

图 4-7 例 4-16 中值滤波器分析结果

解：分辨率为 $M\times N$ 的数字图像，通常用一个二维矩阵如 $f(x,y)$ 来表示，其中当 $1\leq i\leq M$，$1\leq j\leq N$ 时，$f(x_i,y_j)$ 即为一个像素。

如前所述，根据图像中采样数目及特性不同，数字图像可分为二值图像、灰度图像、彩色图像、多光谱图像、立体图像等。为了便于分析与比较，这里以灰度图像为例分析其中值滤波方法，其像素灰度值介于 $[0,255]$ 之间，0 表示黑，255 表示白。

图 4-8 为 512×512 分辨率的隔离开关的原始图像和灰度图像。

a) 原始图像   b) 灰度图像

图 4-8 隔离开关的原始图像和灰度图像

设未受到脉冲噪声污染的图像为 X，添加脉冲噪声后的图像为 $\underline{X}$，坐标 (i,j) 处的像素灰度值分别为 $x(i,j)$ 和 $\underline{x}(i,j)$。根据图像中噪声像素的灰度值是否为固定值，数字图像中的脉冲噪声可分为固定值脉冲噪声、随机值脉冲噪声两种类型，若再考虑低灰度值噪声和高灰度值噪声分布的密度，又可以细分为以下五种脉冲噪声类型：

1）模型 1：由椒噪声（灰度值为 0）和盐噪声（灰度值为 255）构成，其中椒噪声的密度 p_1 和盐噪声的密度 p_2 相等，即

$$\underline{x}(i,j)=\begin{cases} 0 & p_1 \\ x(i,j) & 1-p_1-p_2 \\ 255 & p_2 \end{cases}$$

2）模型 2：由椒噪声（灰度值为 0）和盐噪声（灰度值为 255）构成，其中椒噪声的密度 p_1 和盐噪声的密度 p_2 不相等，即

$$\underline{x}(i,j) = \begin{cases} 0 & p_1 \\ x(i,j) & 1-p_1-p_2 \\ 255 & p_2 \end{cases}$$

3）模型3：由低灰度值脉冲区域$[0,\sigma]$和高灰度值脉冲区域$[255-\sigma,255]$构成，其中低灰度值脉冲区域的密度p_1和高灰度值脉冲区域的密度p_2相等，即

$$\underline{x}(i,j) = \begin{cases} [0,\sigma] & p_1 \\ x(i,j) & 1-p_1-p_2 \\ [255-\sigma,255] & p_2 \end{cases}$$

4）模型4：由低灰度值脉冲区域$[0,\sigma]$和高灰度值脉冲区域$[255-\sigma,255]$构成，其中低灰度值脉冲区域的密度p_1和高灰度值脉冲区域的密度p_2不相等，即

$$\underline{x}(i,j) = \begin{cases} [0,\sigma] & p_1 \\ x(i,j) & 1-p_1-p_2 \\ [255-\sigma,255] & p_2 \end{cases}$$

5）模型5：由低灰度值脉冲区域$[0,\sigma_1]$和高灰度值脉冲区域$[255-\sigma_2,255]$构成，其中$\sigma_1 \neq \sigma_2$且低灰度值脉冲区域的密度p_1和高灰度值脉冲区域的密度p_2不相等，即

$$\underline{x}(i,j) = \begin{cases} [0,\sigma_1] & p_1 \\ x(i,j) & 1-p_1-p_2 \\ [255-\sigma_2,255] & p_2 \end{cases}$$

当数字图像受到脉冲噪声污染时，一般采用空间滤波算法或频域滤波算法处理。空间滤波算法分为线性滤波和非线性滤波。线性滤波可用来保持图像的低频部分（如图像中的平坦区域）和去除图像的高频成分（如噪声）。非线性滤波算法在去除图像的高频成分以及保持图像平坦区域的同时，也可以保持图像中的尖锐部分（如边缘和细节）。

对噪声图像进行滤波，将一个奇数乘以奇数（3×3或5×5等）的滤波窗口$\omega \times y$放在噪声图像上，沿着行或者列的方向滑动滤波，如图4-9所示。其中，黑点为图像中的像素，实线围成的正方形为当前正在进行滤波的窗口，虚线围成的正方形为下一步要进行滤波的窗口。常见的滤波窗口形状主要有十字形、正方形等，通常采用$(2n+1)\times(2n+1)$的正方形滤波窗口，如3×3、5×5等。对于数字图像中的脉冲噪声，采用中值滤波就可以取得较好的滤波效果，有时也需要引入均值滤波算法进行辅助滤波。

中值滤波可以有效去除图像的孤立噪声像素点，并且能较好地保留图像的边缘与细节。滤波窗口内中心像素灰度值由窗口内所有像素灰度值的中值代替。令Ωxy为中心点在(x,y)、窗口大小为$M\times N$的滤波窗口，(x,y)处的灰度值为$f(x,y)$，滤波后的灰度值为$g(x,y) = \text{med}_{(s,t) \in \Omega xy}\{f(s,t)\}$。

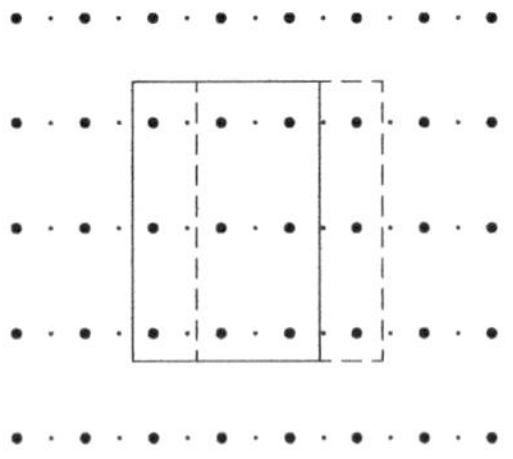

采用中值滤波算法对含有五种脉冲噪声的隔离开关图像进行处理，如图4-10所示。从图4-10可以看出，将五种不同的脉冲噪声

图4-9 滑动滤波窗口

信号混入隔离开关图像后，图像原始特征不再清晰，甚至无法判断出原始图像的特征。经中值滤波后，含有五种脉冲噪声模型的隔离开关图像的清晰度得到了大幅度提升。

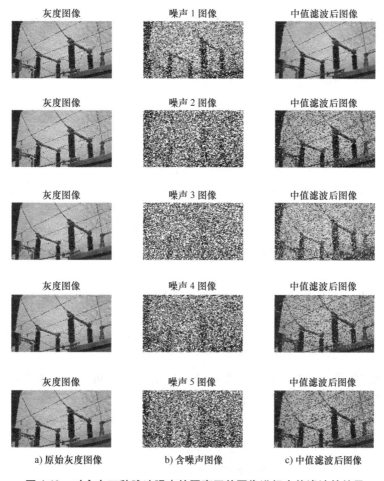

a) 原始灰度图像　　　　b) 含噪声图像　　　　c) 中值滤波后图像

图 4-10　对含有五种脉冲噪声的隔离开关图像进行中值滤波的结果

第三节　应用 MATLAB 的信号处理

对信号实现有目的的加工，将一个信号变为另一个信号的过程称为信号处理，信号处理的任务由具有特定功能的系统实现，信号通过系统后特性发生了变化，可通过时域法、频域法或复频域法进行分析。

一、时域分析

（一）连续系统时域分析

MATLAB 给出一个在时域描述系统模型的函数。函数说明如下：

sys = tf(**num**, **den**)：**num** 为描述系统的微分方程输入项系数向量，**den** 为输出项系数向量，分别对应系统函数中分子多项式系数向量和分母多项式系数向量。tf( ) 函数将系统的系数向量形式转换成系统模型表达式形式。

MATLAB 提供了用于求解连续系统单位冲激响应和单位阶跃响应并绘制其时域波形的函数 impulse( ) 和 step( )。函数说明如下：

[**y**,**t**] = impulse(**sys**)：输入系统表达式 **sys**，返回系统的单位冲激响应向量 **y** 和时间向量 **t**，并画出 **y** 的曲线。函数中，也可以直接用 **num**、**den** 替代系统表达式 **sys**。

[**y**,**t**] = impulse(**sys**, Tfinal)：输入系统表达式 **sys**、响应计算时间区间 0～Tfinal，返回系统的单位冲激响应向量 **y** 和时间向量 **t**，并画出 **y** 的曲线。

[**y**,**t**] = step(**sys**)：输入系统表达式 **sys**，返回系统的单位阶跃响应向量 **y** 和时间向量 **t**，并画出 **y** 的曲线。

[**y**,**t**] = step(**sys**,Tfinal)：输入系统表达式 **sys**、响应计算时间区间 0～Tfinal，返回系统的单位阶跃响应向量 **y** 和时间向量 **t**，并画出 **y** 的曲线。

MATLAB 还提供了 lsim() 函数，对微分方程所描述的系统，求出其在任意激励信号作用下的响应。函数说明如下：

[**y**,**t**,**x**] = lsim(**sys**,**u**,**t**)：输入系统表达式 **sys**、由 **u** 和 **t** 所定义的激励信号，返回系统的零状态响应 **y** 和时间向量 **t**(与输入时间向量 **t** 定义一致)，以及状态变量数值解 **x**，并画出 **y** 和 **x** 的曲线。

[**y**,**t**,**x**] = lsim(**sys**,**u**,**t**,**x0**)：其余参数同上，**x0** 表示系统状态变量 $x = (x_1, x_2, \cdots, x_n)^T$ 在 **t**=0 时刻的初值。

例 4-18 系统的微分方程描述为 $y''(t) + 4y'(t) + 3y(t) = x'(t) + 2x(t)$，求其冲激响应、阶跃响应曲线。

解： 已知系统的传递函数，通过函数 impluse() 和 step() 可以分别求得系统的冲激响应和阶跃响应。MATLAB 参考运行程序如下：

```
close all; clear; clc;              %系统状态复原
a=[1 4 3];b=[1 2];                  %生成系统的系数向量
subplot(2,1,1);                     %选择作图区域1
impulse(b,a,4);                     %计算冲激响应,并画出响应曲线
subplot(2,1,2);                     %选择作图区域2
step(b,a,4);                        %计算阶跃响应,并画出响应曲线
```

MATLAB 程序运行结果如图 4-11 所示。

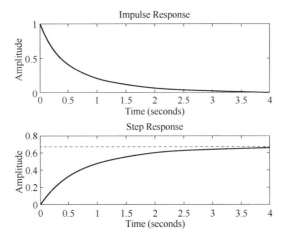

图 4-11 例 4-18 MATLAB 程序运行结果

例 4-19 系统传递函数为 $y''(t)+4y'(t)+3y(t)=x'(t)+2x(t)$，若 $x(t)=\mathrm{e}^{-3t}u(t)$，应用 MATLAB 求采样时间间隔分别为 0.05s 和 0.5s 时的系统的零状态响应 $y(t)$。

解：选择 lsim( ) 函数求解。MATLAB 参考运行程序如下：

```
close all; clear; clc;
a=[1 4 3];b=[1 2];        %生成系统的系数向量
p1=0.05;                   %定义采样时间间隔为 0.05s
t1=0:p1:5;                 %定义时间范围
x1=exp(-3*t1);             %定义输入信号向量
figure(1);                 %打开图形窗口 1
subplot(2,1,1);            %选择作图区域 1
lsim(b,a,x1,t1),           %求采样间隔为 0.05s 时系统的零状态响应
title('0.05秒采样仿真结果'); %设定显示抬头
p2=0.5;                    %定义采样间隔为 0.5s
t2=0:p2:5;                 %定义时间范围
x2=exp(-3*t2);             %定义输入信号
subplot(2,1,2);            %选择作图区域 2
lsim(b,a,x2,t2)            %求采样间隔为 0.5s 时系统的零状态响应
title('0.5秒采样仿真结果'); %设置显示抬头
```

MATLAB 程序运行结果如图 4-12 所示。

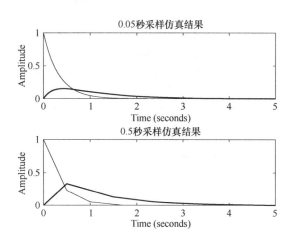

图 4-12 例 4-19 MATLAB 程序运行结果

(二) 离散系统时域分析

MATLAB 提供了求解离散系统冲激响应和阶跃响应并绘制其时域波形的函数 impz( ) 和 stepz( )，以及求解离散系统在任意激励信号作用下的响应函数 filter( ) 和 dlsim( )。函数说明如下：

[**h**,**t**]=impz(**num**,**den**)：以默认方式求由系统分子和分母系数向量 **num**、**den** 所定义的离散系统单位脉冲响应，**h** 为输出响应向量，**t** 为输出响应时间向量。如果只输入 impz(**num**,**den**)，则绘制响应曲线。

[**h**,**t**]=stepz(**num**,**den**)：以默认方式求由系统分子和分母系数向量 **num**、**den** 所定义

的离散系统单位阶跃响应，**h** 为输出响应向量，**t** 为输出响应时间向量。如果只输入 stepz (**num**, **den**)，则绘制响应曲线。

y = filter(**num**, **den**, **x**)：以默认方式计算由系统分子和分母系数向量 **num**、**den** 所定义的离散系统在 **x** 作用下的零状态响应，**x** 是包含输入序列非零样值点的行向量，**y** 为系统的零状态响应。

y = filter(**num**, **den**, **x**, zi)：计算离散系统的零状态响应，zi 表示系统输入延时，其他参数同上。

[**y**, **x**] = dlsim(**num**, **den**, **u**, **x0**)：求离散系统的全响应，其中 **num** 和 **den** 表示系统的分子和分母系数向量，**u** 为输入序列，**x0** 为系统的初始状态向量，**y** 为系统的输出序列，**x** 为状态变量序列，**y** 和 **x** 的长度与 **u** 相同。

例 4-20 已知离散系统的差分方程为

$$3y(k) + 0.5y(k-1) - 0.1y(k-2) = x(k) + x(k-1)$$

且已知系统输入序列为 $f(k) = (0.5)^k u(k)$，求

1）系统的单位脉冲响应 $h(k)$，并画出在 $-3 \sim 10$ 内的响应波形。

2）系统在输入序列激励下的零状态响应（时间范围 $0 \sim 15$），并画出输入序列的波形和系统零状态响应的波形。

解： 1）系统单位脉冲响应的 MATLAB 参考程序如下：

```
close all; clear; clc;
a=[3,0.5,-0.1];              %生成系统输出项系数向量
b=[1,1,0];                   %生成系统输入项系数向量
impz(b,a,-3:10);             %求出系统的单位脉冲响应并画图,时间范围为[-3,10]
title('单位脉冲响应');        %设置显示抬头
```

2）系统零状态响应的 MATLAB 参考程序如下：

```
close all; clear; clc;
a=[3,0.5,-0.1];              %生成系统输出项系数向量
b=[1,1,0];                   %生成系统输入项系数向量
k=0:15;                      %定义输入序列取值范围
x=(1/2).^k;                  %定义输入序列表达式
y=filter(b,a,x);             %求解零状态响应样值
subplot(2,1,1);              %选择作图区域1
stem(k,x);                   %绘制输入序列的波形
title('输入序列');            %设置显示抬头
subplot(2,1,2);              %选择作图区域2
stem(k,y);                   %绘制零状态响应的波形
title('输出序列')             %设置显示抬头
```

MATLAB 程序运行结果如图 4-13 所示，其中图 4-13a 为系统的单位脉冲响应，图 4-13b 为系统输入序列及在其激励下的系统零状态响应。

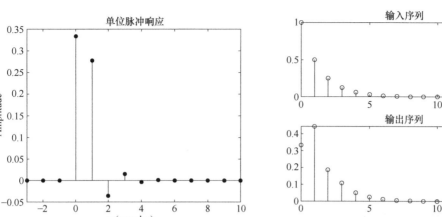

a) 单位脉冲响应　　　　　　　　　　b) 系统输入序列及激励下的零状态响应

图 4-13　例 4-20 MATLAB 程序运行结果

例 4-21　已知一个因果系统的差分方程为
$$6y(n)+2y(n-2)=x(n)+3x(n-1)+3x(n-2)+x(n-3)$$
满足初始条件 $y(-1)=0$，$x(-1)=0$，求该系统的单位脉冲响应和单位阶跃响应。

解：将差分方程的输入和输出系数转化为系数向量，并且初始状态为零状态。因此，可以通过 impz( ) 和 stepz( ) 函数实现单位脉冲响应和单位阶跃响应的求解。MATLAB 运行参考程序如下：

```
close all; clear; clc;            %系统环境初始化
a=[6,0,2,0];                      %生成系统输出项系数向量
b=[1,3,3,1];                      %生成系统输入项系数向量
N=32;                             %设定采样点为32个
n=0:N-1;                          %生成采样序列坐标
hn=impz(b,a,n);                   %进行脉冲响应计算
gn=stepz(b,a,n);                  %进行阶跃响应计算
subplot(2,1,1);                   %选择作图区域1
stem(n,hn);                       %画出脉冲响应的火柴梗图
title('单位脉冲响应');             %设置抬头
ylabel('h(n)');                   %设定y轴显示内容
xlabel('n');                      %设定x轴显示内容
grid on;                          %显示网格
subplot(2,1,2);                   %选择作图区域2
stem(n,gn);                       %画出单位阶跃响应的火柴梗图
title('单位阶跃响应');             %设置抬头
ylabel('g(n)');                   %设定y轴显示内容
xlabel('n');                      %设定x轴显示内容
grid on;                          %显示网格
```

MATLAB 程序运行结果如图 4-14 所示。

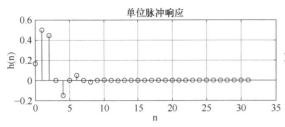
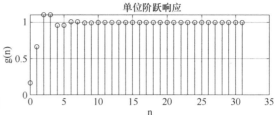

图 4-14 例 4-21 MATLAB 程序运行结果

二、频域分析

（一）连续系统的频率特性

MATLAB 提供了专门求取连续时间系统频率特性的函数 freqs( )。该函数可以实现系统频率响应的数值解。函数说明如下：

[**h**,**w**] = freqs(**sys**,n)：**h** 为返回向量 **w** 所定义的频率点上的系统频率特性，**sys** 为连续系统表达式，可由函数 **tf**( ) 转换而来，也可用输入项系数向量 num 和输出项系数向量 den 直接表示，n 为输出频率点个数。

求得系统频率特性后，利用 MATLAB 的 abs( )、angle( ) 函数可求得对应的幅频特性和相频特性。

例 4-22 已知一个系统的单位冲激响应为 $h(t) = 10te^{-2t}u(t)$，应用 MATLAB 求出系统的频率特性，并求出系统在输入 $x(t) = e^{-t}u(t)$ 作用下的输出响应 $y(t)$。

解：MATLAB 参考运行程序如下：

```
close all; clear; clc;              %系统环境初始化
syms w t                            %定义符号变量w、t
h = 10 * t * exp(-2 * t) * heaviside(t);  %生成系统单位冲激响应h(t)
H = fourier(h);                     %获得系统的频率特性函数H(w)
[Hn,Hd] = numden(H);                %获得函数的分子、分母部分
Hnum = abs(sym2poly(Hn));           %获得分子部分的系数向量
Hden = abs(sym2poly(Hd));           %获得分母部分的系数向量
[Hh,Hw] = freqs(Hnum,Hden,500);     %计算频率特性
Hh1 = abs(Hh);                      %求得幅频特性
Hw1 = angle(Hh);                    %求得相频特性
subplot(2,1,1);                     %选择作图区域1
plot(Hw,Hh1);                       %画出幅频特性
grid on;                            %显示网格
xlabel('角频率(\omega)');           %设置x轴文本
ylabel('幅度');                     %设置y轴文本
title('H(\omega)的幅频特性');       %设置显示抬头
subplot(2,1,2);                     %选择作图区域2
plot(Hw,Hw1 * 180/pi);              %画出相频特性
grid on;                            %显示网格
xlabel('角频率(\omega)');           %设置x轴显示文本
ylabel('相位');                     %设置y轴显示文本
```

```
title('H(\omega)的相频特性');          %设置显示抬头
x=exp(-t)*heaviside(t);                %生成输入信号符号表达式 x(t)
X=fourier(x);                          %求得傅里叶变换 X(w)
Y=X*H;                                 %计算输出的频域表达式
y=ifourier(Y);                         %对 Y(w)傅里叶逆变换求得 y(t)
figure(2);                             %打开图形窗口 2
ezplot(y,[-4,20]);                     %绘制符号表达式 y(t)
axis([-2 10 0 1.3]);                   %设定坐标轴范围
grid on;                               %显示网格
title('通过频域 Y(\omega)计算 y(t)');   %设置显示抬头
xlabel('t');                           %设置 x 轴文本
ylabel('y(t)');                        %设置 y 轴文本
```

MATLAB 程序运行结果如图 4-15 所示,其中图 4-15a 为系统的频率特性(包括幅频特性和相频特性),图 4-15b 为通过频域计算求得的系统输出响应 $y(t)$。

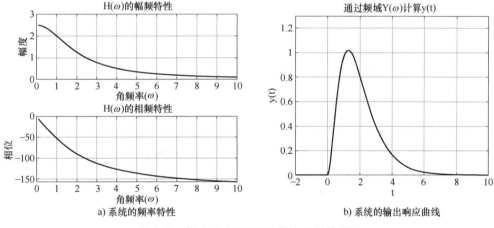

图 4-15 例 4-22 MATLAB 程序运行结果图

(二)离散系统的频率特性

求取离散时间系统频率特性的函数为 freqz(),函数说明如下:

[**h**,**w**]=freqz(**sys**,n,Fs):**sys** 为连续系统表达式,可由函数 tf()转换而来,也可用输入项系数向量 **num** 和输出项系数向量 **den** 直接表示,n 为正整数,其默认值为 512。返回向量 **h** 为离散系统频率响应函数 $H(\Omega)$ 在 **w** 向量所对应的频率等分点的值,返回频率等分点向量 **w** 的采样频率为 Fs,当 Fs 为默认时,向量 **w** 为 0~π 范围内的 n 个频率等分点。

[**h**,**w**]=freqz(**sys**,n,'whole'):**sys** 和 n 的意义同上,而返回向量 **h** 包含了频率特性函数 $H(\Omega)$ 在 0~2π 范围内的 n 个频率等分点的值。

例 4-23 一个三阶低通滤波器的系统函数为

$$H(z)=\frac{0.05634(1+z^{-1})(1-1.0166z^{-1}+z^{-2})}{(1-0.683z^{-1})(1-1.4461z^{-1}+0.7957z^{-2})}$$

通过函数 freqz()计算并画出该滤波器的幅频特性。

解：首先通过 conv( ) 函数将其转换成多项式的系数向量形式，并取 $0 \sim 2\pi$ 范围内的 2001 个频率等分点。MATLAB 参考运行程序如下：

```
close all; clear; clc;
b0=0.05634;                                    %分子系数项
b1=[1  1];                                     %分子第一个因子系数
b2=[1 -1.0166 1];                              %分子第二个因子系数
a1=[1 -0.683];                                 %分母第一个因子系数
a2=[1 -1.4461 0.7957];                         %分母第二个因子系数
b=b0*conv(b1,b2);                              %得出分子多项式的系数向量
a=conv(a1,a2);                                 %得出分母多项式的系数向量
[h,w]=freqz(b,a,2001,'whole');                 %计算 0~2π 内取 2001 个频率等分点的频率特性
plot(w/pi,20*log10(abs(h)))                    %画出幅频特性曲线
ax=gca;                                        %获得当前画图的句柄
ax.YLim=[-100 20];                             %设置 y 轴坐标的范围
ax.XTickLabel={'0','0.5\pi','1\pi','1.5\pi','2\pi'};  %设置 x 轴坐标显示内容
xlabel('频率(Hz)');                             %设置 x 轴显示文本
ylabel('幅值(dB)')                              %设置 y 轴显示文本
```

MATLAB 程序运行结果如图 4-16 所示。

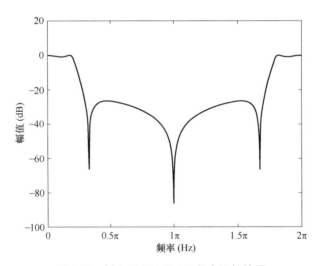

图 4-16　例 4-23 MATLAB 程序运行结果

三、复频域分析

（一）连续系统情况

在 MATLAB 中，表示系统函数 $H(s)$ 的方法是给出系统函数的分子多项式和分母多项式的系数向量。由于分子、分母多项式系数与系统微分方程左右两端的系数是对应的，因此，用系统函数的两个系数向量来表示系统是较易实现的。

设连续系统的系统函数为

$$H(s) = \frac{b_m s^m + b_{m-1} s^{m-1} + \cdots + b_1 s + b_0}{a_n s^n + a_{n-1} s^{n-1} + \cdots + a_1 s + a_0} = K \frac{(s-z_1)(s-z_2)\cdots(s-z_m)}{(s-p_1)(s-p_2)\cdots(s-p_n)}$$

上式第二个等号左边为系统函数的分子分母多项式（分子分母系数向量）表示形式，右边为系统函数的零极点表示形式。其中，$K=b_m/a_n$ 为系统函数零极点表示形式的增益；z_1、z_2、$\cdots$、z_m 为系统的 m 个零点；p_1、p_2、$\cdots$、p_n 为系统的 n 个极点。

MATLAB 提供了一些系统函数不同表达方式之间的转换函数。函数说明如下：

[**z**,**p**,k]=tf2zp(**num**,**den**)：系统函数的分子分母系数向量表示形式转换为零极点表示形式，其中，**num** 为系统函数的分子系数向量，**den** 为系统函数的分母系数向量，**z** 为系统的零点向量，**p** 为系统的极点向量，k 为系统增益，若有理分式为真分式，则 k 为零。

[**num**,**den**]=zp2tf(**z**,**p**,k)：系统函数的零极点表示形式转换为分子分母系数向量表示形式，各参数意义同上。

[**N**,**D**]=numden(**A**)：将多项式 A 分解为分子多项式部分 N 和分母多项式 D 部分。

a=sym2pol(**P**)：实现多项式系数的提取，将多项式 P 的系数作为系数向量返回。

MATLAB 也提供了多项式与它的根之间的转换函数。函数说明如下：

r=roots(**N**)：求出由系数向量 N 确定的 n 阶多项式的 n 阶根向量 **r**。

N=poly(**r**)：将根向量 **r** 转换为对应多项式的系数向量 **N**。

den=conv( )：将因子相乘表示形式转换成多项式表示形式（即多项式系数向量表示形式）。

为了对连续系统进行复频域分析，MATLAB 提供了将一个有理分式的分子分母系数向量表示形式转换成部分分式展开表示形式的 residue( ) 函数。函数说明如下：

[**r**,**p**,k]=residue(**num**,**den**)：**num** 为有理分式的分子系数向量，**den** 为有理分式的分母系数向量，**r** 为部分分式的系数，**p** 为极点，k 为多项式系数，即

$$\frac{\text{num}(s)}{\text{den}(s)}=k(s)+\frac{r_1}{s-p_1}+\frac{r_2}{s-p_2}+\cdots+\frac{r_n}{s-p_n}$$

在部分分式展开的基础上，很容易得出其 S 逆变换形式，即系统输出的时域表达式。

MATLAB 还提供了一种获得系统函数 $H(s)$ 零极点分布图的函数，函数说明如下：

pzmap(**sys**)：直接画出系统函数 $H(s)$ 的零极点分布图，**sys** 为系统表达式，可由函数 tf( ) 转换而来，也可用输入项系数向量 **num** 和输出项系数向量 **den** 直接表示。

通过零极点分布图可以判断系统特性，如当全部极点位于 S 左半平面时系统是稳定的；当存在位于 S 右半平面的极点时系统是不稳定的；当存在位于虚轴上的极点时系统是临界稳定的。

例 4-24 试用 MATLAB 计算 $H(s)=\dfrac{s+4}{s^3+6s^2+11s+6}$ 的部分分式展开形式。

解：根据题意，MATLAB 参考运行程序如下：

```
close all; clear; clc;           %运行环境初始化
num=[1 4];                       %设置分母多项式系数向量
den=[1,6,11,6];                  %设置分母多项式系数向量
[r,p]=residue(num,den)           %求对应的部分分式展开项
```

MATLAB 程序运行结果如图 4-17 所示。

根据 MATLAB 程序运行结果，可以获得 $H(s)$ 展开成部分分式形式为

$$H(s) = \frac{0.5}{s+3} + \frac{-2}{s+2} + \frac{1.5}{s+1}$$

例 4-25 已知一个因果系统的系统函数为 $H(s) = \dfrac{s+3}{s^3+6s^2+8s+6}$，作用于系统的输入信号为 $x(t) = \mathrm{e}^{-3t}u(t)$，求系统的零状态响应信号 $y(t)$ 的数学表达式。

解： 先求出输入信号 $x(t)$ 的拉普拉斯变换形式，然后计算出系统输出 $Y(s)$，应用 numden( ) 函数将多项式 $Y(s)$ 分解为分子多项式部分和分母多项式部分，应用 sym2pol( ) 函数实现多项式系数向量的获取，最后通过 residue( ) 函数进行因式分解。MATLAB 参考运行程序如下：

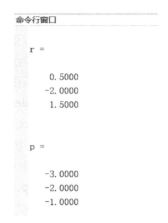

图 4-17 例 4-24 MATLAB 程序运行结果

```
close all; clear; clc;
syms t s                                %定义符号变量
x=exp(-3*t)*heaviside(t);               %定义输入信号 x
L=laplace(x);                           %对 x 进行拉普拉斯变换
H=(s+3)/(s^3+6*s^2+8*s+6);              %定义系统函数 H(s)
Y=H*L;                                  %计算输出的拉普拉斯变换 Y(s)
[n,d]=numden(Y);                        %取得 Y(s)的分子部分和分母部分
[r,p,k]=residue(sym2poly(n),sym2poly(d)); %获得多项式系数向量,进一步得到部分分式展开形式
```

MATLAB 程序运行结果如图 4-18 所示。根据运行结果，可得

$$Y(s) = \frac{B(s)}{A(s)} = \frac{-0.1667}{s+4} + \frac{1}{s+3} + \frac{-1.5}{s+2} + \frac{0.667}{s+1}$$

从而进一步可得系统的零状态响应信号 $y(t)$ 为

$$y(t) = -0.1667\mathrm{e}^{-4t} + \mathrm{e}^{-3t} - 1.5\mathrm{e}^{-2t} + 0.667\mathrm{e}^{-t}$$

例 4-26 已知系统函数 $H(s) = \dfrac{1}{s^3+2s^2+2s+1}$，试应用 MATLAB 求：

1）系统零极点，并画出零极点图。
2）系统的单位冲激响应 $h(t)$ 和频率特性 $H(\omega)$。

解： MATLAB 参考运行程序如下：

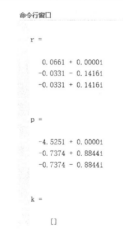

图 4-18 例 4-25 MATLAB 程序运行结果

```
close all; clear; clc;
num=[1];                    %系统函数分子多项式系数向量
den=[1,2,2,1];              %系统函数分母多项式系数向量
sys=tf(num,den);            %得出系统表达式
poles=roots(den);           %求出系统极点
figure(1);                  %打开图形窗口 1
pzmap(sys);                 %画出系统函数 H(s)的零极点分布图
```

（续）

```
t=0:0.01:8;                    %取时间区间及步长
h=impulse(num,den,t);          %求取单位冲激响应
figure(2);                     %打开图形窗口 2
plot(t,h)                      %画出单位冲激响应
title('单位冲激响应')           %设置抬头文本
[H,w]=freqs(num,den);          %求取系统频率特性
figure(3);                     %打开图形窗口 3
plot(w,abs(H))                 %画出系统幅频特性
xlabel('\omega')               %设置 x 轴显示文本
title('系统频率特性')           %设置抬头文本
```

MATLAB 程序运行结果如图 4-19 所示。其中，图 4-19a 为系统零极点运算结果，图 4-19b 为系统零极点图，图 4-19c 为系统的单位冲激响应 $h(t)$，图 4-19d 为系统的频率特性 $H(\omega)$。

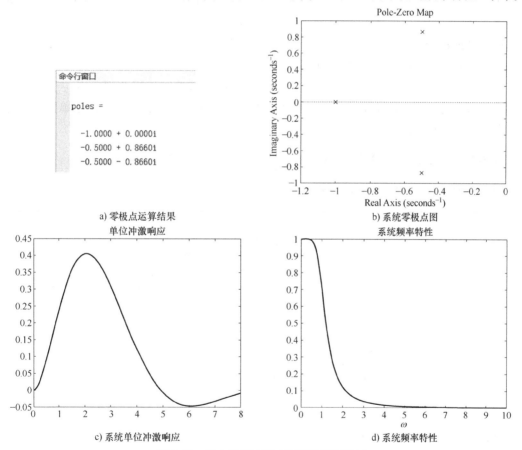

图 4-19 例 4-26 MATLAB 程序运行结果

由系统零极点图可知，系统是稳定的。

（二）离散系统情况

与连续系统类似，离散系统的系统函数 $H(z)$ 表示为

$$H(z) = \frac{mun(z)}{den(z)} = \frac{b_0 + b_1 z^{-1} + b_2 z^{-2} + \cdots + b_m z^{-m}}{1 + a_1 z^{-1} + a_2 z^{-2} + \cdots + a_n z^{-n}} = k \frac{(z-z_1)(z-z_2)\cdots(z-z_m)}{(z-p_1)(z-p_2)\cdots(z-p_n)}$$

上式第二个等号左边为系统函数的分子分母多项式（分子分母系数向量）表示形式，右边为系统函数的零极点表示形式。其中，k 为系统函数零极点表示形式的增益；z_1、z_2、…、z_m 为系统的 m 个零点；p_1、p_2、…、p_n 为系统的 n 个极点。

连续系统函数不同表达方式之间的转换函数同样适用于离散系统。

为了对离散系统进行复频域分析，MATLAB 提供了将一个有理分式的分子分母系数向量形式转换成部分分式展开形式的 residuez( ) 函数，函数说明如下：

[**r**,**p**,k] = residuez(**num**,**den**)：**num** 为有理分式的分子系数向量，**den** 为有理分式的分母系数向量，**r** 为部分分式的系数，**p** 为极点，k 为多项式系数，若有理分式为真分式，则 k 为零。

$$\frac{\text{num}(z)}{\text{den}(z)} = k(z) + \frac{r_1}{1-p_1 z^{-1}} + \frac{r_2}{1-p_2 z^{-1}} + \cdots + \frac{r_n}{1-p_n z^{-1}}$$

在 Z 域部分分式展开形式的基础上，很容易得出其逆 Z 变换形式，即系统输出的时域表达式。

MATLAB 还提供了一种简便地直接获得离散系统函数 $H(z)$ 零极点分布图的函数，函数说明如下：

zplane(**num**,**den**)：在 Z 平面上画出单位圆、离散系统的零极点分布图，**num** 为系统函数的分子系数向量，**den** 为系统函数的分母系数向量。

通过系统零极点在 Z 平面的分布图可以判断系统的特性，如当全部极点位于单位圆内时系统是稳定的；当存在位于单位圆外的极点时系统是不稳定的；当存在位于单位圆上的极点时系统是临界稳定的。

例 4-27 试用 MATLAB 求出 $X(z) = \dfrac{1}{1+3z^{-1}+z^{-2}}$ 的部分分式展开形式。

解：根据题意，MATLAB 参考运行程序如下：

```
close all; clear; clc;
num=[1];                        %系统函数分子多项式系数向量
den=[1,3,1];                    %系统函数分母多项式系数向量
[r,p,k]=residuez(num,den)       %求出部分分式展开形式的各参数
```

MATLAB 程序运行结果如图 4-20 所示。

根据运行结果可得 $X(z)$ 的部分分式展开形式为

$$X(z) = \frac{1.1708}{1+2.6180z^{-1}} - \frac{0.1708}{1+0.3820z^{-1}}$$

例 4-28 求 $y(n) - 4y(n-1) + 4y(n-2) = 4x(n)$ 的离散时间系统对输入信号 $x(n) = (-3)^n u(n)$ 的零状态响应。

解：离散系统的系统函数

$$H(z) = \frac{4}{1-4z^{-1}+4z^{-2}}$$

对于输入信号可求得其 Z 变换 $X(z)$，因此，输出信号的 Z 变换 $Y(z) = H(z)X(z)$，求 $Y(z)$ 的逆 Z 变换，即得离散系统对输入信号 $x(n)$ 的零状态响应 $y(n)$。MATLAB 参考运行程序如下：

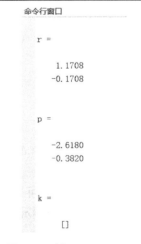

图 4-20 例 4-27 MATLAB 程序运行结果

```
close all; clear; clc;           %MATLAB 运行环境初始化
syms k z;                         %定义符号变量
H=4/(1-4*z^(-1)+2*z^(-2));       %定义系统函数
x=(-3)^k*heaviside(k);           %生成输入序列
Xz=ztrans(x);                    %对输入序列进行 Z 变换
Yz=H*Xz;                         %得到输出信号的 Z 变换
[N,D]=numden(Yz);                %取得 Y(z)的分子多项式和分母多项式
num=sym2poly(N);                 %得到分子多项式的系数向量
den=sym2poly(D);                 %得到分母多项式的系数向量
[r,p,k]=residuez(num,den)        %得到部分分式展开形式
```

MATLAB 程序运行结果如图 4-21 所示。根据运行结果，可得 $Y(z)$ 的部分分式展开式为

$$Y(z)=\frac{0.1559}{1-3.4142z^{-1}}+\frac{1.5652}{1+3z^{-1}}+\frac{0.2789}{1-0.5858z^{-1}}$$

从而进一步可得系统的零状态响应信号 $y(n)$ 为

$$y(n)=[0.1559\times(3.4142)^n+1.5652\times(-3)^n+0.2789\times(0.5858)^n]u(n)$$

例 4-29 已知离散系统的系统函数 $H(z)=\dfrac{z^2+2z}{z^2+0.5z+0.25}$，试应用 MATLAB 求：

1）系统零极点并画出零极点图。
2）系统的单位脉冲响应 $h(n)$ 和频率特性 $H(\Omega)$。

解： 首先将 $H(z)$ 写成标准形式为

$$H(z)=\frac{z^2+2z}{z^2+0.5z+0.25}=\frac{1+2z^{-1}}{1+0.5z^{-1}+0.25z^{-2}}$$

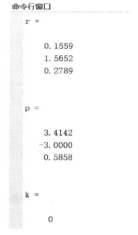

图 4-21 例 4-28 MATLAB 程序运行结果

1）求 $H(z)$ 的零极点并画出零极点图的 MATLAB 参考运行程序如下：

```
close all; clear; clc;           %MATLAB 运行环境初始化
num=[1,2];                       %系统函数分子多项式系数向量
den=[1,0.5,0.25];                %系统函数分母多项式系数向量
[r,p,k]=tf2zp(num,den)           %求得零极点
zplane(num,den)                  %画出系统函数的零极点分布图
```

MATLAB 程序运行结果如图 4-22 所示。

2）系统的单位脉冲响应 $h(n)$ 和频率特性 $H(\Omega)$ MATLAB 参考运行程序如下：

```
close all; clear; clc;           %MATLAB 运行环境初始化
num=[1,2];                       %系统函数分子多项式系数向量
den=[1,0.5,0.25];                %系统函数分母多项式系数向量
h=impz(num,den);                 %计算离散系统单位脉冲响应
figure(1);                       %打开图形窗口 1
stem(h);                         %画出单位脉冲响应火柴梗图
xlabel('k');                     %设计 x 轴显示文本
title('Impulse Respone');        %设置抬头文本
```

(续)

```
[H,w]=freqz(num,den);        %计算系统的离散幅频响应
figure(2);                   %打开图形窗口2
plot(w/pi,abs(H));           %绘制幅频曲线
xlabel('Frequency\omega');   %设置x轴显示文本
title('Magnitude Response'); %设置抬头文本
```

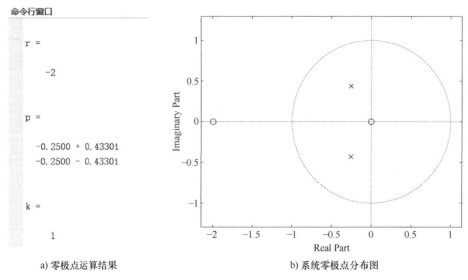

a) 零极点运算结果　　　　　　　　　b) 系统零极点分布图

图 4-22　例 4-29 的零极点分布图

MATLAB 程序运行结果如图 4-23 所示。

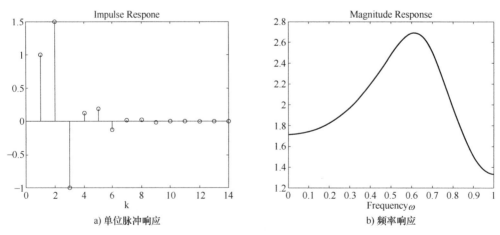

a) 单位脉冲响应　　　　　　　　　　b) 频率响应

图 4-23　系统响应

四、信号处理的工程应用

前面介绍了滑动平均滤波器、中值滤波器等典型案例，下面介绍其 MATLAB 分析程序。

例 4-30　用 MATLAB 设计一个滑动平均滤波器去除正弦信号中混入的随机噪声干扰。

解：假设正弦序列 $s(n)=\sin\dfrac{2\pi}{200}n$ 被 $(-0.05,0.05)$ 的高斯白噪声 $d(n)$ 污染，则被污染后的信号为 $x(n)=s(n)+d(n)$，根据式(4-39)设计滑动平均系统。若 $M=3$，则滑动平均系统的输出为 $y(n)=\dfrac{1}{3}[x(n)+x(n-1)+x(n-2)]$。MATLAB 参考运行程序如下：

```
clear all;
clc

M=input('输入 M\n');
t=1:100;
T=sin(2*pi/200*t);%原始数据
figure(1)
plot(T(1:50),'--')
hold on;

%%加噪声
zs=randn(size(T));
zs=zs/max(zs)/20;%(-0.05,0.05)的高斯白噪声
Ts=T+zs;
plot(zs(1:50),':.')
hold on;
plot(Ts(1:50))
xlabel('时间序列 n')
ylabel('振幅')

%%滑动平滑滤波
L=length(T);
k=0;
m=0;
T1=[];
for i=1:L
    m=m+1;
    T1(m)=0;
    if i+M-1>L
    break
else
    for j=i:M+i-1
        k=k+1;
        T1(m)=T1(m)+Ts(j);
    end
    T1(m)=T1(m)/M;
    k=0;
    end
end
figure(2)
plot(T(1:50),'--')
hold on;
plot(T1(1:50))
xlabel('时间序列 n')
ylabel('振幅')
```

MATLAB 程序分析结果如图 4-24 所示。由图 4-24 可见，滑动平均滤波器工作起来就像一个低通滤波器，它通过去除高频成分来平滑输入数据。然而，大多数随机噪声在 $[0,\pi)$ 都有频率分量，因此，噪声中的一些低频成分也会出现在滑动平均滤波器的输出中。

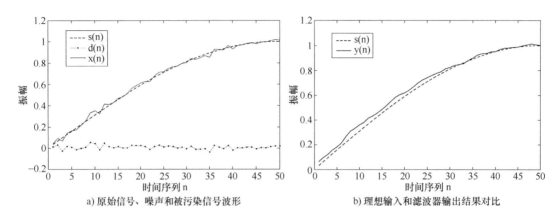

a) 原始信号、噪声和被污染信号波形　　　b) 理想输入和滤波器输出结果对比

图 4-24　例 4-30 滑动平均滤波器分析结果

例 4-31　求解例 4-16 中值滤波器用于移除冲击噪声的 MATLAB 程序。

解： 假设原未受干扰信号为正弦序列 $s(n)=\sin2\pi n$，冲击噪声为 $d(n)$，则被污染后的信号为 $x(n)=s(n)+d(n)$。根据式 (4-43) 设计中值滤波器，消除观测数据中的冲击噪声。MATLAB 参考运行程序如下：

```
X1=0:0.1:2*pi;
Y1=sin(X1);
figure(1)
h1=stem(X1,Y1);
title('未受干扰信号');
xlabel('x');
ylabel('振幅');
saveas(h1,'原图.jpg');

Y2=Y1;
[m,n]=size(X1);
for i=1:5:n
    Y2(i)=Y2(i)+1;
end
figure(2)
h2=stem(X1,Y2);
title('冲击噪声干扰的信号');
xlabel('x');
ylabel('振幅');
saveas(h2,'噪声图.jpg');

Y3=medfilt1(Y2,3);
```

```
figure(3)
h3=stem(X1,Y3);
title('中值滤波后的噪声信号');
xlabel('x');
ylabel('振幅');
saveas(h3,'滤波后图.jpg');
```

图 4-25 所示为窗口长度为 3 的中值滤波器的输出结果。由图 4-25b 可以看出，中值滤波后的信号与原未受干扰信号几乎相同。

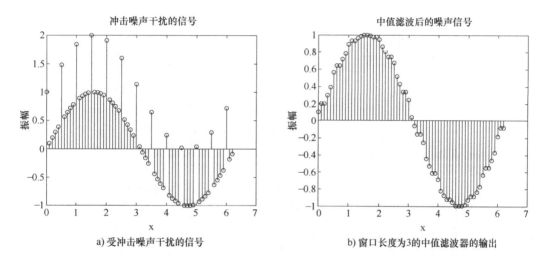

a) 受冲击噪声干扰的信号　　　　　　b) 窗口长度为3的中值滤波器的输出

图 4-25　例 4-31 中值滤波器分析结果

例 4-32　设计一个中值滤波器，实现对数字图像中脉冲噪声的去除。

解： 图像中值滤波降噪处理包括原始图像预处理、添加随机噪声和中值滤波三个环节。图 4-26 为 512×512 分辨率的隔离开关的原始图像和灰度图像。

a) 原始图像　　　　　　　　　　　　b) 灰度图像

图 4-26　隔离开关的原始图像和灰度图像（512×512 分辨率）

采用中值滤波算法对含有五种脉冲噪声的隔离开关图像进行处理，如图 4-27 所示。从图 4-27 可以看出，将五种不同的脉冲噪声信号混入隔离开关图像后，图像原始特征不再清晰，甚至无法判断出原始图像的特征。经中值滤波后，含有五种脉冲噪声模型的隔离开关图像的清晰度得到了大幅度提升。

信号分析与处理

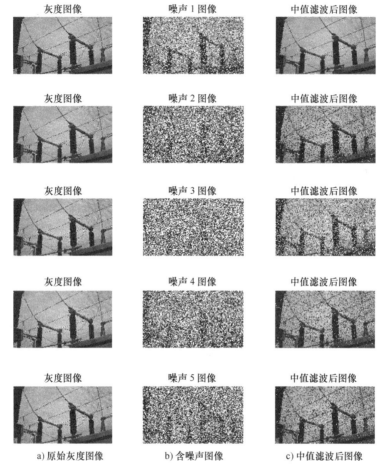

图 4-27 对含有五种脉冲噪声的隔离开关图像进行中值滤波的结果

考虑到 MATLAB 实现程序较为复杂，为了简洁清晰起见，分模块介绍其 MATLAB 实现方法。

1. 预处理

灰度处理：判断测试图像是否为灰度图像，若为彩色图像转换为灰度图像。

```
I=imread('test.jpg');        %读入测试图像
flag=isrgb(I);               %判断图像是否为rgb图像,若是将其转为灰度图像
if flag== true
      I=rgb2gray(I);
end

I=imread('test.jpg');        %读入测试图像
mysize=size(I);              %判断图像是否为rgb图像,若是将其转为灰度图像
if numel(mysize)>2
      I=rgb2gray(I);
end
```

2. RGB 彩色图像的通道分离与合成

```
I=imread('test.jpg');           %读入测试图像
R=I(:,:,1);                     %提取测试图像第一列,为R通道值
G=I(:,:,2);                     %提取测试图像第二列,为G通道值
B=I(:,:,3);                     %提取测试图像第三列,为B通道值
J=cat(3,R,G,B);                 %合并三个通道得到彩色图像
imshow(J);
```

3. 添加随机噪声

在主程序中调用自编函数,输入值为预处理后的图像矩阵I,返回值为[J,F],其中J为添加好噪声的图像;F为标记图像中各像素状态(噪声和非噪声)的矩阵,尺寸和原图相同。

脉冲噪声模型(1)

```
function [J,F]=create_noiseType1(I)
RATIOofNOISE=0.4;
%构造固定值脉冲噪声,此为脉冲噪声模型(1):灰度值为0和255的噪声像素密度相同
J=imnoise(I,'salt & pepper',RATIOofNOISE);
[m,n]=size(I);           %uint8
F=zeros(m,n);            %记录原图像中噪声的分布情况:0为非噪声;1为噪声
for i=1:m
  for j=1:n
    if I(i,j) ~= J(i,j)
        F(i,j)=1;
    end
  end
end
```

脉冲噪声模型(2)

```
function [J,F]=create_noiseType2(I)
%构造固定值脉冲噪声,此为脉冲噪声模型(2):灰度值为0和255的噪声像素密度不相同
[m,n]=size(I);                   %uint8
F=zeros(m,n);                    %记录原图像中噪声的分布情况:0为非噪声;1为噪声
J=I;
RATIOofPEPPER=0.4;               %椒(0)噪声比率
RATIOofSALT=0.3;                 %盐(255)噪声比率
%先添加椒噪声
num0=round(m*n*RATIOofPEPPER);   %噪声点的个数
for k=1:num0
        i=round( rand(1) * (m-1) )+1;    %1到m的随机数
        j=round( rand(1) * (n-1) )+1;    %1到n的随机数
        while F(i,j) == 1                %该点处的状态被更新过,需要换其他点
            i=round(rand(1) * (m-1))+1;
            j=round(rand(1) * (n-1))+1;
```

(续)

```
        end
        J(i,j)=0;
        F(i,j)=1;                        %该点处的状态需要更新
end
%再添加盐噪声
num1=round(m*n*RATIOofSALT);             %噪声点的个数
for k=1:num1
        i=round( rand(1) * (m-1) )+1;    %1 到 m 的随机数
        j=round( rand(1) * (n-1) )+1;    %1 到 n 的随机数
        while F(i,j)==1                  %该点处的状态被更新过,需要换其他点
            i=round(rand(1) * (m-1))+1;
            j=round(rand(1) * (n-1))+1;
        end
        J(i,j)=255;
        F(i,j)=1;                        %该点处的状态需要更新
end
```

脉冲噪声模型(3)

```
function [J,F]=create_noiseType3(I)
%构造随机值脉冲噪声,此为脉冲噪声模型(3):[0,M]与[255-M,255]密度基本相同
M=24;
[m,n]=size(I);                           %uint8
F=zeros(m,n);                            %记录原图像中噪声的分布情况:0 为非噪声;1 为噪声
J=I;
RATIOofNOISE=0.8;
num=round(m*n*RATIOofNOISE);             %噪声点的个数
for k=1:num
        i=round(rand(1) * (m-1))+1;      %1 到 m 的随机数
        j=round(rand(1) * (n-1))+1;      %1 到 n 的随机数
        while F(i,j)==1                  %该点处的灰度值被覆盖过,需要换其他点
            i=round(rand(1) * (m-1))+1;
            j=round(rand(1) * (n-1))+1;
        end
        if round(rand(1))==0
            J(i,j)=round(rand(1)*M);
        else
            J(i,j)=round(rand(1)*M)+(255-M);
        end
        F(i,j)=1;                        %该点处的状态需要更新
end
```

脉冲噪声模型(4)

```
function [J,F]=create_noiseType4(I)
%构造随机值脉冲噪声,此为脉冲噪声模型(4):[0,M]与[255-M,255]密度不相同
M=24;
[m,n]=size(I);                           %uint8
```

```
F=zeros(m,n);                                    %记录原图像中噪声的分布情况:0 为非噪声;1 为噪声
J=I;
RATIOofLOWEIMPULSE=0.4;                          %低密度脉冲噪声比率
RATIOofHIGHIMPULSE=0.3;                          %高密度脉冲噪声比率
%先添低密度脉冲噪声
num0=round(m*n*RATIOofLOWEIMPULSE);              %噪声点的个数
for k=1:num0
    i=round(rand(1)*(m-1))+1;                    %1 到 m 的随机数
    j=round(rand(1)*(n-1))+1;                    %1 到 n 的随机数
    while F(i,j)==1                              %该点处的状态被更新过,需要换其他点
        i=round(rand(1)*(m-1))+1;
        j=round(rand(1)*(n-1))+1;
    end
    J(i,j)=round(rand(1)*M);
    F(i,j)=1;                                    %该点处的状态需要更新
end
%再添高密度脉冲噪声
num1=round(m*n*RATIOofHIGHIMPULSE);              %噪声点的个数
for k=1:num1
    i=round(rand(1)*(m-1))+1;                    %1 到 m 的随机数
    j=round(rand(1)*(n-1))+1;                    %1 到 n 的随机数
    while F(i,j)==1                              %该点处的状态被更新过,需要换其他点
        i=round(rand(1)*(m-1))+1;
        j=round(rand(1)*(n-1))+1;
    end
    J(i,j)=round(rand(1)*M)+(255-M);
    F(i,j)=1;                                    %该点处的状态需要更新
end
```

脉冲噪声模型(5)

```
function [J,F]=create_noiseType5(I)
%构造随机值脉冲噪声,此为脉冲噪声模型(5):[0,M1]与[255-M2,255]密度不一定相同,M1 和 M2 不相等
M1=14;
M2=24;
[m,n]=size(I);                                   %uint8
F=zeros(m,n);                                    %记录原图像中噪声的分布情况:0 为非噪声;1 为噪声
J=I;
RATIOofLOWEIMPULSE=0.4;                          %低密度脉冲噪声比率
RATIOofHIGHIMPULSE=0.3;                          %高密度脉冲噪声比率
%%先添低密度脉冲噪声
num0=round(m*n*RATIOofLOWEIMPULSE);              %噪声点的个数
for k=1:num0
    i=round(rand(1)*(m-1))+1;                    %1 到 m 的随机数
    j=round(rand(1)*(n-1))+1;                    %1 到 n 的随机数
    while F(i,j)==1                              %该点处的状态被更新过,需要换其他点
        i=round(rand(1)*(m-1))+1;
        j=round(rand(1)*(n-1))+1;
    end
```

(续)

```
        J(i,j)=round(rand(1)*M1);
        F(i,j)=1;                        %该点处的灰度值被覆盖掉
    end

%%再添高密度脉冲噪声
num1=round(m*n*RATIOofHIGHIMPULSE);      %噪声点的个数
for k=1:num1
    i=round(rand(1)*(m-1))+1;            %1 到 m 的随机数
    j=round(rand(1)*(n-1))+1;            %1 到 n 的随机数
    while F(i,j)==1                      %该点处的状态被更新过,需要换其他点
        i=round(rand(1)*(m-1))+1;
        j=round(rand(1)*(n-1))+1;
    end
    J(i,j)=round(rand(1)*M2)+(255-M2);
    F(i,j)=1;                            %该点处的状态需要更新
end
```

4. 中值滤波

中值滤波可以调用 MATLAB 自带函数 medfilt2,但只能处理二维数组,需要先对图像进行灰度处理。对于 RGB 彩色图像,可以对三个颜色通道分别调用 medfilt2 进行中值滤波,再合成得到滤波后的彩色图像。本节以灰度图像处理为例,矩阵 I 为灰度图像处理后的图像矩阵,矩阵 J 为添加随机噪声后的图像矩阵,矩阵 K 为中值滤波后的图像矩阵。

【源程序】

```
I=imread('test.jpg');
mysize=size(I);
if numel(mysize)>2
    I=rgb2gray(I);
end
%%给原图像添加五种模型的噪声,当前为噪声模型1
%%J 为添加好噪声的图像;F 为标记图像中各像素状态(噪声和非噪声)的矩阵,尺寸和原图像相同
%%构造五种噪声模型的方法如下
[J,F]=create_noiseType1(I);
%[J,F]=create_noiseType2(I);
%[J,F]=create_noiseType3(I);
%[J,F]=create_noiseType4(I);
%[J,F]=create_noiseType5(I);
%%对噪声图像进行中值滤波,K 为滤波后的图像
K=medfilt2(J,[5,5]);     %该函数默认使用[3,3]的滤波窗口,这里采用5×5的滤波窗口图像显示
subplot(121),imshow(J),title('noise image');
subplot(122),imshow(K),title('median filtering image');
```

中值滤波程序如下:

【源程序】

```
I=imread('test.jpg');        %需要过滤的图像
n=5;                         %滤波窗口大小
```

(续)

```
[height,width]=size(I);              %获取图像的尺寸(n 小于图像的宽高)
figure;
imshow(I);                           %显示原图像
[J,F]=create_noiseType1(I);          %加入椒盐噪声
figure;
imshow(J);                           %显示加入噪声后的图像
x1=double(J);                        %数据类型转换
x2=x1;                               %转换后的数据赋给 x2
for i=1:height-n+1
    for j=1:width-n+1
        c=x1(i:i+(n-1),j:j+(n-1));   %在 x1 中从头取模板大小的块赋给 c
        e=c(1,:);                    %e 中存放 c 矩阵的第一行
        for u=2:n                    %将 c 的其他行元素取出,接在 e 后使 e 成为行矩阵
            e=[e,c(u,:)];
        end
        med=median(e);               %取一行的中值
        x2(i+(n-1)/2,j+(n-1)/2)=med; %将模板各元素的中值赋给模板中心位置的元素
    end
end
K=uint8(x2);                         %未被赋值的元素取原值
figure;
imshow(K);                           %显示过滤图像
```

以上中值滤波程序中噪声模型为脉冲噪声模型 1。

习 题

4.1 某线性时不变系统,当激励为图 4-28a 所示三个形状相同的波形时,其零状态响应 $y_1(t)$ 如图 4-28b 所示。试求当激励为图 4-28c 所示的 $x_2(t)$ (每个波形与图 4-28a 中的任一形状相同)时的零状态响应 $y_2(t)$。

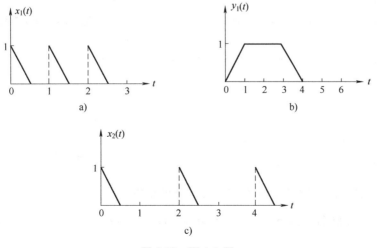

图 4-28 题 4.1 图

4.2 线性时不变因果系统，当激励 $x(t)=U(t)$ 时，零状态响应 $g(t)=\mathrm{e}^{-t}\cos tU(t)+\cos t[U(t-\pi)-U(t-2\pi)]$。求当激励 $x(t)=\delta(t)$ 时的响应 $h(t)$。

4.3 考虑一离散时间系统，其输入为 $x(n)$，输出为 $y(n)$，系统的输入 $x(n)$ 与输出 $y(n)$ 的关系为
$$y(n)=x(n)x(n-2)$$
1）系统是无记忆的吗？
2）当输入为 $A\delta(n)$，A 为任意实数或复数时，求系统输出。
3）系统是可逆的吗？

4.4 考虑一个连续时间系统，其输入 $x(t)$ 和输出 $y(t)$ 的关系为 $y(t)=x(\sin t)$，问：
1）系统是因果系统吗？
2）系统是线性的吗？

4.5 判断下列输入、输出关系的系统是线性或时不变，还是线性时不变。
1）$y(t)=t^2 x(t-1)$
2）$y(n)=x^2(n-2)$
3）$y(n)=x(n+1)-x(n-1)$

4.6 某一线性时不变系统，在相同的初始条件下，若当激励为 $x(t)$ 时，其全响应为 $y_1(t)=(2\mathrm{e}^{-3t}+\sin 2t)U(t)$；若当激励为 $2x(t)$，其全响应为 $y_2(t)=(\mathrm{e}^{-3t}+2\sin 2t)U(t)$。求：
1）初始条件不变，当激励为 $x(t-t_0)$ 时的全响应 $y_3(t)$，t_0 为大于零的实常数。
2）初始条件增大1倍，当激励为 $0.5x(t)$ 时的全响应 $y_4(t)$。

4.7 $x_1(t)$ 与 $x_2(t)$ 的波形如题图 4-29a、b 所示，求 $x_1(t)*x_2(t)$，并画出波形。

4.8 已知：(1) $x_1(t)*tU(t)=(t+\mathrm{e}^{-t}-1)U(t)$
(2) $x_1(t)*[\mathrm{e}^{-t}U(t)]=(1-\mathrm{e}^{-t})U(t)-[1-\mathrm{e}^{-(t-1)}]U(t-1)$
求 $x_1(t)$。

4.9 已知系统的微分方程为
$$y''(t)+3y'(t)+2y(t)=x'(t)+3x(t)$$
当激励 $x(t)=\mathrm{e}^{-4t}U(t)$ 时，系统的全响应为
$$y(t)=\left(\frac{14}{3}\mathrm{e}^{-t}-\frac{7}{2}\mathrm{e}^{-2t}-\frac{1}{6}\mathrm{e}^{-4t}\right)U(t)$$
求：1）冲激响应 $h(t)$。
2）零状态响应 $y_{zs}(t)$ 与零输入响应 $y_{zi}(t)$。
3）瞬态响应与稳态响应。

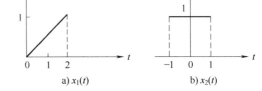

图 4-29 题 4.7 图

4.10 考虑一个线性时不变系统的输入信号 $x(t)=2\mathrm{e}^{-3t}u(t-1)$ 与其输出信号 $y(t)$ 之间有如下关系：
$$\frac{\mathrm{d}x(t)}{\mathrm{d}t}\to -3y(t)+\mathrm{e}^{-2t}u(t)$$
试求该系统的单位冲激响应 $h(t)$。

4.11 在图 4-30 所示系统中，$x(t)$ 为已知的激励，$h(t)=\dfrac{1}{\pi t}$。求系统的零状态响应 $y(t)$。

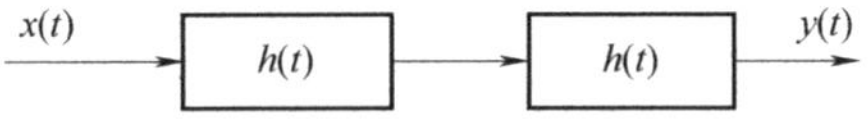

图 4-30 题 4.11 图

4.12 求题图 4-31 所示各系统的系统频率响应 $H(\omega)$ 及冲激响应 $h(t)$。

4.13 已知滤波器的单位冲激响应 $h(t)=\dfrac{1}{\pi t}$，外加激励 $x(t)=\cos\omega_0 t$，$-\infty<t<\infty$。求滤波器的零状态响应 $y(t)$。

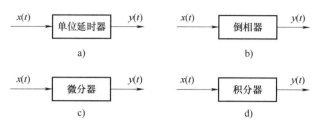

图 4-31　题 4.12 图

4.14 在图 4-32a 所示系统中，已知 $H_1(\omega)$ 如图 4-32c 所示；$h_2(t)$ 的波形如图 4-32b 所示；输入信号为 $x(t) = \sum_{n=-\infty}^{\infty} \delta(t-n)$，$n = 0, \pm 1, \pm 2, \cdots$。求系统的零状态响应 $y(t)$。

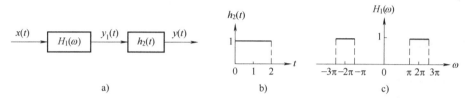

图 4-32　题 4.14 图

4.15 图 4-33a 所示为一原理性通信系统，$x(t)$ 为被传送信号，设其频谱 $X(\omega)$ 如图 4-33b 所示；$a_1(t) = a_2(t) = \cos\omega_0 t$，$\omega_0 \gg \omega_b$，其中 $a_1(t)$ 为发送端的载波信号，$a_2(t)$ 为接收端的本地振荡信号。
1) 求解并画出信号 $y_1(t)$ 的频谱 $Y_1(\omega)$。
2) 求解并画出信号 $y_2(t)$ 的频谱 $Y_2(\omega)$。
3) 欲使输出信号 $y(t) = x(t)$，求理想低通滤波器的传输函数 $H_1(\omega)$，并画出其频率特性。

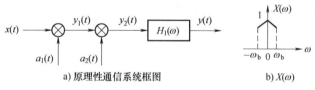

图 4-33　题 4.15 图

4.16 有一因果线性时不变滤波器，其频率响应 $H(\omega)$ 如图 4-34 所示。对以下给定的输入，求经过滤波后的输出 $y(t)$。
1) $x(t) = e^{jt}$　　　　2) $x(t) = \sin(\omega_0 t) u(t)$
3) $X(\omega) = \dfrac{1}{j\omega(6+j\omega)}$　　　4) $X(\omega) = \dfrac{1}{2+j\omega}$

4.17 求题图 4-35 所示电路系统的系统函数 $H(s) = \dfrac{U(s)}{F(s)}$。

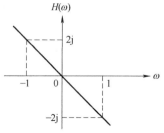

图 4-34　题 4.16 图

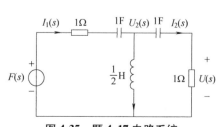

图 4-35　题 4.17 电路系统

4.18 已知系统的阶跃响应为 $g(t)=(1-e^{-2t})U(t)$，为使其零状态响应 $y(t)=(1-e^{-2t}-te^{-2t})U(t)$，求激励 $x(t)$。

4.19 已知图 4-36 所示系统。

1) 求 $H(s)=\dfrac{Y(s)}{F(s)}$。

2) 求冲激响应 $h(t)$ 与阶跃响应 $g(t)$。

3) 若 $f(t)=U(t-1)-U(t-2)$，求零状态响应 $y(t)$。

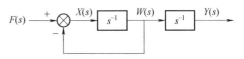

图 4-36 题 4.19 图

4.20 已知一个因果系统的冲激响应为 $h(n)=2(-0.4)^n u(n)$，
输入信号为 $x(n)=u(n)$，用 Z 变换求出系统的输出 $y(n)$，并画出 $x(n)$、$h(n)$、$y(n)$。

4.21 已知一个稳定的因果系统由下列差分方程描述
$$y(n)+0.5y(n-1)-0.3y(n-2)=0.8x(n)$$
计算系统在输入为 $x(n)=u(n)$ 时的输出，并画出 $h(n)$、$y(n)$ 的波形。

上机练习题

4.22 用 MATLAB 求习题 4.1。
4.23 用 MATLAB 求习题 4.2。
4.24 用 MATLAB 求习题 4.6。
4.25 用 MATLAB 求习题 4.7。
4.26 用 MATLAB 求习题 4.9。
4.27 用 MATLAB 求习题 4.15。
4.28 用 MATLAB 求习题 4.20。
4.29 用 MATLAB 求习题 4.21。
4.30 设计一个中值滤波器，实现对混有高斯白噪声信号的数字图像的滤波。
4.31 设计一个滑动平均滤波器，实现对混有噪声的信号的滤波功能。

第五章

滤 波 器

一般来说，滤波是指消除或减弱干扰噪声、强化有用信号的过程。随着信号分析与处理技术的发展及其应用领域的扩大，滤波的概念也得以拓展，可以把滤波理解为从原始信号中获取目标信息的过程。因此，除了传统的滤除噪声外，在干扰背景下目标信号的波形检测、识别信号参数等问题都被认为是滤波。本章着重讨论传统的滤波概念以及滤波器的设计方法。

第一节 滤波器概述

在对信号进行分析和处理时，往往会遇到有用信号叠加上噪声或干扰信号的问题。噪声的存在严重影响了对有用信号的利用，有时还会淹没掉有用信号。因此，从原始信号中消除或减弱干扰噪声成为信号处理的重要任务之一。

一、滤波原理

滤波的原理是根据有用信号与噪声所具有的不同特性实现二者的有效分离，从而消除或减弱噪声对有用信号的影响。利用滤波技术可以从复杂的信号中提取出所需要的信息，抑制不需要的信息。可以说，滤波问题在信号传输与处理中无处不在，如电力谐波的消除，音响系统的音调控制，通信中的干扰消除等。

实现滤波功能的系统称为滤波器，它利用所具有的特定传输特性实现有用信号与噪声的有效分离。例如，对于诸如载波电话终端机等通信系统，滤波器是一种选频器件，它对某一频率(有用信号的频率分量)的电信号给予很小的衰减，使具有这一频率分量的信号比较顺利地通过，而对其他频率(如噪声的频率分量)的电信号给予较大幅度的衰减，尽可能阻止这些信号通过。

从系统的角度看，滤波器是一种在时域具有冲激响应 $h(t)$ 或脉冲响应 $h(n)$ 且可实现的线性时不变系统。如果利用模拟时间系统对模拟信号进行滤波处理则构成模拟滤波器，它是一个连续线性时不变系统；如果利用离散时间系统对数字信号进行滤波处理则构成数字滤波器。线性时不变系统的时域输入、输出关系如图 5-1 所示。

模拟滤波器的时域输入、输出关系为

$$y(t) = x(t) * h(t) \quad (5\text{-}1)$$

其频域输入、输出关系为

$$Y(\omega) = H(\omega) X(\omega) \quad (5\text{-}2)$$

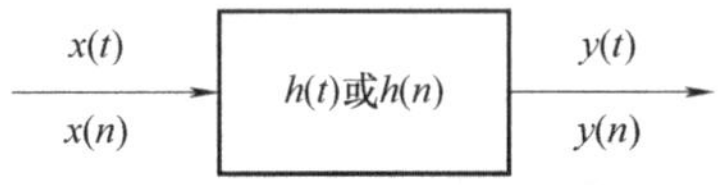

图 5-1 线性时不变系统的时域输入、输出关系

式中，$H(\omega) = |H(\omega)| e^{j\varphi_h(\omega)}$。模拟滤波器通常用硬件实现，其元件是 R、L、C 及运算放大器或开关电容等。

在实际应用中，往往借助数字滤波方法处理模拟信号，即将模拟信号经带限滤波后再通过 A/D 转换完成采样与量化，由此形成的数字信号经数字滤波器实现滤波处理，最后将处理后的数字信号经 D/A 转换和平滑滤波得到输出的模拟信号，处理过程如图 5-2 所示。

图 5-2 模拟信号的数字滤波框图

数字滤波器的时域输入、输出关系为

$$y(n) = x(n) * h(n) \quad (5\text{-}3)$$

其在频域的输入、输出关系为

$$Y(\Omega) = X(\Omega) H(\Omega) \quad (5\text{-}4)$$

数字滤波器可以由硬件（延迟器、乘法器和加法器等）、软件或软硬件结合来实现。数字滤波器的实现要比模拟滤波器方便，并且较易获得理想的滤波性能。

二、滤波器分类

滤波器的种类很多，从不同角度可得到不同的划分类型。总的来说，可分为经典滤波器和现代滤波器两大类。

经典滤波器是假定输入信号 $x(n)$ 中的有用信号和希望去掉的噪声具有不同的频带，通过设计具有合适频率特性的滤波器，使 $x(n)$ 通过滤波器后可去掉无用的噪声信号。如果有用信号和噪声的频谱相互重叠，那么经典滤波器将无能为力。

现代滤波器是从含有噪声的信号（如数据序列）中估计出信号的某些特征或信号本身。被估计出来的信号比原信号具有更高的信噪比。现代滤波器通常把信号和噪声都视为随机信号，通过一定准则得出其统计特征（如自相关函数、功率谱等）的最佳估值算法，然后利用硬件和软件实现这些算法。

对于经典滤波器，按构成滤波器元件的性质，可分为无源与有源滤波器，前者仅由无源元件（电阻、电容和电感等）组成，后者则含有有源器件（运算放大电路等）。按滤波器的频率特性（主要是幅频特性），可分为低通、高通、带通、带阻和全通滤波器，如图 5-3 所示。

1) 低通滤波器是使具有某一截止频率以下频带的信号能够顺利通过，而具有截止频率以上频带的信号则给予很大的衰减，阻止其通过。

2) 高通滤波器是使具有截止频率以上频带的信号能够顺利通过，而具有截止频率以下频带的信号给予很大的衰减，阻止其通过。

3) 带通滤波器是使具有某一频带的信号通过，而具有该频带范围以外频带的信号给予很大的衰减，阻止其通过。

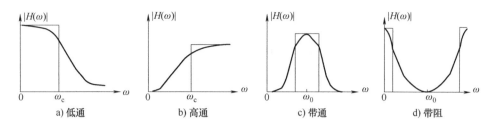

图 5-3 模拟滤波器幅频特性(实线表示实际特性,虚线表示理想特性)

4)带阻滤波器是抑制具有某一频带的信号,使具有该频带以外频带的信号通过。

5)全通滤波器是使某一指定频带内的所有频率分量全部无衰减地通过。

通常将信号能通过滤波器的频率范围称为滤波器的通频带,简称通带;而阻止信号通过滤波器的频率范围称为滤波器的阻频带,简称阻带。

以上每一种滤波器都可以分别由模拟滤波器和数字滤波器来实现。

三、滤波器技术要求

理想滤波器所具有的矩形幅频特性不可能实际实现,其原因在于从一个频带到另一个频带的突变是很难实现的。因此,为了使滤波器具有物理可实现性,通常对理想滤波器的特性进行如下修改:

1)允许滤波器的幅频特性在通带和阻带有一定的衰减范围,并且在衰减范围内有起伏。

2)在通带和阻带之间有一定的过渡带。

信号的通带应理解为信号以有限的衰减通过滤波器的频率范围。物理可实现的滤波器特性如图 5-4 所示。

工程上,对于频率特性函数为 $H(\omega)$ 的因果

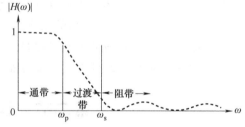

图 5-4 物理可实现的滤波器特性

滤波器,设 $|H(\omega)|$ 峰值为 1,通带定义为满足 $|H(\omega)| \geq \dfrac{1}{\sqrt{2}} = 0.707$ 的所有角频率 ω 的集合,即 $|H(\omega)|$ 从 0dB 峰值点下降到不小于 $-3\text{dB}(20\lg|H(\omega)| = 20\lg 0.707 = -3\text{dB})$ 的角频率 ω 的集合。

不同滤波器对信号会产生不同的影响,必须根据信号的传输要求对滤波器规定一些技术指标,主要包括:

(1) 中心频率 ω_0。定义为

$$\omega_0 = \sqrt{\omega_{c1}\omega_{c2}} \tag{5-5}$$

式中,ω_{c1}、ω_{c2} 分别为上、下截止频率。

(2) 通带波动 Δ_α。在滤波器的通带内,频率特性曲线的最大峰值与谷值之差。

(3) 相移 φ。某一特定频率的信号通过滤波器时,在滤波器的输入和输出端的相位差。

(4) 群延迟 τ_g。又称为包络延迟,用相移对于频率的变化率来衡量,即

$$\tau_g = -\dfrac{\mathrm{d}\varphi(\omega)}{\mathrm{d}\omega} \tag{5-6}$$

对于实际的滤波器，$\dfrac{\mathrm{d}\varphi(\omega)}{\mathrm{d}\omega}$ 通常为负值，因而 τ_g 为正值。

（5）衰减函数 α。又称衰耗特性或工作损耗，定义为

$$\alpha = 20\lg\frac{|H(0)|}{|H(\omega)|} = -20\lg|H(\omega)| = -10\lg|H(\omega)|^2 \tag{5-7}$$

单位为 dB。由此可见，衰减函数取决于系统频率特性的幅度平方函数 $|H(\omega)|^2$。对于理想滤波器，通带衰减为 0，阻带衰减为无穷大。

对于实际的低通滤波器来说，通带的最大衰减简称为通带衰减，定义为

$$\alpha_\mathrm{p} = 20\lg\frac{|H(0)|}{|H(\omega_\mathrm{p})|} = -20\lg|H(\omega_\mathrm{p})| \tag{5-8}$$

阻带的最小衰减，简称为阻带衰减，定义为

$$\alpha_\mathrm{s} = 20\lg\frac{|H(0)|}{|H(\omega_\mathrm{s})|} = -20\lg|H(\omega_\mathrm{s})| \tag{5-9}$$

式（5-8）、式（5-9）中，ω_p 为通带截止频率，ω_s 为阻带截止频率，$|H(0)|$ 已被归一化为 1。

设计滤波器时，通常需要如下步骤：
1）指标：针对具体的应用需求，设计期望的频率响应特性函数。
2）逼近：使用具有多项式函数或有理系统函数的滤波器频率响应函数，逼近期望的频率响应函数，目标是以参数最少的滤波器来满足指标要求。
3）验证：通过仿真或输入实际数据，验证滤波器是否满足性能指标。
4）实现：以硬件、软件方式实现系统。

第二节　理想低通滤波器

理想低通滤波器是滤波器设计的基础，本节首先介绍无失真传输条件，然后引入理想低通滤波器的设计方法和相关概念。

一、无失真传输

信号无失真传输是实现信息可靠传送与交换的基本条件，它要求信号通过传输系统后，在时域上保持原来信号随时间变化的规律，即信号的波形不变，但允许信号幅度对原信号按比例地放大或缩小，或者在时间上有一固定的延迟。

设原信号为 $x(t)$，其对应的频谱为 $X(\omega)$，经无失真传输后，输出信号应为

$$y(t) = Kx(t - t_0) \tag{5-10}$$

式中，K 和 t_0 为常数，分别表示对原信号的比例系数和延迟时间。对式（5-10）取傅里叶变换，得 $Y(\omega) = K\mathrm{e}^{-\mathrm{j}\omega t_0}X(\omega)$。

显然，无失真传输系统的频率特性函数应为

$$H(\omega) = \frac{Y(\omega)}{X(\omega)} = K\mathrm{e}^{-\mathrm{j}\omega t_0} \tag{5-11}$$

其幅频特性和相频特性分别为

$$\begin{cases} |H(\omega)| = K \\ \varphi_h(\omega) = -\omega t_0 \end{cases} \tag{5-12}$$

式(5-11)或式(5-12)称为无失真传输系统的频域条件，其频率特性(幅频特性和相频特性)如图 5-5 所示。

由上可见，无失真传输系统要求：

1) 系统的幅频特性是一个与频率无关的常数，即在全部频带内，系统都具有恒定的放大倍数。

2) 系统的相频特性与频率呈线性关系，且信号通过系统的延迟时间 t_0 就是系统相频特性 $\varphi_h(\omega)$ 斜率的负值，即

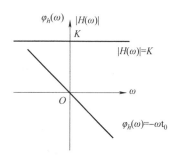

图 5-5 无失真传输系统的频率特性

$$t_0 = -\frac{\mathrm{d}\varphi_h(\omega)}{\mathrm{d}\omega} \tag{5-13}$$

若 $t_0=0$，表示无时间延迟，$\varphi_h(\omega)=0$。显然，相频特性为零也满足无失真传输系统的相位条件。

对式(5-11)取傅里叶逆变换，可得到无失真传输系统应具有的单位冲激响应 $h(t)$ 为

$$h(t) = K\delta(t-t_0) \tag{5-14}$$

式(5-14)可视为无失真传输系统的时域条件，即系统的单位冲激响应也应是冲激信号，只是放大了 K 倍并延迟了 t_0 时间。

信号无失真传输条件只是理想条件，在实际应用中一个信号通过传输系统时总会产生失真，即使是通过一根连接导线或一个电阻也不例外，这是因为构成系统的任何元器件，其参数总会随着频率的变化而变化。因此，从频域看，任何系统都不可能在所有频率范围内都具有平坦的幅频特性和线性的相频特性；从时域看，任何系统都不可能对单位冲激信号的响应还是真正的冲激信号。

即便如此，上述无失真传输条件仍有重要的意义。因为在实际应用中，任何带有信息的物理信号都是其频谱只占据一定频率范围的带限信号，为了实现带限信号的无失真传输，只要在信号占据的频率范围内，系统的频率特性满足上述无失真传输条件即可，而这样的条件在实际电路和电子系统中是可以实现的。如通频带大于信号带宽的电子放大器就可以做到无失真传输。

例 5-1　图 5-6 为示波器的探头衰减器电路，求被测信号 $x(t)$ 通过衰减器实现无失真传输必须满足的条件。

解： 由衰减器电路可求得频率特性函数为

$$H(\omega) = \frac{C_1}{C_1+C_2} \frac{\mathrm{j}\omega + \dfrac{1}{R_1C_1}}{\mathrm{j}\omega + \dfrac{R_1+R_2}{R_1R_2(C_1+C_2)}}$$

若要使 $H(\omega)$ 满足无失真传输条件，只有

$$\frac{1}{R_1C_1} = \frac{R_1+R_2}{R_1R_2(C_1+C_2)}$$

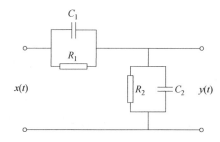

图 5-6 示波器的探头衰减器电路

即 $\dfrac{R_1}{R_2} = \dfrac{C_2}{C_1}$。这时有 $H(\omega) = \dfrac{C_1}{C_1+C_2}$。即

$$|H(\omega)| = \dfrac{C_1}{C_1+C_2} = \dfrac{R_2}{R_1+R_2}, \qquad \varphi_h(\omega) = 0$$

二、理想低通滤波器的频率特性

具有如图 5-7 所示频率特性的系统称为理想低通滤波器，ω_c 称为滤波器的截止频率，$0<|\omega|<\omega_c$ 的频率范围称为滤波器的通带，$|\omega|>\omega_c$ 的频率范围称为阻带。很显然，它实现了频率低于 ω_c 的信号的无失真地传送，而完全阻止频率高于 ω_c 的信号通过。

理想低通滤波器的频率特性可写为

$$H(\omega) = \begin{cases} 1 & |\omega| < \omega_c \\ 0 & |\omega| > \omega_c \end{cases} \tag{5-15}$$

将式(5-15)进行傅里叶逆变换，借助于傅里叶变换的对偶性，可以求得理想低通滤波器的单位冲激响应为

$$h(t) = \dfrac{\omega_c}{\pi} Sa(\omega_c t) \tag{5-16}$$

如图 5-8 所示，$t<0$ 时 $h(t) \neq 0$，即冲激响应在激励加入之前就已出现。因此，理想低通滤波器是一个非因果系统，物理上是不能实现的。但是，某些线性时不变因果系统的频率特性可以近似于理想低通滤波器的频率特性。

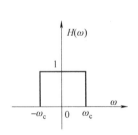

图 5-7 理想低通滤波器的频率特性

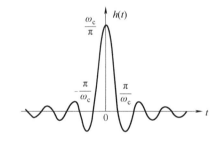

图 5-8 理想低通滤波器的单位冲激响应

式(5-15)表示的理想低通滤波器具有等于零的相频特性，当然它也可以具有线性相频特性，此时其频率特性可表示为

$$H(\omega) = \begin{cases} e^{-j\omega t_0} & |\omega| < \omega_c \\ 0 & |\omega| > \omega_c \end{cases} \tag{5-17}$$

或

$$\begin{cases} |H(\omega)| = \begin{cases} 1 & |\omega| < \omega_c \\ 0 & |\omega| > \omega_c \end{cases} \\ \varphi_h(\omega) = -\omega t_0 \end{cases} \tag{5-18}$$

同样可求出滤波器的单位冲激响应为

$$h(t) = \dfrac{\omega_c}{\pi} Sa(\omega_c(t-t_0)) \tag{5-19}$$

只不过将图 5-8 所示的 $h(t)$ 延时 t_0 而已，当然它也是非因果的。

例 5-2 求信号 $x(t) = Sa(t)\cos 2t$ 通过式(5-17)表示的理想低通滤波器(设通带内的放大倍数为 k)后的输出响应。

解：输入信号 $x(t)$ 为抽样信号 $Sa(t)$ 对载波信号 $\cos 2t$ 的调制，$Sa(t)$ 的傅里叶变换为 $\pi g(\omega)$，其中 $g(\omega) = \begin{cases} 1 & |\omega| < 1 \\ 0 & |\omega| > 1 \end{cases}$，而 $\cos 2t$ 的傅里叶变换为 $\pi[\delta(\omega+2) + \delta(\omega-2)]$，由频域卷积定理，可得

$$X(\omega) = \frac{1}{2\pi}\{\pi g(\omega) * \pi[\delta(\omega+2) + \delta(\omega-2)]\}$$

$$= \frac{\pi}{2}[g(\omega) * \delta(\omega+2) + g(\omega) * \delta(\omega-2)]$$

根据与冲激函数的卷积性质，可得

$$X(\omega) = \frac{\pi}{2}[g(\omega+2) + g(\omega-2)]$$

又因为

$$H(\omega) = \begin{cases} k\mathrm{e}^{-\mathrm{j}\omega t_0} & |\omega| < \omega_c \\ 0 & |\omega| > \omega_c \end{cases}$$

输出信号的频谱为

$$Y(\omega) = H(\omega)X(\omega)$$

带通信号通过滤波器后的 $|X(\omega)|$、$|H(\omega)|$ 和 $|Y(\omega)|$ 如图 5-9 所示。可见

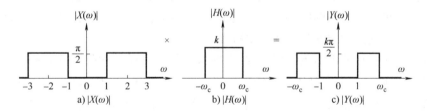

图 5-9 带通信号通过滤波器

1) $\omega_c > 3$ 时，输入信号的频带完全被包含在低通滤波器的通带内，有

$$Y(\omega) = \frac{k\pi}{2}[g(\omega+2) + g(\omega-2)]\mathrm{e}^{-\mathrm{j}\omega t_0}$$

即

$$|Y(\omega)| = k|X(\omega)|$$

$$y(t) = kx(t-t_0) = kSa(t-t_0)\cos 2(t-t_0)$$

输出信号为输入信号的 t_0 延时的 k 倍。

2) $\omega_c < 1$ 时，输入信号的频带完全落在低通滤波器的通带外，则有 $Y(\omega) = 0$，$y(t) = 0$ 系统无输出。

3) $1 < \omega_c < 3$，输入信号的频带部分落在低通滤波器的通带内，可以把不考虑放大及时延的 $Y(\omega)$ 看成是 $Y_1(\omega)$，即

$$Y_1(\omega) = \frac{1}{2\pi}\left\{\pi g_1(\omega) * \pi\left[\delta\left(\omega + \frac{\omega_c+1}{2}\right) + \delta\left(\omega - \frac{\omega_c+1}{2}\right)\right]\right\}$$

其中，
$$g_1(\omega) = \begin{cases} 1 & |\omega| < \dfrac{\omega_c - 1}{2} \\ 0 & |\omega| > \dfrac{\omega_c - 1}{2} \end{cases}$$

由表1-2可知，$y_1(t)$ 是 $\dfrac{\omega_c - 1}{2} Sa\left(\dfrac{\omega_c - 1}{2} t\right)$ 对 $\cos\left(\dfrac{\omega_c + 1}{2} t\right)$ 的调制，即

$$y_1(t) = \dfrac{\omega_c - 1}{2} Sa\left(\dfrac{\omega_c - 1}{2} t\right) \cos\left(\dfrac{\omega_c + 1}{2} t\right)$$

又
$$Y(\omega) = k Y_1(\omega) e^{-j\omega t_0} \qquad |\omega| < \omega_c$$

所以
$$y(t) = \dfrac{k(\omega_c - 1)}{2} Sa\left(\dfrac{\omega_c - 1}{2}(t - t_0)\right) \cos\left(\dfrac{\omega_c + 1}{2}(t - t_0)\right) \qquad -\infty < t < \infty$$

第三节　模拟滤波器

一、模拟滤波器概述

模拟滤波器是用模拟系统处理模拟信号或连续时间信号的滤波器，是一种选择频率的装置，故又称为频率选择滤波器。

模拟滤波器的系统函数 $H(s)$ 决定了它允许通过某些频率分量而阻止其他频率分量的特性，因此，设计模拟滤波器的中心问题就是求出一个物理上可实现的系统函数 $H(s)$，使它的频率响应尽可能逼近理想滤波器的频率特性。

在工程实际中设计滤波器 $H(s)$ 时，给定的指标往往是通带和阻带的衰耗特性，如通带衰减 α_p、阻带衰减 α_s。上面已述，工作损耗的大小主要取决于 $|H(\omega)|^2$，因此，设计模拟滤波器的方法就是根据滤波器频率特性的幅度二次方函数 $|H(\omega)|^2$，求滤波器的系统函数 $H(s)$。

如果不含有源器件，所设计的模拟滤波器应当是稳定的时不变系统，因此，物理可实现的模拟滤波器的系统函数 $H(s)$ 必须满足以下条件：

1）是一个具有实系数的 s 有理函数。
2）极点分布在 S 平面的左半平面。
3）分子多项式的阶次不大于分母多项式的阶次。

除以上条件外，一般还希望所设计滤波器的冲激响应 $h(t)$ 为 t 的实函数，因此，$H(\omega)$ 具有共轭对称性，即 $H^*(\omega) = H(-\omega)$，所以有

$$|H(\omega)|^2 = H(\omega) H^*(\omega) = H(\omega) H(-\omega) \tag{5-20}$$

若 $h(t)$ 存在傅里叶变换，则 $H(s)$ 的收敛域必定覆盖 $j\omega$ 轴，因此，有

$$|H(\omega)|^2 = H(s) H(-s) \big|_{s = j\omega} \tag{5-21}$$

式（5-21）表明 $H(s)H(-s)$ 的零极点分布以 $j\omega$ 轴为中心呈镜像对称，如图5-10所示。在这些零极点中，有一半属于 $H(s)$，另一半则属于 $H(-s)$。

根据 $H(s)$ 的可实现条件和 $H(s)H(-s)$ 的零极点分布规律，$|H(\omega)|^2$ 是 ω^2 的正实函数。以 $-s^2$ 代替 ω^2，从而分别确定出 $H(s)$ 与 $H(-s)$ 的零、极点，即 $H(s)$ 的极点必须位于 S 平面的左半平面，$H(-s)$ 的极点必须位于 S 平面的右半平面。至于零点的位置则主要取决于所设计的滤波器是否要求为最小相位型，如果是最小相位型，则 $H(s)$ 的所有零点应该分布在 S 平面的左半平面或 $j\omega$ 轴上；如果不是最小相位型，则由于零点的位置与稳定性无关可以任意选取，其对应的滤波器就不是唯一的。若 $H(s)H(-s)$ 有零点在 $j\omega$ 轴上，则按正实性要求，在 $j\omega$ 轴上的零点必须是偶阶重零点，在这种情况下，要把 $j\omega$ 轴上的零点平分给 $H(s)$ 和 $H(-s)$。

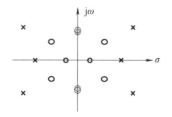

图 5-10 可实现的 $H(s)H(-s)$ 的零极点分布

例 5-3 给定滤波特性的幅度二次方函数

$$|H(\omega)|^2 = \frac{(1-\omega^2)^2}{(4+\omega^2)(9+\omega^2)}$$

求具有最小相位特性的滤波器的系统函数 $H(s)$。

解：根据式 (5-21)，并用 $-s^2$ 替代 ω^2，有

$$H(s)H(-s) = \frac{(1+s^2)^2}{(4-s^2)(9-s^2)} = \frac{(1+s^2)^2}{(s+2)(-s+2)(s+3)(-s+3)}$$

上式有二阶重零点 $\pm j$，位于虚轴上，因而 $H(s)$ 作为可实现的滤波器的系统函数，取其中左半平面的极点及 $j\omega$ 轴上一对共轭零点，可得出该最小相位型滤波器的系统函数为

$$H(s) = \frac{1+s^2}{(s+2)(s+3)} = \frac{1+s^2}{s^2+5s+6}$$

二、巴特沃思（Butterwoth）低通滤波器

如前所述，工程设计时，常采用逼近理论寻找一些可实现的逼近函数，这些函数具有优良的幅度逼近性能，以此为基础可以设计出具有优良特性的低通滤波器。下面首先讨论巴特沃思（Butterwoth）低通滤波器，然后讨论切比雪夫（Chebyshev）低通滤波器。

（一）巴特沃思低通滤波器的幅频特性

巴特沃思低通滤波器是以巴特沃思函数作为滤波器的系统函数，该函数以最高阶泰勒级数形式逼近理想滤波器的矩形特性。

巴特沃思低通滤波器的幅度二次方函数为

$$|H(\omega)|^2 = \frac{1}{1+\left(\dfrac{\omega}{\omega_c}\right)^{2n}} \quad (5-22)$$

式中，n 为滤波器的阶数；ω_c 为滤波器的截止角频率，当 $\omega = \omega_c$ 时，$|H(\omega_c)|^2 = \dfrac{1}{2}$，所以 ω_c 对应了滤波器的 -3dB 点。图 5-11 给出了不同阶次巴特沃思低通滤波器的幅频特性。

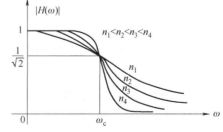

图 5-11 不同阶次巴特沃思低通滤波器的幅频特性

由图 5-11 可以看出，巴特沃思低通滤波器具有以下特点：

1) 幅值函数单调递减，因此，当 $\omega=0$ 时具有最大值 $|H(\omega)|=1$。

2) 当 $\omega=\omega_c$ 时，$|H(\omega_c)|=0.707=0.707|H(0)|$，即 $|H(\omega_c)|$ 比 $|H(0)|$ 下降了 3dB。

3) 当 ω 趋于无穷时，幅值趋于零，即 $|H(\infty)|=0$。

4) 当阶数 n 增加时，通带幅频特性变平，阻带幅频特性衰减加快，过渡带变窄，其幅频特性趋于理想低通滤波特性，但 $|H(\omega_c)|=0.707|H(0)|$ 的关系并不随阶次的变化而改变。

5) 当 $\omega=0$ 时最大程度地逼近理想低通特性，可以证明：对于阶数为 n 的巴特沃思滤波器，在 $\omega=0$ 点，其前 $2n-1$ 阶导数都等于零。这表明巴特沃思滤波器在 $\omega=0$ 附近一段范围内是非常平直的，它以原点的最大平坦性来逼近理想滤波器。因此，巴特沃思低通滤波器也称为最大平坦幅值滤波器。

根据式(5-7)，巴特沃思低通滤波器的衰减函数 α 为

$$\alpha=-20\lg|H(\omega)|=-20\lg\left[\frac{1}{\sqrt{1+\left(\frac{\omega}{\omega_c}\right)^{2n}}}\right]=-20\lg\left[1+\left(\frac{\omega}{\omega_c}\right)^{2n}\right]^{-\frac{1}{2}}=10\lg\left[1+\left(\frac{\omega}{\omega_c}\right)^{2n}\right] \quad (5\text{-}23)$$

当 $\omega=\omega_p$ 时，巴特沃思低通滤波器的通带衰减函数 α_p 为

$$\alpha_p=10\lg\left[1+\left(\frac{\omega_p}{\omega_c}\right)^{2n}\right] \quad (5\text{-}24)$$

设计低通滤波器时，通常取幅值下降 3dB 时所对应的频率为通带截止频率 ω_c，即当 $\omega=\omega_c$ 时，$\alpha=3\text{dB}$。由式(5-24)可知，此时，$\omega_p=\omega_c$，$\alpha=\alpha_p=3\text{dB}$。

当 $\omega=\omega_s$ 时，巴特沃思低通滤波器的阻带衰减函数 α_s 为

$$\alpha_s=10\lg\left[1+\left(\frac{\omega_s}{\omega_c}\right)^{2n}\right] \quad (5\text{-}25)$$

由此可以求得滤波器的阶次为满足

$$n\geqslant\frac{\lg\sqrt{10^{0.1\alpha_s}-1}}{\lg\left(\frac{\omega_s}{\omega_c}\right)} \qquad n\text{ 为整数} \quad (5\text{-}26)$$

若截止频率 $\omega_c=1$，有

$$n\geqslant\frac{\lg\sqrt{10^{0.1\alpha_s}-1}}{\lg\omega_s} \quad (5\text{-}27)$$

（二）巴特沃思低通滤波器的极点分布

利用 $|H(\omega)|^2=H(s)H(-s)|_{s=\text{j}\omega}$，并根据巴特沃思低通滤波器的幅度二次方函数式(5-22)，有

$$|H(s)|^2=\frac{1}{1+\left(\frac{s}{\text{j}\omega_c}\right)^{2n}} \quad (5\text{-}28)$$

令式(5-28)的分母多项式为零，有
$$1+(-1)^n\left(\frac{s}{\omega_c}\right)^{2n}=0 \tag{5-29}$$

巴特沃思低通滤波器幅度二次方函数的极点为
$$s_k = j\omega_c(-1)^{\frac{1}{2n}} = \omega_c e^{j\left(\frac{2k-1}{2n}\pi+\frac{\pi}{2}\right)} \quad k=1,2,\cdots,2n \tag{5-30}$$

式中，s_k 即为 $H(s)$ 和 $H(-s)$ 的全部极点。图 5-12 分别表示了 $n=3$ 和 $n=2$ 时巴特沃思低通滤波器的极点分布。

巴特沃思低通滤波器幅度二次方函数的极点分布具有以下特点：

1) $H(s)H(-s)$ 的 $2n$ 个极点以 $\dfrac{\pi}{n}$ 为间隔分布在半径为 ω_c 的圆上，这个圆称为巴特沃思圆。

2) 所有极点以 $j\omega$ 轴为对称轴呈对称分布，$j\omega$ 轴上没有极点。

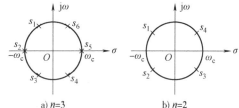

图 5-12 巴特沃思低通滤波器的极点分布

3) 当 n 为奇数时，有两个极点分布在 $s=\pm\omega_c$ 的实轴上；当 n 为偶数时，实轴上没有极点。所有复数极点两两呈共轭对称分布。

（三）巴特沃思低通滤波器的系统函数

为得到稳定的 $H(s)$，取全部 S 平面左半平面的极点为 $H(s)$ 的极点，而对称分布的 S 平面右半平面的极点对应 $H(-s)$ 的极点，可以求出巴特沃思低通滤波器的系统函数为

$$H(s) = \frac{\omega_c^n}{\prod\limits_{k=1}^{n}(s-s_k)} \tag{5-31}$$

其中，分子取 ω_c^n 是为了保证 $s=0$ 时有 $|H(s)|=1$。当 n 为偶数时，可得

$$H(s) = \frac{\omega_c^n}{\prod\limits_{k=1}^{n/2}(s-s_k)(s-s_k^*)} = \frac{\omega_c^n}{\prod\limits_{k=1}^{n/2}\left[s^2 - 2\omega_c\cos\left(\dfrac{2k-1}{2n}\pi+\dfrac{\pi}{2}\right)s+\omega_c^2\right]} \tag{5-32}$$

当 n 为奇数时，可得

$$H(s) = \frac{\omega_c^n}{\prod\limits_{k=1}^{(n-1)/2}(s+\omega_c)\left[s^2 - 2\omega_c\cos\left(\dfrac{2k-1}{2n}\pi+\dfrac{\pi}{2}\right)s+\omega_c^2\right]} \tag{5-33}$$

式(5-33)中，对于不同的截止频率 ω_c，所得到的同一阶次巴特沃思滤波器的系统函数是不同的。为便于分析，并使滤波器的设计更具一致性，可以对式(5-32)、式(5-33)进行归一化处理。

将式(5-32)、式(5-33)的分子、分母同除以 ω_c^n，并令 $\bar{s}=\dfrac{s}{\omega_c}$（$\bar{s}$ 称为归一化复频率），则当 n 为偶数时，可得

$$H(\bar{s}) = \frac{1}{\prod\limits_{k=1}^{n/2}\left[\bar{s}^2 - 2\cos\left(\dfrac{2k-1}{2n}\pi+\dfrac{\pi}{2}\right)\bar{s}+1\right]} \tag{5-34}$$

当 n 为奇数时，可得

$$H(\bar{s}) = \frac{1}{\prod_{k=1}^{(n-1)/2}(\bar{s}+1)\left[\bar{s}^2 - 2\cos\left(\frac{2k-1}{2n}\pi + \frac{\pi}{2}\right)\bar{s} + 1\right]} \tag{5-35}$$

式(5-34)、式(5-35)的分母多项式称为巴特沃思多项式。表 5-1 列出了各阶归一化频率的巴特沃思多项式。

表 5-1 归一化频率的各阶巴特沃思多项式

n	巴特沃思多项式
1	$\bar{s}+1$
2	$\bar{s}^2+\sqrt{2}\bar{s}+1$
3	$\bar{s}^3+2\bar{s}^2+2\bar{s}+1$
4	$\bar{s}^4+2.613\bar{s}^3+3.414\bar{s}^2+2.613\bar{s}+1$
5	$\bar{s}^5+3.236\bar{s}^4+5.236\bar{s}^3+5.236\bar{s}^2+3.236\bar{s}+1$
6	$\bar{s}^6+3.864\bar{s}^5+7.464\bar{s}^4+9.142\bar{s}^3+7.464\bar{s}^2+3.864\bar{s}+1$
7	$\bar{s}^7+4.494\bar{s}^6+10.098\bar{s}^5+14.592\bar{s}^4+14.592\bar{s}^3+10.098\bar{s}^2+4.494\bar{s}+1$
8	$\bar{s}^8+5.153\bar{s}^7+13.137\bar{s}^6+21.846\bar{s}^5+25.688\bar{s}^4+21.846\bar{s}^3+13.137\bar{s}^2+5.153\bar{s}+1$

例 5-4 求三阶巴特沃思低通滤波器的系统函数，设 $\omega_c = 1\text{rad/s}$。

解：$n=3$ 为奇数，由式(5-22)可知，滤波器的幅度二次方函数为

$$|H(\omega)|^2 = \frac{1}{1+\omega^6}$$

令 $\omega^2 = -s^2$，则有

$$H(s)H(-s) = \frac{1}{1-s^6}$$

六个极点分别为

$$s_{p1} = \omega_c e^{j\frac{2\pi}{3}}, \quad s_{p2} = -\omega_c, \quad s_{p3} = -\omega_c e^{j\frac{\pi}{3}},$$
$$s_{p4} = -\omega_c e^{j\frac{2\pi}{3}}, \quad s_{p5} = \omega_c, \quad s_{p6} = \omega_c e^{j\frac{\pi}{3}}。$$

取位于 S 平面左半平面的三个极点为滤波器极点，可得三阶巴特沃思滤波器的系统函数为

$$H(s) = \frac{\omega_c^3}{(s-\omega_c e^{j\frac{2\pi}{3}})(s+\omega_c)(s+\omega_c e^{j\frac{\pi}{3}})} = \frac{1}{s^3+2s^2+2s+1}$$

例 5-5 若巴特沃思低通滤波器的频域指标为：当 $\omega_1 = 2\text{rad/s}$ 时，其衰减不大于 3dB；当 $\omega_2 = 6\text{rad/s}$ 时，其衰减不小于 30dB。求此滤波器的系统函数 $H(s)$。

解：令 $\omega_c = \omega_1 = \omega_p = 2\text{rad/s}$，$\omega_s = \omega_2 = 6\text{rad/s}$，则其归一化后的频域指标为

$$\varpi_c = \frac{\omega_p}{\omega_c} = 1, \qquad \alpha_p = 3\text{dB}$$

$$\varpi_s = \frac{\omega_s}{\omega_c} = 3, \qquad \alpha_s = 30\text{dB}$$

由式(5-26)可得

$$n = \frac{\lg\sqrt{10^{0.1\alpha_s}-1}}{\lg\dfrac{\omega_s}{\omega_c}} = \frac{\lg\sqrt{10^3-1}}{\lg 3} \approx 3.143$$

取 $n=4$，由表 5-1 可查得此滤波器的归一化系统函数为

$$H(\bar{s}) = \frac{1}{\bar{s}^4 + 2.613\bar{s}^3 + 3.414\bar{s}^2 + 2.613\bar{s} + 1}$$

通过反归一化处理，令 $s = \bar{s}\omega_c$，可求出实际滤波器的系统函数为

$$\begin{aligned}H(s) &= \frac{1}{\left(\dfrac{s}{\omega_c}\right)^4 + 2.613\left(\dfrac{s}{\omega_c}\right)^3 + 3.414\left(\dfrac{s}{\omega_c}\right)^2 + 2.613\left(\dfrac{s}{\omega_c}\right) + 1} \\ &= \frac{1}{\left(\dfrac{s}{2}\right)^4 + 2.613\left(\dfrac{s}{2}\right)^3 + 3.414\left(\dfrac{s}{2}\right)^2 + 2.613\left(\dfrac{s}{2}\right) + 1} \\ &= \frac{16}{s^4 + 5.226s^3 + 13.656s^2 + 20.904s + 16}\end{aligned}$$

三、切比雪夫(Chebyshev)低通滤波器

巴特沃思低通滤波器的幅频特性无论在通带与阻带内都随频率 ω 单调变化，滤波特性简单，容易掌握。但是，巴特沃思低通滤波器在通带内误差分布不均匀，靠近频带边缘误差最大，当滤波器阶数 n 较小时，阻带幅频特性下降较慢，与理想滤波器的特性相差较远。若要求阻带特性下降迅速，则需增加滤波器的阶数，导致实现滤波器时所用的元器件数量增多，线路也趋于复杂。解决该问题较为有效的方法是将误差均匀分布在通带内，从而设计出阶数较低的滤波器。

切比雪夫滤波器由切比雪夫多项式的正交函数推导而来，它采用在通带内等波动、在通带外衰减函数单调递增的准则去逼近理想滤波器特性，从而保证通带内误差均匀分布，是全极点型滤波器中过渡带最窄的滤波器。图 5-13 所示为三阶巴特沃思低通滤波器和同阶数切比雪夫低通滤波器的幅频特性。由图 5-13 可以看出，切比雪夫低通滤波器比同阶数的巴特沃思低通滤波器具有更陡峭的过渡带和更优的阻带衰减特性。

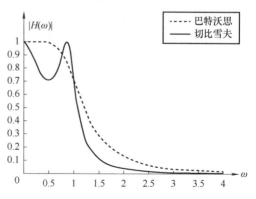

图 5-13 三阶巴特沃思、切比雪夫低通滤波器的幅频特性

在通带内等波动、在阻带内单调下降的切比雪夫滤波器，称为切比雪夫 I 型滤波器；在通带内单调变化、在阻带内等波动的切比雪夫滤波器，称为切比雪夫 II 型滤波器。下面以切比雪夫 I 型低通滤波器为例，介绍其具体设计方法。

（一）切比雪夫低通滤波器的幅频特性

切比雪夫低通滤波器的幅度二次方函数为

$$|H(\omega)|^2 = \frac{1}{1+\varepsilon^2 T_n^2\left(\dfrac{\omega}{\omega_c}\right)} \tag{5-36}$$

式中，ε 为决定通带内起伏大小的波动系数，为小于 1 的正数；ω_c 为通带截止频率；$T_n(x)$ 为 n 阶切比雪夫多项式，定义为

$$T_n(x) = \begin{cases} \cos(n\cos^{-1}(x)) & |x| \leq 1 \\ \cosh(n\cosh^{-1}(x)) & |x| > 1 \end{cases} \tag{5-37}$$

表 5-2 给出了 n 阶次切比雪夫多项式 $T_n(x)$。可以证明，切比雪夫多项式满足下列递推公式

$$T_{n+1}(x) = 2xT_n(x) - T_{n-1}(x) \qquad n=1,2,\cdots \tag{5-38}$$

表 5-2　n 阶切比雪夫多项式 $T_n(x)$

n	$T_n(x)$	n	$T_n(x)$
0	1	4	$8x^4-8x^2+1$
1	x	5	$16x^5-20x^3+5x$
2	$2x^2-1$	6	$32x^6-48x^4+18x^2-1$
3	$4x^3-3x$	7	$64x^7-112x^5+56x^3-7x$

图 5-14 所示为 $\{T_n(x), n=1,2,3,4\}$ 的切比雪夫多项式曲线。结合表 5-2 可以发现，切比雪夫多项式具有以下特点：

1) 当 $|x| \leq 1$ 时，$T_n(x)$ 在 ± 1 之间做等幅波动。当 $x=0$ 时，若 n 为奇数，则 $T_n(x)=0$；若 n 为偶数，则 $|T_n(x)|=1$。

2) 当 $|x|=1$ 时，$|T_n(x)|=1$。$x=1$ 时，总有 $T_n(x)=1$；$x=-1$ 时，若 n 为奇数则 $T_n(x)=-1$，若 n 为偶数则 $T_n(x)=1$。

3) 当 $|x|>1$ 时，$|T_n(x)|$ 单调上升，n 越大，$|T_n(x)|$ 增加越迅速。

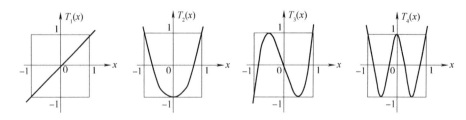

图 5-14　切比雪夫多项式 $T_1(x) \sim T_4(x)$ 的特性曲线

图 5-15 和图 5-16 为阶次 n 分别取 2、3 和 5 时切比雪夫低通滤波器的幅频、相频特性曲线。幅频特性 $|H(\omega)|$ 具有以下特点：

1) 当 $0 \leq \omega \leq \omega_c$ 时，$|H(\omega)|$ 在 1 与 $1/\sqrt{1+\varepsilon^2}$ 之间做等幅波动，ε 越小，波动幅度越小。

2) 所有曲线在 $\omega=\omega_c$ 时都通过 $1/\sqrt{1+\varepsilon^2}$ 点。

3) 当 $\omega=0$ 时，若 n 为奇数，则 $|H(\omega)|=1$；若 n 为偶数，则 $|H(\omega)|=1/\sqrt{1+\varepsilon^2}$；通带内误差分布是均匀的，因此，这种逼近称为最佳一致逼近。

4) 当 $\omega>\omega_c$ 时，曲线单调下降，n 值越大，曲线下降越快。

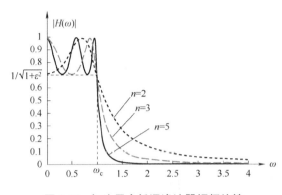

图 5-15 切比雪夫低通滤波器幅频特性　　图 5-16 切比雪夫低通滤波器相频特性

由于滤波器通带内有起伏，因而使通带内的相频特性也有相应的起伏波动，即相位 $\varphi(\omega)$ 是非线性的，这会使信号产生线性畸变，所以在要求群延迟为常数时不宜采用这种滤波器。

切比雪夫 I 型滤波器有三个参数需要确定：波动系数 ε，通带截止频率 ω_c 和阶数 n。通带截止频率 ω_c 一般根据实际要求给定。ε 表示通带内最大损耗，由容许的通带最大衰减 α_{max} 确定。与巴特沃思滤波器有所不同，切比雪夫滤波器的衰减函数不仅与阶数 n 有关，还与波动系数 ε 有关，其衰减函数表示为

$$\alpha=-20\lg|H(\omega)|=10\lg\left[1+\varepsilon^2 T_n^2\left(\frac{\omega}{\omega_c}\right)\right] \tag{5-39}$$

通带最大衰减 α_{max}（又称为通带波纹）定义为

$$\alpha_{max}=\alpha_p=\alpha\big|_{\omega=\omega_c}=10\lg[1+\varepsilon^2 T_n^2(1)]=10\lg(1+\varepsilon^2) \tag{5-40}$$

因为 $T_n^2(1)=1$，则波动系数 ε 为

$$\varepsilon=\sqrt{10^{\frac{\alpha_{max}}{10}}-1} \tag{5-41}$$

滤波器阶数 n 为通带内等幅波动的次数，即等于通带内最大值和最小值的总数。n 为奇数时，$\omega=0$ 处为最大值；n 为偶数时，$\omega=0$ 处为最小值。

由滤波器的通带截止频率 ω_c、通带内允许的最大衰减 α_{max}、阻带截止频率 ω_s 及阻带内允许的最小衰减 α_{min}，可以确定滤波器所需的阶数 n。

阻带内（即 $\omega \geq \omega_s > \omega_c$）允许的最小衰减 α_{min} 为

$$\alpha_{min}=\alpha_s=10\lg\left[1+\varepsilon^2 T_n^2\left(\frac{\omega_s}{\omega_c}\right)\right]=10\lg\left[1+\varepsilon^2\cosh^2\left(n\cosh^{-1}\left(\frac{\omega_s}{\omega_c}\right)\right)\right] \tag{5-42}$$

求解式(5-40)和式(5-42)，可得滤波器的阶次满足

$$n\geq\frac{\cosh^{-1}\left(\sqrt{(10^{0.1\alpha_{min}}-1)/(10^{0.1\alpha_{max}}-1)}\right)}{\cosh^{-1}\left(\frac{\omega_s}{\omega_c}\right)} \quad n \text{ 为整数} \tag{5-43}$$

若取归一化频率 $\omega_c = 1$，则

$$n \geq \frac{\cosh^{-1}\left(\sqrt{(10^{0.1\alpha_{\min}}-1)/(10^{0.1\alpha_{\max}}-1)}\right)}{\cosh^{-1}(\omega_s)} \tag{5-44}$$

（二）切比雪夫低通滤波器的极点分布

将 $|H(\omega)|^2 = H(s)H(-s)|_{s=j\omega}$ 代入切比雪夫低通滤波器的幅度二次方函数，有

$$H(s)H(-s) = \frac{1}{1+\varepsilon^2 T_n^2\left(\dfrac{s}{j\omega_c}\right)} \tag{5-45}$$

为求切比雪夫低通滤波器幅度二次方函数的极点分布，需求解方程

$$1+\varepsilon^2 T_n^2\left(\frac{s}{j\omega_c}\right) = 0 \tag{5-46}$$

记极点为 $s_k = \sigma_k + j\omega_k$，由式(5-46)可得

$$\sigma_k = -\omega_c \sin\left(\frac{2k-1}{n}\frac{\pi}{2}\right)\sinh\left(\frac{1}{n}\sinh^{-1}\left(\frac{1}{\varepsilon}\right)\right) \tag{5-47}$$

$$\omega_k = \omega_c \cos\left(\frac{2k-1}{n}\frac{\pi}{2}\right)\cosh\left(\frac{1}{n}\sinh^{-1}\left(\frac{1}{\varepsilon}\right)\right) \tag{5-48}$$

式中，$k = 1, 2, \cdots, 2n$。令

$$\begin{cases} a = \sinh\left(\dfrac{1}{n}\sinh^{-1}\left(\dfrac{1}{\varepsilon}\right)\right) \\ b = \cosh\left(\dfrac{1}{n}\sinh^{-1}\left(\dfrac{1}{\varepsilon}\right)\right) \end{cases} \tag{5-49}$$

易知 $b > a$。

将式(5-47)和式(5-48)两边分别除以 a、b，再二次方相加，得

$$\frac{\sigma_k^2}{(a\omega_c)^2} + \frac{\omega_k^2}{(b\omega_c)^2} = 1 \tag{5-50}$$

式(5-50)表明，切比雪夫 I 型低通滤波器的幅度二次方函数共有 $2n$ 个极点，分布在 S 平面的一个椭圆上，椭圆的长、短轴半径分别为 $b\omega_c$ 和 $a\omega_c$。

（三）切比雪夫低通滤波器的系统函数

求出切比雪夫低通滤波器幅度二次方函数的极点后，取 S 左半平面的极点，即可得到滤波器的系统函数为

$$H(s) = \frac{K}{(s-s_{p1})(s-s_{p2})\cdots(s-s_{pn})} \tag{5-51}$$

其中，增益常数 K 可通过系统的低频特性求出。

若 n 为奇数，$|H(\omega)|_{\omega=0} = 1$，则

$$K = (-1)^n s_{p1} s_{p2} \cdots s_{pn} = -s_{p1} s_{p2} \cdots s_{pn} \tag{5-52}$$

若 n 为偶数，$|H(\omega)|_{\omega=0} = \dfrac{1}{\sqrt{1+\varepsilon^2}}$ 为通带最小值，有

$$K = \frac{(-1)^n s_{p1} s_{p2} \cdots s_{pn}}{\sqrt{1+\varepsilon^2}} = \frac{s_{p1} s_{p2} \cdots s_{pn}}{\sqrt{1+\varepsilon^2}} \tag{5-53}$$

对于切比雪夫低通滤波器的系统函数式(5-51)，如果已知阶数 n 和 ε，可以计算求出其分母多项式。表 5-3 给出了不同阶次的切比雪夫低通滤波器归一化系统函数 $H(\bar{s})$ 的分母多项式 $D(\bar{s})$ 的各系数。其中，$D(\bar{s}) = D(s) = \bar{s}^n + b_{n-1}\bar{s}^{n-1} + \cdots + b_1\bar{s} + b_0$。

表 5-3 切比雪夫低通滤波器归一化系统函数 $H(\bar{s})$ 的分母多项式 $D(\bar{s})$

n	b_0	b_1	b_2	b_3	b_4	b_5	b_6	b_7
通带波纹 0.5dB，$\varepsilon = 0.34931$，$\varepsilon^2 = 0.12202$								
1	2.86278							
2	1.51620	1.42562						
3	0.71569	1.53490	1.25291					
4	0.37905	1.02546	1.71687	1.19739				
5	0.17892	0.75252	1.30957	1.93737	1.17249			
6	0.09476	0.43237	1.17186	1.58976	2.17184	1.15918		
7	0.04473	0.28207	0.75565	1.64790	1.86941	2.41265	1.15122	
8	0.02369	0.15254	0.57356	1.14859	2.18402	2.14922	2.65675	1.14608
通带波纹 1dB，$\varepsilon = 0.50885$，$\varepsilon^2 = 0.25893$								
1	1.96523							
2	1.10251	1.09773						
3	0.49131	1.23841	0.98834					
4	0.27563	0.74262	1.45392	0.95281				
5	0.12283	0.58053	0.97440	1.68882	0.93682			
6	0.06891	0.30708	0.93935	1.20214	1.93082	0.92825		
7	0.03071	0.21367	0.54862	1.35754	1.42879	2.17608	0.92312	
8	0.01723	0.10734	0.44783	0.84682	1.83690	1.65516	2.42303	0.91981

例 5-6 试求二阶切比雪夫低通滤波器的系统函数，已知通带波纹为 1dB，截止频率 $\omega_c = 1\text{rad/s}$。

解： 由于 $\alpha_{\max} = 1\text{dB}$，有 $\varepsilon^2 = 10^{\frac{\alpha_{\max}}{10}} - 1 = 0.25892541$。因为 $\omega_c = 1\text{rad/s}$，查表 5-2 切比雪夫多项式，有

$$T_2(\omega) = 2\omega^2 - 1$$

则

$$T_2^2(\omega) = 4\omega^4 - 4\omega^2 + 1$$

因此，切比雪夫滤波器的幅度二次方函数为

$$|H(\omega)|^2 = \frac{1}{1.0357016\omega^4 - 1.0357016\omega^2 + 1.25892541}$$

令 $s^2 = -\omega^2$，可得

$$H(s)H(-s) = \frac{1}{1.0357016s^4 + 1.0357016s^2 + 1.25892541}$$

从分母多项式的根得出幅度二次方函数的极点为

$s_{p1}=1.0500049e^{j58.48°}$，$s_{p2}=1.0500049e^{j121.52°}$，$s_{p3}=1.0500049e^{-j121.52°}$，$s_{p4}=1.0500049e^{-j58.48°}$

$H(s)$的极点由幅度二次方函数的左半平面极点(s_2,s_3)决定，由于n为偶数，有

$$K=\frac{s_{p1}s_{p2}\cdots s_{pn}}{\sqrt{1+\varepsilon^2}}=0.9826133$$

可得滤波器的系统函数为

$$H(s)=\frac{0.9826133}{s^2+1.0977343s+1.1025103}$$

例 5-7 设计一个满足下列技术指标的归一化切比雪夫低通滤波器：通带最大衰减$\alpha_{max}=1dB$，当$\omega_s\geq 4rad/s$时，阻带衰减$\alpha_s\geq 40dB$。

解：根据式(5-41)，可求得该滤波器的波动系数为

$$\varepsilon=\sqrt{10^{\frac{\alpha_{max}}{10}}-1}=\sqrt{10^{\frac{1}{10}}-1}=0.5088$$

由式(5-44)，有

$$n=\frac{\cosh^{-1}(\sqrt{(10^{0.1\alpha_{min}}-1)/(10^{0.1\alpha_{max}}-1)})}{\cosh^{-1}(\omega_s)}=\frac{\cosh^{-1}(10^2/0.5088)}{\cosh^{-1}(4)}=2.86$$

取$n=3$，则可求得三阶切比雪夫低通滤波器的极点为

$$s_{p1}=-0.2471+j0.9660,\ s_{p2}=-0.4942,\ s_{p3}=s_{p1}^*=-0.2471-j0.9660$$

故得三阶归一化切比雪夫Ⅰ型低通滤波器的系统函数为

$$H(s)=\frac{-s_1s_2s_3}{(s-s_1)(s-s_2)(s-s_3)}=\frac{0.4913}{(s+0.4942)[(s+0.2471)^2+0.9660^2]}$$

$$=\frac{0.4913}{s^3+0.9883s^2+1.2384s+0.4913}$$

四、模拟滤波器的频率变换

前面主要介绍了巴特沃思低通滤波器、切比雪夫低通滤波器的设计方法，设计过程比较简便，具有通用性。在实际工程中，需要设计高通、带通和带阻滤波器时，通常可将已设计好的低通滤波器，在系统函数$H(s)$中通过频率变换，转换成为其他类型的滤波器。

（一）低通滤波器转换成高通滤波器

归一化低通滤波器到归一化高通滤波器的频率变换一般可表示为

$$s_L=\frac{1}{s_H} \tag{5-54}$$

式(5-54)将s_L平面上的低通特性变换为s_H平面上的高通特性。其归一化频率之间的关系为

$$\omega_L=\frac{1}{\omega_H} \tag{5-55}$$

式中，ω_L、ω_H分别为低通、高通滤波器的频率变量。

因此，当ω_L从0→1时，ω_H取值则从∞→1；当ω_L从1→∞时，ω_H取值则从1→0。这时滤波器低通的通带变换到高通的通带，低通的阻带变换到高通的阻带。该设计方法只对频

率进行变换而对滤波器衰减无影响,所以当低通特性变换为其他特性时,其衰减幅度与波动值均保持不变,仅仅是相应的频率位置发生了变换。

当给定高通滤波器的技术指标 ω_{Hp}、α_p、ω_{Hs}、α_s 时,可按照如下步骤设计滤波器:

1) 对高通滤波器技术指标进行频率归一化处理。通常对巴特沃思滤波器以其衰减 3dB 频率为频率归一化因子;对切比雪夫滤波器以其等波动通带截止频率为频率归一化因子。
2) 将高通滤波器的技术指标变换成低通滤波器的技术指标。
3) 根据变换得到的低通滤波器技术指标,设计满足技术指标的低通滤波器。
4) 对设计出的归一化低通滤波器系统函数进行变换,得到归一化高通滤波器系统函数。
5) 将归一化高通滤波器进行反归一化处理,得到实际的高通滤波器。

例 5-8 设计一个巴特沃思高通滤波器,要求 $f_p = 4\text{kHz}$ 时,$\alpha_p \leq 3\text{dB}$,$f_s = 2\text{kHz}$ 时,$\alpha_s \geq 15\text{dB}$。

解:对高通滤波器进行频率归一化,以 f_p 为归一化因子,有

$$\bar{\omega}_{Hp} = 1 \text{ (对应 } f_p = 4\text{kHz)}, \quad \bar{\omega}_{Hs} = \frac{\omega_{Hs}}{\omega_{Hp}} = 0.5 \text{ (对应 } f_s = 2\text{kHz)}$$

根据式(5-55),得到相应低通滤波器的归一化截止频率为 $\bar{\omega}_{Lp} = \frac{1}{\bar{\omega}_{Hp}} = 1$,$\bar{\omega}_{Ls} = \frac{1}{\bar{\omega}_{Hs}} = 2$。

低通滤波器的技术指标为 $\bar{\omega}_{Lp} = 1$,$\alpha_p \leq 3\text{dB}$;$\bar{\omega}_{Ls} = 2$,$\alpha_s \geq 15\text{dB}$。根据式(5-27),可得到归一化的巴特沃思低通滤波器的阶数需满足

$$n \geq \frac{\lg\sqrt{10^{0.1\alpha_s} - 1}}{\lg\bar{\omega}_{Ls}} = \frac{\lg\sqrt{10^{0.1 \times 15} - 1}}{\lg 2} = 2.4683$$

取 $n = 3$,查表 5-1,可设计出三阶归一化低通滤波器的系统函数为

$$H_L(\bar{s}) = \frac{1}{\bar{s}^3 + 2\bar{s}^2 + 2\bar{s} + 1}$$

由式(5-54)可得归一化高通滤波器的系统函数为

$$H_H(\bar{s}) = \frac{\bar{s}^3}{\bar{s}^3 + 2\bar{s}^2 + 2\bar{s} + 1}$$

将 $\bar{s} = \frac{s}{\omega_c}$ 代入上式进行反归一化处理,得到实际的巴特沃思高通滤波器为

$$H_H(s) = \frac{s^3}{s^3 + 2\omega_c s^2 + 2\omega_c^2 s + \omega_c^3}$$

其中,截止频率为 $\omega_c = 2\pi f_p = 8\pi \times 10^3 \text{rad/s}$。

(二)低通滤波器转换成带通滤波器

从归一化低通滤波器到原型带通滤波器的频率变换比较复杂,最常用的公式为

$$\bar{s}_L = \frac{s_B^2 + \omega_0^2}{Bs_B} \tag{5-56}$$

将 $s = j\omega$ 代入式(5-56),有

$$\bar{\omega}_L = \frac{\omega_B^2 - \omega_0^2}{B\omega_B} \tag{5-57}$$

式中，$\overline{\omega}_L$ 为低通滤波器的归一化频率变量；ω_B 为带通滤波器的频率变量；ω_0、B 分别为带通滤波器的通带中心频率和通带宽度，即

$$\omega_0 = \sqrt{\omega_{p1}\omega_{p2}}, \quad B = \omega_{p2} - \omega_{p1} \tag{5-58}$$

式中，ω_{p2}、ω_{p1} 分别为带通滤波器的通带上边界、下边界截止频率。

由式（5-57）可得

$$\omega_B = \frac{\overline{\omega}_L B}{2} \pm \frac{\sqrt{\overline{\omega}_L^2 B^2 + 4\omega_0^2}}{2} \tag{5-59}$$

可见，低通滤波器中的一个频率 $\overline{\omega}_L$ 对应于带通滤波器中的两个频率 ω_{B1}、ω_{B2}。

例 5-9 设计一个衰耗特性如图 5-17 所示的切比雪夫带通滤波器，需满足以下技术指标：

1) 通带中心频率 $\omega_0 = 10^6 \mathrm{rad/s}$。
2) 3dB 带宽 $B = 10^5 \mathrm{rad/s}$。
3) 在通带 $0.95 \times 10^6 \mathrm{rad/s} \leq \omega \leq 1.05 \times 10^6 \mathrm{rad/s}$ 时，最大衰耗 $\alpha_{\max} \leq 1 \mathrm{dB}$。
4) 在阻带 $\omega \geq 1.25 \times 10^6 \mathrm{rad/s}$ 时，最小衰耗 $\alpha_{\min} \geq 40 \mathrm{dB}$。

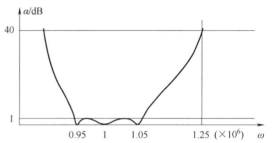

图 5-17 例 5-9 中根据给定的技术指标绘制的衰耗特性曲线

解： 将给定的带通滤波器的技术指标转换为归一化低通滤波器的技术指标。由式（5-57）可得归一化低通滤波器的通带边界频率为

$$\overline{\omega}_L = \frac{\omega_{p2}^2 - \omega_0^2}{B\omega_{p2}} = \frac{(1.05 \times 10^6)^2 - (10^6)^2}{10^5 \times 1.05 \times 10^6} \mathrm{rad/s} = 0.976 \mathrm{rad/s} \approx 1 \mathrm{rad/s} = \omega_c$$

其中，取 $\omega_B = \omega_{p2} = 1.05 \times 10^6 \mathrm{rad/s}$ 是因为带通滤波器从中心频率 ω_0 到通带上边界截止频率 ω_{p2}，变换到低通滤波器的归一化频率从 0→1 的缘故，因此，带通滤波器的通带上边界截止频率 ω_{p2} 应转换为低通滤波器的通带截止频率 ω_c。

归一化低通阻带边界频率为

$$\omega_s = \frac{\omega_{p1}^2 - \omega_0^2}{B\omega_{p1}} = \frac{(1.25 \times 10^6)^2 - (10^6)^2}{10^5 \times 1.25 \times 10^6} \mathrm{rad/s} = 4.5 \mathrm{rad/s}$$

由式（5-41）可得切比雪夫低通滤波器的波动系数为

$$\varepsilon = \sqrt{10^{0.1\alpha_p} - 1} = \sqrt{10^{0.1} - 1} = 0.5088$$

因此，切比雪夫低通滤波器的阶次满足

$$n = \frac{\cosh^{-1}\left(\sqrt{(10^{0.1\alpha_s} - 1)/(10^{0.1\alpha_p} - 1)}\right)}{\cosh^{-1}\left(\dfrac{\omega_s}{\omega_c}\right)} = \frac{6}{2.2} \approx 2.72$$

取 $n = 3$。根据切比雪夫低通滤波器的设计方法，可得归一化三阶切比雪夫低通滤波器的系统函数为

$$H_L(\overline{s}) = \frac{0.494}{\overline{s}^3 + 0.9889\overline{s}^2 + 1.2384\overline{s} + 0.4913}$$

将带通变换式（5-56）代入上式，可得六阶切比雪夫带通滤波器的系统函数为

$$H_B(s) = \frac{4.94\times10^{14}s^3}{s^6+9.889\times10^{14}s^5+3.012\times10^{12}s^4+1.982\times10^{17}s^3+3.012\times10^{24}s^2+9.889\times10^{28}s+10^{36}}$$

（三）低通滤波器转换成带阻滤波器

根据带阻滤波器和带通滤波器特性之间的关系，只要将带通变换的关系式式(5-56)颠倒一下，即可得到归一化低通滤波器变换到带阻滤波器的变换关系为

$$\bar{s}_L = \frac{Bs_R}{s_R^2+\omega_0^2} \tag{5-60}$$

式中，$\bar{s}_L$ 和 s_R 分别为归一化低通滤波器和带阻滤波器系统函数的复频率变量；ω_0 和 B 分别为带阻滤波器的阻带中心频率和阻带宽度。

带阻变换的设计方法和带通变换相似，有兴趣的读者可以自行推导或参阅相关文献。

五、模拟滤波器的应用

模拟滤波器的应用范围很广，例如，低通滤波器可用于光伏发电系统中滤除高频谐波，带通滤波器可用于频谱分析仪中的选频装置，高通滤波器可用于声发射检测仪中剔除低频干扰噪声，带阻滤波器用于电涡流测振仪中的陷波器。下面介绍其具体应用实例。

例 5-10 光伏发电系统的逆变器是一种基于功率开关器件的电力电子变流器，实现将光伏电池(或光伏阵列)输出的直流电能转换为交流电能。光伏逆变器直流侧与光伏电池相连接，交流侧与电网相连接。但是，逆变器中功率开关器件的高频开关动作会产生大量的高频噪声(或称为高频谐波)，这些噪声会严重恶化光伏发电系统输出的电能质量，因此，需要对这些噪声进行滤波处理。由电感、电容通过串并联的方式组成的无源低通滤波器，可以高效地滤除逆变器输出电流中的高频干扰，同时在逆变器输出端和电网连接处产生电动势差，从而实现光伏发电系统输出电能的并网发电。在光伏发电系统中常见的滤波器包括 L、LC、LCL 三种形式，如图 5-18 所示。

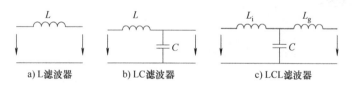

图 5-18 光伏发电系统中常见的三种滤波器

图 5-18 中，L 低通滤波器结构简单，便于进行参数设计和建模分析，但对高频噪声(或谐波)的衰减性能一般。并网模式下，LC 滤波器与 L 滤波器完全相同；离网模式下，LC 滤波器高频谐波的抑制效果优于 L 滤波器。LCL 滤波器是一种高频衰减特性非常好的滤波器，其对高频谐波电流具有很高的阻抗，可以大幅度地衰减输出电流中的高频分量。

并网型光伏发电系统输出的电压经过三种滤波器后的波形如图 5-19~图 5-21 所示。从图中可以看出，不同种类的滤波器可实现不同的滤波器效果。

例 5-11 在声音信号处理领域，通常采用音调过滤来突出高音、低音或特定频率范围的声音。其方法是将源音乐通过一个带通滤波器，筛选出目标频率范围的声音。设计带通滤波器的关键在于滤波器参数的选择和设定。这里所设计的带通滤波器的参数为：归一化阻带截止频率 $\omega_s=[0.01,\ 0.2]$，归一化通带截止频率 $\omega_p=[0.02,\ 0.15]$。

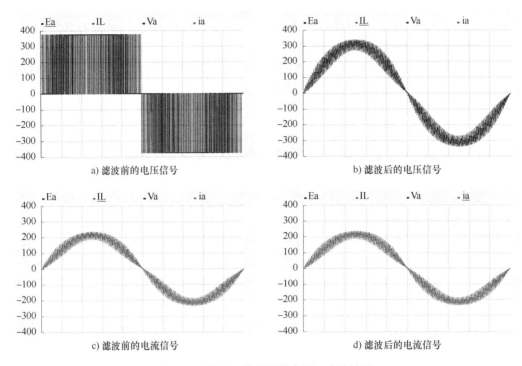

图 5-19 通过 L 滤波器的电压、电流波形

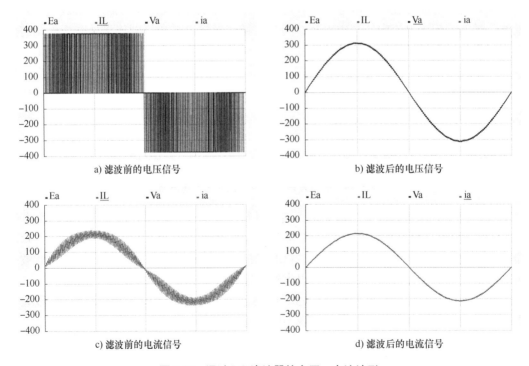

图 5-20 通过 LC 滤波器的电压、电流波形

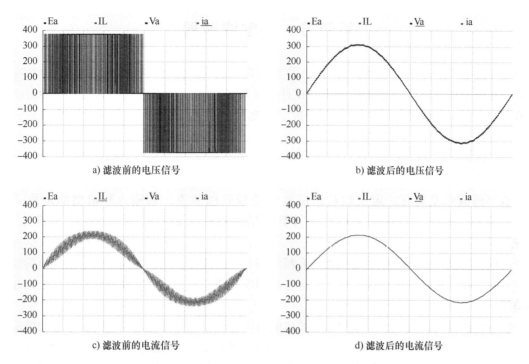

图 5-21 通过 LCL 滤波器的电压、电流波形

图 5-22 为选用巴特沃斯带通滤波器后的音频信号处理结果。可以看出，经过巴特沃斯带通滤波器对高音部分的滤波，大部分高音被过滤，中低音部分突出。

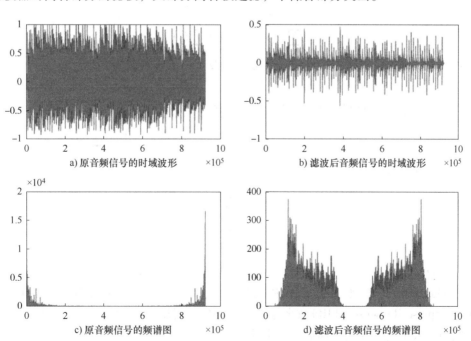

图 5-22 通过带通滤波器处理的音频信号

第四节 数字滤波器

数字滤波器既可以用硬件实现，也可以用软件完成，因此，同模拟滤波器相比，数字滤波器使用更灵活、方便，可靠性更高，在许多领域得到了广泛应用。本节以无限冲激响应（IIR）数字滤波器和有限冲激响应（FIR）数字滤波器为例，介绍数字滤波器的基本原理和设计方法。

一、数字滤波器概述

数字滤波器是具有一定传输特性的数字信号处理装置，其输入和输出都是数字信号，它借助于数字器件和一定的数值计算方法，对输入信号的波形或频谱进行加工、处理。

与模拟滤波器相比，数字滤波器具有精度高、可靠性好、灵活性高、便于大规模集成等优点，可工作于极低频率，也可以比较容易地实现模拟滤波器难以实现的一些特性，如线性相位等。

数字滤波器的种类很多，按照频率响应的通带特性，可分为低通、高通、带通和带阻滤波器；根据其冲激响应的时间特性，可分为无限冲激响应（IIR）数字滤波器和有限冲激响应（FIR）数字滤波器；根据数字滤波器的构成方式，可分为递归型数字滤波器、非递归型数字滤波器以及用快速傅里叶变换实现的数字滤波器。

设输入序列为 $x(n)$，输出序列为 $y(n)$，则数字滤波器可用线性时不变离散系统表示为

$$y(n) + \sum_{k=1}^{N} a_k y(n-k) = \sum_{k=0}^{M} b_k x(n-k) \tag{5-61}$$

对式（5-61）两边进行 Z 变换，可得到数字滤波器的系统函数为

$$H(z) = \frac{Y(z)}{X(z)} = \frac{b_0 + b_1 z^{-1} + b_2 z^{-2} + \cdots + b_M z^{-M}}{1 + a_1 z^{-1} + a_2 z^{-2} + \cdots + a_N z^{-N}} = \frac{\sum_{i=0}^{M} b_i z^{-i}}{1 + \sum_{i=1}^{N} a_i z^{-i}} \tag{5-62}$$

若 $a_i = 0$，则有

$$H(z) = \sum_{i=0}^{M} b_i z^{-i} \tag{5-63}$$

即

$$h(n) = b_0 \delta(n) + b_1 \delta(n-1) + \cdots + b_M \delta(n-M) \tag{5-64}$$

可见，数字滤波器的系统函数是 z^{-1} 的多项式，其相应的单位脉冲响应的时间长度是有限的，$h(n)$ 最多有 $M+1$ 项。把系统函数具有式（5-63）形式的数字滤波器，称为有限冲激响应（Finite Impulse Response，FIR）数字滤波器。FIR 数字滤波器的系统函数只有单极点 $z=0$，在单位圆内，故 FIR 数字滤波器总是稳定的。

若式（5-62）中至少有一个 a_i 值不为零，并且分母至少存在一个根不为分子所抵消，则对应的数字滤波器称为无限冲激响应（Infinite Impulse Response，IIR）数字滤波器。例如，

若有

$$H(z) = \frac{b_0}{1-z^{-1}} = b_0(1+z^{-1}+z^{-2}+\cdots) \qquad |z|>1 \tag{5-65}$$

所以

$$h(n) = b_0[\delta(n)+\delta(n-1)+\cdots] = b_0 u(n) \tag{5-66}$$

说明该数字滤波器的单位脉冲响应有无限多项，其相应的单位脉冲响应的时间长度持续到无限长。所以，该滤波器为 IIR 数字滤波器。

下面分别讨论 IIR 滤波器与 FIR 滤波器的一般设计方法。

二、无限冲激响应(IIR)数字滤波器

无限冲激响应(IIR)数字滤波器的设计任务就是用式(5-65)所示有理函数逼近给定的滤波器幅频特性 $|H(\Omega)|$。设计方法有两种：直接法和间接法。直接法是一种计算机辅助设计方法，这里不做详细讨论。间接设计法的原理是借助模拟滤波器的系统函数 $H(s)$ 求出相应数字滤波器的系统函数 $H(z)$。具体来讲，就是根据给定技术指标的要求，先确定一个满足该技术指标的模拟滤波器 $H(s)$，再寻找一种变换关系把 S 平面映射到 Z 平面，使 $H(s)$ 变换成所需的数字滤波器的系统函数 $H(z)$。为了使数字滤波器保持模拟滤波器的特性，这种由复变量 s 到复变量 z 之间的映射关系必须满足两个基本条件：

1) S 平面的虚轴 $j\omega$ 必须映射到 Z 平面的单位圆上。
2) 为了保持滤波器的稳定性，必须要求 S 平面的左半平面映射到 Z 平面的单位圆内部。

IIR 数字滤波器的间接设计法也有多种具体方法，如冲激响应不变法、阶跃响应不变法、双线性变换法及微分映射法等，其中最常用的是冲激响应不变法和双线性变换法。

(一) 冲激响应不变法

冲激响应不变法遵循的准则是使数字滤波器的单位脉冲响应等于所参照的模拟滤波器的单位冲激响应的采样值，即

$$h(n) = h(t)\big|_{t=nT} \tag{5-67}$$

具体地说，冲激响应不变法是根据滤波器的技术指标确定出模拟滤波器 $H(s)$，经过拉普拉斯逆变换求出单位冲激响应 $h(t)$，再由单位冲激响应不变的原则，经采样得到 $h(n)$，进行 $h(n)$ 的 Z 变换，最后得出数字滤波器 $H(z)$。

设模拟滤波器的系统函数具有 N 个单极点，即

$$H(s) = \sum_{i=1}^{N} \frac{K_i}{s-p_i} \tag{5-68}$$

式中，$K_i = (s-p_i)H(s)\big|_{s=p_i}$。对式(5-68)取拉普拉斯逆变换，有

$$h(t) = \sum_{i=1}^{N} K_i e^{p_i t} u(t) \tag{5-69}$$

对 $h(t)$ 进行采样，有

$$h(n) = h(t)\big|_{t=nT} = \sum_{i=1}^{N} K_i e^{p_i nT} u(n) \tag{5-70}$$

数字滤波器的系统函数为

$$H(z) = \sum_{n=0}^{\infty}\left(\sum_{i=1}^{N} K_i e^{p_i nT}\right) z^{-n} = \sum_{i=1}^{N} \frac{K_i}{1 - e^{p_i T} z^{-1}} \quad (5\text{-}71)$$

比较式(5-68)和式(5-71)可以看出，把 $H(s)$ 部分分式展开式中 $\dfrac{1}{s-p_i}$ 代之以 $\dfrac{1}{1-e^{p_i T}z^{-1}}$，就可以直接得到数字滤波器的系统函数 $H(z)$。此结果表明，S 平面的极点 p_i 映射到 Z 平面是位于 $z=e^{p_i T}$ 的极点。若 p_i 在 S 平面的左半平面，则 $z=e^{p_i T}$ 应位于单位圆内，以保证滤波器稳定性。

前面已经讨论了 S 平面对 Z 平面的映射关系，即 S 平面的左半平面映射到 Z 平面的单位圆内，S 平面的右半平面映射到 Z 平面的单位圆外，S 平面的虚轴 $(s=j\omega)$ 对应于 Z 平面的单位圆。但是，这种映射不是单值的，所有 S 平面的 $s=\sigma+jk\dfrac{2\pi}{T}$（$k$ 为整数）的点都映射到 Z 平面的 $z=e^{\sigma T}$ 上，因此，可以将 S 平面沿着 $j\omega$ 轴分割成一条条宽度为 $\dfrac{2\pi}{T}$ 的横带，每条横带都按照前面分析的关系重叠映射成 Z 平面。图 5-23 给出了 $\sigma<0$ 时，S 平面各条横带重叠映射为 Z 平面单位圆内的情况。

可见，上述映射关系正好满足了前面所提出的设计数字滤波器时从复变量 s 映射到复变量 z 所必须满足的两个基本条件。

采用冲激响应不变法设计 IIR 数字滤波器时具有如下特点：

1）模拟滤波器和数字滤波器之间的频率变换是线性关系，即 $\Omega=T\omega$。因此，如果模拟滤波器是线性相位的，通过变换后得到的数字滤波器也是线性相位的。

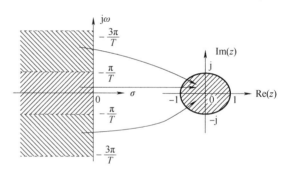

图 5-23　冲激响应不变法 S 平面与 Z 平面的映射关系

2）具有较好的时域逼近特性。采用冲激响应不变法设计的 IIR 数字滤波器的单位脉冲响应可以很好地逼近模拟滤波器的冲激响应，很有实际意义。

3）S 平面与 Z 平面间映射的多值性容易造成频谱混叠现象。这也是冲激响应不变法的应用受到限制的原因。冲激响应不变法不适宜用于设计高通和带阻数字滤波器，即使对于低通和带通滤波器，由于其频率特性不可能是严格带限的，或者采样频率不可能很高，从而不满足采样定理，混叠效应在所难免。只有在采样频率相当高且给定技术指标具有锐减特性时，所设计的数字滤波器才能保持良好的频率响应特性。

例 5-12　设模拟滤波器的系统函数为

$$H(s)=\frac{2s}{s^2+3s+2}$$

用冲激响应不变法求相应的数字滤波器的系统函数 $H(z)$。

解：对模拟滤波器的系统函数进行因式分解，即

$$H(s) = \frac{2s}{s^2+3s+2} = \frac{2s}{(s+1)(s+2)} = \frac{K_1}{s+1} + \frac{K_2}{s+2}$$

而且 $K_1 = \dfrac{2s}{s+2}\bigg|_{s=-1} = -2$，$K_2 = \dfrac{2s}{s+1}\bigg|_{s=-2} = 4$。因此，有

$$H(s) = \frac{-2}{s+1} + \frac{4}{s+2}$$

用 $\dfrac{1}{1-e^{p_iT}z^{-1}}$ 代替 $\dfrac{1}{s-p_i}$，可得相应数字滤波器的系统函数 $H(z)$ 为

$$H(z) = \frac{-2}{1-e^{-T}z^{-1}} + \frac{4}{1-e^{-2T}z^{-1}} = \frac{2+(2e^{-2T}-4e^{-T})z^{-1}}{1-(e^{-T}+e^{-2T})z^{-1}+e^{-3T}z^{-2}}$$

例 5-13 给定通带内具有 3dB 起伏（$\varepsilon = 0.9976$）的二阶切比雪夫低通模拟滤波器的系统函数为

$$H(s) = \frac{0.5012}{s^2+0.6449s+0.7079}$$

用冲激响应不变法求相应的数字滤波器系统函数 $H(z)$。

解：将 $H(s)$ 展开成部分分式形式，即

$$H(s) = \frac{0.3224\mathrm{j}}{s+0.3224+0.7772\mathrm{j}} + \frac{-0.3224\mathrm{j}}{s+0.3224-0.7772\mathrm{j}}$$

由式(5-68)和式(5-71)可得

$$H(z) = \frac{0.3224\mathrm{j}}{1-e^{-(0.3224+0.7772\mathrm{j})T}z^{-1}} + \frac{-0.3224\mathrm{j}}{1-e^{-(0.3224-0.7772\mathrm{j})T}z^{-1}}$$
$$= \frac{2e^{-0.3224T}0.3224\sin(0.7772T)z^{-1}}{1-2e^{-0.3224T}\cos(0.7772T)z^{-1}+e^{-0.6449T}z^{-2}}$$

由给定的 $H(s)$ 变换到数字滤波器时与采样周期 T 有关。因此，T 取不同值时，对数字滤波器的特性会产生不同的影响。

当 $T = 1\mathrm{s}$ 时，有 $H(z) = \dfrac{0.3276z^{-1}}{1-1.0328z^{-1}+0.5247z^{-2}}$。

当 $T = 0.1\mathrm{s}$ 时，有 $H(z) = \dfrac{0.0485z^{-1}}{1-1.9307z^{-1}+0.9375z^{-2}}$。

例 5-14 利用冲激响应不变法设计一个巴特沃思数字低通滤波器，满足下列技术指标：

1）3dB 带宽的数字截止频率 $\Omega_c = 0.2\pi\mathrm{rad}$。
2）阻带大于 30dB 的数字边界频率 $\Omega_s = 0.5\pi\mathrm{rad}$。
3）采样周期 $T = 10\pi\mathrm{\mu s}$。

解：第一步：将给定的指标转换为相应的模拟低通滤波器的技术指标。按照 $\Omega = \omega T$，可得

$$\omega_c = 0.2\pi/(10\pi \times 10^{-6})\,\mathrm{rad/s} = 20 \times 10^3\,\mathrm{rad/s}$$
$$\omega_s = 0.5\pi/(10\pi \times 10^{-6})\,\mathrm{rad/s} = 50 \times 10^3\,\mathrm{rad/s}$$

第二步：设计归一化模拟低通滤波器。根据巴特沃思模拟低通滤波器的设计方法，已知 $\alpha_s = 30\mathrm{dB}$，可得该滤波器的阶数为

$$n = \frac{\lg\sqrt{10^{0.1\alpha_s}-1}}{\lg\left(\dfrac{\omega_s}{\omega_c}\right)} = \lg 31.61/\lg(50/20) = 3.769$$

取 $n=4$，查表 5-1 可得四阶归一化巴特沃思模拟低通滤波器的系统函数为

$$H(\bar{s}) = \frac{1}{\bar{s}^4 + 2.613\bar{s}^3 + 3.414\bar{s}^2 + 2.613\bar{s} + 1}$$

$$= -\frac{0.92388\bar{s} + 0.70711}{\bar{s}^2 + 0.76537\bar{s} + 1} + \frac{0.92388\bar{s} + 1.70711}{\bar{s}^2 + 1.84776\bar{s} + 1}$$

第三步：利用频率变换求出满足给定指标的实际模拟低通滤波器。对巴特沃思模拟低通滤波器进行反归一化处理，代入 $\bar{s} = \dfrac{s}{\omega_c}$，得

$$H(s) = -\frac{0.92388\omega_c s + 0.70711\omega_c^2}{s^2 + 0.76537\omega_c s + \omega_c^2} + \frac{0.92388\omega_c s + 1.70711\omega_c^2}{s^2 + 1.84776\omega_c s + \omega_c^2}$$

第四步：按照冲激响应不变法求满足给定技术指标的数字滤波器。代入 $\omega_c = 20 \times 10^3$，可得 $H(s)$ 的 Z 变换式为

$$H(z) = \frac{10^4(-1.84776 + 0.88482 z^{-1})}{1 - 1.31495 z^{-1} + 0.61823 z^{-2}} + \frac{10^4(1.84776 - 0.40981 z^{-1})}{1 - 1.08704 z^{-1} + 0.31317 z^{-2}}$$

即为所求的巴特沃思数字低通滤波器的系统函数。

（二）双线性变换法

由于从 S 平面到 Z 平面的映射关系不是一一对应的，冲激响应不变法容易造成数字滤波器频率响应的混叠。为了消除混叠现象，必须找出一种频率特性有一一对应关系的变换，双线性变换法就是其中的一种。

双线性变换法的基本设计思想是首先按给定的技术指标设计出一个模拟滤波器，再将模拟滤波器的系统函数 $H(s)$ 通过适当的变换，把无限宽的频带变换成频带受限的系统函数 $H(\hat{s})$，最后再将 $H(\hat{s})$ 进行 Z 变换，求得数字滤波器的系统函数 $H(z)$。由于在数字化以前已经对频带进行了压缩，所以数字化以后的频率响应可以做到无混叠效应。

如图 5-24 所示，将 S 平面映射到 $\hat{S}$ 平面存在下列关系式

$$s = \frac{2}{T}\left(\frac{1 - \mathrm{e}^{-\hat{s}T}}{1 + \mathrm{e}^{-\hat{s}T}}\right) \tag{5-72}$$

式中，T 为采样周期。

当 $\hat{s} = 0$ 时，$s = 0$；当 $\hat{s} = \pm \mathrm{j}\dfrac{\pi}{T}$ 时，$s = \pm\infty$，从而实现了把 S 平面压缩到了 $\hat{S}$ 平面的一条横带上，横带范围为 $-\mathrm{j}\dfrac{\pi}{T} \sim \mathrm{j}\dfrac{\pi}{T}$。再利用 $z = \mathrm{e}^{\hat{s}T}$，实现 $\hat{S}$ 平面到 Z 平面的映射。因此，有

$$s = \frac{2}{T}\left(\frac{1 - z^{-1}}{1 + z^{-1}}\right) \text{ 或 } z = \frac{1 + \dfrac{T}{2}s}{1 - \dfrac{T}{2}s} \tag{5-73}$$

式（5-73）实现了 S 平面到 Z 平面映射的一一对应，把这种变换称为双线性变换。如

图5-24所示。

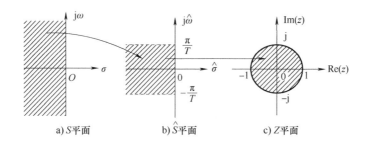

图 5-24 双线性变换的映射

通过以上分析可知，双线性变换法具有如下特性：

1) 具有 S 平面到 Z 平面的一一对应映射关系。

2) 将 S 平面的虚轴唯一地映射到 Z 平面的单位圆，保证了 $H(z)$ 的频率响应能模仿 $H(s)$ 的频率响应，避免了频率响应混叠现象发生。

3) 将 S 平面左平面全部映射到 Z 平面单位圆内，将 S 平面右半平面全部映射到 Z 平面的单位圆外，保证了 $H(z)$ 和 $H(s)$ 相比，其稳定性不发生变化。

用双线性变换法设计数字滤波器时，如果得到了相应模拟滤波器的系统函数 $H(s)$，则只要将式(5-73)代入 $H(s)$，就可以得到数字滤波器的系统函数 $H(z)$，即

$$H(z) = H(s) \Big|_{s = \frac{2}{T}(1-z^{-1})/(1+z^{-1})} \tag{5-74}$$

双线性变换法与冲激响应不变法相比，最主要的优点是避免了频率响应混叠现象，但是，这一优点的获得是以频率的非线性变换为代价的。在冲激响应不变法中，数字频率 Ω 与模拟频率 ω 之间的关系是线性关系，即 $\Omega = \omega T$。在双线性变换法中模拟频率与数字频率之间的关系为非线性关系，即

$$\omega = \frac{2}{T} \tan \frac{\Omega}{2} \tag{5-75}$$

这种非线性关系会使数字滤波器与模拟滤波器在频率响应与频率的对应关系上发生畸变。例如，若模拟滤波器具有线性相位特性，则通过双线性变换后，所得到的数字滤波器将不再保持线性相位特性。

尽管双线性变换法具有上述缺点，但它仍然是目前应用最普遍、最有效的一种设计方法，而且这个缺点可以通过预处理加以校正。即先对模拟滤波器的临界频率加以畸变，使其通过双线性变换后正好映射为需要的频率。设所求的数字滤波器的通带和阻带的截止频率分别为 Ω_p 和 Ω_s，按照式(5-75)求出对应的模拟滤波器的临界频率 ω_p 和 ω_s，然后按照这两个预畸变的频率 ω_p 和 ω_s 来设计模拟滤波器，从而用双线性变换法所得到的数字滤波器便具有希望的截止频率特性了。当然，这只能保证一些特定的频率一致，对其他频率还是会存在一定的偏离。对于频率响应起伏较大的系统，如模拟微分器等就不能使用双线性变换实现数字化。另外，如果希望得到具有严格线性相位特性的数字滤波器，也不能用双线性变换法进行设计。

例 5-15 用双线性变换法设计一个巴特沃思低通数字滤波器，采样周期 $T=1\mathrm{s}$，巴特沃思低通数字滤波器的技术指标为

1) 在通带截止频率 $\Omega_p = 0.5\pi$ 时，衰减不大于 3dB。
2) 在阻带截止频率 $\Omega_s = 0.75\pi$ 时，衰减不小于 15dB。

解：第一步：将频率进行预畸变处理，则有

$$\omega_c = \omega_p = \frac{2}{T}\tan\frac{\Omega_p}{2} = 2\tan\frac{0.5\pi}{2} \text{rad/s} = 2\text{rad/s}, \quad \alpha_p = 3\text{dB}$$

$$\omega_s = \frac{2}{T}\tan\frac{\Omega_s}{2} = 2\tan\frac{0.75\pi}{2} \text{rad/s} = 4.828\text{rad/s}, \quad \alpha_s = 15\text{dB}$$

第二步：设计满足技术指标的巴特沃思模拟低通滤波器，其阶数为

$$n = \frac{\lg\sqrt{10^{0.1\alpha_s}-1}}{\lg\left(\frac{\omega_s}{\omega_c}\right)} \approx 1.941$$

取 $n = 2$，可得归一化巴特沃思低通模拟滤波器的系统函数为

$$H(\bar{s}) = \frac{1}{\bar{s}^2 + 1.414\bar{s} + 1}$$

第三步：反归一化处理。代入 $\bar{s} = \frac{s}{\omega_c}$，可得巴特沃思低通模拟滤波器的实际系统函数为

$$H(s) = \frac{\omega_c^2}{s^2 + 1.414\omega_c s + \omega_c^2} = \frac{4}{s^2 + 2.828s + 4}$$

第四步：利用双线性变换法求出数字滤波器的传递函数 $H(z)$，即

$$H(z) = H(s)\bigg|_{s = \frac{2}{T}\frac{1-z^{-1}}{1+z^{-1}}} = \frac{1 + 2z + z^2}{0.586 + 3.414z^2}$$

（三）IIR 数字滤波器的网络结构

通过设计计算得到数字滤波器的系统函数 $H(z)$ 后，接下来的工作是如何实现数字滤波器。对于无限冲激响应数字滤波器，可以有多种不同的实现方案，主要表现在不同的网络结构上。基本的网络结构有直接型、级联型和并联型。

1. 直接型

IIR 滤波器的系统函数一般可表示为

$$H(z) = \frac{\sum_{i=0}^{M} b_i z^{-i}}{1 + \sum_{i=1}^{N} a_i z^{-i}} = \frac{Y(z)}{X(z)} \tag{5-76}$$

其中，$N \geq M$。它对应的 N 阶差分方程为

$$y(n) = \sum_{i=0}^{M} b_i x(n-i) - \sum_{i=1}^{N} a_i y(n-i) \tag{5-77}$$

式中，$\sum_{i=0}^{M} b_i x(n-i)$ 为将输入加以延时组成 M 节延时网络，并将每节延时抽头后加权（加权系数为 b_i）相加；$\sum_{i=1}^{N} a_i y(n-i)$ 为将输出加以延时组成 N 节延时网络，并将每节延时抽头后加权（加权系数为 $-a_i$）相加。最后将上述两部分相加在一起组成输出 $y(n)$，该网络结构称为

直接Ⅰ型，如图 5-25 所示。由图 5-25 可见，总的网络结构由两部分网络连接而成，第一部分网络实现分子部分(或零点部分)运算，第二部分网络实现分母部分(或极点部分)运算。如果把实现方式交换次序，即先实现极点部分运算，后实现零点部分运算，则其中的延时单元可以合并共用，从而构成如图 5-26 所示的直接Ⅱ型结构(图中为 $M=N$)。由图 5-26 可见，直接Ⅱ型只需要 N 个延时器，$M+N$ 个加法器和 $M+N+1$ 个乘法器，比直接Ⅰ型结构减少了 M 个延时单元。

直接型的主要缺点是数字滤波器性能不宜控制，这是因为系数 a_i 和 b_i 与 $H(z)$ 零极点的关系是隐含的，不便于调整。其次，数字滤波器性能对系数的变化太敏感，容易造成不稳定。

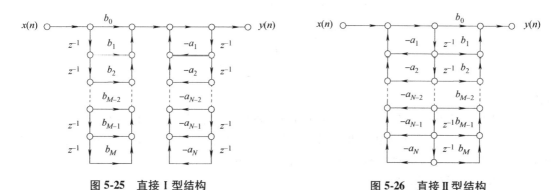

图 5-25　直接Ⅰ型结构　　　　　图 5-26　直接Ⅱ型结构

2. 级联型

把系统函数 $H(z)$ 按零极点进行因式分解，若 a_i、b_i 均为实数，则式(5-76)可表示为

$$H(z)=A\frac{\prod_{i=1}^{M_1}(1-q_iz^{-1})\prod_{i=1}^{M_2}(1+\beta_{1i}z^{-1}+\beta_{2i}z^{-2})}{\prod_{i=1}^{N_1}(1-p_iz^{-1})\prod_{i=1}^{N_2}(1+\alpha_{1i}z^{-1}+\alpha_{2i}z^{-2})} \tag{5-78}$$

式中，$M=M_1+2M_2$；$N=N_1+2N_2$；A 为一常数；$1-q_iz^{-1}$ 对应一阶零点；$1-p_iz^{-1}$ 对应一阶极点；$1+\beta_{1i}z^{-1}+\beta_{2i}z^{-2}$ 对应二阶零点；$1+\alpha_{1i}z^{-1}+\alpha_{2i}z^{-2}$ 对应二阶极点。

式(5-78)还可表示为 N_1 个一阶子系统和 N_2 个二阶子系统的乘积形式，即

$$H(z)=\prod_{i=1}^{N_1}H_{1i}(z)\prod_{i=1}^{N_2}H_{2i}(z) \tag{5-79}$$

只要知道一阶和二阶子系统的结构，就可以级联出整个系统 $H(z)$ 的结构，如图 5-27 所示。

图 5-27　IIR 滤波器的级联型结构

对于一阶 IIR 滤波器，其系统函数的一般形式为

$$H_{1i}(z) = \frac{b_0 + b_1 z^{-1}}{1 + a_1 z^{-1}} \quad (5\text{-}80)$$

其网络结构如图 5-28a 所示。

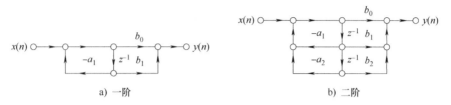

图 5-28 一阶和二阶 IIR 滤波器网络结构

对于二阶 IIR 滤波器，其系统函数的一般形式为

$$H_{2i}(z) = \frac{b_0 + b_1 z^{-1} + b_2 z^{-2}}{1 + a_1 z^{-1} + a_2 z^{-2}} \quad (5\text{-}81)$$

其网络结构如图 5-28b 所示。

级联型的优点在于每个一阶（或二阶）网络的系数只关系到某一个极点和一个零点（或一对极点和一对零点），有利于准确地调节需要控制的零极点。另一方面，在这种结构中，零极点的不同搭配，可以配对成不同的一阶（或二阶）网络。

例 5-16 求系统函数为

$$H(z) = \frac{1 + z^{-1} + z^{-2}}{(1 - 0.2z^{-1} - 0.4z^{-2})(1 - 0.3z^{-1})(1 + 0.5z^{-1} + 0.6z^{-2})}$$

的系统结构图。

解：通过分解，可得

$$H(z) = H_1(z) H_{21}(z) H_{22}(z)$$

其中，$H_1(z) = \dfrac{1}{1 - 0.3z^{-1}}$，$H_{21}(z) = \dfrac{1 + z^{-1} + z^{-2}}{1 - 0.2z^{-1} - 0.4z^{-2}}$，$H_{22}(z) = \dfrac{1}{1 + 0.5z^{-1} + 0.6z^{-2}}$

可求出 $H(z)$ 的级联型网络结构如图 5-29 所示。

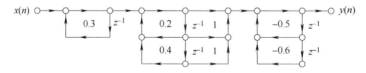

图 5-29 例 5-16 系统函数 $H(z)$ 的级联型网络结构

3. 并联型

将式(5-76)展开成部分分式形式就可以得到并联型 IIR 滤波器的网络结构。若式(5-76)中的 a_i 和 b_i 均为实数，将共轭的复数极点合并成实数二阶因子，则有

$$\begin{aligned} H(z) &= A + \sum_{i=1}^{N_1} \frac{a_{1i}}{1 + b_{1i} z^{-1}} + \sum_{i=1}^{N_2} \frac{a_{2i} + c_{2i} z^{-1}}{1 + b_{2i} z^{-1} + d_{2i} z^{-2}} \\ &= A + \sum_{i=1}^{N_1} H_{1i}(z) + \sum_{i=1}^{N_2} H_{2i}(z) \end{aligned} \quad (5\text{-}82)$$

式中，$N=N_1+2N_2$；A 为一常数；$H_{1i}(z)$ 为对应的一阶子系统；$H_{2i}(z)$ 为对应的二阶子系统。因此，并联型 IIR 滤波器结构如图 5-30 所示。

并联型结构可以调整极点的位置，但不能调整零点，当需要准确控制零点时，就不能用并联型结构；此外，每一个并联环节的误差并不影响其他环节的误差。

例 5-17 求系统函数为

$$H(z)=\frac{8z^3-4z^2+11z-2}{\left(z-\frac{1}{4}\right)\left(z^2-z+\frac{1}{2}\right)}$$

的并联型系统结构图。

解： 为了实现并联型结构，首先把 $H(z)$ 写成 z^{-1} 的展开式，应用部分分式展开法，可得

$$H(z)=\frac{8-4z^{-1}+11z^{-2}-2z^{-3}}{(1-0.25z^{-1})(1-z^{-1}+0.5z^{-2})}=A+\frac{B}{1-0.25z^{-1}}+\frac{C+Dz^{-1}}{1-z^{-1}+0.5z^{-2}}$$

求出 $A=16$，$B=8$，$C=-16$，$D=20$。因此，$H(z)$ 可重写为

$$H(z)=16+\frac{8}{1-0.25z^{-1}}+\frac{-16+20z^{-1}}{1-z^{-1}+0.5z^{-2}}$$

$H(z)$ 的并联型网络结构如图 5-31 所示。

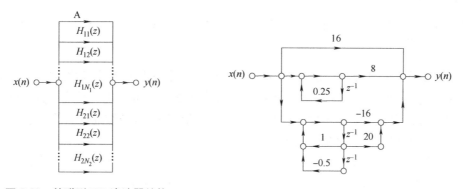

图 5-30　并联型 IIR 滤波器结构　　图 5-31　例 5-17 系统函数 $H(z)$ 的并联型网络结构

三、有限冲激响应(FIR)数字滤波器

由于 IIR 数字滤波器的设计利用了模拟滤波器设计技术，所以计算工作量小，设计方便简单，并且能得到较好的幅频特性，特别是采用双线性变换法设计 IIR 数字滤波器时不存在频谱混叠现象。但是，IIR 数字滤波器的系统函数是一个具有零点和极点的有理函数，会存在稳定性问题，而且其相频特性在一般情况下都是非线性的。

许多信号处理系统，为了使信号传输时在通带内不产生失真，要求滤波器具有线性相频特性，FIR 数字滤波器则能够很容易获得严格的线性相频特性；其次，由于 FIR 滤波器的冲激响应是有限长的，其系统函数是一个多项式，它仅包含了位于原点的极点，因而一定是稳定的；此外，FIR 数字滤波器还可以用 FFT 实现，从而极大地提高了滤波器的运算效率。FIR 滤波器的主要缺点在于当它充分逼近锐截止滤波器时，要求有较长的脉冲响应序列

$h(n)$，也就是要求 N 值要大，从而导致运算量大大增加。

设计 FIR 数字滤波器不能直接利用模拟滤波器的设计技术，其设计目标是根据要求的频率响应 $H_d(\Omega)$，找出单位脉冲响应 $h(n)$ 为有限长的离散时间系统，使 $H(\Omega)$ 尽可能地逼近 $H_d(\Omega)$。

由以上讨论可知，设 FIR 数字滤波器的单位脉冲响应为 $h(n)$，$0 \leqslant n \leqslant N-1$，则其 Z 变换为

$$H(z) = \sum_{n=0}^{N-1} h(n) z^{-n} \tag{5-83}$$

式(5-83)是 z^{-1} 的 $N-1$ 阶多项式，它的 $N-1$ 个极点都位于 Z 平面原点 $z=0$ 处。

FIR 数字滤波器的频率响应为

$$H(\Omega) = H(e^{j\Omega}) = H(z)\big|_{z=e^{j\Omega}} = \sum_{n=0}^{N-1} h(n) e^{-j\Omega n} \tag{5-84}$$

一个 FIR 数字滤波器可以具有严格的线性相位特性，但并不是所有的 FIR 滤波器都具有线性相位特性。下面给出 FIR 滤波器具有线性相位特性的条件。

如果 FIR 数字滤波器的单位脉冲响应 $h(n)$ 为实数，而且满足以下任一条件：

1）偶对称，即 $h(n) = h(N-1-n)$
2）奇对称，即 $h(n) = -h(N-1-n)$

对称中心在 $n = \dfrac{N-1}{2}$ 处，则可以证明该 FIR 数字滤波器具有线性相位特性。这里省略其证明过程。

FIR 数字滤波器的系统函数是 z^{-1} 的多项式，与模拟滤波器的系统函数之间没有对应关系，只能采取直接设计方法，即根据技术指标直接求出物理上可实现的系统函数。FIR 数字滤波器的设计方法很多，如窗函数法、模块法、频率抽样法、等波纹逼近法等，这里仅讨论最常用的具有线性相位特性的窗函数法。

FIR 滤波器的窗函数法，又称为傅里叶级数法，其给定的技术指标一般为频域指标。根据 DTFT，频率响应 $H_d(\Omega)$ 与对应的单位脉冲响应 $h_d(n)$ 有如下关系：

$$h_d(n) = \frac{1}{2\pi} \int_{-\pi}^{\pi} H_d(\Omega) e^{j\Omega n} d\Omega \tag{5-85}$$

$$H_d(\Omega) = \sum_{n=-\infty}^{\infty} h_d(n) e^{-j\Omega n} \tag{5-86}$$

窗函数法是用宽度为 N 的时域窗函数 $w(n)$ 乘以单位脉冲响应 $h_d(n)$，对无限长的单位脉冲响应序列 $h_d(n)$ 进行截断，构成 FIR 数字滤波器的单位脉冲响应序列 $h(n)$。即

$$h(n) = h_d(n) w(n) \tag{5-87}$$

可得 FIR 数字滤波器的频率响应为

$$H(\Omega) = \sum_{n=0}^{N-1} h(n) e^{-j\Omega n} = \sum_{n=0}^{N-1} h_d(n) e^{-j\Omega n} \tag{5-88}$$

由式(5-88)可知，FIR 数字滤波器频率响应 $H(\Omega)$ 与 $H_d(\Omega)$ 是有差别的，前者只是后者的逼近。

由于窗函数法是由窗函数 $w(n)$ 截取无限长序列 $h_d(n)$ 得到有限长序列 $h(n)$，并用 $h(n)$

近似 $h_d(n)$，因此，窗函数的形状和长度对系统的性能指标影响很大。

采用窗函数法设计具有线性相位的 FIR 数字滤波器的一般步骤为：

1) 根据需要确定理想滤波器的特性 $H_d(\Omega)$。
2) 根据 DTFT，由 $H_d(\Omega)$ 求出 $h_d(n)$。
3) 选择合适的窗函数，并根据线性相频的条件确定长度 N。
4) 由 $h(n)=h_d(n)w(n)$，$0 \leq n \leq N-1$，求出单位冲激响应 $h(n)$。
5) 对 $h(n)$ 作 Z 变换，得到线性相位 FIR 数字滤波器的系统函数 $H(z)$。

常用的窗函数有矩形窗、汉宁窗、汉明窗、布莱克曼窗、三角窗和凯瑟窗等。表 5-4 列出了常用的窗函数表达式。表 5-5 列出了五种窗函数特性及加权后相应的滤波器指标。

表 5-4 常用的窗函数表达式

窗函数名称	时域表达式 $w(n)$，$0 \leq n \leq N-1$
矩形窗（Boxcar）	$r_N(n)$
汉宁窗（Hanning）	$\frac{1}{2}\left(1-\cos\frac{2\pi n}{N-1}\right)$
汉明窗（Hamming）	$0.54-0.46\cos\frac{2\pi n}{N-1}$
布莱克曼窗（Blackman）	$0.42-0.5\cos\frac{2\pi n}{N-1}+0.08\cos\frac{4\pi n}{N-1}$
三角窗（Triang）	$1-\frac{2\left(n-\frac{N-1}{2}\right)}{N-1}$
凯瑟窗（Kaiser）	$\dfrac{I_0 a\sqrt{\left(\frac{N-1}{2}\right)^2-\left(n-\frac{N-1}{2}\right)^2}}{I_0 a\left(\frac{N-1}{2}\right)}$

表 5-5 五种窗函数特性及加权后相应的滤波器指标

窗 函 数	主瓣宽度 ($2\pi/N$)	最大旁瓣电平/dB	加权后相应的滤波器指标	
			过渡带宽度（$2\pi/N$）	最小阻带衰减/dB
矩形窗	2	-13	0.9	-21
汉宁窗	4	-32	3.1	-44
汉明窗	4	-43	3.3	-53
布莱克曼窗	6	-58	5.5	-74
三角窗	4	-27	2.1	-25

例 5-18 设计一个线性相位 FIR 低通滤波器，该滤波器的截止频率为 Ω_c，频率响应为

$$H_d(\Omega) = \begin{cases} e^{-j\alpha\Omega} & |\Omega| \leq \Omega_c \\ 0 & \Omega_c < |\Omega| \leq \pi \end{cases}$$

解： 这实际上是一个理想低通滤波器。该滤波器的单位脉冲响应为

$$h_d(n) = \frac{1}{2\pi}\int_{-\pi}^{\pi} H_d(\Omega)e^{j\Omega n}d\Omega = \frac{1}{2\pi}\int_{-\Omega_c}^{\Omega_c} e^{-j\alpha\Omega}e^{j\Omega n}d\Omega = \frac{\sin(\Omega_c(n-\alpha))}{\pi(n-\alpha)}$$

可见，$h_d(n)$ 是一个以 α 为中心偶对称的无限长序列，如图 5-32a 所示。

设选择的窗函数 $w(n)$ 为矩形窗，即

$$w(n) = \begin{cases} 1 & 0 \leq n \leq N-1 \\ 0 & 其他 \end{cases}$$

用窗函数 $w(n)$ 截取 $h_d(n)$ 在 $n=0$ 至 $n=N-1$ 的一段作为 $h(n)$，即

$$h(n) = h_d(n)w(n) = \begin{cases} h_d(n) & 0 \leq n \leq N-1 \\ 0 & 其他 \end{cases}$$

截取时必须保证满足线性相位约束条件，即保证 $h(n)$ 以 $\frac{N-1}{2}$ 偶对称，因此必须要求 $\alpha = \frac{N-1}{2}$。这样得到的 $h(n)$ 才可以作为所设计的 FIR 低通滤波器的单位脉冲响应。截取过程如图 5-32b、c 所示。由于 $h(n)$ 是经过窗函数将 $h_d(n)$ 截取而得，因此 $h(n)$ 是 $h_d(n)$ 的近似。

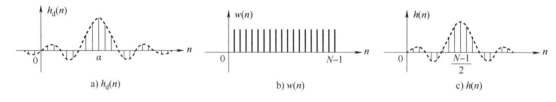

图 5-32　例 5-18 图

通过对 $h(n)$ 进行 Z 变换即可得到线性相位 FIR 低通滤波器的系统函数 $H(z) = \sum_{n=0}^{N-1} h(n)z^{-n}$。

在采用窗函数法设计 FIR 低通数字滤波器时，需要注意：

（1）滤波器单位冲激响应序列长度 N 的选取。将 $h_d(n)$ 截短为 $h(n)$，相当于用有限项级数近似代替无穷项级数。N 越大，$H(\Omega)$ 与 $H_d(\Omega)$ 的差别越小，滤波器特性越接近它的原型，但滤波运算和延迟也越大，故 N 的选择既要使 $H(\Omega)$ 满足设计要求，又要尽可能小。

（2）窗函数的影响。对于采用矩形窗的窗函数法，由于 $h(n) = h_d(n)w(n)$，所以 FIR 滤波器的频率响应 $H(\Omega)$ 应等于 $H_d(\Omega)$ 与 $W(\Omega)$ 的卷积，即

$$H(\Omega) = H_d(\Omega) * W(\Omega) \tag{5-89}$$

三者的频率特性如图 5-33 所示。由图 5-33 可见，卷积后的幅频特性 $|H(\Omega)|$ 在截止频率 Ω_c 附近有很大的波动，这种现象称为吉布斯效应（Gibbs Effect）。吉布斯效应使过渡带变宽，阻带特性变坏。进一步分析不难发现，若采用其他形式的窗函数，如汉宁窗函数或凯瑟窗函

数等，将使 $H(\Omega)$ 的特性有所改善。

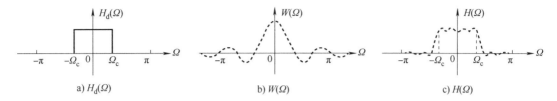

图 5-33 $H_d(\Omega)$、$W(\Omega)$ 和 $H(\Omega)$ 的频率特性

例 5-19 用窗函数法设计一个线性相位 FIR 低通滤波器，其技术指标为

$0 \leq \Omega \leq 0.3\pi$ 时，通带允许起伏 $1\text{dB}(\Omega_p = 0.3\pi)$

$0.5\pi \leq \Omega \leq \pi$ 时，阻带衰减 $\alpha_s \leq -50\text{dB}(\Omega_s = 0.5\pi)$

解：用窗函数法设计时，截止频率不易准确控制，近似取理想低通滤波器的截止频率为

$$\Omega_c \approx \frac{1}{2}(\Omega_p + \Omega_s) = 0.4\pi$$

第一步：理想低通滤波器的单位脉冲响应为

$$h_d(n) = \frac{\sin(0.4\pi(n-\alpha))}{\pi(n-\alpha)}$$

其中，α 为序列中心。

第二步：确定窗函数形状及滤波器长度 N。

由于阻带衰减小于 -50dB，查表 5-5 选择汉明窗。根据表中给出的汉明窗过渡带宽度 $\Omega_s - \Omega_p = 2\pi/N = 3.3$，计算得出滤波器长度 N 为

$$N = 3.3 \times \frac{2\pi}{\Omega_s - \Omega_p} = 3.3 \times \frac{2\pi}{0.5\pi - 0.3\pi} = 33$$

$$\alpha = \frac{N-1}{2} = 16$$

第三步：所设计的 FIR 低通滤波器的单位冲激响应为

$$h(n) = h_d(n)w(n) = \frac{\sin(0.4\pi(n-16))}{\pi(n-16)} \left(0.54 - 0.46\cos\frac{n\pi}{16}\right)$$

查表 5-4 得到汉明窗 $w(n) = 0.54 - 0.46\cos\frac{2\pi n}{N-1} = 0.54 - 0.46\cos\frac{\pi n}{16}$。

第四步：对 $h(n)$ 求 Z 变换即可得到所设计的 FIR 低通滤波器的系统函数为

$$H(z) = \sum_{n=0}^{N-1} h(n) z^{-n}$$

与 IIR 数字滤波器一样，FIR 数字滤波器也有多种不同的实现方案，即不同的网络结构，如直接型结构、级联型结构、线性相位型结构和频率采样型结构等。

1. 直接型

直接型又称为横截型或卷积型，如图 5-34 所示。此结构如同对一条等间隔抽头延迟线的各抽头信号进行加权求和。

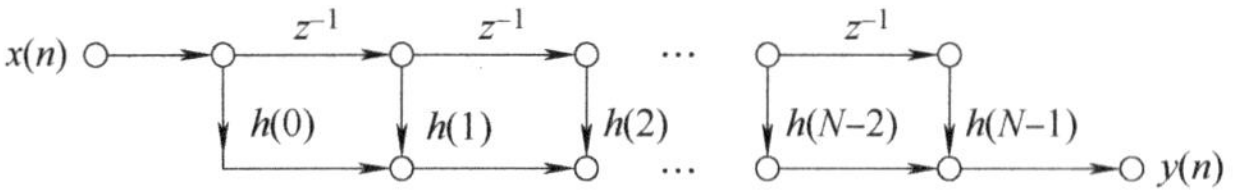

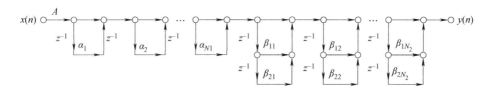

图 5-34　直接型结构

2. 级联型

若 $h(n)$ 均为实数，则 $H(z)$ 可分解为若干个实系数的一阶和二阶因子的乘积形式，即

$$H(z) = A\prod_{i=1}^{N_1} H_{1i}(z) \prod_{i=1}^{N_2} H_{2i}(z) = A\prod_{i=1}^{N_1}(1 + \alpha_i z^{-1}) \prod_{i=1}^{N_2}(1 + \beta_{1i} z^{-1} + \beta_{2i} z^{-2}) \quad (5\text{-}90)$$

式中，$N_1 + 2N_2 = N$；A 为常数；α_i 为一阶因子的系数，对应决定一阶因子的零点；β_{1i} 和 β_{2i} 为二阶因子的系数，对应决定一对共轭复数的零点。级联型结构如图 5-35 所示。

图 5-35　级联型结构

3. 线性相位型

上面已讨论，线性相位 FIR 数字滤波器的脉冲响应 $h(n)$ 具有对称性，满足以下条件

$$h(n) = \pm h(N-1-n) \quad (5\text{-}91)$$

当 N 为偶数时，滤波器的系统函数可表示为

$$H(z) = \sum_{n=0}^{\frac{N}{2}-1} h(n)\left[z^{-n} \pm z^{-(N-1-n)}\right] \quad (5\text{-}92)$$

当 N 为奇数时，系统函数可表示为

$$H(z) = \sum_{n=0}^{\frac{N-1}{2}-1} h(n)\left[z^{-n} \pm z^{-(N-1-n)}\right] + h\left(\frac{N-1}{2}\right) z^{-\frac{N-1}{2}} \quad (5\text{-}93)$$

根据式(5-92)、式(5-93)，线性相位型结构如图 5-36 所示。

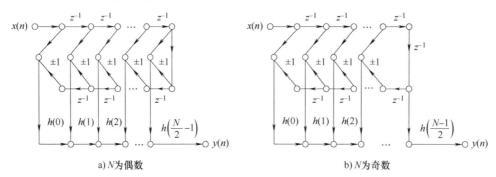

a) N 为偶数　　　　　　　　　　　　b) N 为奇数

图 5-36　线性相位型结构

四、数字滤波器的应用

数字滤波器在电气工程、语音处理、视频图像、医学生物等领域都得到了广泛的应用。下面介绍其具体应用实例。

例 5-20 变电站远程视频监控系统虽然可以代替操作人员的现场核对工作,但还需要运行操作人员根据监控视频判断隔离开关、断路器等电力设备的工作状态。如果获得的图像噪声太大,会严重影响判断结果,可以采用 FIR 低通滤波器对噪声图像进行滤波降噪处理。

这里的 FIR 低通滤波器参数为:窗函数采用汉明窗,长度 $N=15$,采样频率为 6000Hz,模拟截止频率为 900Hz,则归一化数字截止频率可选取为 0.5×模拟截止频率/采样频率 = 0.3。图 5-37 为变电站开关图像经 FIR 低通滤波器处理的结果。

a) 原始图像　　　　　　　　b) 混入高斯噪声图像　　　　　　　　c) 滤波后图像

图 5-37　变电站开关图像经 FIR 低通滤波器处理的结果

如图 5-37 所示,滤波之后的开关图像与混入噪声的图像相比,虽然图像整体清晰度有所下降,但是,噪声影响已被大大削减,可有助于提升开关设备的状态识别效果。

例 5-21 语音信号的预处理是数字传输和语音存储、自动语音识别等应用的基础。FIR 数字滤波器很适合对语音信号进行预处理,主要原因在于:①在语音处理应用中,保持精确时间排列很重要。FIR 滤波器固有的精确线性相位特性满足这一要求;②FIR 滤波器的精确线性相位特性使滤波器设计的近似问题得到简化,可不用考虑时延(相位)失真,所要考虑的仅是对所需幅度响应的近似。图 5-38 为一段从某流行歌曲中截取出的 0.9s 声音片段的波形图。该语音信号在传输前,先经过一个 FIR 数字低通滤波器进行处理。滤波器参数为:长度 $M+1=99$;关于中点对称,具有线性相位响应;窗函数为汉宁窗。

图 5-39 为语音信号经 FIR 滤波前后的频谱,两种情况下都采用 FFT 完成计算。对比滤波前后的声音信号频谱可以看出:有限冲激响应低通滤波器产生的尖锐截止频率在 1.0kHz 左右;未经滤波的信号是杂乱的,有大量高频噪声;经过滤波后的语音更加柔和、平滑和自然。

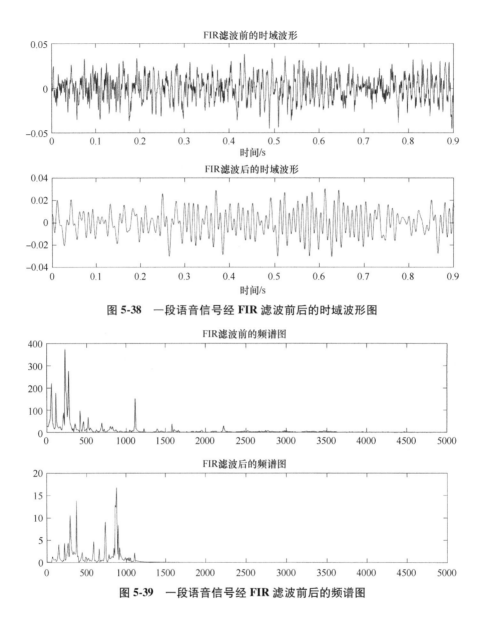

图 5-38 一段语音信号经 FIR 滤波前后的时域波形图

图 5-39 一段语音信号经 FIR 滤波前后的频谱图

第五节 应用 MATLAB 的滤波器设计

一、模拟滤波器设计

MATLAB 信号处理工具箱提供了一系列函数来设计模拟滤波器，分别可以设计巴特沃思滤波器、切比雪夫滤波器，并可同时实现滤波器之间的频率变换。在应用 MATLAB 设计模拟滤波器时，首先对连续信号进行采样进而在离散域中进行模拟滤波器设计，采样频率为 f_s。

（一）巴特沃思滤波器设计

在已知设计参数通带截止频率 ω_p、阻带截止频率 ω_s、通带波动 R_p 及阻带最小衰减 R_s

的情况下，可以通过 buttord( ) 函数求出所需要的滤波器阶数和 -3dB 截止频率 Wn。函数说明如下：

[n,Wn] = buttord(Wp,Ws,Rp,Rs,'s')：Wp、Ws、Rp、Rs 分别为通带截止频率、阻带截止频率、通带波动和阻带最小衰减，n 为返回的滤波器最低阶数，Wn 为 -3dB 截止频率，'s' 表示模拟滤波器设计，默认情况表示数字滤波器设计。若为数字滤波器设计，Wp，Ws 需要用归一化频率表示；若为模拟滤波器设计，Wp、Ws 单位为 rad/s。

根据巴特沃思滤波器的阶数 n 以及 -3dB 截止频率 Wn，可以通过 butter( ) 函数设计低通、高通、带通和带阻滤波器。函数说明如下：

[b,a] = butter(n,Wn,'type','s')：n 为滤波器的阶数，Wn 为通带截止频率，'s' 表示模拟滤波器设计，默认情况表示数字滤波器设计。若为数字滤波器设计，Wn 为归一化通带截止频率，取值范围为 0.0<Wn<1.0，当 Wn 取值为 1.0 时，表示截止频率为采样频率的一半；若为模拟滤波器设计，Wn 则为实际截止频率，单位为 rad/s。'type' 表示滤波器的类型，'high' 为高通滤波器，'low' 为低通滤波器，'stop' 为带阻滤波器，默认为低通滤波器。返回值为滤波器 $H(s)$ 的分式表达式，其分子多项式系数向量为 **b**，分母多项式系数向量为 **a**。

例 5-22 设计一个三阶、截止频率为 300Hz 的巴特沃斯低通模拟滤波器，设采样频率 $f_s = 1000Hz$。

解： 采样频率为 $f_s = 1000Hz$，则根据香农(Shannon)定理，最大截止频率为 $f_a = f_s/2 = 500Hz$，现要求截止频率为 300Hz，MATLAB 参考运行程序如下：

```
close all;clear;clc;              %初始化运行环境
Wn=300/500;                       %设置归一化通带截止频率
[b,a]=butter(3,Wn,'low','s')      %设计巴特沃斯低通模拟滤波器,返回滤波器的分子分母系数项
[H,F]=freqs(b,a);                 %进行模拟滤波器频谱分析
plot(F.*500,20*log10(abs(H)));    %绘制幅频曲线
xlabel('频率(Hz)');                %设置 x 轴显示文本
ylabel('幅值(dB)');                %设置 y 轴显示文本
title('低通滤波器');                %设置抬头文本
axis([0 800 -30 5]);              %设置坐标范围
grid on;                          %显示网格
Hs=tf(b,a)                        %计算低通模拟滤波器系统函数 H(s)
```

MATLAB 程序运行结果如图 5-40 所示。其中，图 5-40a 为设计的模拟滤波器系统函数 $H(s)$，图 5-40b 为模拟滤波器的幅频特性曲线。

例 5-23 设计一个低通模拟滤波器，采样频率为 1000Hz，其中通带截止频率 ω_p 为 300Hz，阻带截止频率 ω_s 为 500Hz，通带内波动为 3dB，阻带内最小衰减为 20dB。

解： 根据题意，采样频率为 1000Hz，由香农定理，最大截止频率为 $F_a = F_s/2 = 500Hz$，MATLAB 参考运行程序如下：

```
close all;clear;clc;              %初始化运行环境
Wp=300/500;                       %设置归一化通带截止频率
Ws=500/500;                       %设置归一化阻带截止频率
Rp=3;                             %设置通带内波动
Rs=20;                            %设置阻带内最小衰减
```

(续)

```
[n,Wn]=buttord(Wp,Ws,Rp,Rs,'s');      %计算滤波器的最低阶数和截止频率
[b,a]=butter(n,Wn,'low','s');          %设计模拟低通滤波器
[H,W]=freqs(b,a);                      %求取滤波器频率特性
plot(W.*500,20*log10(abs(H)));         %绘制幅频特性曲线
xlabel('频率(Hz)');                    %设置 x 轴显示文本
ylabel('幅值(dB)');                    %设置 y 轴显示文本
title('低通滤波器');                   %设置抬头文本
axis([0 800 -50 8]);                   %设置坐标轴范围
grid on;                               %显示网格
Hs=tf(b,a)                             %求低通模拟滤波器系统函数 H(s)
```

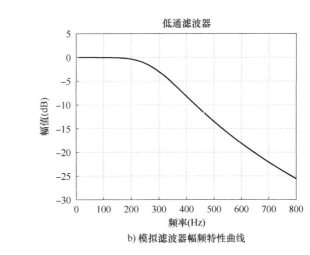

a) 模拟滤波器系统函数 $H(s)$ b) 模拟滤波器幅频特性曲线

图 5-40 例 5-22 MATLAB 程序运行结果

MATLAB 程序运行结果如图 5-41 所示。

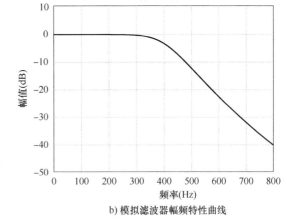

a) 模拟滤波器系统函数 $H(s)$ b) 模拟滤波器幅频特性曲线

图 5-41 例 5-23 MATLAB 程序运行结果

(二) 切比雪夫滤波器设计

MATLAB 中，可以通过 cheb1ap( )、cheb1ord( )、cheby1( ) 等函数分别设计切比雪夫滤

波器。函数说明如下:

[**z**,**p**,k]=cheb1ap(n,Rp):用来设计 n 阶带通纹波为 Rp 的归一化切比雪夫 I 型模拟原型滤波器,返回零点向量 **z**、极点向量 **p** 和增益值 k。切比雪夫 I 型模拟滤波器将通带截止频率 ω_0 归一化为 1.0。

[**b**,**a**]=cheby1(N,R,Wp,'s'):实现 N 阶切比雪夫I型滤波器系统函数的分子和分母多项式系数向量 **b** 和 **a** 的计算,向量长度为 N+1。其中 R 为通带纹波,'s' 表示设计模拟滤波器,默认情况表示设计数字滤波器,Wp 为通带截止频率。在数字滤波器下归一化频率 Wp 取值 0.0<Wp<1.0,如果 Wp 取值 1.0,表示截止频率为采样频率的一半;在模拟滤波器下 Wp 为实际截止频率,单位为 rad/s。如果初期设计对 R 选择不能确定,建议从 0.5 开始选择。

例 5-24 设计一个八阶归一化切比雪夫低通模拟滤波器,要求通带纹波为 4dB,并画出该滤波器的频率特性曲线。

解:根据题意,选择 cheb1ap( ) 函数实现滤波器的设计,MATLAB 参考运行程序如下:

```
close all; clear;clc;                    %初始化运行环境
[z,p,k]=cheb1ap(8,4);                    %进行截止频率为1.0的归一化滤波器设计
[num,den]=zp2tf(z,p,k);                  %将 z、p、k 系数向量转化为分子分母系数向量
[H,W]=freqs(num,den);                    %求取滤波器的频率特性
subplot(2,1,1);                          %选择画图区域1
plot(W,20*log10(abs(H)));                %绘制幅频特性曲线
xlabel('模拟频率(rad/s)');                %设置 x 轴显示文本
ylabel('幅值(dB)');                       %设置 y 轴显示文本
title('低通滤波器');                       %设置抬头文本
axis([0 10 -250  10]);                   %设置坐标范围
grid on;                                 %显示网格
subplot(2,1,2);                          %选择画图区域2
plot(W,20*log10(abs(H)));                %绘制幅频特性曲线(通带放大部分)
xlabel('模拟频率(rad/s)');                %设置 x 轴显示文本
ylabel('幅值(dB)');                       %设置 y 轴显示文本
title('低通滤波器通带放大');                %设置抬头文本
axis([0 3 -10 10]);                      %设置坐标范围
grid on;                                 %显示网格
Hs=tf(num,den)                           %计算低通模拟滤波器系统函数 H(s)
```

MATLAB 程序运行结果如图 5-42 所示。

例 5-25 设计一个三阶切比雪夫带通模拟滤波器,要求通带频率在[100rad/s,300rad/s]之间,并且通带纹波为 3dB。

解:根据题意,MATLAB 参考运行程序如下:

```
close all; clear;clc;                    %初始化运行环境
[b,a]=cheby1(3,3,[100,300],'s');         %进行通带模拟滤波器设计
[H,W]=freqs(b,a);                        %求取滤波器的频率特性
subplot(3,1,1);                          %选择画图区域1
plot(W,20*log10(abs(H)));                %绘制幅频特性曲线
xlabel('模拟频率(rad/s)');                %设置 x 轴显示文本
ylabel('幅值(dB)');                       %设置 y 轴显示文本
```

(续)

```
title('带通模拟滤波器');                %设置抬头文本
axis([0 500 -100 10]);                 %设置坐标范围
grid on;                               %显示网格
subplot(3,1,2);                        %选择画图区域2
plot(W,20*log10(abs(H)));              %绘制幅频特性曲线(通带放大部分)
xlabel('模拟频率(rad/s)');              %设置x轴显示文本
ylabel('幅值(dB)');                    %设置y轴显示文本
title('低通滤波器通带放大');             %设置抬头文本
axis([90 310 -5 5]);                   %设置通道坐标轴范围
grid on;                               %显示网格
subplot(3,1,3);                        %选择作图区域3
pha=angle(H)*180/pi;                   %相位转化为角度
plot(W,pha);                           %绘制相频特性曲线
xlabel('模拟频率(rad/s)');              %设置x轴文本
ylabel('相位');                        %设置y轴文本
axis([0 500 -200 200]);                %设置坐标范围
grid on;                               %显示网格
Hs=tf(b,a);                            %求取带通模拟滤波器系统函数H(s)
```

◆ 命令行窗口

Hs=

　　　　　　　　　　　　　　　　　　0.006354
　　---
　　s^8+0.4767 s^7+2.114 s^6+0.81 s^5+1.402 s^4+0.3894 s^3+0.2995 s^2+0.0461 s+0.01007

Continuous-time transfer function.

a) 模拟滤波器系统函数$H(s)$

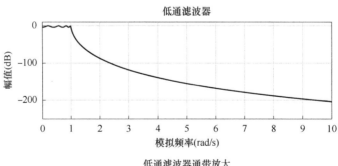

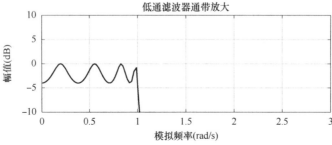

b) 模拟滤波器幅频特性曲线

图 5-42　例 5-24 MATLAB 程序运行结果

MATLAB 程序运行结果如图 5-43 所示。

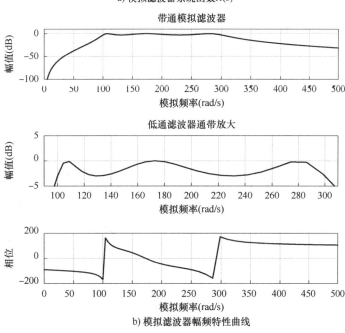

a) 模拟滤波器系统函数 $H(s)$

b) 模拟滤波器幅频特性曲线

图 5-43 例 5-25 MATLAB 程序运行结果

（三）模拟滤波器的频率变换

MATLAB 中，标准的滤波器设计程序通常得到的是一个归一化截止频率为 1rad/s 的低通模拟滤波器，在此基础上，经频率变换可以得到所要求的其他类型模拟滤波器（低通、高通、带通、带阻）。MATLAB 提供了一系列实现频率变换的函数，函数说明如下：

［b, a］= lp2lp（bap, aap, Wn）：实现低通滤波器 X 到低通模拟滤波器 Y 的变换，其中 **bap**、**aap** 为归一化低通模拟滤波器 X 的分子、分母系数向量；**b**、**a** 为低通模拟滤波器 Y 的分子、分母系数向量；Wn 为截止频率，单位为 rad/s。

［b, a］= lp2hp（bap, aap, Wn）：实现低通滤波器 X 到高通模拟滤波器 Y 的变换，参数定义同 lp2lp 函数。

［b, a］= lp2bp（bap, aap, Wo, bw）：实现低通滤波器 X 到带通模拟滤波器 Y 的变换，其中 Wo 为通带中心频率；bw 为带宽；其他参数同 lp2lp 函数。

［b, a］= lp2bs（bap, aap, Wo, bw）：实现低通滤波器 X 到带阻模拟滤波器 Y 的变换，其中 Wo 为阻带中心频率；bw 为带宽；其他参数同 lp2lp 函数。

例 5-26 应用频率变换函数设计一个截止频率 $\omega = 4$rad/s 的三阶高通模拟滤波器。

解：首先设计一个归一化(截止频率 $\omega_c = 1\text{rad/s}$)的三阶切比雪夫或巴特沃思低通模拟滤波器，然后再变换成高通模拟滤波器。MATLAB 参考运行程序如下：

```
close all; clear;clc;              %初始化运行环境
w0=4;                              %设置通带截止频率
[z,p,k]=cheb1ap(3,3);              %设计归一化切比雪夫Ⅰ型原型模拟滤波器(设通带纹波为3dB)
[b,a]=zp2tf(z,p,k);                %转换为多项式系数向量形式
[b,a]=lp2hp(b,a,w0);               %变换为高通模拟滤波器
[H,W]=freqs(b,a);                  %求取滤波器的频率特性
plot(W,20*log10(abs(H)));          %绘制幅频特性曲线
xlabel('模拟频率(rad/s)');         %设置 x 轴显示文本
ylabel('幅值(dB)');                %设置 y 轴显示文本
title('高通模拟滤波器');           %设置抬头文本
axis([0 10 -100 10]);              %设置坐标范围
grid on;                           %显示网格
Hs=tf(b,a)                         %求取高通模拟滤波器系统函数 H(s)
```

MATLAB 程序运行结果如图 5-44 所示。

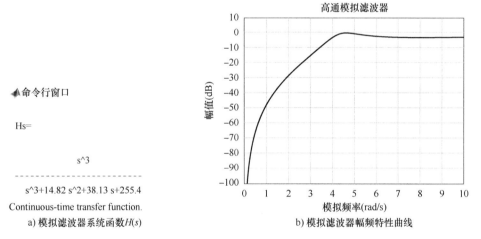

图 5-44 例 5-26 运行结果

例 5-27 应用频率变换函数设计一个阻带从 $\omega = 4\text{rad/s}$ 到 $\omega = 6\text{rad/s}$ 的三阶带阻模拟滤波器。

解：首先设计一个归一化(截止频率 $\omega_c = 1\text{rad/s}$)的三阶切比雪夫低通模拟滤波器，然后再变换成带阻模拟滤波器。MATLAB 参考运行程序如下：

```
close all; clear;clc;              %初始化运行环境
w0=5;                              %设置中心频率为 5
wb=2;                              %设置阻带频宽为 2
[z,p,k]=cheb1ap(3,3);              %设计归一化切比雪夫Ⅰ型原型模拟滤波器,并设通带纹波为3dB
[b,a]=zp2tf(z,p,k);                %转换为多项式系数向量形式
[b,a]=lp2bs(b,a,w0,wb);            %变换为带阻模拟滤波器
[H,W]=freqs(b,a);                  %求取滤波器频率特性
```

（续）

```
plot(W,20*log10(abs(H)));              %绘制幅频特性曲线
xlabel('模拟频率(rad/s)');              %设置 x 轴显示文本
ylabel('幅值(dB)');                    %设置 y 轴显示文本
title('带阻模拟滤波器');                %设置抬头文本
axis([0 10 -100  10]);                 %设置坐标范围
grid on;                               %显示网格
Hs=tf(b,a)                             %求取带阻模拟滤波器系统函数 H(s)
```

MATLAB 程序运行结果如图 5-45 所示。

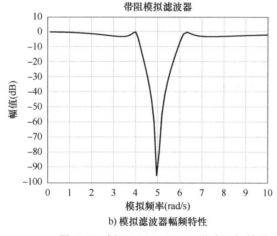

a) 模拟滤波器系统函数 $H(s)$

b) 模拟滤波器幅频特性

图 5-45　例 5-27 MATLAB 程序运行结果

二、数字滤波器设计

MATLAB 中，设计 IIR 和 FIR 两种数字滤波器的函数也很丰富。下面分别介绍设计 IIR 数字滤波器和 FIR 数字滤波器的相关函数及软件实现方法。

（一）IIR 数字滤波器

常用的 IIR 数字滤波器设计函数为 butter( )，用来设计巴特沃思模拟/数字滤波器，该函数在模拟滤波器中已经介绍，当函数参数 's' 默认时，即为数字滤波器设计，这里不再仔细叙述。另外两个常用的 IIR 数字滤波器设计函数为 cheb1ord( ) 和 cheby2( )，用来设计切比雪夫模拟/数字滤波器。函数说明如下：

[N,Wp]=cheb1ord(Wp,Ws,Rp,Rs)：实现切比雪夫I型数字滤波器的阶数 N 和通带截止频率 Wp 的计算，其中 Wp 和 Ws 分别为通带截止频率和阻带截止频率的归一化值，取值 0<Wp、

Ws<1；Rp 和 Rs 分别为通带最大衰减和阻带最小衰减。当 Ws < Wp 时为高通滤波器。

[b,a]=cheby2(n,Rs,Wn,'ftype','s')：设计一个切比雪夫Ⅱ型数字滤波器，其中 n 为滤波器阶数；Rs 表示阻带最小衰减；Wn=[w1 w2]时为带通频率，否则为阻带截止频率；'ftype'表示设计的滤波器类型，默认为低通滤波器，'high'为高通滤波器，'stop'为带阻滤波器；'s'表示设计模拟滤波器，默认时表示设计数字滤波器。返回值是在 Z 域表示的分子、分母多项式系数向量 b 和 a。

例 5-28 设计一个七阶巴特沃思高通数字滤波器，阻带截止频率为 250Hz。设采样频率为 1000Hz。

解：根据题意，采样频率为 1000Hz，根据奈奎斯特(Nyquist)采样定理，最高截止频率为 500Hz，MATLAB 运行参考程序如下：

```
close all; clear; clc;                    %初始化运行环境
[b,a]=butter(7,250/500,'high');           %进行高通数字滤波器归一化设计
[H,F]=freqz(b,a,512,1000);                %求得滤波器的频率特性
plot(F,20*log10(abs(H)));                 %绘制幅频特性曲线
xlabel('频率(rad/s)');                    %设置 x 轴显示文本
ylabcl('幅值(dB)');                       %设置 y 轴显示文本
title('数字高通滤波器');                   %设置抬头文本
grid on;                                  %显示网格
Hz=tf(b,a,1/1000,'Variable','z^-1')       %求取数字高通滤波器系统函数 H(z)
```

MATLAB 程序运行结果如图 5-46 所示，所设计的滤波器符合阻带截止频率为 250Hz。

▲ 命令行窗口

Hz=

  0.01657−0.116 z^−1+0.3479 z^−2−0.5798 z^−3+0.5798 z^−4−0.3479 z^−5+0.116 z^−6−0.01657 z^−7
  ———
  1−5.36e−16 z^−1+0.92 z^−2−1.373e−16 z^−3+0.1927 z^−4+7.645e−17 z^−5+0.007683 z^−6−4.265e−19 z^−7

Sample time: 0.001 seconds
Discrete-time transfer function.

a) 数字滤波器系统函数 $H(z)$

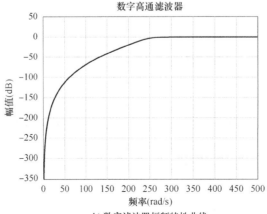

b) 数字滤波器幅频特性曲线

图 5-46 例 5-28 MATLAB 程序运行结果

例 5-29 对一个以 1000Hz 采样的数据序列，设计一个低通数字滤波器，要求通带纹波不大于 4dB，通带截止频率为 100Hz，在阻带 200Hz 到奈奎斯特频率 500Hz 之间的最小衰减为 60dB。

解：根据题意，可选择 cheb1ord( ) 函数实现数字滤波器设计，由于各频率应取归一化值，所以，Wp 取值 100/500，Ws 取值 200/500，Rp 取值 4，Rs 取值 60。MATLAB 参考运行程序如下：

```
close all; clear;clc;              %初始化运行环境
Wp=100/500;                        %设置通带截止频率
Ws=200/500;                        %设置阻带截止频率
Rp=4;                              %设置通带纹波
Rs=60;                             %设置阻带衰减
[n,Wp]=cheb1ord(Wp,Ws,Rp,Rs)       %实现切比雪夫低通数字滤波器的设计,得到滤波器的阶数和通带
                                   %截止频率
[b,a]=cheby1(n,Rp,Wp);             %实现切比雪夫原型模拟滤波器的设计
[H,F]=freqz(b,a,512,1000);         %求取滤波器的频率特性
plot(F,20*log10(abs(H)));          %绘制幅频特性曲线
xlabel('频率(rad/s)');             %设置 x 轴显示文本
ylabel('幅值(dB)');                %设置 y 轴显示文本
title('数字低通滤波器');           %设置抬头文本
axis([0 500 -400  20]);            %设置坐标范围
grid on;                           %显示网格
Hz=tf(b,a,1/1000,'Variable','z^-1')%求取数字低通滤波器系统函数 H(z)
```

MATLAB 程序运行结果如图 5-47 所示。

Hz=

$$\frac{2.209e{-}05+0.0001325\ z^{-1}+0.0003313\ z^{-2}+0.0004418\ z^{-3}+0.0003313\ z^{-4}+0.0001325\ z^{-5}+2.209e{-}05\ z^{-6}}{1-5.132\ z^{-1}+11.48\ z^{-2}-14.29\ z^{-3}+10.41\ z^{-4}-4.213\ z^{-5}+0.74\ z^{-6}}$$

Sample time: 0.001 seconds
Discrete-time transfer function.

a) 数字滤波器系统函数 $H(z)$

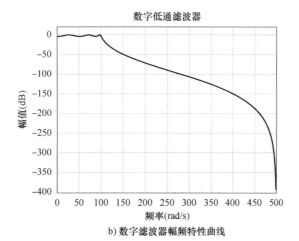

b) 数字滤波器幅频特性曲线

图 5-47　例 5-29 MATLAB 程序运行结果

例 5-30 设计一个三阶切比雪夫带通数字滤波器，要求归一化带通频率为 0.3~0.5，并且通带纹波为 3dB，设采样频率为 1000Hz。

解： 根据题意，MATLAB 参考运行程序如下：

```
close all; clear;clc;                   %初始化运行环境
[b,a]=cheby1(3,3,[0.3,0.5]);            %进行带通数字滤波器设计
[H,F]=freqz(b,a,512,1000);              %求得滤波器的频率特性
plot(F,20*log10(abs(H)));               %绘制幅频特性曲线
xlabel('频率(rad/s)');                  %设置 x 轴显示文本
ylabel('幅值(dB)');                     %设置 y 轴显示文本
title('带通数字滤波器');                %设置抬头文本
grid on;                                %显示网格
axis([0 500 -200 10]);                  %设定坐标范围
Hz=tf(b,a,1/1000,'Variable','z^-1')     %求取带通数字滤波器系统函数 H(z)
```

MATLAB 程序运行结果如图 5-48 所示。

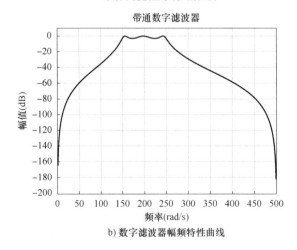

a) 数字滤波器系统函数 $H(z)$

b) 数字滤波器幅频特性曲线

图 5-48 例 5-30 MATLAB 程序运行结果

例 5-31 设计一个八阶切比雪夫 Ⅱ 型低通数字滤波器，阻带截止频率为 300Hz，R_s = 50dB。设采样频率为 1000Hz。

解： 根据题意，采样频率 f_s = 1000Hz，则最高分析频率为 500Hz。MATLAB 参考运行程序如下：

```
close all;clear;clc;              %初始化运行环境
[b,a]=cheby2(8,50,300/500);       %设计低通滤波器
[H,F]=freqz(b,a,512,1000);        %求得滤波器的频率特性
plot(F,20*log10(abs(H)));         %绘制幅频特性曲线
xlabel('频率(rad/s)');            %设置 x 轴显示文本
ylabel('幅值(dB)');               %设置 y 轴显示文本
title('低通数字滤波器');           %设置抬头文本
axis([0 500 -100  20]);           %设置坐标范围
grid on;                          %显示网格
Hz=tf(b,a,1/1000,'Variable','z^-1') %求取低通数字滤波器系统函数 H(z)
```

MATLAB 程序运行结果如图 5-49 所示。

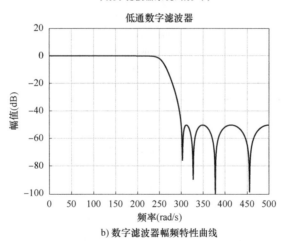

图 5-49 例 5-31 MATLAB 程序运行结果

（二）FIR 数字滤波器设计

MATLAB 提供了基于窗函数法设计的 fir1()、fir2()函数。fir1()函数实现加窗线性相位 FIR 数字滤波器的经典设计，可用于标准通带滤波器设计，包括低通、带通、高通和带阻数字滤波器。函数说明如下：

b=fir1(n,Wn)：设计 n 阶低通 FIR 数字滤波器，其中 Wn 为截止频率，滤波器默认采用汉明窗函数(也可注明窗函数)。如果 Wn 是一个包含两个元素的向量[W1 W2]，则表示设计一个 n 阶的带通滤波器，其通带为 W1<W<W2。函数返回滤波器系数向量 **b**。

b=fir1(n,Wn,'high')：设计一个 n 阶高通数字滤波器，其他参数同上。

b=fir1(n,Wn,'stop')：设计一个 n 阶带阻数字滤波器。如果 Wn 是一个多元素的向量 W=[W1 W2 W3 ⋯ Wn]，则表示设计一个 n 阶的多带阻滤波器，**b**=fir1(n,Wn,'DC-1')表示使第一频带为通带；**b**=fir1(n,Wn,'DC-0')表示使第一频带为阻带。

fir2( )函数可以实现加窗的 FIR 数字滤波器设计，并且可以实现针对任意形状的分段线性频率响应。函数说明如下：

b=fir2(n,**f**,**m**)：设计一个归一化的 n 阶 FIR 数字滤波器，其频率特性由 **f** 和 **m** 指定，向量 **f** 表示滤波器各频段频率，取值为 0~1，为 1 时对应于采样频率的一半；向量 **m** 表示 **f** 所表示的各频段对应幅值。可以指定所用窗函数，默认情况下使用汉明窗。函数返回滤波器系数向量 **b**。

例 5-32 设计一个 48 阶的 FIR 带通数字滤波器，带通频率为 0.35~0.65，设采样频率为 1000Hz。

解：根据题意，选择 fir1( )函数作为 FIR 数字滤波器的设计函数，MATLAB 参考运行程序如下：

```
close all; clear;clc;              %初始化运行环境
b=fir1(48,[0.35 0.65]);            %设计 FIR 数字滤波器
[H,F]=freqz(b,1,512,1000);         %求得滤波器的频率特性
plot(F,20*log10(abs(H)));          %绘制幅频特性曲线
xlabel('频率(rad/s)');             %设置 x 轴显示文本
ylabel('幅值(dB)');                %设置 y 轴显示文本
title('带通数字滤波器');           %设置抬头
axis([0 500 -100  20]);            %设置坐标范围
grid on;                           %显示网格
Hz=tf(b,1,1/1000,'Variable','z^-1')  %计算带通数字滤波器系统函数 H(z)
```

MATLAB 程序运行结果如图 5-50 所示。

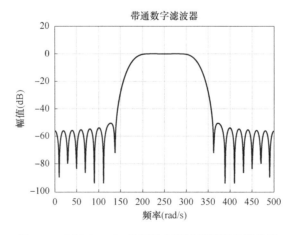

图 5-50 例 5-32 FIR 带通数字滤波器幅频特性曲线

例 5-33 已知一个原始信号为 $x(t)=3\sin(2\pi\times50t)+\sin(2\pi\times300t)$，采样频率为 $f_s=$ 1000Hz，信号被叠加了一个白噪声污染，实际获得的信号为 $x_n(t)=x(t)+randn(size(t))$，

其中 $size(t)$ 为采样时间向量 t 的长度，设计一个 FIR 数字滤波器并恢复出原始信号。

解：根据题意，应设计一个多通带 FIR 数字滤波器。原始信号由 50Hz 和 300Hz 频率组成，因此考虑设计滤波器的第一个窗函数在 [48/500 52/500] 频段内幅值为 1，第二个窗函数在 [298/500 302/500] 频段内幅值为 1，而 [0 46/500]、[54/500 296/500]、[304/500 1] 频段内的幅值为 0，从而得到窗函数频段为

f = (0 46/500 48/500 52/500 54/500 296/500 298/500 302/500 304/500 1)

对应的幅值为

m = [0 0 1 1 0 0 1 1 0 0]

对原始信号取 5s 长度的序列，由于采样频率 f_s = 1000Hz，所以设定采样时间向量为 $t = 0:1/f_s:5$，设滤波器的阶数 n = 300。

由于是分段窗函数，因此选择 fir2( ) 函数实现数字滤波器的设计。MATLAB 参考运行程序如下：

```
close all;clear;clc;                                %初始化运行环境
Fs=1000;                                            %设置采样频率1000Hz
t=0:1/Fs:5;                                         %生成采样时间t向量
x=3*sin(2*pi*50*t)+sin(2*pi*300*t);                 %生成原始信号x
xn=x+randn(size(t));                                %生成叠加白噪声的信号xn
n=300;                                              %设置FIR数字滤波器阶数n
f=[0 46/500 48/500 52/500 54/500 296/500 298/500 302/500 304/500 1]    %生成窗函数频段
m=[0 0 1 1 0 0 1 1 0 0];                            %生成各频段窗函数的对应幅值
b=fir2(n,f,m);                                      %设计FIR数字滤波器
figure(1);                                          %打开图形窗口1
[H,F]=freqz(b,1,512,1000);                          %求得滤波器频率特性,FIR数字滤波器分母为1
plot(F,20*log10(abs(H)));                           %绘制幅频特性曲线
xlabel('频率(rad/s)');                              %设置x轴显示文本
ylabel('幅值(dB)');                                 %设置y轴显示文本
title('数字滤波器');                                %设置抬头
grid on;                                            %显示网格
y=filter(b,1,xn);                                   %对xn信号进行滤波
figure(2);                                          %打开图形窗口2
subplot(3,1,1);                                     %选择作图区域1
plot(t,x);                                          %画出原始信号x
axis([4.2 4.5 -5 5]);                               %设定坐标范围,时间段为0.2~0.3s
title('原始信号');                                  %设置抬头文本
subplot(3,1,2);                                     %选择作图区域2
plot(t,xn);                                         %画出包含白噪声的信号xn
axis([4.2 4.5 -5 5]);                               %设定坐标范围,时间段同上
title('叠加白噪声信号');                            %设置抬头文本
subplot(3,1,3);                                     %选择作图区域3
plot(t,y);                                          %画出滤波后的信号y
axis([4.2 4.5 -5 5]);                               %设定坐标范围,时间段同上
title('滤波器输出信号');                            %设置抬头文本
```

MATLAB 运行结果如图 5-51 所示。从图 5-51a 可以看出，设计的 FIR 数字滤波器在 50Hz 和 300Hz 附近频段为带通，其他频段为带阻；从图 5-51b 可以看出，FIR 数字滤波器的

滤波效果明显(相位有滞后)。

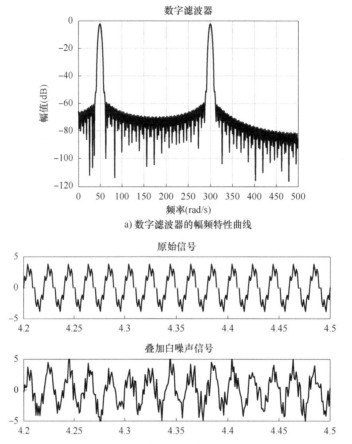

图 5-51 例 5-33 MATLAB 程序运行结果

例 5-34 设计 MATLAB 程序实现例 5-20 中 FIR 低通数字滤波器对噪声图像进行滤波降噪处理。

解：这里的 FIR 低通数字滤波器参数为：窗函数采用汉明窗，长度 $N=15$，采样频率为 6000Hz，模拟截止频率为 900Hz，则归一化数字截止频率可选取为 $0.5\times$ 模拟截止频率/采样频率 $=0.3$。MATLAB 参考运行程序如下：

```
clear all;
clc;
```

(续)

```
M=imread('高压隔离开关.jpg');        %读取 MATLAB 中的图像
gray=rgb2gray(M);
figure,imshow(gray);                %显示灰度图像
title('原图');

P1=imnoise(gray,'gaussian',0.05);   %加入高斯噪声
figure,imshow(P1);                  %加入高斯噪声后显示图像
title('噪声图');

n=15;
Wn=0.3;
firFilter=fir1(n,Wn);               %获得 FIR 低通数字滤波器
img_gauss=imfilter(P1,firFilter,'replicate');
figure;imshow(img_gauss);
title('滤波后图');

imwrite(P1,'高压隔离开关_噪声图.jpg');
imwrite(img_gauss,'高压隔离开关_滤波后图.jpg');
```

图 5-52 为变电站开关图像的 FIR 低通数字滤波器处理结果。

a) 原始图像　　　　b) 混入高斯噪声图像　　　　c) 滤波后图像

图 5-52　变电站开关图像的 FIR 低通数字滤波器处理结果

例 5-35　设计 MATLAB 程序实现对例 5-21 语音信号的 FIR 低通数字滤波器处理。

解:　图 5-53 为一段从某流行歌曲中截取出的 0.9s 语音片段的波形,该语音信号在传输前,先经过一个 FIR 低通数字滤波器进行处理。滤波器参数为:长度 $M+1=99$;关于中点对称,具有线性相位响应;窗函数为汉宁窗。MATLAB 参考运行程序如下:

```
clear all;
clc;

M=imread('高压隔离开关.jpg');        %读取 MATLAB 中的图像
gray=rgb2gray(M);
figure,imshow(gray);                %显示灰度图像
title('原图');

P1=imnoise(gray,'gaussian',0.05);   %加入高斯噪声
figure,imshow(P1);                  %加入高斯噪声后显示图像
title('噪声图');

n=15;
```

(续)

```
Wn=0.3;
firFilter=fir1(n,Wn);                    %获得FIR低通数字滤波器
img_gauss=imfilter(P1,firFilter,'replicate');
figure;imshow(img_gauss);
title('滤波后图');

imwrite(P1,'高压隔离开关_噪声图.jpg');
imwrite(img_gauss,'高压隔离开关_滤波后图.jpg');
```

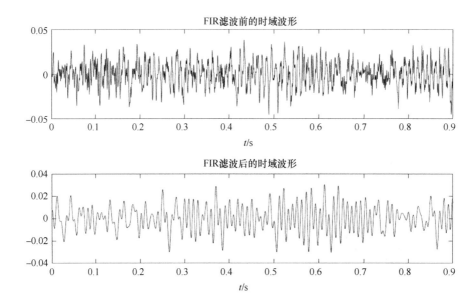

图 5-53 一段语音信号经 **FIR** 低通数字滤波器滤波前后的时域波形

图 5-54 为语音信号经 FIR 低通数字滤波器滤波前后的幅度频谱，两种情况下都采用 FFT 完成计算。

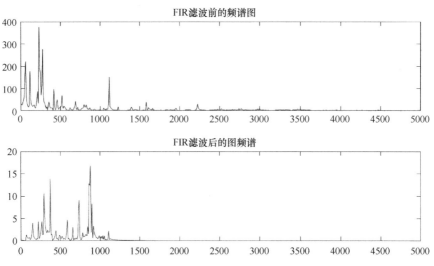

图 5-54 一段语音信号经 **FIR** 低通数字滤波器滤波前后的幅度频谱

第五章 滤波器

习 题

5.1 如图 5-55a 所示滤波器，已知其 $|H(\omega)|$ 如图 5-55b 所示，$\varphi(\omega)=0$，$x(t)$ 的波形如图 5-55c 所示。求滤波器的零状态响应 $y(t)$，并画出波形。

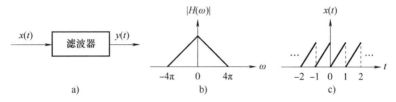

图 5-55 题 5.1 图

5.2 理想低通滤波器的系统函数 $H(\omega)=G_{2\pi}(\omega)$，求输入为下列各信号时的响应 $y(t)$。

(1) $x(t)=Sa(\pi t)$ (2) $x(t)=\dfrac{\sin 4\pi t}{\pi t}$

5.3 在图 5-56a 中，$H(\omega)$ 为理想低通滤波器，其频率特性如图 5-56b 所示，其中相频特性为 $\varphi(\omega)=0$。输入信号 $f(t)=f_0(t)\cos 1000t$，$-\infty<t<\infty$，其中 $f_0(t)=\dfrac{1}{\pi}Sa(t)$；另一输入信号 $S(t)=\cos 1000t$，$-\infty<t<\infty$。求系统的零状态响应 $y(t)$。

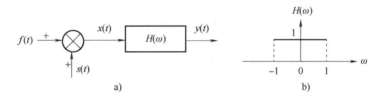

图 5-56 题 5.3 图

5.4 在图 5-57a 中，已知带通滤波器的频率特性 $H(\omega)$ 如图 5-57b 所示，其中相频特性为 $\varphi(\omega)=0$。输入信号分别为 $f(t)=\dfrac{1}{\pi}Sa(2t)$，$-\infty<t<\infty$ 和 $s(t)=\cos 1000t$，$-\infty<t<\infty$。求系统的零状态响应 $y(t)$。

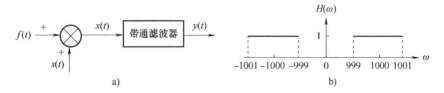

图 5-57 题 5.4 图

5.5 已知幅度二次方函数

(1) $|H(s)|^2=\dfrac{9(s^2+1)^2}{s^4-5s^2+4}$ (2) $|H(s)|^2=\dfrac{(s^2-1)^2}{16s^4-24s^2+9}$

试求物理可实现的系统函数 $H(s)$。

5.6 下列各函数是否为可实现系统的频率特性幅度二次方函数？如果是，请求出相应的最小相位系统的系统函数；如果不是，请说明理由。

(1) $|H(\omega)|^2 = \dfrac{1}{\omega^4 + \omega^2 + 1}$ (2) $|H(\omega)|^2 = \dfrac{1+\omega^4}{\omega^4 - 3\omega^2 + 2}$ (3) $|H(\omega)|^2 = \dfrac{100-\omega^4}{\omega^4 + 20\omega^2 + 10}$

5.7 巴特沃思低通滤波器的频域指标为：当 $\omega_1 = 1000\text{rad/s}$ 时，衰减不大于 3dB；当 $\omega_2 = 5000\text{rad/s}$ 时，衰减至少为 20dB。求系统函数 $H(s)$。

5.8 设计巴特沃思带通滤波器，其技术指标为
1) 在通带 $2\text{kHz} \leqslant f \leqslant 3\text{kHz}$，最大衰减 $\alpha_p = 3\text{dB}$。
2) 在阻带 $f > 4\text{kHz}$，$f < 400\text{Hz}$，最小衰减 $\alpha_s \geqslant 30\text{dB}$。

5.9 设计两个切比雪夫低通滤波器，其技术指标分别为
1) $f_c = 10\text{kHz}$，$\alpha_p = 1\text{dB}$，$f_s = 100\text{kHz}$，$\alpha_s \geqslant 140\text{dB}$。
2) $f_c = 100\text{kHz}$，$\alpha_p = 0.1\text{dB}$，$f_s = 130\text{kHz}$，$\alpha_s \geqslant 30\text{dB}$。

5.10 设计切比雪夫高通滤波器，其技术指标为：$f_c = 1\text{kHz}$，$\alpha_p = 1\text{dB}$，$f_s = 100\text{Hz}$，$\alpha_s \geqslant 140\text{dB}$。

5.11 1) 一个二阶巴特沃思滤波器和一个二阶切比雪夫滤波器满足通带衰减 $\alpha_p \leqslant 3\text{dB}$，阻带衰减 $\alpha_s \leqslant 15\text{dB}$，若通带频率相同，试比较两个滤波器的阻带边界频率 ω_s。
2) 若给定 $f_p = 1.5\text{MHz}$，$\alpha_p \leqslant 3\text{dB}$，$f_s = 1.7\text{MHz}$，$\alpha_s \geqslant 60\text{dB}$。试比较巴特沃思近似与切比雪夫近似的最低阶次 n。

5.12 某数字滤波器为 $y(n) + 0.8y(n-1) = x(n)$。求其幅频特性 $|H(\Omega)|$，画出该数字滤波器在 $[0, 2\pi]$ 内的幅频特性及相频特性曲线。

5.13 巴特沃思低通数字滤波器技术指标为
1) $\Omega_p = 0.2\pi$，$\alpha_p \leqslant 3\text{dB}$；$\Omega_s = 0.7\pi$，$\alpha_s \geqslant 40\text{dB}$。
2) 采样周期 $T = 10\mu\text{s}$。
用冲激响应不变法和双线性变换法分别求出数字滤波器的系统函数 $H(z)$，并比较其结果。

5.14 设要求的切比雪夫低通数字滤波器满足下列条件：$0 \leqslant \Omega \leqslant 200\pi$ 时，通带纹波为 0.5dB；$\Omega \geqslant 1000\pi$ 时，衰减函数 $\alpha > 19\text{dB}$；采样频率 $f_s = 1000\text{Hz}$。用冲激响应不变法与双线性变换法分别求系统函数 $H(z)$。

5.15 用冲激响应不变法求与下列系统函数 $H(s)$ 相应的数字滤波器的系统函数 $H(z)$。

$$H(s) = \dfrac{4s}{s^2 + 6s + 5}$$

取采样周期 $T = 0.01$，并画出该滤波器的结构图。

5.16 用双线性变换法设计一个低通滤波器，要求 3dB 截止频率为 25Hz，并当频率大于 50Hz 至少衰减 15dB，采样频率为 200Hz。

5.17 已知数字滤波器的系统函数为 $H(z) = \dfrac{z^2 + 2z + 1}{3z^3 + 4z^2 - 2z + 5}$，求该数字滤波器的直接 I 型和直接 II 型结构图。

5.18 已知数字滤波器的系统函数为 $H(z) = \dfrac{(z^2 + 4z + 3)(z + 0.5)}{(z - 0.8)(z^2 + 2z + 3)(z + 1)}$，求该数字滤波器的级联型结构图。

5.19 设计长度 $N = 13$ 的 FIR 数字滤波器，要求其频率响应特性逼近理想低通滤波器的频率响应特性，即

$$H_d(\Omega) = \begin{cases} e^{-j\alpha\Omega} & |\Omega| < \dfrac{\pi}{5} \\ 0 & \dfrac{\pi}{5} < |\Omega| < \pi \end{cases}$$

5.20 利用窗函数法设计一个线性相位 FIR 低通滤波器，其技术指标为：$\Omega_c = 0.2\pi$，$\alpha_p \leqslant 3\text{dB}$，$\Omega_s = 0.4\pi$，$\alpha_p \geqslant 70\text{dB}$。

5.21 分别利用矩形窗、汉宁窗和三角窗函数设计具有线性相位的 FIR 低通数字滤波器，并画出相应的幅频特性进行比较，其技术指标为：$N = 7$，$\Omega_c = 1\text{rad}$。

上机练习题

5.22 利用 MATLAB 求解习题 5.1。
5.23 利用 MATLAB 求解习题 5.4。
5.24 利用 MATLAB 求解习题 5.7。
5.25 利用 MATLAB 求解习题 5.10。
5.26 利用 MATLAB 求解习题 5.12。
5.27 利用 MATLAB 求解习题 5.13。
5.28 利用 MATLAB 求解习题 5.21。
5.29 已知一个原始信号为 $x(t) = 6\sin(2\pi\times50t) + \sin(2\pi\times100t) + 2\sin(2\pi\times200t)$，采样频率为 f_s = 1000Hz，信号被叠加了一个白噪声污染。试设计一个 FIR 数字滤波器恢复出原始信号。
5.30 采用 FIR 数字滤波器设计一个语音信号的滤波系统，窗函数分别采用汉宁窗、汉明窗和布莱克曼窗，比较不同窗函数的滤波效果。
5.31 设计一个滤波器，实现对混有高斯噪声的数字图像的滤波功能。
5.32 设计一个滤波器，实现对混有噪声的声音信号的滤波功能。

第六章

信号分析与处理的典型应用

为了加深和巩固信号分析与处理知识,本章将通过典型应用案例,逐步展示相关信号分析与处理技术(如时域分析、频域分析、滤波等)的典型应用案例。

第一节 光伏发电系统

随着生态保护和能源需求的矛盾加剧,以光伏为代表的可再生能源得到了大规模推广应用。本节首先简要分析光伏发电系统的基本特点,然后介绍光伏发电中的采样、滤波和最大功率点跟踪控制,并通过 MATLAB 分析上述功能模块。

一、系统简介

太阳能是取之不尽、廉价环保的可再生能源。据估计,每秒到达地球的太阳能高达 80 万 kW。光伏发电系统是一种将太阳能转化为电能的小型发电系统,主要由光伏电池、光伏逆变器、低通滤波器等组成,如图 6-1 所示。光伏发电系统的输出电能既可以供给负荷,又可以送入电网。按照电能的利用形式,可以将光伏发电系统分为并网型(输出电能送入电网)和离网型(输出电能供给负荷)。

1. 光伏电池模型

光伏电池是一种基于光生伏特效应的硅基器件,负责将太阳能转化为直流电能。为了定量描述光伏电池的输出特性,可利用电路原理对光伏电池等效电路进行数学建模。光伏电池等效电路如图 6-2 所示。

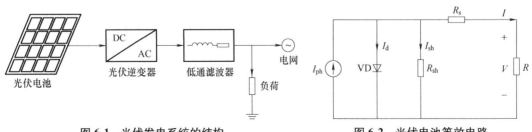

图 6-1 光伏发电系统的结构   图 6-2 光伏电池等效电路

光伏电池的伏安、伏瓦时域特性方程分别为

$$I(t) = I_{ph}(t) - I_0(t) e^{\frac{q[V(t)+I(t)R_s]}{AKT}} - I_0(t) - \frac{V(t)+I(t)R_s}{R_{sh}} \quad (6-1)$$

$$P(t) = V(t)I_{ph}(t) - V(t)I_0(t) e^{\frac{q[V^2(t)+P(t)R_s]}{V(t)AKT}} - V(t)I_0(t) - \frac{V^2(t)+P(t)R_s}{V(t)R_{sh}} \quad (6-2)$$

式中，V、I、P 分别为光伏电池输出电压（V）、电流（A）、功率（W）；I_{ph} 为光生电流；I_0 为反向饱和电流；$q = 1.6 \times 10^{-19}$ 为电子电荷（C）；$T = \gamma + 273$ 为绝对温度（K），γ 为摄氏温度（℃）；A 为 PN 结理想因子（$T = 300K$ 时，$A = 2.8$）；$K = 1.38 \times 10^{-23}$ 为玻耳兹曼常数（J/K）；R_s 为表征光伏电池内部损耗的串联电阻（Ω）；R_{sh} 为表征光伏电池漏电流的并联电阻（Ω）；$e \approx 2.71828$ 为自然对数底数。

光伏电池的伏瓦特性曲线如图 6-3 所示。可以看出，光伏电池具有明显的凸函数性质，即其输出功率在特定环境条件下具有最大值，而光伏电池需要通过外部电路（直流斩波器或逆变器等）和最大功率点跟踪（Maximum Power Point Tracking，MPPT）控制算法进行实时控制，才能以最大值功率输出电能。

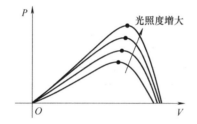
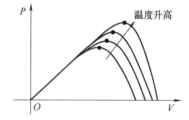

图 6-3 光伏电池的伏瓦特性曲线

2. 光伏逆变器

光伏逆变器是一种基于功率开关器件的电力电子变流器，负责将光伏电池（或光伏阵列）输出的直流电转换为交流电。光伏逆变器直流侧与光伏电池相连接，交流侧与电网相连接。目前，常用的光伏逆变器为电压源型逆变器，单相电压源型光伏并网逆变器的拓扑结构如图 6-4 所示。图 6-4 中，C_{dc} 为直流稳压电容；$S_1 \sim S_4$ 为功率开关器件；$VD_1 \sim VD_4$ 为反并联二极管。C_{dc} 的作用是稳定光伏电池输出的直流电压，同时滤除其中的高频交流噪声。$S_1 \sim S_4$ 和 $VD_1 \sim VD_4$ 在相关的调制技术和控制策略的作用下，进行周期性开通和关断，从而产生满足电网或负荷需求的交流电能。

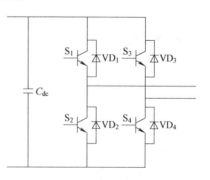

图 6-4 单相电压源型光伏并网逆变器的拓扑结构

3. MPPT 控制

MPPT 控制的主要目的是根据光伏列阵的伏安特性，利用控制策略使其工作在最大功率输出状态，从而最大限度地利用太阳能。实现 MPPT 控制的算法有很多，如扰动观测法（Perturbation and Observation Method）、增量电导法（Incremental Conductance Method）、爬山法（Hill-Climbing Method）、波动相关控制法（Ripple Correlation Control）、电流扫描法（Current Sweep）、dP/dU 或 dP/dI 反馈控制法（dP/dU or dP/dI Feedback Control）、模糊逻辑控制法

（Fuzzy Logic Control）、神经网络控制法（Neural Network Control）等。下面以扰动观察法为例介绍 MPPT 控制算法。

扰动观测法的原理是周期性地对光伏阵列电压施加一个小的增量，并观测输出功率的变化方向，进而决定下一步的控制信号。如果输出功率增加，则继续朝着相同的方向改变工作电压，否则朝着相反的方向改变工作电压。扰动观测算法只需要测量 V 和 I，具有实现简单的特点。扰动观测法的算法流程图如图 6-5 所示，其中 V^* 为设定的电压修正步长。

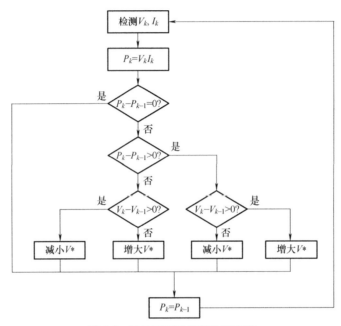

图 6-5 扰动观测法的算法流程图

4. 滤波器

在光伏发电系统中，光伏逆变器中功率开关器件的高频开关动作会产生大量的高频噪声（或称为高频谐波），这些噪声会严重恶化光伏发电系统输出的电能质量，因此，需要对这些噪声进行滤波处理。由电感、电容通过串并联方式组成的无源低通滤波器，可以高效地滤除逆变器输出电流中的高频干扰，同时在逆变器输出端和电网连接处产生电势差，从而实现光伏发电系统输出电能的并网发电。

二、信号采样

信号采样对于光伏发电系统来说非常重要，这是因为光伏发电系统输出电能的控制是基于电压、电流、频率等信号的正确采样基础上的。利用霍尔式传感器将电压、电流等强电信号转换为弱电信号，并将这些信号输入信号处理芯片，如 DSP、PLC、FPGA 等，在芯片中利用 A/D 转换技术将弱电信号转换为用于分析和计算的数字信号。信号采样过程如图 6-6 所示。下面对图 6-6 所示点画线框中的 A/D 转换技术进行介绍。

A/D 转换是一种将连续的模拟信号转换成离散的数字编码信号的技术。通常，A/D 转换过程包括采样/保持、量化和编码。图 6-7a～d 与图 6-6a～d 相对应，展示了 A/D 转换过程中的信号形式。

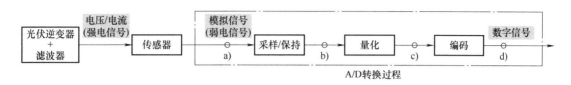

图 6-6 信号采样过程

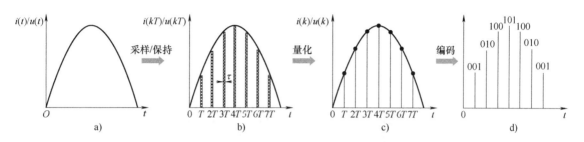

图 6-7 A/D 转换过程中的信号形式

采样/保持的作用是按一定时间间隔 T 对连续的模拟信号 $i(t)$、$u(t)$ 进行采样,并使采样过程保持一段时间 τ,从而将连续的模拟信号转变为时间离散的信号 $i(kT)$、$u(kT)$,$k=1,2,\cdots$,离散信号的幅值等于采样时刻输入信号值的方波序列信号。

量化的作用是将采样时刻的信号幅值按最小量化单位进行取整运算,从而将时间离散的信号 $i(kT)$、$u(kT)$ 进一步转变为幅值离散的信号 $i(k)$、$u(k)$。在经过采样/保持和量化两个阶段后,连续的模拟信号就完全转变为了时间和幅值均离散的信号。

编码的作用是将量化后的信号转换成二进制数字,从而将电压、电流等模拟信号转化为计算机可以识别的数字信号,即 0 与 1 的组合。

1. 光伏逆变器直流侧时域信号

光伏电池(或光伏阵列)与光伏逆变器直接相连,其输出的直流电压、电流经过光伏逆变器转换为交流电压、电流。因此,光伏逆变器的直流侧电压、电流信号即为光伏电池(或光伏阵列)输出的信号。

当外部环境处于相对稳定状态时,可以认为光伏阵列输出的直流电压、直流电流为固定值,可表示为

$$U_{\mathrm{pv}}(t) = U_{\mathrm{dc}} \tag{6-3}$$

$$I_{\mathrm{pv}}(t) = I_{\mathrm{dc}} \tag{6-4}$$

2. 光伏逆变器交流侧时域信号

在单相电压源型光伏并网逆变器(见图 6-4)中,为了使其输出的电压满足要求,需要对四个功率开关器件进行准确的开通和关断调节。常用的方法为双极性正弦脉宽(Sinusoidal Pulse Width Modulation,SPWM)调制方法,如图 6-8 所示。图中,u_z 为三角载波信号;u_r 为参考电压信号;u_o 为逆变器输出电压;S_1 和 S_4 的控制信号相同,S_2 和 S_3 的控制信号相同,S_1 和 S_2 的控制信号互补。当 $u_r > u_z$ 时,S_1 和 S_4 导通,S_2 和 S_3 关断,逆变器输出电压 $u_o = +U_{\mathrm{dc}}$;当 $u_r < u_z$ 时,S_2 和 S_3 导通,S_1 和 S_4 关断,逆变器输出电压 $u_o = -U_{\mathrm{dc}}$。如此反复,便形成了幅值的绝对值相同而持续时间不同的光伏逆变器输出电压信号。利用低通滤波器对该信号进行

滤波处理，即可得到期望的输出电压。

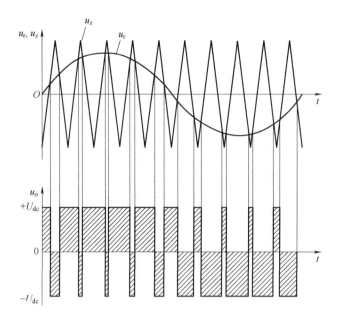

图 6-8　双极性正弦脉宽调制方法与光伏逆变器输出电压波形

假设参考电压信号 u_r 为

$$u_r(t) = U_r \sin\omega_r t \tag{6-5}$$

式中，U_r、ω_r 分别为参考电压信号的幅值和角频率。

对逆变器输出电压信号 u_o 进行傅里叶分解，可得

$$u_o(t) = \frac{U_r U_{dc}}{U_{z\_max}}\sin\omega_r t + \frac{4U_{dc}}{\pi}\sum_{m=1,3,5,\cdots}^{\infty}\left[J(m)\sin\frac{m\pi}{2}\cos m\omega_z t\right] +$$

$$\frac{4U_{dc}}{\pi}\sum_{m=1,2,\cdots}^{\infty}\sum_{n=\pm1,\pm2,\cdots}^{\infty}\left[J(m)\sin\frac{(m+n)\pi}{2}\cos\left(m\omega_z t + n\omega_r t - \frac{\pi}{2}\right)\right] \tag{6-6}$$

式中，U_{z_max} 为三角载波信号的最大幅值；ω_z 为三角载波的角频率；$J(m)$ 为 m 次谐波的幅值。

从式(6-6)可以看出，光伏逆变器输出电压信号由基波、载波的奇次谐波、以载波的 $m(m=1,2,3,\cdots)$ 次谐波为中心的边频谐波组成。

在得到逆变器输出电压信号之后，该电压信号经过 L 低通滤波器并入电网，此时光伏逆变器输出端等效电路如图 6-9 所示。由图 6-9 及电路基本原理，可得

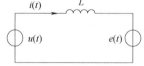

图 6-9　光伏逆变器输出端等效电路

$$u_o(t) = L\frac{di(t)}{dt} + e(t) \tag{6-7}$$

式中，$e(t) = E\sin(\omega t)$ 为电网电压，由于光伏逆变器为并网型，因此光伏逆变器输出电压的角频率应与电网电压的角频率相同，即 $\omega = \omega_r$，E 为电网电压的幅值。

由式(6-7)可得光伏逆变器输出电流信号为

$$i(t) = \frac{1}{L}\int_0^t [u_o(t) - e(t)] dt$$

$$= \frac{U_r U_{dc}}{U_{z\_max}}(\cos\omega_r t + 1) + \frac{4U_{dc}}{\pi}\sum_{m=1,3,5,\cdots}^{\infty}\left[\frac{1}{m\omega_z}J(m)\sin\frac{m\pi}{2}\sin m\omega_z t\right] +$$

$$\frac{4U_{dc}}{\pi}\sum_{m=1,2,\cdots}^{\infty}\sum_{n=\pm1,\pm2,\cdots}^{\infty}\left\{\frac{1}{m\omega_z + n\omega_r}J(m)\sin\frac{(m+n)\pi}{2}\left[\sin\left(m\omega_z t + n\omega_r t - \frac{\pi}{2}\right) + 1\right]\right\} -$$

$$\frac{E}{\omega_r}(\cos\omega_r t - 1) \tag{6-8}$$

由式(6-6)、式(6-8)可知，为了滤除光伏逆变器输出电压、电流中的高频谐波分量，获得低噪声的入网电流，需要借助低通滤波器。假设所设计的低通滤波器可以完全消除光伏逆变器输出电压、电流中的高频谐波分量，可得经过滤波器后的电压、电流为

$$u_o(t) = \frac{U_r U_{dc}}{U_{z\_max}}\sin\omega_r t \tag{6-9}$$

$$i(t) = \left(\frac{U_r U_{dc}}{U_{z\_max}} - \frac{E}{\omega_r}\right)\cos\omega_r t + \frac{U_r U_{dc}}{U_{z\_max}} + \frac{E}{\omega_r} \tag{6-10}$$

3. 光伏发电系统电信号的频域表示

由式(6-3)、式(6-4)可得光伏逆变器直流侧电压、电流的傅里叶变换分别为

$$U_{pv}(\omega) = \int_{-\infty}^{+\infty} U_{dc} e^{-j\omega t} dt = 2\pi U_{dc}\delta(\omega) \tag{6-11}$$

$$I_{pv}(\omega) = \int_{-\infty}^{+\infty} I_{dc} e^{-j\omega t} dt = 2\pi I_{dc}\delta(\omega) \tag{6-12}$$

直流侧电压、电流频域信号的幅度频谱(直流信号无相位频谱)如图6-10所示。

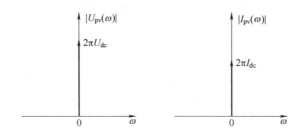

图 6-10 直流侧电压、电流频域信号的幅度频谱

由于未经滤波的光伏逆变器输出电压、电流的时域信号非常复杂，因此，本文仅讨论式(6-9)、式(6-10)对应且经过低通滤波器之后的电压、电流信号。

因为 $F(\cos\omega_r t) = \pi[\delta(\omega-\omega_r) + \delta(\omega+\omega_r)]$，$F(\sin\omega_r t) = \frac{\pi}{j}[\delta(\omega-\omega_r) - \delta(\omega+\omega_r)]$，经过低通滤波器之后的电压、电流频域表示为

$$U_o(j\omega) = \frac{U_r U_{dc}}{U_{z\_max}}\frac{\pi}{j}[\delta(\omega-\omega_r) - \delta(\omega+\omega_r)] \tag{6-13}$$

$$I_o(j\omega) = \left(\frac{U_r U_{dc}}{U_{z\_max}} - \frac{E}{\omega_r}\right)\pi[\delta(\omega-\omega_r) + \delta(\omega+\omega_r)] + \left(\frac{U_r U_{dc}}{U_{z\_max}} + \frac{E}{\omega_r}\right)2\pi\delta(\omega) \tag{6-14}$$

交流侧电压、电流的幅频特性曲线分别如图 6-11、图 6-12 所示。

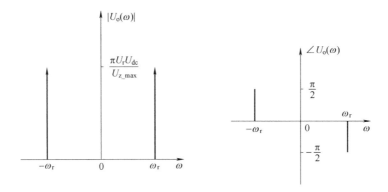

图 6-11　交流侧电压的幅频特性曲线

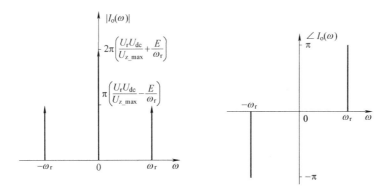

图 6-12　交流侧电流的幅频特性曲线

三、滤波

光伏发电系统中的滤波部分主要发生在并网电流检测之前，其主要目的是滤除前一部分产生的谐波与高频信号。在光伏发电系统中常见的滤波器包括 L、LC、LCL 三种形式，这部分内容在第五章已经进行了介绍，这里不再详细讨论。

在并网型光伏发电系统中，LC 与 L 滤波器发挥的作用完全相同，而当系统稳态运行于低频段时，LCL 滤波器可等效为 L 滤波器。因此，可得滤波电感的取值范围为

$$\frac{5U_{dc}}{6I_n f_s} \leq L \leq \frac{\sqrt{U_{dc}^2 - 4E_{max}^2}}{2I_{max}\omega_n} \tag{6-15}$$

式中，U_{dc} 为光伏逆变器直流电容 C_{dc} 两端的电压；E_{max} 为电网电压的最大值；I_{max} 为入网电流的最大值；I_n 为入网电流的有效值；ω_n 为基波电压角频率；f_s 为光伏逆变器的开关频率。

四、基于 MATLAB 的光伏发电系统分析

基于 MATLAB 实现光伏发电系统中的信号采样与滤波，主要包括两部分：第一部分是光伏系统采样电路的搭建，以比较不同的采样周期对系统输出的影响；第二部分是设计各种可行的滤波器，如 LC 滤波器、LCL 滤波器等，并对滤波器进行参数设定和频域分析。

（一）光伏发电系统中的信号采样

1. 光伏发电系统的 MPPT 控制算法

采样周期设计不合理将会影响 MPPT 控制算法的跟踪速度和稳态特性。如果采样周期较小，则采样得到的信号并非是相应占空比下系统输出功率稳定值，导致功率损失严重，甚至造成跟踪失效；如果采样周期较大，则会使 MPPT 的跟踪速度降低。

MPPT 控制算法流程图如图 6-13 所示。首先通过采样主回路直流电压 U_{oc} 和输出电流 I_{sc} 基本确定光伏系统的最大功率点；其次，通过控制采样开关 Q_1、Q_2 对 U_{oc} 和 I_{sc} 进行采样，判断环境是否发生变化，实现快速 MPPT；最后，执行电压环路控制算法，发出脉冲调制（PWM）信号，控制开关管动作，保持系统稳定在最大功率点。

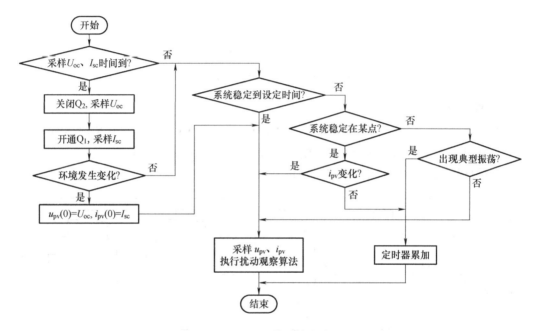

图 6-13 MPPT 控制算法流程图

2. 采样电路搭建

将光伏列阵及其输出直流电压用电路进行等效处理，开关网络则利用 MOSFET 和一个二极管实现，利用 MATLAB 中 Simulink 对采样电路进行简易仿真，如图 6-14、图 6-15 所示。

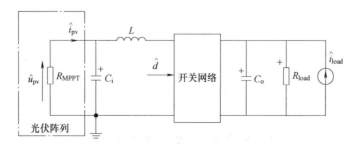

图 6-14 光伏发电系统采样模型

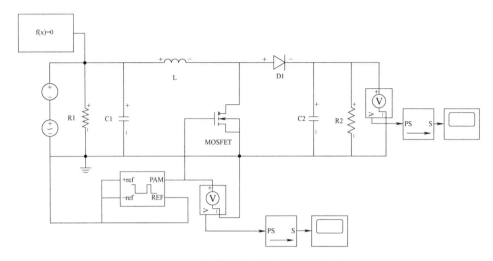

图 6-15 光伏发电系统采样仿真电路

3. 数据分析

参数设置：$U=492.8\text{V}$，$R_1=62\Omega$，$L=600\mu\text{H}$，$C_1=4.7\mu\text{F}$，寄生电阻 $R_{C1}=50\text{m}\Omega$；开关频率 $f_s=20\text{kHz}$，$C_2=90\mu\text{F}$，$R_2=40\Omega$。模拟环境波动 $U_1=20\sin\pi t/50\text{V}$。

不同采样周期的输出电压波形如图 6-16 所示。

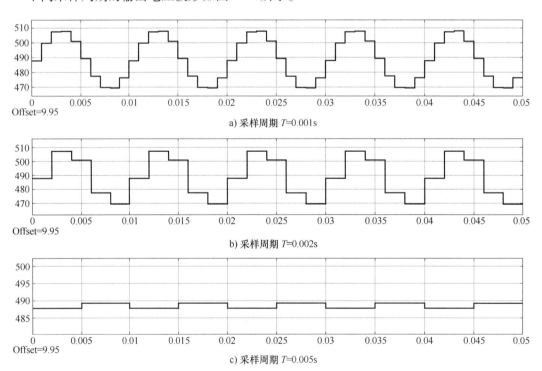

图 6-16 不同采样周期的输出电压波形

由图 6-16 可知，改变采样周期会对输出电压产生影响，从而对输出功率产生影响。输出功率采样周期太大会导致 MPPT 控制算法持续误判，系统始终不能收敛到最大功率点处；

输出功率采样周期过小，则采样数据起伏大，导致系统严重振荡，功率损失较为严重。采样周期的设计直接关系到输出电压的振荡幅度、输出功率大小及 MPPT 控制算法的稳定。合理选择采样周期能有效减小输出电压的振荡幅度，提高光伏系统的输出功率。

（二）光伏发电系统的滤波

通过设计各种可行的滤波器结构，并根据得到的传递函数开展伯德图分析，以选择适合光伏发电系统的滤波器。具体以 LCL 滤波器和带阻值的 LCL 滤波器为例，实现对不同滤波器性能差异的分析。两种滤波器的电路结构如图 6-17 所示。

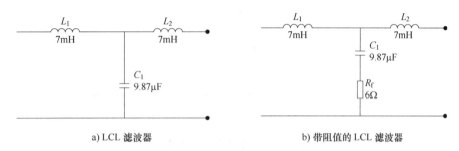

a) LCL 滤波器   b) 带阻值的 LCL 滤波器

图 6-17 LCL 滤波器电路

（1）LCL 滤波器

电路结构如图 6-17a 所示，$L_1 = L_2 = 7\mathrm{mH}$，$C = 9.87\mathrm{\mu F}$，其传递函数为

$$G(s) = \frac{1}{L_1 L_2 C s^3 + (L_1 + L_2) s}$$

MATLAB 参考运行程序如下：

```
L=7e-3;C=9.87e-6;
num=[1];
den=[C*L*L 0 2*L 0];
H=tf(num,den);
bode(H);grid on
```

MATLAB 程序运行结果如图 6-18 所示。

（2）带阻值的 LCL 滤波器

电路结构如图 6-17b 所示，$L_1 = L_2 = 7\mathrm{mH}$，$C = 9.87\mathrm{\mu F}$，$R_f = 6\Omega$，其传递函数为

$$G(s) = \frac{1 + R_f C}{L_1 L_2 C s^3 + (L_1 + L_2) R_f C s^2 + (L_1 + L_2) s}$$

MATLAB 参考运行程序如下：

```
L=7e-3;C=9.87e-6;R=6;
num=[1+R*C];
den=[C*L*L 2*L*R*C 2*L 0];
H=tf(num,den);
bode(H);grid on
```

MATLAB 程序运行结果如图 6-19 所示。

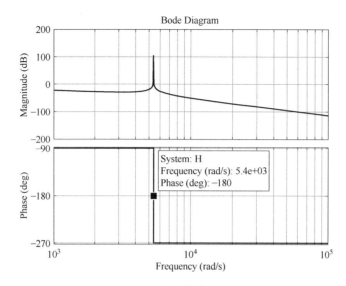

图 6-18　LCL 滤波器电路频域分析

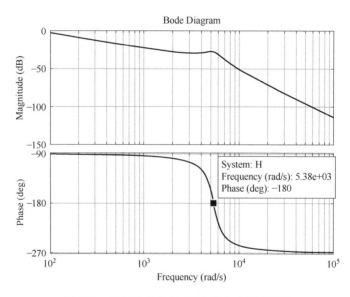

图 6-19　带阻值的 LCL 滤波器电路频域分析

通过以上两种形式的 LCL 滤波器电路的 MATLAB 程序频域分析可知：

1) 对于 LCL 滤波器，从伯德图可以看出，对截止频率（5400rad/s）以下频段的信号基本无衰减作用，而对高于截止频率的信号会产生抑制效果。同时，该滤波器电路中未产生电容与电网直接并联的情况，减小了高频谐波的影响。然而，在截止频率处，LCL 滤波器出现了普遍的谐振尖峰现象。

2) 对于带阻值的 LCL 滤波器，为克服谐振尖峰的问题，加入了阻尼电阻，并且选择电阻阻值为谐振频率电容阻抗的 1/3。从最终的伯德图可以看出，带阻值的 LCL 滤波器对于谐振尖峰的抑制效果较好，并且滤波范围大，适合应用于大功率传输需求的电网中。

（三）光伏发电系统的 MPPT 控制

参数设置为：光伏板面积 54mm×55mm，开路电压 3.5V，峰值电压 2.6V，峰值电流 0.8A，环境温度设置为 25℃。

MATLAB 参考运行程序如下：

```
clc,clear
fid=fopen('radio.txt','r');              %读取光照度数据,数据保存在.txt文件中
sun=fscanf(fid,'%g');

T=zeros(size(sun));
T(:)=25;                                 %设定温度
v=3e-2;                                  %设定扰动电压
P_max=MaxP(sun,v,T);                     %调用子函数MaxP(),利用输出特性,计算最大功率
P_track=POM(sun,v,T);                    %调用子函数POM(),计算输出功率
err=P_max-P_track;                       %计算跟踪功率误差
kpm=sum(P_track)./sum(P_max);            %计算跟踪效率
figure(1)
plot(P_max,'b'),hold on                  %最大功率曲线
plot(P_track,'r:','LineWidth',1.5),hold on  %功率跟踪曲线
plot(err,'k--'),grid on                  %误差曲线
title('扰动观测算法')
xlabel('t(h)');ylabel('P(W)');

%%子程序1:根据光伏电池输出伏安特性得到不同光照度下的输出电流
function I=max60(u,sun,T)
S=54*55;                                 %光伏板面积
Voc=3.5;                                 %开路电压
Isc=0.03*S/100;                          %短路电流
Vm=2.6;                                  %电池最大功率点上的电压
Im=0.8;                                  %电池最大功率点上的电流
c2=(Vm/Voc-1)/log(1-Im/Isc);
c1=(1-Im/Isc)*exp(-Vm/(c2*Voc));
Tf=25;                                   %设定参考温度
DT=T-Tf;                                 %实际温度与参考温度之差
    a=0.0004;                            %参考日照下(1kW/m^2,25℃)的电流变化温度系数
    b=-0.078;                            %参考日照下(1kW/m^2,25℃)的电压变化温度系数
    Rref=1000;                           %参考辐射强度1kW/m^2
    N=6;                                 %光伏阵列各模块
    Np=2;
    Ns=6;
    x=1.12;                              %材料带能
    gvoc=-0.06;
    gisc=2.0*10^(-3);
    Aref=(T*gvoc-Voc+x*Ns)/((gisc*T/Isc)-3);
    Rsref=(Aref*log(1-Im/Isc)-Vm+Voc)/Im;  %参考状态下光伏模块的串联电阻
    Rs=N/Np*Rsref;                       %电池内部串联电阻
    DI=a*sun/Rref*DT+(sun/Rref-1)*Isc;
    Du=-b*DT-Rs*DI;
```

(续)

```
            I=Isc*(1-c1*(exp((u-Du)/(c2*Voc))-1))+DI;          %输出伏安特性下的输出电流

%%子程序2:获得不同光照条件下的最大功率值
function [MaxP,MaxV,MaxI]=MaxP(sun,v,T)
MaxP=zeros(size(sun));
MaxV=zeros(size(sun));
MaxI=zeros(size(sun));
Va=0:0.1:3.5;
[m,n]=size(Va);
Ia=size(m,n);
for i=1:size(sun)
    if size(i)~=0
        for j=1:n
            Ia(j)=max60(Va(j),sun(i),T(i));
        end
        [MaxP(i),Pt]=max(Ia.*Va);
        MaxV(i)=Va(Pt);
        MaxI(i)=Ia(Pt);
    end
end

%%子程序3:扰动观测算法
function [P,V,I]=POM(sun,v,T)
Vr=zeros(size(sun));
Ir=zeros(size(sun));
k=1;
Vr0=2.8;
Vr1=2.8+v;
Ir0=max60(Vr0,sun(k),T(k));
Ir1=max60(Vr1,sun(k+1),T(k+1));
Pr0=Ir0.*Vr0;
Pr1=Ir1.*Vr1;
Vr(k)=Vr0;
Ir(k)=Ir0;
Vr(k+1)=Vr1;
Ir(k+1)=Ir1;
for m=k+1:size(sun)-1
    if size(m+1)~=0
        if Pr1>Pr0
            if Vr1>Vr0
                Vr1=Vr1+v;
            else
                Vr1=Vr1-v;
            end
        else
            if Vr1>Vr0
                Vr1=Vr1-v;
            else
                Vr1=Vr1+v;
            end
```

（续）

```
        end
        Pr0=Pr1;
        Ir1=max60(Vr1,sun(m+1),T(m+1));
        Pr1=Ir1.*Vr1;
        Vr(m+1)=Vr1;
        Ir(m+1)=Ir1;
    end
end
V=Vr;
I=Ir;
P=Vr.*Ir;
```

MATLAB 程序运行结果如图 6-20 所示。

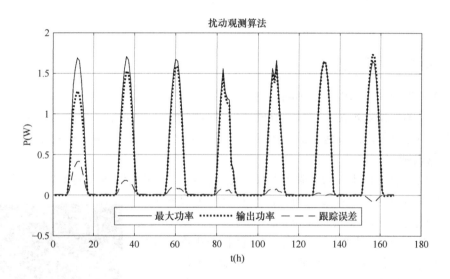

图 6-20 光伏发电系统 MPPT 扰动观测算法

第二节 车牌识别系统

本节简要介绍汽车牌照识别系统的设计过程，然后基于 MATLAB 实现对车牌图像的预处理、车牌定位、字符分割与识别等环节，并给出编程要点。

一、设计过程

常见的汽车牌照一般由七个字符和一个圆点组成，如图 6-21 所示。车牌中字符的高度和宽度分别为 90mm 和 45mm，字符间距固定为 12mm。车牌识别系统的设计过程可分为车牌图像采集、图像预处理、车牌定位、车牌字符分割和匹配识别五个模块，如图 6-22 所示。

图 6-21 车牌图像

图 6-22 车牌识别系统的设计过程

二、车牌图像预处理

由于受到光照和外部因素的影响，直接采集到的图像一般都存在噪声，需要对车牌图像进行预处理。图像预处理是指对采集到的图像进行颜色空间变换、二值化、去噪、形态学处理等操作。图像预处理过程包括颜色识别、图像二值化、图像闭运算、确定车牌区域。

1. 颜色识别

不同的摄像设备采集到的车牌图像尺寸是不同的，为了确保输入的车牌图像尺寸适中，首先需要对图像进行尺寸调整。同时，一般彩色车牌图像常用的 RGB 三原色模型中两点间的欧氏距离与颜色距离呈非线性关系，而 RGB 彩色图像由红、绿、蓝三色且大小都是 8 位的分量图像构成，每一个彩色像素有 24 位深度，不但增加了图像存储所需要的空间，而且不利于图像处理，因此需要对图像进行灰度化处理。处理后的车牌图像如图 6-23 所示。

一般地，RGB 彩色图像和灰度图像的转换关系为

$$Y = 0.299R + 0.587G + 0.144B \quad (6-16)$$

图 6-23 颜色识别

式中，R、B、G 为红（R）、绿（G）、蓝（B）三个颜色通道的亮度。

2. 图像二值化

图像灰度化后，可通过选取适当的阈值实现对灰度图像的二值化。采取二值化处理后，图像上点的灰度值为 0 或 255，从而使得整个图像呈现出明显的黑白效果，得到反映图像整体和局部特征的二值化图像。具体思路为：选取合适的阈值，如果当前像素点的灰度值大于或等于该阈值，则将其灰度值置为 256，即黑色，否则置为 0，即白色。通过恰当的二值化处理，以黑白两种像素将车牌图像分为背景和前景目标区域，减小了数据处理量，便于找到车牌字符区域，如图 6-24 所示。

图 6-24 二值化处理

3. 图像闭运算

开、闭运算是形态学常用的图像处理方法。通过开运算能够消除亮度较高的细小区域，实现对纤细点物体的分离，而对于较大物体，可以平滑其边界；闭运算则具有填充白色物体内细小黑色空洞区域的作用。针对图像二值化后得到的车牌图像，可以利用图像闭运算弥合车牌区域较窄的间断和细长的沟壑，消除存在的小孔洞像素，填补车牌区域轮廓线中的断裂，实现对轮廓的平滑效果，如图 6-25 所示。

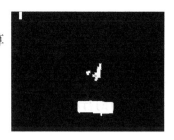

图 6-25　图像闭运算

4. 车牌区域筛选

由于天气、拍照角度、物体颜色等影响，可能会出现其他的连通域，如图 6-25 上方的白色区域。车牌所在区域一般为最大连通域，此时可通过比较连通域面积的大小，选择保留最大的连通域，以确定车牌所在区域，如图 6-26 所示。

图 6-26　车牌区域筛选

三、车牌定位

（一）车牌定位

通过边缘检测将车牌区域从整体图像中提取出来，称为车牌定位。所提取的车牌是后续车牌识别系统的数据来源。

图像中周围像素灰度有较大变化即灰度值导数较大或极大的地方就是图像的边缘点，像素点某些属性的显著变化通常反映了这些像素点的重要意义和特征。边缘检测的目的在于标识数字图像中灰度变化明显的点，它摒弃了那些被认为不重要的信息，只保留图像中比较重要的内容。最常用的边缘检测就是 Canny 边缘检测算子和 Roberts 算子。运用 Roberts 算子进行边缘检测，采用局部差分算子定位边缘，得到的边缘位置比较准确，但 Roberts 算子对噪声较为敏感，比较适用于边缘陡峭、噪声较少的图像，而 Canny 边缘检测算子不容易受到噪声的影响。针对经车牌区域筛选处理得到的二值图像，采用相应的边缘检测算子进行车牌区域的查找，可以通过简单扫描发现像素突变的方式获得，即通过扫描像素全为 255（即全黑）行的范围，实现对图像中的车牌进行定位，找到上下边框位置。同样对列像素进行扫描，可得到左右边框位置，最终得到车牌位置的灰度图像，如图 6-27 所示。

（二）车牌区域杂点删除

通过对定位的车牌区域灰度图像进行二值化处理，如图 6-28 所示，可以发现图像中含噪声等杂点的区域。对于噪声杂点等灰度值随机变化的区域，通常需要通过滤波进行杂点的抑制消除。常见的图像滤波方法有均值滤波、高斯滤波、中值滤波等。滤波后的图像如图 6-29 所示。

图 6-27　车牌定位 　　图 6-28　二值化处理图 　　图 6-29　删除二值图像的杂点

(三)车牌区域边框裁剪

考虑到车牌图像中上下边界通常都是不规范的,并且固定车牌的螺母也会干扰字符区域的分割结果,因此,需要进一步消除边缘中的无用部分。根据边框处像素的变化率较大的特点,通过进一步扫描寻找像素全为255(即全黑)的行和列,从而可以确定边框的精确范围,裁剪去除边框,如图6-30所示。

图 6-30　去除边框

四、字符分割和匹配识别

(一)字符分割

字符分割是从含有字符的车牌中分割出单独字符。实际拍摄的车牌存在光照变化、被阴影遮挡、车牌不清洁、字符断裂、单双层车牌以及边框等现象,使分割的难度大幅度增加。这里介绍较为简单的基于边缘的字符分割方法。通过对图像进行列求和,确认哪一列是纯黑色,哪一列有白色部分(有字),进而可以分割出各个字符所在的区域,如图6-31所示。该方法在汽车牌照角度不大时效果较好。注意:车牌中间有一个圆点,在这里需要将该圆点去除。

图 6-31　字符分割

(二)字符匹配

车牌字符排列规则为:首字符为汉字,第二个字符为字母,最后一个字符也可能为汉字"警""学""挂"或者数字、字母等,其余字符为字母与数字的混合。一些特殊字母与数字之间,如D与0、B与8等,容易造成错误识别。

一般地,字符识别采用模式识别方法,首先提取待识别字符的特征,然后与字符模板特征进行匹配,根据规则即可判定该字符是否与模板字符相符。按照特征提取方式和匹配规则的不同,可以分为基于模板匹配的识别方法、基于神经网络的识别方法、基于支持向量机的识别方法等。

模板匹配是较为经典的识别算法,其思路是通过比较待识别字符图像的特征和标准模板特征,计算两者之间的相似性,判断待识别字符与模板字符的匹配程度。采用该方法首先要建立模板库,然后将待识别的字符进行归一化处理,保证与模板库中的字符在尺寸和灰度等方面的一致性,最后通过相似度计算并设定置信阈值以判断匹配与否。模板匹配方法适用于图像中字体规范的字符识别,对变形、弯曲、污染等情况下的字符识别能力较差。采用模板匹配法的识别结果如图6-32所示。具体识别过程为:

图 6-32　采用模板匹配法的识别结果

1)待识别的字符归一化:将测试字符图像转化为与训练样本字符大小相一致的字符。

2)相似度计算过程:将待识别的字符与训练样本库中的样本逐个进行对比,比较简单的方法为将变换大小之后的字符与样本作差,取差值最小的样本字符作为结果输出。

3)相似度判断:设定阈值,将相似度最高的结果作为对应字符的识别结果。

在实际操作中,由于汉字的形体复杂,识别结果可能会出现偏差。如"苏"这一类分成多部分的汉字,在去除噪声时可能只保留一部分,还有"鲁",其与"青"重合度较高,能否成功匹配不但受照片牌照角度的影响,也和前期图像处理后字符区域的特征保留相关，如图 6-33、图 6-34 所示。

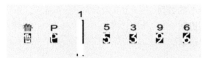

图 6-33 "鲁"匹配成功

图 6-34 "鲁"匹配失败

五、基于 MATLAB 的车牌识别

车牌识别系统的设计过程包括车牌图像采集、图像预处理、车牌定位、车牌字符分割和匹配识别等。第一部分是基于 MATLAB 的车牌识别系统主程序，第二部分对主程序中出现的自定义功能函数分别进行说明。

（一）车牌识别系统主程序

MATLAB 参考运行程序如下：

```
clc;clear all;close all;
[fn,pn,fi]=uigetfile('*.jpg','请选择所要识别的图像');
                                    %读取图像,fn 为图像名称,pn 为图像路径,fi 为选择的文件类型
A=imread([pn fn]);                  %读取图像,参数为图像名称和图像路径
[x,y,z]=size(A);                    %读取图像大小,x、y、z 为高、宽和通道数
aa=x/y;                             %统一尺寸
A=imresize(A,[400*aa,400]);         %imshow(A)
B=A(:,:,3)+A(:,:,2)-2*A(:,:,1);     %颜色识别,蓝色分量加绿色分量减去两倍的红色分量
                                    %imshow(B)
C=inRange(B,50);                    %大于50是蓝色区域,记为1,表示白色;否则记为0,表示黑色
                                    %imshow(C)
se1=strel('rectangle',[25 25]);     %用于图像学运算,选择长方形是为了保护边框形状
D=imclose(C,se1);                   %图像学闭运算,用于连通车牌内各点
                                    %imshow(D)
D=find_max_area(D);                 %保留图像中最大的连通域
                                    %imshow(D),初步寻找车牌区域,保留边框
[h,w]=size(D);                      %获取图像尺寸
row_vector=ones(w,1);               %利用矩阵乘法求和
line_vector=ones(1,h);              %利用矩阵乘法求和
row_sum=D*row_vector;               %每行中为1的数目
line_sum=line_vector*D;             %每列中为1的数目
[up,down]=find_area(row_sum);       %找上下边框
[left,right]=find_area(line_sum);   %找左右边框
H=A(up:down,left:right,1);
area=(down-up+1)*(right-left+1);    %计算图像大小
                                    %imshow(H)
H=inRange(H,150);                   %二值化
                                    %imshow(H)
H=bwareaopen(H,round(0.001*area));  %滤去杂点
                                    %imshow(H)
[h,w]=size(H);                      %去除上下边框
row_vector=ones(w,1);               %利用矩阵乘法求和
```

(续)

```
row_sum=H*row_vector;                              %每行中为1的数目
[up,down]=remove_border(row_sum);                  %去除上下边框
                                                   %暴力裁去边框
h=down-up;                                         %字符高度
del=round(0.1*h);                                  %合理的左右多余蓝色的宽度
H=H(up:down,del:w);                                %暴力裁剪
                                                   %imshow(H),字符分割及模板匹配
[P1,P2,P3,P4,P5,P6,P7]=mysplit(H);                 %分割字符
Pic={P1,P2,P3,P4,P5,P6,P7};
res=[];
se2=strel('rectangle',[2 2]);
for i=1:7
    if i~=1
        Pic{i}=imclose(Pic{i},se2);                %去除字符中的噪点
        Pic{i}=find_max_area(Pic{i});              %保留最大连通域
        Pic{i}=del_blank(Pic{i});                  %删去上下空白
                                                   %汉字有分形体,所以不能进行这步操作
    end
    if i==1
        Result=modelmatch(Pic{i},1);               %文字模板匹配
    else
        Result=modelmatch(Pic{i},2);               %数字字母模板匹配
    end
    subplot(1,7,i);                                %分图展示
    imshow(Pic{i});
    title(Result);
    res=[res Result]                               %文字展示
end
```

(二) 各个功能函数程序
1. 图像二值化
MATLAB 参考运行程序如下：

```
function [newimg]=inRange(img,level)
                                                   %level 为阈值,进行二值化
[a,b]=size(img);
newimg=zeros(a,b);
for i=1:a
    for j=1:b
        gray=img(i,j);
        if gray>level
            newimg(i,j)=1;
        end
    end
end
end
```

2. 保留图像最大的连通域
MATLAB 参考运行程序如下：

```
function [new_img]=find_max_area(img)
new_img=img;
bw=bwlabel(img);                              %标记连通域,详见bwlabel函数
attr=regionprops(bw);                         %读取各连通域的属性,F是一个结构体
area=cat(1,attr.Area);                        %把结构体F里的面积重组为一维数组
index_max_area=find(area==max(area));         %获取最大面积对应的索引
new_img(find(bw~=index_max_area))=0;          %修改原图,去掉不是最大面积的索引点
end
```

3. 定位裁剪
MATLAB 参考运行程序如下：

```
function [index1,index2]=find_area(sum)       %从小到大,找白色区域范围,返回两个索引
maxValue=max(sum);
n=length(sum);
leastValue=0.5*maxValue;                      %认为是白色行的阈值
flag=0;
for i=1:n
    if flag==0
        if sum(i)>leastValue
            flag=1;
            index1=i;
        end
    else
        if sum(i)<leastValue
            index2=i;
            break;
        end
    end
end
end
function [index1,index2]=remove_border(sum)
%去除上下边框,主要思路是找到车牌介于边框和字符中间的蓝色区域,上下都有
maxValue=max(sum);
n=length(sum);
threshold=maxValue*0.2;
index=[];                                     %存放认为是黑色行的区域
for i=1:n
    if sum(i)<threshold
        index=[index,i];                      %把i放进矩阵index里
    end
end
n=length(index);
dis_index=[];                                 %存放相邻两个黑色行的距离
```

(续)

```
for i=1:n-1
    dis=index(i+1)-index(i);
    dis_index=[dis_index,dis];
end
[maxvalue,ind]=max(dis_index);
index1=index(ind);
index2=index(ind+1);
end
```

4. 字符分割

MATLAB 参考运行程序如下:

```
function [output1,output2,output3,output4,output5,output6,output7]=mysplit(O)
                                    %把一张完整的图像切割成七张图
[h,w]=size(O);                      %取图像的长和高
A=sum(O);                           %对图像的每一列求和,方便逐列判断颜色
m=0;
n=0;
flag=0;
M=zeros(1,100);
N=zeros(1,100);
for i=1:w                           %确认哪一列是纯黑色,哪一列有白色部分(有字)
    a=A(1,i);
    if(a<0.05*h)
        a=0;
    else
        a=1;
    end
    A(1,i)=a;                       %结果放回原矩阵(只剩0和1),0表示此列为纯黑色,1表示此列有
                                    %白色部分(有字)
end
if A(1,1)==1
    A(1,1)=0;                       %为方便程序判断,强制最左边一行为黑色(图像边缘不能有字)
end
if A(1,w)==1
    A(1,w)=0;                       %为方便程序判断,强制最左边一行为黑色(图像边缘不能有字)
end
for t=2:w-1                         %去除孤立的白色列
    if(A(1,t)==1&&A(1,t-1)==0&&A(1,t+1)==0)
        A(1,t)=0;
    end
end
for j=2:w                           %在M和N两个矩阵中分别存储每个字的左边缘和右边缘
    if(A(1,j-1)==0&&A(1,j)==1)
        m=m+1;
        M(1,m)=j;
    end
    if(A(1,j-1)==1&&A(1,j)==0)
        n=n+1;
```

(续)

```
                N(1,n)=j-1;
        end
end
for p=1:100                            %根据左、右边缘找到七个字对应的矩阵,并存储在 Data 中
        if(M(1,p)~=0&&N(1,p)~=0)
                if(M(1,1)<N(1,1))
                        m=M(1,p);
                        n=N(1,p);
                else
                        m=M(1,p);
                        n=N(1,p+1);
                end
                Y=O(1:h,m:n);
                Data{p}=Y;
        else
                Data{p}=0;
        end
end
for r=1:100                            %去除疑似车牌中间圆点的图像
        [h0,w0]=size(Data{r});
        z=sum(Data{r},2);
        c=0;
        for x=1:h0
                if z(x)>1
                        c=c+1;
                end
        end
        if abs(c-w0)<4&&sum(sum(Data{r}))~=0
                flag=r;
                break;
        end
end
if(flag>0)                             %接上
        for s=flag:99
                Data{s}=Data{s+1};
        end
end
        output1=Data{1};               %输出七张图像
        output2=Data{2};
        output3=Data{3};
        output4=Data{4};
        output5=Data{5};
        output6=Data{6};
        output7=Data{7};
end
```

5. 删除上下空白区域

MATLAB 参考运行程序如下：

```matlab
function [new_img]=del_blank(img)              %去除上下空白
new_img=img;
s=sum(new_img(1,:));                           %首行
while(s==0)
    new_img(1,:)=[];
    s=sum(new_img(1,:));
end
[h,w]=size(new_img);
s=sum(new_img(h,:));                           %末行
while(s==0)
    new_img(h,:)=[];
    h=h-1;
    s=sum(new_img(h,:));
end
end
```

6. 模板匹配

MATLAB 参考运行程序如下：

```matlab
function [best_res]=modelmatch(Pic,model)      %模板匹配
TAB=['0123456789ABCDEFGHJKLMNPQRSTUVWXYZ藏川鄂甘赣贵桂黑沪吉冀津晋京辽鲁蒙闽宁青琼陕苏皖湘新渝豫云浙'];
Pic=imresize(Pic,[42 21]);                     %变换为42×21的标准模板尺寸
best=1;
best_index=0;
                                               %分为数字字母库和汉字库
if model==1
    kmin=35;
    kmax=65;
elseif model==2
    kmin=1;
    kmax=34;
end
%模板匹配法简单来说就是给两张图相似度评分，两张图相减，分越低表示重合度越高
for i=kmin:kmax
    pattern=imread(['model/',TAB(i),'.bmp']);
    pattern=inRange(pattern(:,:),150);
    nominator=sum(sum(abs(Pic-pattern)));
    denominator=sum(sum(Pic))+sum(sum(pattern));
    score=nominator/denominator;
    if score < best
        best=score;
        best_index=i;
    end
end
best_res=TAB(best_index);
end
```

第三节 声音信号的分析与处理

声音信号的分析与处理是信息、通信、人机交互和语音识别等领域发展的基础。本节首先简要分析声音信号的基本特点,然后介绍声音信号处理的一般方法,最后介绍基于 MATLAB 开发的音频处理器,以可视化界面实现声音信号的处理。

一、声音信号的基本特点

声音是带有语音、音乐和音效的信号,通过频率、幅度的有规律变化,成为包含一定信息的载体。声音的三个要素是音调、音强和音色。声音信号的特征主要由三个重要参数决定,即频率 ω_0、幅度 A_n 和相位 φ_n。

(一)音调与频率

一个声源每秒钟可产生成百上千个波,通常把每秒钟产生的波峰数目称为信号的频率,单位为 Hz 或 kHz。人对声音频率的感觉表现为音调的高低,而音调由频率 ω_0 决定。例如,音乐中音阶的划分是在频率的对数坐标(20×lg)上取等分得到,见表 6-1。

表 6-1 音乐中的音阶与频率

音阶	C	D	E	F	G	A	B
简谱符号	1	2	3	4	5	6	7
频率/Hz	261	263	330	349	392	440	494
频率(对数)	48.3	49.3	50.3	50.8	51.8	52.8	53.8

(二)音强与幅度

声音信号的幅度是从信号的基线到当前波峰的距离。幅度决定了信号音量的强弱程度。幅度越大,声音越强。一般用动态范围 D 定义相对强度,即

$$D = 20\lg \frac{H_{max}}{H_{min}} \tag{6-17}$$

式中,H_{max} 和 H_{min} 为信号的最大强度和最小强度。

(三)音色与谐波

$n \times \omega_0$ 称为基波 ω_0 的 n 次谐波分量,也称为泛音。声音的泛音适中时,谐波会比较丰富,音色听起来就会优美动听。

二、声音信号的处理方法

一般情况下,对声音信号的处理本质上是对声音信号进行采样,经由 A/D 转换,形成包含多声道信息的 $n \times m$ 矩阵(m 为音频通道数),或者是将采样后的音频文件(如 .mp3、.wav 等格式文件),按照包含左右声道信息的 $n \times m$ 矩阵形式进行读取,并对该矩阵进行时频分析与数学处理,最后再经 D/A 转换,形成处理后的音频信号并播放出去。声音信号的一般处理过程如图 6-35 所示。

图 6-35　声音信号的一般处理过程

（一）音量处理

音量的放大与缩小即改变振幅，振幅增大则音量增大，振幅缩小则音量减小。同理，对于声音的淡入（渐强）、淡出（渐弱）效果，可以通过改变振幅实现音量的连续变化，通常采用在原振幅上叠加振幅包络线函数。

图 6-36a 为淡入处理前的时域声音信号，图 6-36b 为经包络线函数处理后的时域声音信号，在播放器端可以听到明显的声音淡入效果。

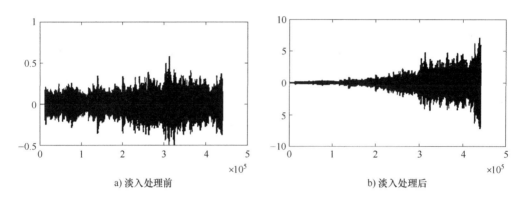

a）淡入处理前　　　　　　　　　　　　b）淡入处理后

图 6-36　淡入处理前后的声音信号时域表示

（二）音调过滤

音调过滤的目的是突出高音、低音或特定频率范围的声音，其方法是将声源通过一个带通滤波器，筛选出目标频率范围的声音。音调过滤的关键是滤波器的选择和参数设置。考虑到声音通带非常平缓的特性，这里选用巴特沃斯滤波器。

图 6-37 给出了示例音频文件声音信号在滤波前后的时域、频域对比。可以看出，经过巴特沃斯滤波器对高音部分的滤波，大部分高音被过滤，中低音部分突出。

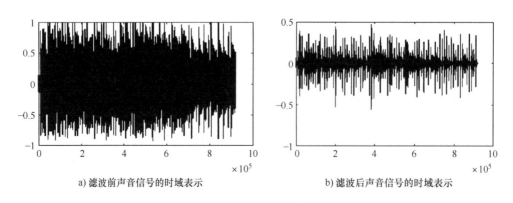

a）滤波前声音信号的时域表示　　　　　　　　　　b）滤波后声音信号的时域表示

图 6-37　滤波前后声音的信号时域、频域表示

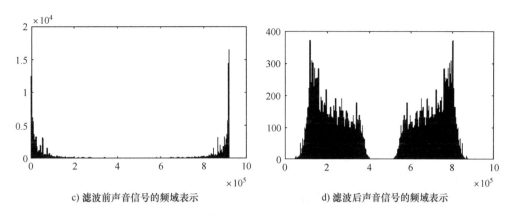

c) 滤波前声音信号的频域表示 d) 滤波后声音信号的频域表示

图 6-37　滤波前后声音的信号时域、频域表示(续)

(三) 声道与混缩

1. 消除左/右声道

消除声道功能主要通过对矩阵的操作实现。根据前面介绍，音频文件读取为 $n×m$ 矩阵，第一列为左声道，第二列为右声道，消除左声道即将第一列全部赋值为0，消除右声道即将第二列全部赋值为0。

2. 混缩

混缩是将两段音频合为一段音频，同时播放。在混缩之前，首先要对音频进行音量标准化处理，即将音频矩阵除以矩阵中的最大值，主要用在音频合并之前，使两段音频音量匹配。音量标准化之后，将两段音频对应矩阵相加即可。需要注意的是，相加之前应使两个矩阵大小相等。

(四) 声音修复

1. 降噪

噪声破坏了语音信号原有的声学特征和模型参数，使语音质量下降，也会使人产生听觉疲劳。不仅如此，强噪声环境还会对说话的人产生影响，使人改变在安静环境或者低噪声环境中的发音，从而改变说话人的语音特征参数，对语音识别系统有很大影响。

在诸多语音增强方法中，谱减法因其计算量小、容易实现和增强效果好等特点而备受关注。谱减法是基于人的感觉特性，即语音信号的短时幅度比短时相位更容易对人的听觉系统产生影响，从而估计语音的短时幅度频谱，比较适用于消除带加性噪声的语音。

在基本谱减法中，假定语音为平稳信号，且噪声为加性噪声，与语音信号不相关。带噪语音信号可表示为

$$y(t)=s(t)+n(t) \tag{6-18}$$

式中，$y(t)$ 为含噪语音信号；$s(t)$ 为语音信号；$n(t)$ 为噪声信号。

对式(6-18)求傅里叶变换，则

$$Y(\omega)=S(\omega)+N(\omega) \tag{6-19}$$

可得

$$|Y(\omega)|^2=|S(\omega)|^2+|N(\omega)|^2+2\text{Re}[S(\omega)N^*(\omega)] \tag{6-20}$$

其中，Re( )为取实部。

对式(6-20)取均值，得

$$E|Y(\omega)|^2 = E|S(\omega)|^2 + E|N(\omega)|^2 + 2E\{\text{Re}[S(\omega)N^*(\omega)]\} \quad (6-21)$$

其中，$E()$为取均值。

根据假设，噪声信号与语音信号不相关，且噪声为加性噪声，则 $s(t)$ 和 $n(t)$ 独立，所以 $S(\omega)$ 和 $N(\omega)$ 也独立。故 $E\{\text{Re}[S(\omega)N^*(\omega)]\}=0$。因此，对一个分析帧内的短时平稳过程，有

$$|Y(\omega)|^2 = |S(\omega)|^2 + |N(\omega)|^2 \quad (6-22)$$

因为噪声是局部平稳的，故可以认为没有语音信息时的噪声与有语音信息时的噪声功率谱相同，因而可以利用发语音前的"寂静帧"来估计噪声。

由式(6-22)可得原始语音的估计值为

$$|\hat{S}_w(\omega)|^2 = |Y(\omega)|^2 - \langle|N_w(\omega)|\rangle^2 \quad (6-23)$$

式中，下标表示加窗信号；∧表示估值；$\langle|N_w(\omega)|\rangle^2$ 则表示无语音信号时 $|N(\omega)|^2$ 的均值。如果式(6-23)中结果出现负值，则将其改为0或改变符号，因为功率谱不能为负数。

式(6-23)可变换为

$$S(\omega) = [|Y(\omega)|^2 - |N(\omega)|^2]^{\frac{1}{2}} \quad (6-24)$$

根据人耳对语音的相位变化不敏感这一特点，可以用原带噪语音信号 $y(t)$ 的相位来代替估计后语音信号的相位，将估计后的频域语音信号进行傅里叶逆变换得到降噪后的时域语音信号。基本谱减法的原理图如图6-38所示。

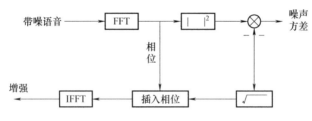

图6-38 基本谱减法的原理图

基于基础谱减法，可以得到降噪结果如图6-39所示。可以看出，经过降噪处理，部分频率的语音信号略有减弱。

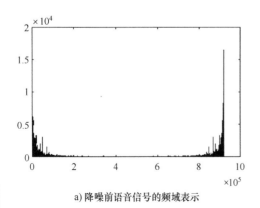

a) 降噪前语音信号的频域表示

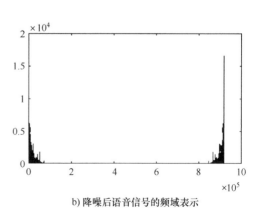

b) 降噪后语音信号的频域表示

图6-39 降噪前后语音信号的频域表示

2. 去人声

去人声的操作本质上是降噪过程，不同点在于去人声是将人声对应的频率段声音消除。可以利用带阻滤波器实现。通过两步进行人声消除：第一步通过左/右声道数据相减进行粗略消除；第二步通过滤波器实现精细消除。

（五）变速

变速功能主要实现对原始音频的速度调控，实现方法主要是对于用户给定的变速系数，提高或降低原始音频的采样速率，从而完成变速。需要注意的是，由于速度的变化，原始音频的音调也会相应发生变化。

（六）混响

1. 延迟播放

延迟播放是指对原始音频实现延迟处理，实现方法主要是对于用户给定的延迟时间，将原始音频进行填补零矩阵操作，再与原始音频叠加，实现延迟效果。

2. 单回声混响

将原始音频通过单回声滤波器，实现单回声混响效果。单回声滤波器的系统函数为

$$H(z)=1+az^{-m} \qquad |a|<1 \tag{6-25}$$

式(6-25)写成差分方程为

$$y(n)=x(n)+ax(n-m) \tag{6-26}$$

由式(6-26)可以看出，滤波器的输出是输入和一个输入延时的叠加，而输入的延时可以看作是回声。

3. 无限回声混响

将原始音频通过无限回声滤波器，实现无限回声混响效果。无限回声滤波器的系统函数为

$$H(z)=\frac{1}{1-az^{-m}} \qquad |a|<1 \tag{6-27}$$

式(6-27)写成差分方程为

$$y(n)=x(n)+ay(n-m)=x(n)+ax(n-m)+a^2y(n-2m)=\cdots\cdots \tag{6-28}$$

由式(6-28)可以看出，系统的输入是输出及其一系列延时的叠加，且延时后信号系数的绝对值逐渐减小。

三、基于 MATLAB 的声音信号分析与处理

下面主要介绍基于 MATLAB 的单段音频处理，如音量的放大/缩小、降噪、滤波、混响以及对两段音频的处理。

（一）振幅和压限

1. 放大/缩小

音量的放大/缩小即改变振幅，振幅增大则音量增大，振幅缩小则音量减小。

MATLAB 参考运行程序如下：

```
[X,fs]=wavread('3.wav');        %读入一段音频
sound(X,fs);                    %播放这段音频
```

(续)

```
sound(X * 0.5,fs);              %将音量减小0.5倍播放
[X,fs]=wavread('3.wav');        %读入一段音频
sound(X,fs);                    %播放这段音频
sound(X * 3,fs);                %将音量增大3倍播放
```

2. 淡入/淡出

淡入/淡出即改变振幅实现音量的变化。淡入/淡出的振幅包络线函数为 1.4^{-ki}，其中，k 为用户输入的系数；i 为矩阵值。

MATLAB 参考运行程序如下：

```
[X,fs]=wavread('3.wav');        %读入一段音频
sound(X,fs);                    %播放这段音频
k=0.000005;                     %设置音量渐弱程度的系数
for i=1:1:length(X)             %将音量逐行衰减,共 length(X)行 2 列
        X(i,1)=X(i,1) * 1.4^(-k * i);
        X(i,2)=X(i,2) * 1.4^(-k * i);
end
sound(X,fs);                    %播放处理后的音频

[X,fs]=wavread('3.wav');        %读入一段音频
sound(X,fs);                    %播放这段音频
k=0.000005;                     %设置音量渐强程度的系数
for i=1:1:length(X)             %将音量逐行增强,共 length(X)行 2 列
        X(i,1)=X(i,1) * 1.4^(k * i);
        X(i,2)=X(i,2) * 1.4^(k * i);
end
sound(X,fs);                    %播放处理后的音频
```

（二）滤波

滤波的目的是突出高音、低音以及特定频率范围的声音。

MATLAB 参考运行程序如下：

```
[f,fs]=wavread('3.wav');        %读入一段音频
ws=[0.01,0.2];                  %阻带截止频率
wp=[0.02,0.15];                 %通带截止频率(ws 和 wp 的范围可根据需要改变,控制滤波的声音频率
                                %范围。值得注意的是这两个向量中的数字均在 0 到 1 之间,是归一化的
                                %频率,其表达式为实际频率除以采样频率的 1/2)
ap=3;                           %通带衰减倍数
as=15;                          %阻带衰减倍数
[n1,wn1]=buttord(wp,ws,ap,as);  %计算出对应的巴特沃斯滤波器阶数和通带截止频率
[b,a]=butter(n1,wn1);           %将求出的阶数和频率带入 butter()函数,求出该滤波器的频率特性
                                %函数的分子、分母系数
y=filter(b,a,f);                %已知分子、分母后,该滤波器设定完毕,用 filter()函数对 f 进行滤波
sound(y,fs);                    %播放处理后的音频
```

(三)声道与混缩

1. 音量标准化

音量标准化通过将音频矩阵除以矩阵中最大值实现,主要用在音频合并之后,为使两段音频音量匹配而进行标准化。

MATLAB 参考运行程序如下:

```
clear;
clc;
close all;
[Z,fs,NS]=wavread('a1.wav')        %读入音频
figure(1);
plot(Z);
Zm=max(max(Z),abs(min(Z)));        %找幅度最大值
Z1=Z/Zm;                           %标准化
figure(2);
plot(Z1);
wavwrite(Z1,fs,NS,'f3.wav');
```

2. 消除左声道

根据 MATLAB 将音频文件读取为 $N×2$ 矩阵的性质,第一列为左声道,第二列为右声道,消除左声道即将第一列全部赋值为 0。

MATLAB 参考运行程序如下:

```
clear;
clc;
close all;
[Y,fs,NS]=wavread('a1.wav');       %读入音频
figure(1);
plot(Y);
y1(:,2)=Y(:,2);                    %保留右声道
for i=1:1:length(y1)
        y1(i,1)=0;
    end                            %消除左声道
wavwrite(y1,fs,NS,'b1.wav');
figure(2);
plot(y1);
```

3. 消除右声道

根据 MATLAB 将音频文件读取为 $N×2$ 矩阵的性质,第一列为左声道,第二列为右声道,消除右声道即将第二列全部赋值为 0。

MATLAB 参考运行程序如下:

```
clear;
clc;
close all;
```

（续）

```
[X,fs,NS]=wavread('a2.wav');              %读入音频
figure(1);
plot(X);
x1(:,1)=X(:,1);                           %保留左声道
for i=1:1:length(x1)
        x1(i,2)=0;
end                                       %消除右声道
wavwrite(x1,fs,NS,'b2.wav');
figure(2);
plot(x1);
```

4. 混缩

混缩即让两段音频合为一段音频，同时播放，实现方法是将两段音频对应矩阵相加，相加之前应使两个矩阵大小相等。

MATLAB 参考运行程序如下：

```
clear;
clc;
close all;
[X,fs,NS]=wavread('a1.wav')               %读入音频1
plot(X);
[Y,fs,NS]=wavread('a2.wav')               %读入音频2
plot(Y);
if length(X)>length(Y)
    for i=length(X)+1:1:length(Y)
        X(i,1)=0;
        X(i,2)=0;
    end
end                                       %如果音频1较短,则用0补为和音频2一样长度
if length(Y)<length(X)
    for i=length(Y)+1:1:length(X)
        Y(i,1)=0;
        Y(i,2)=0;
    end
end                                       %如果音频2较短,则用0补为和音频1一样长度
z12=X+Y;                                  %音频相加混缩
plot(z12);
wavwrite(z12,fs,NS,'he1.wav');
```

（四）修复

1. 降噪

降噪功能可通过差分方程和滤波器实现。

MATLAB 参考运行程序如下：

```
clear;
clc;
close all;
[x,fs,bits]=wavread('d2.wav');           %读入音频
M=10                                      %进行十阶滤波
b=ones(M,1)/M;                            %滤波器系数 b
a=1;                                      %滤波器系数 a
y=filter(b,a,x);                          %利用 filter()函数基于差分方程滤波
wavwrite(y,fs,bits,'c7.wav')
```

2. 去人声

去人声即将人声对应频率的频率段声音消除，通过带阻滤波器实现。去人声分为两步实现：第一步粗略消除；第二步通过滤波器精细消除。

MATLAB 参考运行程序如下：

```
clear;
clc;
close all;
[Original,fs,bits]=wavread('3.wav');      %读入音频
a1=1;
a2=-1;
b1=1;
b2=-1;
SoundLeft=Original(:,1);                  %左声道
SoundRight=Original(:,2);                 %右声道
NewLeft=a1*SoundLeft+a2*SoundRight;
NewRight=b1*SoundLeft+b2*SoundRight;
Sound(:,1)=NewLeft;                       %新的左声道
Sound(:,2)=NewRight;                      %新的右声道
BP=fir1(300,[700,2000]/fs,'stop');        %得到带阻滤波器系数
CutDown=filter(BP,1,Sound);               %隔离人声
Sound_Final=Sound-0.6*CutDown;            %根据调试得到较佳系数
wavwrite(Sound_Final,fs,'e6.wav');        %保存音频
```

（五）变速与反帧

1. 变速

变速功能主要实现对原始音频的速度调控，实现方法主要是对于用户给定的变速系数，提高或降低原始音频的采样速率，从而实现变速。同时，由于速度的变化，原始音频的音调也会相应发生变化。

MATLAB 参考运行程序如下：

```
fs=k*fs;                                  %将原采样频率乘以指定系数 k
plot(yy);                                 %绘制处理后音频的时域波形
plot(abs(fft(yy)));                       %绘制处理后音频的频域波形
```

2. 反帧

反帧功能主要实现对原始音频倒向播放，实现方法主要是将在采样频率下得到的关于原始音频的数据，即双声道矩阵，反向存储，从而实现反帧。

MATLAB 参考运行程序如下：

```
X=yy;
for i=1:1:(length(X)/2)
    t=X(i,1);                          %左声道数据反向存储
    X(i,1)=X(length(X)-i+1,1);
    X(length(X)-i+1,1)=t;
    t=X(i,2);                          %右声道数据反向存储
    X(i,2)=X(length(X)-i+1,2);
    X(length(X)-i+1,2)=t;
End
plot(yy);
plot(abs(fft(yy)));
```

（六）混响

1. 延迟

延迟即对原始音频进行延迟处理，实现方法主要是对于用户给定的延迟系数，将原始音频进行填补零矩阵操作，再与原始音频叠加，实现延迟效果。

MATLAB 参考运行程序如下：

```
x=yy;
x=x(:,1);
x1=[zeros(n,1);x];                     %n 为给定延迟系数
x2=[x;zeros(n,1)];
x3=x1+x2;                              %延迟后的音频与原始音频叠加,形成延迟
yy=x3;
plot(yy);
plot(abs(fft(yy)));
```

2. 单回声混响

单回声混响即将原始音频通过单回声滤波器，实现单回声混响效果。

MATLAB 参考运行程序如下：

```
x=yy;
x=x(:,1);
a=0.6;
b=[1;zeros(m,1);a];                    %m 为给定系数,按照系统函数构建滤波器
a=[1];
y2=filter(b,a,x);
yy=y2;
plot(yy);
plot(abs(fft(yy)));
```

3. 无限回声混响

无限回声混响即将原始音频通过无限回声滤波器，实现无限回声混响效果。

MATLAB 参考运行程序如下：

```
x=yy;
a=0.6;
x=x(:,1);
b=[zeros(p,1);1];              %p 为给定系数,根据系统函数构建滤波器
a=[1;zeros(p-1,1);-a];
y3=filter(b,a,x);
yy=y3;
plot(yy);
plot(abs(fft(yy)));
```

习　题

6.1　如果将光伏发电系统中的无源滤波器用有源滤波器代替，分析该系统的滤波效果。

6.2　设计一个数字图像的边缘检测系统，用不同边缘检测方法进行对比分析。

6.3　设计一个声音渐变系统，给出其基本工作流程。

上机练习题

6.4　利用 MATLAB 实现习题 6.1。

6.5　利用 MATLAB 实现习题 6.2。

6.6　利用 MATLAB 实现习题 6.3。

参考文献

[1] 赵光宙. 信号分析与处理[M]. 3版. 北京：机械工业出版社，2016.
[2] MCCLELLAN J H, SCHAFER R W, YODER M A. 数字信号处理引论：基于频谱和滤波器的分析方法 原书第2版[M]. 李勇，程伟，译. 北京：机械工业出版社，2018.
[3] HAYKIN S, VAN VEEN B. 信号与系统：第2版[M]. 林秩盛，等译. 北京：电子工业出版社，2013.
[4] VINAY K I, JOHN G P. 数字信号处理：MATLAB版[M]. 3版. 刘树棠，陈志刚，译. 西安：西安交通大学出版社，2013.
[5] 姚天任. 数字信号处理：简明版[M]. 北京：清华大学出版社，2011.
[6] 吴湘淇. 信号与系统[M]. 3版. 北京：电子工业出版社，2009.
[7] MITRA S K. 数字信号处理：基于计算机的方法 第4版[M]. 余翔宇，译. 北京：电子工业出版社，2012.
[8] 徐科军. 信号分析与处理[M]. 北京：清华大学出版社，2006.
[9] 陈后金，胡健，薛健. 信号与系统[M]. 北京：清华大学出版社，2003.
[10] 应启珩，冯一云，窦维蓓. 离散时间信号分析和处理[M]. 北京：清华大学出版社，2001.
[11] 郑君里，应启珩，杨为理. 信号与系统：上册[M]. 2版. 北京：高等教育出版社，2000.
[12] 郑君里，应启珩，杨为理. 信号与系统：下册[M]. 2版. 北京：高等教育出版社，2000.
[13] 吴大正. 信号与线性系统分析[M]. 3版. 北京：高等教育出版社，1998.
[14] OPPENHEIM A V, WILLSKY A S, NAWAB S H. 信号与系统：原书第2版[M]. 刘树棠，译. 西安：西安交通大学出版社，1998.
[15] 管致中，夏恭恪. 信号与线性系统[M]. 3版. 北京：高等教育出版社，1992.
[16] 芮坤生. 信号分析与处理[M]. 北京：高等教育出版社，1993.
[17] 刘贵忠，邸双亮. 小波分析及其应用[M]. 西安：西安电子科技大学出版社，1992.